建设项目水土保持与环境保护

主　　编　孙秀玲

副 主 编　杜守学　于文海

编　　者　孙秀玲　杜守学　于文海　王月敏
　　　　　芦昌兴　宫雪亮　孙　蓉　李振佳

山东大学出版社

内容提要

本书试图在总结过去研究的基础上，阐述水土保持与环境保护的理论、方法及应用，为解决建设项目中出现的水土流失与环境污染问题提供理论及技术方法。内容包括概述，水土流失与土壤侵蚀，水土流失治理技术与措施，生态退化区水土流失综合防治，生产建设项目水土保持，水土保持工程材料与施工，环境污染的种类，建设项目环境保护管理指南，建设工程绿色施工与环境管理，建设工程水土保持与环境保护案例等。既可作为水利类建造师学习用书，也可供高等院校水利工程类专业师生及相关技术人员学习参考。

图书在版编目(CIP)数据

建设项目水土保持与环境保护/孙秀玲主编．—济南：山东大学出版社，2016.12

ISBN 978-7-5607-5694-3

Ⅰ．①建… Ⅱ．①孙… Ⅲ．①建筑项目—水土保持—研究②建筑项目—环境保护—研究 Ⅳ．①S157②X321

中国版本图书馆 CIP 数据核字(2016)第 316453 号

责任策划：祝清亮
责任编辑：祝清亮
封面设计：张 荔

出版发行：山东大学出版社
社 址 山东省济南市山大南路 20 号
邮 编 250100
电 话 市场部(0531)88364466
经 销：山东省新华书店
印 刷：济南华林彩印有限公司
规 格：787 毫米×1092 毫米 1/16
24 印张 554 千字
版 次：2016 年 12 月第 1 版
印 次：2016 年 12 月第 1 次印刷
定 价：66.00 元

前　言

随着社会经济的发展，水利、水电、铁路、公路、矿产、冶金、电力、房地产等多个行业的各类开发建设项目如火如荼地进行。工程建设是人类发展及生活的客观需要，各类开发建设项目对促进国家经济发展、提高人民生活水平等诸多方面有着十分重要的作用，在国民经济中的地位也十分突出。

然而，大量的工程建设会对下垫面及周围的环境产生影响。建设项目主体工程建设区和直接影响区的水资源、土地资源的损失和破坏（如水、岩石、土壤、植被等的流失与破坏），是以人类生产建设活动为主要外营力造成的；同时工程建设项目的实现会对周围的各种环境产生影响，引起环境条件的改变（如在建设过程中会产生噪声、粉尘、施工渣土、垃圾、有毒有害物质，消耗大量的能源等），会对周边环境造成不同程度的破坏。

解决以人类生产建设活动为主要外营力形成的水土及环境改变的有效途径是坚持可持续发展价值观，实施开发建设与保护并重，尽量减少工程建设活动对水土资源及环境造成的不利影响，促进人类开发建设和自然健康协调发展。

本书主要介绍了水土流失治理技术与措施、生产建设项目水土流失防治技术、环境污染的种类、建设项目环境保护管理指南、建设项目环境保护对策措施及建设工程绿色施工与环境管理，以及具有典型意义的实施建设工程水土保持与环境保护的案例，以满足新形势的要求。

全书由孙秀玲主编，杜守学、于文海任副主编，其他参编者有：王月敏、芦昌兴、宫雪亮、孙蓉、李振佳。各章节编写分工如下：第 1 章至第 9 章由孙秀玲编写；第 10 章由孙秀玲、杜守学、于文海、王月敏、芦昌兴、宫雪亮、孙蓉、李振佳编写；附录由孙秀玲、宫雪亮、芦昌兴、孙蓉编写。

在本书编写过程中，苗兴皓教授等提出了许多宝贵意见。同时，本书还得到了山东省住房和城乡建设厅、山东省水利厅等单位的大力支持和帮助。在此，对所有为本书提供帮助的人员及本书参考文献的作者一并表示感谢。

因编者水平有限，书中难免会存在不当或错误之处，恳请读者批评指正。

编　者

2016 年 11 月

目　录

第1章 概 述

随着社会经济的快速发展，工业化、城市化进程的加快，以及各类开发建设项目（如公路铁路建设、水利工程建设、电力工程建设、工矿企业建设等项目）的增多，人类社会经济活动的规模和范围急剧扩张，在此过程中产生了水土流失及环境破坏的现象，致使引发一系列的生态环境危机。因此，开展建设项目水土保持与环境保护是必要的，不仅是我国社会经济可持续发展的需要，更是世界经济和社会发展的需要。

1.1 水土流失及水土保持概述

1.1.1 中国水土流失现状

1.1.1.1 中国水土流失情况概述

我国是水土流失最严重的国家之一，不仅世界上各种水土流失的形式在我国都有分布，而且流失面积大，强度也大。从1949年以来，我国的水土流失面积从 $1.16\times10^{8}\ hm^{2}$ 扩大到目前的 $1.5\times10^{8}\ hm^{2}$ 之多。每年因水土流失而损失的氮、磷、钾总量为4000多万吨（大致相当于全国每年的化肥施用量），其中仅长江流域因水土流失而损失的氮、磷、钾就达2500多万吨。同时，土壤养分流失后，进入江河湖海，引起水体盐分含量增加，湖泊富营养化。我国的沙漠化面积也在不断增加，目前已达约 $1.28\times10^{6}\ km^{2}$，占国土面积的13.3%，仅内蒙古、新疆、青海三省（自治区）就有 $1.43\times10^{5}\ km^{2}$ 的沙漠是在1949年以后形成的。在我国，水土流失问题较严重的地区有4个，即黄土高原、西南红土区、华北平原和西北草地，总共覆盖了土地面积的70%。

黄土高原闻名于世，是中华民族的摇篮，是华夏5000年文明的发祥地。几千年来，我们的祖先在黄土高原上创造了举世瞩目的灿烂文明，因为黄土高原曾是资源丰富、植被茂盛、环境宜人、经济繁荣的地区。严重的土壤侵蚀与水土流失使黄土高原的自然资源与生态环境日益恶化，并带来一系列的自然灾害与生态灾难，社会经济发展滞后，已成为制约黄土高原社会经济发展的首要威胁。

黄土高原地区可划分为三种类型：主要暴露于风蚀的地区、风蚀和水蚀双重区以及水蚀区。水蚀及水蚀-风蚀类型的面积占黄土高原地区水土流失总面积的75%。在20世纪80年代后期，年土壤流失超过5000 t/km^{2} 的土地面积达到 $2.11\times10^{5}\ km^{2}$，大约占黄土高原地区土地总面积的34%，涉及省份包括甘肃、陕西和山西三省，分别占各水土流失强度总面积的36%、34%和20%。黄土高原12%的土地受到严重的水蚀,每年土壤流失10^4 t/km²。在20世纪90年代初,陕西省水土流失强度超过10^4 t/km²的土地面积甚至达到了73%。几乎所有的研究都表明,在过去的几十年间,黄土高原遭受水蚀和风蚀的土地显著增加。大部分的研究表明,这种增长幅度为20%~30%。

黄土高原地区由于水土流失严重,大量泥沙淤积在黄河下游河床,形成著名的地上悬河,严重威胁着黄淮海平原2.5×10^5 km²上居住的1亿多人口的生命和财产安全。原全国人大环境与资源保护委员会主任委员曲格平曾指出"严重的水土流失实际是我们的国土在流失,在我国众多环境问题中,水土流失是头号环境问题。目前包括长江、黄河等七大流域在内,全国水土流失面积达到3.67×10^6 km²,占国土总面积的1/3以上。我国每年的土壤流失量多达5.0×10^9 t。加快治理水土流失迫在眉睫,这是关系到经济可持续发展,国家长治久安的根本大计"。

1.1.1.2 中国水土流失主要特点

1.水土流失面积大,流失范围广

据2005~2008年中国科学院、中国水利部及中国工程院合作进行的"中国水土流失与生态安全综合科学考察"的报告结果来看,我国水土流失面积已超过3.50×10^6 hm²,占到我国国土面积的30%以上。而暂时未侵蚀但在未来可能会受到影响的土地面积更加广阔,这种情况不仅发生在农村及采矿区,甚至也波及了城市地区,由此可见其范围之广。若不加以控制,水土流失的情况会愈发严重。

2.土壤侵蚀程度严重,侵蚀强度高

据统计,我国每年平均的土壤侵蚀量高达5.0×10^9 t,占到全球土壤流失总数的1/5。在20世纪,因土壤流失而造成的耕地面积减少量达到了3.3×10^6 hm²;而在2000年,水土流失所导致的经济损失达到了2000亿元,约占当年全年国民生产总值的2.25%。

3.水土流失原因复杂,区域差别较大

由于我国国土面积较大,地形地貌较为复杂,所以我国水土流失的防治工作较为困难。比如,在我国东北,水土流失在山地地形较为严重;而在黄土高原地区,则是降水的时候最容易出现水土流失现象;在一些丘陵地区,对山体进行梯田的建设也会加重水土流失现象。

1.1.2 中国水土流失的危害

严重的水土流失,会给中国经济社会的发展和人民群众的生产、生活带来多方面的危害。

1.1.2.1 泥沙淤积,加剧洪涝灾害

由于大量泥沙下泄,淤积在江、河、湖、库,降低了水利设施的调蓄功能和天然河道泄洪能力,加剧了下游的洪涝灾害。黄河年均约4×10^8 t泥沙淤积在下游河床,使河床每年抬高8~10 cm,形成著名的"地上悬河",增加了防洪的难度。1998年长江发生的全流域性特大洪水的原因之一,就是中上游地区水土流失严重、生态环境恶化,加速了暴雨地表径流的汇集过程。

1.1.2.2 影响水资源的有效利用,加剧了干旱的发展

黄河流域60%~75%的雨水资源消耗于水土流失和无效蒸发。为了减轻泥沙淤积造成的库容损失,部分黄河干支流水库不得不采用蓄清排浑的方式运行,使大量宝贵的水

资源随着泥沙下泄。黄河下游每年需用 $2.\times10^{10}$ m^3 的水冲沙入海，降低河床。

1.1.2.3 耕地减少，土地退化严重

近 50 年来，中国因水土流失毁掉的耕地超过 2.7×10^6 hm^2，平均每年达 6.7×10^4 hm^2 以上。因水土流失造成退化、沙化、碱化草地约 10^6 km^2，占中国草原总面积的 50%。进入 20 世纪 90 年代，沙化土地每年扩展 2460 km^2。

1.1.2.4 生态恶化，加剧贫困程度

植被破坏，造成水源涵养能力减弱，土壤大量"石化""沙化"，沙尘暴加剧。同时，由于土层变薄，地力下降，群众贫困程度加大。中国 90%以上的贫困人口生活在水土流失严重地区。

1.1.3 水土保持发展历程

我国是一个历史悠久的农业大国，也是世界上水土流失最严重的国家之一，在长期的历史实践中，我国劳动人民积累了丰富的水土治理经验。从西周到晚清，广大劳动人民创造、发展了保土耕作、造林种草、打坝淤地等一系列水土保持措施。当代的水土保持理论方法，很多都是我国历史上水土流失防治实践的延续与发展。从近现代开始，受西方科学传入的影响，国内一批科学工作者相继投身于治理水土流失、改变人民贫困生活的行动中，他们做了大量科学研究工作，并最终提出"水土保持"这门学科，水土保持也从自发阶段进入自觉阶段。中华人民共和国成立以后，在党和政府的重视与关怀下，水土保持事业进入一个全新的历史时期。

1.1.3.1 古代水土保持

水土保持自古有之，据《尚书·舜典》所记，"帝(舜)曰，俞咨禹，汝平水土"，言平治水土，人得安居也。《尚书·吕刑》有"禹平水土，主名山川"的记载。《诗经》中有"原隰既平，泉流既清"的描述。从"平治水土"的传说开始，伴随着农业生产发展的需要，我国劳动人民创造了一系列蓄水保土的水土保持措施，同时在长期生产实践以及对自然现象的观察中，提出了诸如沟洫治水治田、任地待役、法自然等有利于水土保持的思想，这些重要的思想及保持水土的发明创造，是留给子孙后代的宝贵财富。

1.1.3.2 萌芽起步阶段

鸦片战争以后，国内政局动荡，战事频繁，民不聊生，毁林开荒使一些地区的森林、草原资源遭到很大破坏，黄河水患频发，水土流失加剧。在一些有识之士的奔走呼吁下，水土保持逐渐被提上议事日程，建立了相对专职的机构，并结合西方现代科学技术，开展了科学实验工作，使水土保持这门学科最终得以建立。虽然一些有远见的主张因历史条件所限未能付诸实施，所开展的工作成效也相当有限，但这些具有开创性的工作对新中国成立以后的水土保持事业具有启蒙和奠基作用。

1.1.3.3 示范推广阶段(20 世纪 50～70 年代)

新中国成立后，百废待兴，百业待举。围绕发展山区生产和治理江河等需要，党和政府很快就将水土保持作为一项重要工作来抓，并大力号召开展水土保持工作。在经过一段时间的试验及推广后，伴随着农业合作化的高潮，水土保持工作迎来了一段全面推广发展的黄金时期，并迎来了水土保持发展的高潮。但随之的"大跃进"、三年自然灾害，使水土保持转入调整、恢复阶段，以基本农田建设为主成为此后相当长一个时期内水土保持工作的主要内容。“文化大革命”中，水土保持工作在曲折中缓慢发展。从总体上来讲，20世纪50～70年代水土保持事业伴随着新中国社会主义建设不断成长发展，虽有停顿反复，但仍取得了巨大成就，并为80年代以后更好地开展水土保持工作奠定了基础。

1.1.3.4　小流域综合治理阶段(20世纪80年代)

20世纪80年代，随着国家将经济建设作为工作重点并实行改革开放政策，水土保持工作得以恢复并加强，同时由基本农田建设为主转入以小流域为单元进行综合治理的轨道。八片国家水土流失重点治理工程、长江上游水土保持重点防治工程等重点工程的实施，推动了水土流失严重地区和面上的水土保持工作；家庭联产承包责任制在农村普遍实行，促进了户包治理小流域的发生、发展，调动了千家万户治理水土流失的积极性。20世纪80年代后期在晋陕蒙接壤地区首先开展的水土保持监督执法工作，则为《中华人民共和国水土保持法》的制定、颁布作了必要的前期探索和实践工作。

1.1.3.5　依法防治阶段(20世纪90年代)

1991年，《中华人民共和国水土保持法》正式颁布实施，水土保持工作由此走上依法防治的轨道。各级水土保持部门认真履行《中华人民共和国水土保持法》赋予的神圣职责，依法开展水土保持各项工作，法律法规体系建设逐步完善，预防监督工作逐步开展；水土保持重点工程得到加强，治理范围覆盖到全国主要流域，水土流失治理速度大大加快；水土保持改革深入进行，促进了小流域经济的发展，调动了社会力量治理水土流失的积极性。

1.1.3.6　全面发展阶段(1997年以后)

1997年后，随着“再造秀美山川”的提出，以及1998年长江流域和嫩江流域大洪水给人们的警示，水土保持、生态环境建设工作得到国家前所未有的重视以及全社会的广泛关注。党中央、国务院审时度势，从我国社会经济可持续发展的高度，从国家生态安全的高度，从中华民族生存与发展的高度，把水土保持生态建设摆在突出的位置，并作出一系列重要决定，大力加强生态环境的建设与保护。各级水利水保部门抓住难得的发展机遇，加快治理步伐，强化监督管理，水土保持事业大力发展。

新的历史时期，水土保持既有大好的发展机遇，也面临着新的挑战。党的十八大报告明确提出“建设生态文明，是关系人民福祉、关乎民族未来的长远大计”，党和国家的高度重视都为水土保持提供了新的发展动力，同时大面积的水土流失亟待治理、人为水土流失尚未有效遏制以及人们对生态环境要求的普遍提高，对水土保持提出了更为紧迫和更高的要求，水土保持需要在新的历史时期作出新的回应。

1.1.4　水土保持的重要性

水土资源是人类重要的生态资源。自从有了人类的活动行为，水土资源就已经开始遭到破坏，随着工业化进程的加快，这一现象更加严重，各类工程的建设势必动用大型机械对水土资源进行开挖、移动、回填，这一系列措施改变了水土地质结构的受力平衡，从而导致水土发生塌陷、移动、流失、沙化的现象。各类建设项目在促进经济发展和社会进步的同时，也引起了水土流失与生态破坏，产生了一系列问题。

水土保持是社会发展的生命线，是国土整治、江河治理的根本，是国民经济和社会发展的基础，是我们必须长期坚持的一项基本国策(国务院国发〔1993〕5号文件《关于加强水土保持工作的通知》)。通过开展小流域综合治理，层层设防，节节拦蓄，增加地表植被，可以涵养水源，调节小气候，有效地改善生态环境和农业生产基础条件，减少水、旱、风沙等自然灾害，促进产业结构的调整，促进农业增产和农民增收。

实践证明，开展水土保持工作是山区生态和经济社会可持续发展的重要途径。据第二次水土流失普查结果，全国水土流失面积高达 $3.65\times10^6\ km^2$，其中水蚀面积高达 $1.65\times10^6\ km^2$，风蚀面积达 $1.91\times10^6\ km^2$，水蚀、风蚀交错带达 $2.6\times10^5\ km^2$，有很多地方还存在大量的重力侵蚀。

近些年来，国家水土保持重点工程规模和范围不断扩大，全国累计初步治理水土流失面积近 $1.1\times10^6\ km^2$，带动全国实施坡改梯面积近500万亩。全国有1.5亿群众从水土保持治理中直接受益，2000多万山丘区群众的生计问题得以解决。

治理水土流失，事关经济社会可持续发展和中华民族长远福祉。对此，党中央、国务院高度重视，出台了一系列支持水土保持的政策举措，推动水土保持工作取得重大进展和显著成效。近年来，我国水土保持法制建设取得了丰硕成果，修订后的《中华人民共和国水土保持法》于2011年3月1日正式施行，以新法为基础，各个层面的配套法规建设也取得重大进展。水利部修订了水土保持监测资质管理、方案管理、设施验收管理和补偿费征收使用管理等配套法规，绝大多数省区市启动了新法实施办法的修订工作，配套规章制度不断健全，为水土保持提供了强有力的法律保障。在监督管理方面，水土保持"三同时"制度全面落实，近些年来，全国共审批生产建设项目水土保持方案34万多个，生产建设单位投入水土保持资金4000多亿元，减少水土流失量20多亿吨，人为水土流失得到有效遏制。在生态修复方面，全国有1250个县出台了封山禁牧政策，累计实施封育保护面积72万多平方千米，使45万多平方千米面积的土地生态得到初步修复。全国建成清洁小流域300多条，各地积极探索生态安全型、生态经济型、生态环境型小流域建设，进一步丰富了小流域治理的内涵。

1.2 环境问题现状及环境保护概述

1.2.1 中国环境问题现状

环境问题作为世界各个国家的重要课题之一，既说明生态文明的重要性，也表明环境改善的紧迫性。中国作为最大的发展中国家，在发展经济的过程中也向环境排放了超过其自净能力的物质和能量，使得环境质量下降，生态文明遭到破坏。2013年，亚洲开发银行、清华大学等多个机构共同研讨公布的信息显示，全球十大空气污染城市中国占7个。在我国，土地被破坏、空气质量差、水资源污染严重等生态环境问题严重，局部虽有改善，但是治理能力不及破坏速度，整体趋势依旧不容乐观。具体体现在以下几个方面：

1.2.1.1 大气污染形势严峻，空气质量普遍较差

当前，我国以可吸入颗粒物(PM_{10})、细颗粒物($PM_{2.5}$)为特征污染物的区域性大气环

境问题日益突出，损害人民身体健康，影响社会和谐稳定。随着我国工业化、城镇化的深入推进，资源消耗持续增加，大气污染防治压力进一步加大。“许多人早晨一起来，就打开手机查看 $PM_{2.5}$ 的数值，这已经成为重大的民生问题。”李克强同志谈“向雾霾宣战”中的这句话鲜明地指出中国空气质量已经成为一个全民关注的社会问题。

在 2014 年 3 月全国城市空气质量日报统计的 161 个城市中，空气质量为优的仅占 3%，而为污染空气的占 57%，绝大部分城市笼罩在大气污染之下。根据环保部的报道，2013 年，我国化学需氧量排放总量为 2.35×10^7 t，氨氮排放总量为 2.46×10^6 t，二氧化硫排放总量为 2.04×10^7 t，氮氧化物排放总量为 2.23×10^7 t。2012 年，化学需氧量排放总量为 2.42×10^7 t，氨氮排放总量为 2.54×10^6 t，二氧化硫排放总量为 2×10^7 t，氮氧化物排放总量为 2.34×10^7 t。2011 年，化学需氧量排放总量为 2.5×10^7 t，氨氮排放总量为 2.6×10^6 t，二氧化硫排放总量为 2.22×10^7 t，氮氧化物排放总量为 2.41×10^7 t。就数据显示，我国污染物排放量逐渐降低，环保工作和生态文明建设取得积极进展，但排污总量居高不下，空气污染程度并没有取得跨越性的改善。

1.2.1.2 水资源污染浪费严重，水质亟待改善

受气候影响，我国水资源季节分配不均、区域分配不均现象明显，水资源总量大、人均占有量少，水荒是常有现象，而水资源的污染和浪费是导致这一现象的重要原因。其污染的主要来源包括：自然污染；工业污染；农药、化肥、激素使用及化工生产过程中造成的污染；现代高科技污染；水处理及水输送过程中的污染。众多的污染源导致了我国江河湖海水体的全方位污染。

就各流域水污染状况而言，2013 年度统计结果表明，长江、黄河、珠江、松花江、淮河、海河、辽河、浙闽片河流、西北诸河和西南诸河等十大流域的国控断面中，Ⅰ～Ⅲ类、Ⅳ～Ⅴ类和劣Ⅴ类水质断面比例分别为 71.7%、19.3%和 9.0%。而居民赖以生存的地下水水质状况，也遭到了不同程度的污染。根据 2014 年环保部《环境统计年报》，目前每年依旧有数百亿吨的污水被倾入水域，水质有进一步恶化的趋势。

1.2.1.3 耕地面积缩小迅速，土地退化加剧

我国以占世界可耕地面积 7%的土地资源，养活着全球 1/4 的人口，土地的价值被充分挖掘，耕地对中国的生产、生活乃至世界的和谐稳定都有着举足轻重的作用，但经济发展和城镇化建设却不断地冲击着土地资源可持续发展的红线。

2010 年，联合国食物权特别报告员德舒特表示，中国自 1997 年以来已经丧失了 8.2×10^6 hm^2 耕地。目前，中国 37%的土地在退化，人均可使用土地面积是世界平均水平的 40%。就土地沙化和水土流失而言，全国草场严重退化的面积约 7.3×10^7 hm^2，退化率从 20 世纪 70 年代的 16%上升到 37%，退化面积平均每年以 6.7×10^5 km^2 的速度在递增，牧草单位面积产量下降了 1/3～1/2，草地沙化面积已超过 1.5×10^6 km^2。同时，我国每年的土地流失量惊人，水土流失的重点地区集中在大兴安岭—太行山—雪峰山一线以西，青藏高原及蒙新干旱区以东的地区，这是我国生态环境的脆弱带。

环境问题不仅涉及大气环境、水环境、土地环境三个要素，还包括生态环境和地质环境等方面，生态环境的恶化、生物物种的减少、地震等灾害的频发，无不彰显着自然对人类不合理利用环境资源的惩罚。而在我们的日常生活中，空气、水源、土壤是我们接触最多、

体验最深的部分，也是生态环境的关键所在，通过这三个角度环境现状的描述，在揭露我国环境短板的同时，也说明采取强有力的措施解决环境问题刻不容缓。

1.2.2 环境保护发展历程

工业革命以来，发达国家在解决环境污染问题上，经历了先污染后治理，先破坏后恢复的过程，其间付出了惨痛的代价。发达国家对环境保护工作的认识是随着经济增长、污染加剧而逐步发展的，其间大致可分为下面 4 个阶段：

1.2.2.1 经济发展优先阶段

20 世纪 60 年代以前，发达国家的主要目标是发展，对环境保护工作并不重视。从 20 世纪 60 年代开始，由于实行高速增长战略，能源消耗量大增，公害问题开始引起人们的重视。这一时期发生了震惊世界的马斯河谷烟雾事件、洛杉矶光化学烟雾事件等八大公害事件，在付出惨痛的代价后，人们终于开始觉醒。1962 年的《寂静的春天》一书，用大量事实描述了有机氯农药对人类和生物界所造成的影响，推动了世人环境意识的觉醒。

在 20 世纪 50～60 年代，发达国家的政府开始制定各种法律法规来规范生产企业的排污行为，要求企业在追求经济利益的同时，也要进行环境污染治理。20 世纪 60 年代，工业废气排放导致了严重的光化学烟雾现象。1969 年，东京在实施《烟尘限制法》《公害对策基本法》等国家环境立法的基础上，颁布了《东京都公害控制条例》，严格执行有关控制规定，使二氧化硫等污染物排放从浓度控制转向排放总量控制。

1.2.2.2 环境与经济并重时期

20 世纪 70 年代，为了解决环境问题，发达国家的环境保护设备企业逐步发展，人们的观念出现了从公害防止到环境保护的转变，从而进入环境保护时代。

人们的环境意识真正觉醒了，许多国家都把环境保护写进了宪法，定为基本国策。随着环境科学研究的不断深入，污染治理技术也不断成熟。环境污染的治理也从“末端治理”向“全过程控制”和“综合治理”的方向发展。

美国的法制建设比较完善，公民法制意识强，且美国社会特别重视记录，特别是违法记录，有不良记录的人或企业在今后的工作和生活中会受到各种限制。因此，很少有人去违法，其执法成本相对较低。所以，在美国，环保法律法规的制定和完善是一项重要的工作。法律法规明确规定的，就是要求企业、公民努力做到的，也是执法部门认真执行的。很少有协调变通的事情，且对违法行为的处罚相当严厉，如罚款，对违反规定的排污行为可处每天 1 万美元的罚款。美国几个著名的环保法如《清洁空气法》《清洁水法》等法案是美国环保工作取得成果的主要法律依据，这些法案的实施，使美国大气和水污染得到有效控制，并改善了大气、水环境质量。

1.2.2.3 实施可持续发展战略阶段

自 20 世纪 80 年代以来，人们开始重新审视传统思维和价值观念，认识到人类再也不能为所欲为地成为大自然的主人，人类必须与大自然和谐相处，成为大自然的朋友。

1987 年，挪威首相布伦特兰夫人在《我们共同的未来》中提出了可持续发展的思想。1992 年 6 月，在巴西里约热内卢召开了人类第二次环境大会，通过了《里约环境与发展宣言》和《21 世纪议程》两个纲领性文件。

在这样的大背景下，“污染预防”成为新的指导思想，环境标志认证、ISO14001环境管理体系认证推动的“绿色潮流”席卷全球，深刻地影响着世界各国的社会和经济活动。20世纪90年代，发达国家的环境管理发生了理念上的变革。企业则开始自觉守法，由“被动治污”转向“主动治污”。各大公司变得十分重视开发环境模拟和协调技术，从产品设计和生产的最初环节就把环境保护手段纳入其中。保护环境已经成为公民的自觉行动，架构政府—企业—公众的共同治理模式成为发展目标。

1.2.2.4　环境全球化阶段

气候变化的趋势会危及整个人类的生存，积极应对气候变化，减少温室气体排放，成为人们追求的目标。温室气体的排放主要是发达国家造成的，为此发达国家与发展中国家在减排问题上应当承担共同但有区别的责任。为此，发达国家与发展中国家发生了严重分歧。环境问题直接涉及政治，涉及国家发展。但是树立绿色的理念，推行低碳经济已经成为世界各国的共同追求。

随着经济全球化、环境全球化的大潮，发达国家公众的环保观念再次飞跃，推进循环经济，建设循环型社会已经成为全社会的共同目标，企业主动型治污理念的强化，公众参与保护环境的热情高涨，全球在朝着经济、社会全面绿化的领域快速发展。

1.2.3　环境保护的重要性

人类与环境的关系十分密切，人类的生存和发展都依赖于对环境和资源的开发和利用。然而，正是在人类开发、利用环境和资源的过程中，产生了一系列的环境问题。种种环境损害行为归根结底是由于人们缺乏对环境的正确认识。建设项目是社会扩大再生产的重要基础，在国民经济和社会发展中占主要的地位。各类建设项目在促进经济发展和社会进步的同时，也引起了环境污染和生态破坏，产生了一系列环境问题。环境保护是我国的一项基本国策，实施环境保护战略就要求我国在建设项目全过程中，树立科学发展观，增强发展的和谐性与协调性，加强环境保护工作。预防和治理建设项目的环境影响是环境保护工作的重要组成部分，对各类建设项目的环境保护重点分析是预防重大环境事故、降低环境风险、有效进行环境保护的基础，对于建设项目的决策、实施和管理的科学化，实现国民经济又好又快的发展具有重要意义，对于建设环境友好型与资源节约型社会，实现经济、社会、环境的和谐发展具有重要作用。

随着社会经济的快速发展，环境污染和生态破坏也日趋严重化与复杂化，加强环境保护成为一项重大的战略任务。进入21世纪以来，我国按照落实科学发展观，构建和谐社会的要求，确立了建设环境友好型社会的重大目标，环境保护的发展进入了新阶段。环境友好型社会是指社会的生产与生活以对环境、生态无害的方式进行，改变先污染后治理的环境保护观，要求从源头预防污染产生。从源头预防污染在国家社会层次上，是要求全体社会成员树立科学发展观，增强发展的和谐性与协调性，加强环境保护；在区域层次上，要求实行规划的环境影响评价，从决策源头防治环境污染和生态破坏，全面实施可持续发展战略；在建设项目层次上，就是要加强各类建设项目环境管理，制定有效的环境保护对策，提出更加科学、适用的环境保护工作方案，实现经济、社会、环境的三效益统一，促进建设项目和环境保护和谐发展。

第2章　水土流失与土壤侵蚀

2.1　基本概念

2.1.1　水土流失

水土流失(soil and water loss)是指“在水力、重力、风力等外营力作用下,水土资源和土地生产力的破坏和损失,包括土地表层侵蚀和水的流失,亦称水土损失”(《中国水利百科全书·第一卷》,《中国大百科全书·水利卷》)。水土流失可分为水力侵蚀、重力侵蚀和风力侵蚀三种类型。1981年,科学出版社出版的《简明水利水电词典》提出,水土流失指“地表土壤及母质、岩石受到水力、风力、重力和冻融等外力的作用,使之受到各种破坏和移动、堆积过程以及水本身的损失现象”,这是广义的水土流失。狭义的水土流失特指水力侵蚀现象。

我国是世界上水土流失最为严重的国家之一,水土流失面广量大。据第一次全国水利普查成果,我国现有水土流失面积为 2.95×10^{6} km^{2}。严重的水土流失,是我国生态恶化的集中反映,威胁国家生态安全、饮水安全、防洪安全和粮食安全,制约山丘区经济社会发展,影响全面小康社会建设进程。

2.1.2　土壤侵蚀

土壤侵蚀是指土壤及其母质在水力、风力、冻融或重力等外营力作用下,被破坏、剥蚀、搬运和沉积的过程。土壤在外营力作用下产生位移的物质量,称土壤侵蚀量。单位面积、单位时间内的侵蚀量称为土壤侵蚀速度(或土壤侵蚀速率);土壤侵蚀量中被输移出特定地段的泥沙量,称为土壤流失量。在特定时段内,通过小流域出口某一观测断面的泥沙总量,称为流域产沙量。

广泛应用的“水土流失”一词是指在水力作用下,土壤表层及其母质被剥蚀、冲刷、搬运而流失的过程。

狭义的土壤侵蚀仅指“土壤”被外营力分离、破坏和移动。根据外营力的种类,可将土壤侵蚀划分为水力侵蚀、风力侵蚀、冻融侵蚀、重力侵蚀、淋溶侵蚀、山洪侵蚀、泥石流侵蚀及土壤坍陷等。侵蚀的对象也并不限于土壤及其母质,还包括土壤下面的土体、岩屑及松软岩层等。在现代侵蚀条件下,人类活动对土壤侵蚀的影响日益加剧,它对土壤和地表物质的剥离和破坏,已成为十分重要的外营力。因此,全面而确切的土壤侵蚀含义应为:土壤或其他地面组成物质在自然营力作用下或在自然营力与人类活动的综合作用下被剥蚀、破坏、分离、搬运和沉积的过程。

2.1.3 水土流失与土壤侵蚀的关系

关于水土流失和土壤侵蚀，不同的学者有不同的认识。

1.水土流失等于土壤侵蚀，且认为土壤离开了原来的地块就算流失了。

辛树帜、蒋德麒(1982)主编的《中国水土保持概论》认为，“水土流失”一词的含义等同于“土壤侵蚀”一词，是指地表土壤及母质受外力作用发生的各种破坏、移动和堆积过程，以及水的损失，包括水力侵蚀、风力侵蚀、重力侵蚀和冻融侵蚀等。

2.水土流失等于“水土”流入大江大河干支流的那一部分。

陈彰岑(1989)等认为，水土流失指“水土”流入大江大河干支流的那一部分，只要“水”不进入大江大河干支流就算没有流失，称为“流而不失”。

3.水土流失等于水蚀(水力侵蚀)。

王汉存(1992)、郭廷辅(1991)认为，水土流失属土壤侵蚀中的水力侵蚀范畴，除土壤母质的流失外，尚包括水的流失。

4.水土流失等于水的流失＋土壤侵蚀。

水土保持学界老前辈关君蔚教授认为，水土流失与土壤侵蚀是两个有区别的概念：前者是在陆地表面由外营力引起的水土资源和土地生产力的损失和破坏，后者则是陆地表面在水力、风力、冻融和重力等外力作用下土壤、土壤母质及其他地表物质被破坏、剥蚀、搬运和沉积的全部过程。水土流失包括水的流失和土的流失，土壤侵蚀是“土的流失”的同义词。

5.水土流失等于土壤流失＋土壤水分的流失。

陈道(1983)主编的《经济大辞典·农业经济卷》认为，水土流失是指“在自然或人为因素影响下造成的地表土壤中的水分和土壤同时流失的现象”。安树青(1994)主编的《生态学词典》对水土流失概念的解释也是如此。

《中华人民共和国水土保持法》中所指的水土流失包含水的损失和土壤侵蚀两方面的内容。

2.2 土壤侵蚀形式、影响因素及其预报

2.2.1 土壤侵蚀形式

土壤侵蚀类型划分的目的在于反映和揭示不同类型的侵蚀特征及其区域分异规律，以便采取适当措施防止或减轻侵蚀危害。

2.2.1.1 按土壤侵蚀发生时期分类

1.古代侵蚀

古代侵蚀是在人类活动开始影响土壤侵蚀以前，在漫长的地质时期内发生的侵蚀，又

称“地质侵蚀”。

2. 现代侵蚀

发生在人类活动开始影响土壤侵蚀以后，人类活动增大了侵蚀的强度和速度，并使其在原来的侵蚀基础上加速发展。

2.2.1.2　按侵蚀营力分类

土壤侵蚀通常分为水力侵蚀、重力侵蚀、冻融侵蚀和风力侵蚀等。其中，水力侵蚀是最主要的一种形式，习惯上称为“水土流失”。水力侵蚀分为面蚀和沟蚀，重力侵蚀表现为滑坡、崩塌和山剥皮，风力侵蚀分悬移风蚀和推移风蚀。

1. 水力侵蚀

水力侵蚀或流水侵蚀是指由降雨及径流引起的土壤侵蚀，简称“水蚀”，包括面蚀、潜蚀、沟蚀和冲蚀。

2. 重力侵蚀

重力侵蚀是指斜坡陡壁上的风化碎屑或不稳定的土石岩体在重力为主的作用下发生的失稳移动现象，一般可分为泄流、崩坍、滑坡和泥石流等类型，其中泥石流是一种危害严重的水土流失形式。重力侵蚀多发生在深沟大谷的高陡边坡上。

3. 冻融侵蚀

冻融侵蚀主要分布在中国西部高寒地区，在一些松散堆积物组成的坡面上，土壤含水量大或有地下水渗出情况下冬季冻结，春季表层首先融化，而下部仍然冻结，形成了隔水层，上部被水浸润的土体呈流塑状态，顺坡向下流动、蠕动或滑塌，形成泥流坡面或泥流沟。所以此种形式主要发生在一些土壤水分较多的地段，尤其是阴坡。如春末夏初在青海东部一些高寒山坡、晋北及陕北的某些阴坡，常可见到舌状泥流，但一般范围不大。

4. 风力侵蚀

在比较干旱、植被稀疏的条件下，当风力大于土壤的抗蚀能力时，土粒就被悬浮在气流中而流失。这种由风力作用引起的土壤侵蚀现象就是风力侵蚀，简称“风蚀”。风蚀发生的面积广泛，除一些植被良好的地方和水田外，平原、高原、山地、丘陵都可以发生，只不过程度上有所差异。风蚀强度与风力大小、土壤性质、植被盖度和地形特征等密切相关。此外，还受气温、降水、蒸发和人类活动状况的影响。特别是土壤水分状况是影响风蚀强度的极重要因素，土壤含水量越高，土粒间的黏结力越强，而且一般植被也较好，抗风蚀能力强。

5. 人为侵蚀

人为侵蚀是指人们在改造利用自然、发展经济过程中，移动了大量土体，而不注意水土保持，直接或间接地加剧了侵蚀，增加了河流的输砂量。目前主要表现在采矿，修建各种建筑、公路、铁路、水利等工程过程中毁坏耕地、废弃物乱堆放，有的直接倒入河床，有的堆积成小山坡，再在其他营力作用下产生侵蚀。人为侵蚀在黄土高原所产生的危害是不容忽视的，特别是一大批露天煤矿的开采等，使个别地区的水土流失近年来又有明显加剧的趋势。衡量土壤侵蚀的数量指标主要采用土壤侵蚀模数，即每年每平方千米土壤流失量。根据土壤侵蚀模数对区域划分土壤流失强度。

2.2.1.3 按土壤侵蚀强度及危害程度分类

1. 自然侵蚀

自然侵蚀又称“正常侵蚀”或“常态侵蚀”，它是起因于自然作用的侵蚀过程，没有受人为活动的影响。在正常情况下，其进行的速度非常缓慢，产生的侵蚀量通常等于或小于成土作用形成的物质量，因此可以形成“正常的”土壤外观，即完整的A、B、C层和谐排列的土壤剖面。

2. 加速侵蚀

加速侵蚀是人类不合理的生产活动或突发性自然灾害破坏生态平衡所引起的侵蚀过程。其侵蚀速率远大于土壤形成的速率，导致土层减薄，肥力退化，对人类造成巨大危害。

2.2.2 土壤侵蚀影响因素

影响土壤侵蚀的因素分为自然因素和人为因素。自然因素是水土流失发生、发展的先决条件，或者叫“潜在因素”；人为因素则是加剧水土流失的主要原因。

2.2.2.1 气候

气候因素特别是季风气候与土壤侵蚀密切相关。季风气候的特点是降雨量大而集中，多暴雨，因此加剧了土壤侵蚀。最主要而又直接的是降水，暴雨是引起水土流失最突出的气候因素。所谓暴雨是指短时间内强大的降水，一日降水量超过50 mm或1小时降水量超过16 mm的都叫作“暴雨”。一般来说，暴雨强度愈大，水土流失量愈多。

2.2.2.2 地形

地形是影响水土流失的重要因素，而坡度的大小、坡长、坡形等都对水土流失有影响，其中坡度的影响最大，因为坡度是决定径流冲刷能力的主要因素。坡耕地使土壤暴露，流水冲刷是土壤流失的推动因子。一般情况下，坡度越陡，地表径流流速越大，水土流失也越严重。

2.2.2.3 土壤

土壤是侵蚀作用的主要对象，因而土壤本身的透水性、抗蚀性和抗冲性等特性对土壤侵蚀也会产生很大的影响。土壤的透水性与质地、结构、孔隙有关，一般地，质地沙、结构疏松的土壤易产生侵蚀。土壤抗蚀性是指土壤抵抗径流对它们的分散和悬浮的能力。若土壤颗粒间的胶结力很强，结构体相互不易分散，则土壤抗蚀性也较强。土壤的抗冲性是指土壤对抗流水和风蚀等机械破坏作用的能力。据研究，土壤膨胀系数愈大，崩解愈快，抗冲性就愈弱。如有根系缠绕，将土壤团结，可使抗冲性增强。

2.2.2.4 植被

植被破坏使土壤失去天然保护屏障，成为加速土壤侵蚀的先导因子。据中国科学院华南植物研究所的试验结果，光板的泥沙年流失量为$2.69\times10^4\ kg/hm^2$，林地为$6.21\times10^3\ kg/hm^2$，而阔叶混交林地仅$3\ kg/hm^2$。因此，保护植被，增加地表植物的覆盖，对防治土壤侵蚀有着极其重要意义。

2.2.2.5 地质

地质主要为地质构造运动、地震和岩石性质等。地壳抬升或下降引起侵蚀基准面的变化，从而导致侵蚀与堆积的变化。地震往往诱发大量滑坡、崩塌甚至泥石流的产生。

2.2.2.6　人为活动

人为活动是造成土壤流失的主要原因，表现为植被破坏（如滥垦、滥伐、滥牧）和坡耕地垦殖（如陡坡开荒、顺坡耕作、过度放牧），或由于开矿、修路未采取必要的预防措施等，都会加剧水土流失。

2.2.3　土壤侵蚀预报

土壤侵蚀预报是指应用数学模型和系统观测资料，表述土壤流失量及流域产沙量与其影响因素间量值关系的方法。它主要用于预测在自然因素和人类活动作用下土壤流失量和产沙量的大小及其变化，为防治土壤流失、合理利用土地资源以及进行流域水土保持规划治理、沟壑工程设计等提供科学依据。

土壤侵蚀预报主要方法包括：统计回归模型、物理成因模型、随机模型。

2.2.3.1　统计回归模型

由于土壤流失预报问题的复杂性，因此，应用统计回归方法是分析资料、取得成果的较迅速而有效的途径之一。当前，在坡面土壤流失量预报方面，广泛应用的统计回归模型是通用土壤流失方程及其引申公式。通用土壤流失方程的形式为：

$$A=RKLSCP \tag{2-1}$$

式中：A——土壤流失量；

R——降雨侵蚀力因子；

K——土壤可蚀性因子；

L——坡长因子；

S——坡度因子；

C——植物被覆与经营管理因子；

P——水土保持措施因子。

小流域产沙量预报的统计回归模型则是各种形式的二元的简单回归模型和多元的综合回归模型。中国黄河水利委员会、中国科学院西北水土保持研究所以及北京林业大学等都曾提出预报坡面土壤流失量和小流域产沙量的统计回归模型，对水土保持措施减沙效益进行了估算。

2.2.3.2　物理成因模型

物理成因模型是在水沙形成过程的基础上，由两组彼此互相关联的产流和侵蚀、产沙子模型组成的。其中：①产流子模型：有建立在地表径流物理成因过程基础上的斯坦福Ⅳ型流域模型和中国河海大学的流域水文模型；有美国地质调查局模拟洪水水文过程的小流域降雨、径流模拟模型；也有美国水土保持局在一系列经验关系式基础上计算流域径流的流域水文模型。②流域侵蚀、产沙子模型：L. D. 迈耶和 W. H. 维施迈尔在剥离和输移概念基础上将产沙全过程分解为降雨剥离、径流剥离、降雨输移及径流输移四个子过程的产沙模型。D. B. 西蒙斯等人将产流、产沙过程分为地表径流和河网演进两部分的科罗拉多州立大学水流和泥沙演进模型。该模型中，地表径流模拟截留、入渗、地表径流水流推算和地表径流泥沙推算四个主要过程。河网演进则主要推算所有地表径流区域通过河网所供应的水和沙，以及计算河道冲刷与沉积。美国的 C. T. 杨等人提出在整个模型中除有径流、侵蚀、产沙子模型外，还包括有土壤养分流失子模型的农业非点源污染模型。

2.2.3.3 随机模型

随机模型是根据影响产沙形成诸因子(如降雨、径流和流域因子等)具有随机分布的特点，将产沙随机变量应用随机公式表达的数学模型。

坡面土壤流失预报的发展方向，一方面是将通用土壤流失方程中各个因子分别扩展成若干子因子进行细化计算，以便进一步提高计算精度和扩大使用范围；另一方面，由于经验方程结构严重影响其功能的扩展，故需要在研究水土流失规律的基础上，应用最新计算技术，发展新的坡面土壤流失预报模式，以便取代通用土壤流失方程。

小流域产沙量预报的发展，将加强对地表侵蚀和泥沙输移、沉积过程的机理研究，建立更符合物理成因基础的数学模型，进而发展既能预报土壤侵蚀、产沙，又能预报土壤养分流失、土壤生产能力以及作物生长等因子的综合模型。

2.3 中国土壤侵蚀类型分区

我国的地质地貌及气候特点，构成了各种类型土壤侵蚀发生的基本条件。由于各地自然条件和人为活动不同，形成了许多具有不同特点的土壤侵蚀类型区域。根据我国的地貌特点和自然界某一外营力(如水力、风力等)在较大区域起主导作用的原则，辛树帜等(1982)将全国分为三大土壤侵蚀类型区，即水力侵蚀为主的类型区、风力侵蚀为主的类型区和冻融侵蚀为主的类型区。新疆、甘肃河西走廊、青海柴达木盆地，以及宁夏、陕北、内蒙古、东北西部等地的风沙区，是风力侵蚀为主的类型区，其中风力侵蚀的沙漠及沙地面积达 1.88×10^6 km^2。青藏高原和新疆、甘肃、四川、云南等地分布有现代冰川、高原、高山，是冻融侵蚀为主的另一侵蚀区，其中冻融和冰川侵蚀面积约有 1.25×10^6 km^2(施雅风等，1988)。其余所有山地丘陵地区，则是以水力侵蚀为主的第三类型区，其中水力侵蚀面积约有 1.79×10^6 km^2。水力侵蚀类型区大体分布在我国大兴安岭—阴山—贺兰山—青藏高原东缘一线以东的地区，包括西北黄土高原、东北低山丘陵和漫岗丘陵、北方山地丘陵、南方山地丘陵、四川盆地及周围山地丘陵和云贵高原 6 个二级类型区。

2.3.1 以水力侵蚀为主的类型区

2.3.1.1 西北黄土高原

黄土高原土壤侵蚀广泛分布，在黄河中游近 6.0×10^5 km^2 范围内，土壤侵蚀面积达 4.3×10^5 km^2，严重的土壤侵蚀面积达 2.8×10^5 km^2 以上，最严重的多沙粗沙区面积为 1.56×10^5 km^2。

关于黄土高原土壤侵蚀分区，不少科学家(如黄秉维、朱显谟、罗来兴、黄义端等)进行了研究并提出了不同方案，其中较有影响的是黄秉维和黄义端等提出的。他们将黄土高原地区分为 3 个一级区、25 个二级区和 10 个亚区。依据土壤侵蚀营力、类型、发展趋势以及治理途径在一定区域内的相似性(或一致性)和区域间的差异性，一般采用两级分区，即一级侵蚀区和二级侵蚀区。对于某些范围较大的侵蚀区，因侵蚀情况出现某些较明显的区域分异，按侵蚀类型的组合不同，再分为第三级区（亚区）。

1.鄂尔多斯高原风蚀区

本地区属于长城沿线以北的鄂尔多斯高原，东以和林格尔、东胜、榆林一线为界，西至贺兰山，北达阴山山脉。区内多为高平原地形，主要地貌类型有沙丘沙地、湖盆滩地、冲积洪积平原和土石丘陵山地。

2.黄土高原北部风蚀水蚀区

本区大致位于神池、灵武、兴县、绥德、庆阳、固原、定西、东乡一线以北，长城沿线以南的地区，主要为黄土梁峁丘陵沟壑地貌类型。坡陡沟深，地形破碎，长城沿线附近有片沙覆盖。本区属半干旱草原地带，植被稀疏覆盖度低，草地面积不少但不成片，多与农田镶嵌分布，加之撂荒轮垦，草地多被破坏，面积缩小。目前，植被覆盖度为30%～35%，草层低矮，草场退化。本区气候干旱，年降水量为250～450 mm，降雨集中且多暴雨。春秋多风，全年大于和等于8级大风日数平均为5～20天，局部地区可达27天左右，沙暴日数年均4天以上，有些地方可达15天左右。自然植被破坏严重，水蚀强烈，风蚀亦很显著，是黄土高原生态环境最为脆弱、土壤侵蚀最为严重的地区。本区划分为7个侵蚀区。

3.黄土高原南部水蚀区

本地区北接风蚀地区，南界为秦岭北坡。地貌类型复杂，有黄土丘陵、黄土塬、河谷平原、土石丘陵与山地，年降水量为500～700 mm，气候温暖湿润，植被较好，属森林、森林草原环境。森林主要分布于一些山地，如子午岭、黄龙山、关山、吕梁山、太行山及秦岭北坡等地，其余地方多为农地和牧荒地，植被破坏严重。境内地面组成物质除山地有大面积基岩出露外，多为黄土所覆盖，土层深厚，土壤肥沃，一般为中壤及重壤土。除个别河滩沙地有风蚀外，全地区主要是水蚀，局部沟壑陡坡伴有重力侵蚀。由于各地地貌及植被等条件不同，土壤侵蚀区域性差异显著。植被较好的山地和次生林区、冲积平原区侵蚀最轻，塬区、盆谷、土石丘陵区居中，黄土丘陵区最严重。根据自然条件和侵蚀情况，本区可分为12个侵蚀区。

2.3.1.2　东北低山丘陵和漫岗丘陵区

本类型区南界为吉林省南部，西、北、东三面为大、小兴安岭和长白山所围绕。在此范围内，除了三江平原外，其余地方都有不同程度的土壤侵蚀。这一类型区又可分为大兴安岭、小兴安岭、低山丘陵和漫岗丘陵区。

1.大兴安岭区

大兴安岭区地势西部和西北部高，东部和南部低，东陡西缓，海拔为300～1400 m。山地起伏和缓，大部分为低山丘陵和宽阔谷地。本区属寒温带气候为夏季短暂，冬季漫长而寒冷。据调查，黑龙江省大兴安岭区总面积为8.47×10^4 km^2，有发生土壤侵蚀潜在危险的土地面积为7.28×10^8 km^2，已发生土壤侵蚀面积为2.53×10^4 km^2，占总面积的29.9%，其中强度侵蚀面积为379 km^2，中度侵蚀面积为583 km^2，轻度侵蚀面积为2.44×10^4 km^2，分别占已侵蚀面积的1.5%、2.3%和96.2%，主要侵蚀形式有沙砾化面蚀、细沟和沟状侵蚀、河沟侵蚀、崩塌、泻溜、冻融侵蚀等。

2.小兴安岭区

小兴安岭区位于黑龙江省北部，总面积为1.15×10^5 km^2，东南—西北走向，海拔为250～1000 m，山体广阔，坡度平缓，低山丘陵占85.3%，山前台地占12%，河谷冲积平原占

2.7%。多年平均降水量为 523 mm，森林覆盖率较高，但因山地丘陵多，土壤侵蚀潜在危险程度很大，洪涝灾害频繁。伊春林区自 20 世纪 80 年代以来就发生水灾 6 次，其中 1985 年发生大面积山洪，15 个区(局)无一幸免，伊春市区过水面积达 6 km^2，最深处积水 3.2 m。据 1985 年调查，小兴安岭区土壤侵蚀面积为 2.48×10^6 hm^2，占本区总面积的 21.55%，其中耕地土壤侵蚀面积为 1.25×10^6 km^2，荒地侵蚀面积为 2.11×10^4 hm^2，林地侵蚀面积为 1.21×10^6 hm^2。土壤侵蚀在坡耕地以细沟侵蚀为主，在植被稀少的荒地以鳞片状侵蚀为主，在林木采伐区集材道以沟蚀为主，河沟沿岸崩塌严重。

3.低山丘陵区

本区主要分布在小兴安岭南部的汤旺河，完达山西侧的倭肯河上游，牡丹江、张广才岭西部的蚂蚁河、阿什河、拉林河等流域，吉林东部和中部的低山丘陵也属本区范围。这一带开垦已有百年，垦殖指数在 20%左右，其中大于 10°的坡地不少。加之降雨量较大，故有很大的侵蚀危险性。但这些地区天然次生林较多，植被覆盖率亦较高，面蚀与沟蚀为轻度和中度，局部地方侵蚀较严重。例如，牡丹江地区原来的山地暗棕色森林土厚度为 50 cm 以上，经侵蚀后，逐步变为中层和薄层土壤。表土年流失厚度为 0.5 cm 左右，年流失量为 3000～5000 t/km^2。

4.漫岗丘陵区

本区为小兴安岭山前冲积洪积台地，具有较缓的波状起伏地形。海拔一般为 180～300 m，相对高差为 10～40 m，丘陵与山地界线明显。这一带原来是繁茂的草甸草原，近五六十年来进行开垦，垦殖指数达 70%以上，土壤侵蚀面积大，分布于 20 多个县，为我国东北黑土侵蚀有代表性的类型。其中嫩江支流乌裕尔河、雅鲁河和松花江支流呼兰河等流域土壤侵蚀较为严重。

2.3.1.3 北方山地丘陵区

本区是指东北漫岗丘陵以南，黄土高原以东，淮河以北，包括东北南部，河北、山西、内蒙古、河南、山东等省(自治区)范围内有土壤侵蚀现象的山地、丘陵。这一类型区的地形特点是山地丘陵都以居高临下之势环抱平原，如华北平原周围，北有燕山，西接太行山，南有秦岭余脉呈一弧形，屏障着这一大平原。从高山—低山—丘陵(垄岗)—谷地(盆地)—平原呈梯级状分布，如豫西北太行山区，主要地貌类型有中山、低山、丘陵和山间盆地，中山海拔一般为 1000～1500 m，低山、丘陵为 400～800 m，林县盆地为 300 m 左右。

2.3.1.4 南方山地丘陵区

本类型区大致以大别山为北屏，巴山、巫山为西障，西南以云贵高原为界，东南直抵海域，包括中国台湾地区、海南岛以及南海诸岛。土壤侵蚀主要集中在长江和珠江中游，以及东南沿海的各河流的中、上游山地丘陵。

南方山地丘陵区温暖多雨，有利于植被的恢复和生长，地面植被覆盖好，雨量丰沛，年降水量达 1000～2000 mm，且多暴雨，最大日雨量超过 150 mm，1 小时最大雨量超过 30 mm，因而地面径流较大，年径流深在 500 mm 以上，最大达 1800 mm，径流系数为 40%～70%，侵蚀力强。加之炎热高温风化作用强烈，地面花岗岩、紫色砂页岩及红土又极易破碎。因此，在植被遭到破坏的浅山、丘陵岗地，土壤侵蚀相当严重。由于土壤、母质及其他自然因素的不同，本区内又有不同类型。

2.3.1.5 四川盆地及周围山地丘陵区

四川盆地大致在北以广元，南以叙永，西以雅安，东以奉节为4个顶点连成的一个菱形地区内，盆地西部为成都平原，其余部分为丘陵。盆地四周为大凉山、大巴山、巫山、大娄山等山脉所围绕。甘肃南部、陕西南部及湖北西部山区因与本区山体相连，特点相似，可附于本区。整个四川盆地，平坝仅占7%，丘陵约占52%，低山约占41%。丘陵分为浅丘与深丘两类。浅丘地区平坝被丘陵所分割，深丘地区平坝变得相当狭窄。四川盆地气候温和，雨量丰富，大部分地区年平均降水量在1000 mm左右，但季节分配不均，夏季降雨集中，多暴雨，径流丰沛，径流系数为40%～50%，因而侵蚀强烈。由于盆地中多紫色砂页岩，土壤呈现红色。大量的深丘和浅山部分遭到不合理开垦，植被受到明显破坏，地面缺乏植被覆盖的山地、丘陵，土壤侵蚀十分严重，年侵蚀模数达1000～5000 t/km^2。盆地内紫色砂页岩丘陵的一般侵蚀特征与南方山地丘陵区基本相同。

2.3.1.6 云贵高原及其山地丘陵区

本区包括云南、贵州及湖南西部、广西西部的高原、山地和丘陵。西藏南部雅鲁藏布江河谷中、下游山区的自然状况和土壤侵蚀特点与本区相近，可附于本区内。高原西部横断山脉最显著的特点是，高山与峡谷相间，相对高差达千米以上，由此造成了自然地带的错综配置与垂直分布，幽谷底部是热带，山岭顶部是寒温带以至寒带，有“一山分四季，十里不同天”的谚语。沿着山脊，高寒的景色往南伸；沿着峡谷，温热的景色往北伸。

2.3.2 以风力侵蚀为主的类型区

2.3.2.1 半湿润地带沙漠化土地零星风蚀区

本区系指东北平原西部及黄淮海平原中部（以豫东为主）片状分布的沙漠化土地而言，其特点是风蚀沙漠化土地零星分布，面积不大。由于所处自然条件较为优越，在不继续破坏其生态平衡的情况下，有逆转的可能性。

2.3.2.2 半干旱草原地带及荒漠草原地带风蚀沙漠化发展区

本区包括贺兰山以东，白城、康平一线以西，彰武、多伦、商都、横山、景泰一线以北，国境线以南的广大地区。其特点为风蚀沙漠化土地分布比较集中，水分植被条件稍好，尚可适度利用，但若过度干预，沙漠化很容易发生和发展。沙漠化各阶段（潜在的，正在发展的、强烈发展的和严重的沙漠化阶段）都有分布，且仍有发展的趋势。因脆弱的生态平衡，自我逆转过程较慢，并且有反复性。

2.3.2.3 干旱荒漠地带流沙入侵及固定半固定风蚀沙丘区

本区包括贺兰山乌鞘岭以西的广大地区，其特点是在一些大沙漠边缘地区，沙漠化发展受河流变迁的影响，并与风力作用下沙丘前移和过度樵采、放牧及山前平原植被有关。由于自然条件较为恶劣，在生态平衡破坏以后，自我逆转的可能性很小。

2.3.3 以冻融侵蚀为主的类型区

2.3.3.1 冰川侵蚀区

高原上的喜马拉雅山、昆仑山、喀喇昆仑山、唐古拉山、念青唐古拉山、巴颜喀拉山、积石山、阿尔金山，以及横断山脉的大雪山、雪山、宁静山等山脉中，许多山峰高耸在雪线（海拔为 4000～6000 m)以上，终年冰雪皑皑，发育有多种类型的现代冰川，一般长 3～5 km，也有长达 20～26 km 的，最长的超过 35 km。冰川侵蚀十分强烈，造成许多锥形山峰、角峰、冰斗和冰川槽谷。在雪线以下，冰川危害的几十千米的地方形成一些冰碛堆积物及冰碛湖。

2.3.3.2 冻土侵蚀区

冻土侵蚀主要分布在冰川侵蚀线以下及海拔 3000 m 以上的区域。根据海拔高度、气候、岩石、地形条件以及主要营力，按照冻土发育的程度，将冻土侵蚀划分为强烈发育区、中等发育区和微弱发育区。

1. 冻土侵蚀强烈发育区

青海、新疆南部和西藏北部的高原山地，海拔多在 4500 m 以上，多年冻土面积很大，南北延伸 500 余千米，冻土厚度多为 70～80 m，由于冻胀和冻融蠕流作用产生冻土侵蚀。埋藏较浅(2 m 左右)的地下冰，厚度通常为 3～5 m，常常产生热融滑塌。在海拔 5000 m 以上的山地，由于寒冻风化作用，造成一些石海、石流坡和石条等。

2. 冻土侵蚀中等发育区

在喜马拉雅山及藏南山地，如珠穆朗玛峰和希夏邦马峰北坡，多年冻土带的下界在海拔 4900～5000 m 处。在海拔 5200 m 以上，主要是剥蚀带，有相对高度达 200 m 的巨大岩屑锥，众多的泥流阶地、泥流及微型石环、石带和多边土等。在盆地河谷中，还常见有冰卷泥、热融湖塘、斑土等。

3. 冻土侵蚀微弱发育区

西藏东南部的念青唐古拉山东端，属海洋性季风气候，冬季干冷，夏季湿热，在海拔 4000 m 以下为森林带，有些地方现代冰川可延伸到森林带内，山地几乎没有高山苔原带，冻土基本上不发育；川西贡嘎山与滇北玉龙山一带的横断山地，同样带有海洋湿润气候的性质。在海拔 3000～4000 m 范围内，泥流阶地、泥流、石河、冻胀斑土仍有出现，在较陡峻的山坡上，岩屑堆、石流坡等则很常见。

第3章　水土流失治理技术与措施

3.1　小流域水土流失治理技术与措施

3.1.1　小流域水土流失治理措施配置与设计

3.1.1.1　水土保持措施设计的依据与原则

1.水土保持措施设计的依据

(1)自然与社会经济状况

自然环境条件不仅与水土流失过程有紧密关系，而且与水土保持措施的选择与应用有密切关系。水土保持措施的选择与数量应当与社会经济条件相适应，水土流失治理应当作为社会经济条件改善的基础设施来对待。各种水土保持措施的选择与安排，应当既符合自然环境条件，又满足社会经济条件的支撑与需求，不能脱离实际。

(2)水土流失状况

水土流失现状与流失规律的掌握是水土保持措施安排的基础。首先要明确小流域水土流失的空间分布，水土流失的类型、强度，土壤侵蚀模数，山地灾害的情况等，分析水土流失的自然和人为影响因素，查清落实每一块土地的水土流失类型、强度及程度，将土地利用方向规划作为地块水土保持措施安排的重要依据。

(3)水土保持规划

水土保持规划是为了防治水土流失，做好国土整治，合理开发利用并保护水土及生物资源，改善生态环境，促进农、林、牧生产和经济发展，根据土壤侵蚀状况、自然和社会经济条件，应用水土保持原理、生态学原理及经济规律，制定的水土保持综合治理开发的总体部署和实施安排。水土保持规划分总体规划与实施规划，对流域水土流失在系统分析的基础上，对土地利用和水土保持措施进行全面安排，是进行水土保持措施设计的重要依据。水土保持措施的布局、配置要在规划的指导下进行安排。

(4)水土保持规范标准

水土保持措施的设计要遵守相关的国家、行业标准及规范。与水土保持措施设计相关的标准规范主要包括以下部分：

《水土保持综合治理技术规范》(GB/T 16453.1～6—2008)

《水土保持工程初步设计报告编制规程》(SL 449—2009)

《造林技术规程》(GB/T 15776—2006)

《生态公益林建设技术规程》(GB/T 18337.3—2001)

《生态公益林建设导则》(GB/T 18337.1—2001)

《生态公益林建设规划设计通则》(GB/T 18337.2—2001)

《水土保持工程概(估)算编制规定》(水利部水总〔2003〕67号)

《造林作业设计规程》(LY/T 1607—2003)

《土地开发整理项目规划设计规范》(TD/T 1012—2000)

《水土保持监测技术规程》(SL 277—2002)

《土壤侵蚀分级标准》(SL 190—2007)

《开发建设项目水土保持技术规范》(GB 50433—2008)

《水土保持综合治理规划通则》(GB/T 15772—2008)

《开发建设项目水土流失防治标准》(GB 50434—2008)

《水利水电工程制图标准　水土保持图》(SL 73.6—2015)

……

(5)可行性研究报告

可行性研究报告对小流域水土流失综合治理工程的规模、数量、投资、主要技术措施、总体布局、治理标准等作出了详细规定,已经批复的可行性研究报告是水土保持措施设计的重要依据。

2.水土保持措施设计的原则

(1)目标明确,责任落实

从法律法规和标准规范来说,生产建设项目水土保持设计的首要原则是目标明确,责任落实。根据《中华人民共和国水土保持法》的规定,开办生产建设项目或者从事其他生产建设活动造成水土流失的,应当进行治理;在山区、丘陵区、风沙区以及水土保持规划确定的容易发生水土流失的其他区域开办可能造成水土流失的生产建设项目,生产建设单位应当编制水土保持方案;水土保持方案应当包括水土流失预防和治理的范围、目标、措施和投资等内容。因此,通过分析项目建设及运行期间扰动地表面积、损坏水土保持设施数量、新增水土流失量及产生的水土流失危害等,结合项目征占地及可能产生的影响情况,合理确定项目的水土流失防治责任范围,在此时间、空间范围内造成的水土流失防治责任应由生产建设单位负责。《开发建设项目水土流失防治标准》对生产建设项目的水土流失防治还提出了明确的目标要求,除需满足基本规定要求外,还应根据项目所处水土流失防治区和区域水土保持生态功能重要性,确定项目的水土流失防治标准执行的等级,并按防治目标的要求落实各项防治措施。

(2)预防为主,保护优先

预防为主是水土保持的工作方针之一,也是生产建设项目水土保持设计的基本原则之一,这就要求生产建设项目的水土流失防治应由被动治理向事前控制转变,防患于未然。因此,生产建设项目水土保持设计应按照“预防为主,保护优先”的基本要求,突出水土保持对项目建设的约束作用,强化建设项目选址(线)和规划布局的水土保持方案比选,优化工程布置和施工组织设计,选用先进的施工和生产工艺,同时,在建设期注重施工期的施工管理和临时防护措施,以减少可能产生的水土流失。这一原则是优化设计的根本

原则，应用得好，可起到事半功倍的效果。

(3)综合治理，因地制宜

综合治理、因地制宜既是水土保持的工作方针之一，同样也是生产建设项目水土保持设计的基本原则之一。对于生产建设项目水土保持而言，综合防治就是在对主体设计进行分析评价的基础上，在保障运行安全的前提下，做到主体工程设计与水土保持设计相互衔接，工程措施与植物措施、永久措施与临时措施结合，形成有效的水土流失综合防治措施体系，确保水土保持设施发挥作用。因地制宜就是要根据生产建设项目的水土流失特点，结合项目所在地理区位、地形地貌、气象、水文、土壤、植被等情况，开展工程、植物和临时防护措施的布设和设计。对于我国这样一个幅员辽阔，气候类型多样，地域自然条件差异显著，景观生态系统呈现明显的地带性分布特点的国家，植物措施设计尤其要注重“因地制宜”原则，以提高植物措施的适宜性，保证植物成活、生长、稳定和长效。

(4)综合利用，经济合理

生产建设项目以扩大生产能力或新增工程效益为主要目的，项目的产出和投入必须符合国家有关技术经济政策的要求。经济合理可以说是生产建设项目立项的重要先决条件。水土流失防治作为生产建设项目法人必须履行的义务，其所需费用在基本建设投资或生产费用之中计列。因此，工程设计要确立综合利用和经济合理的原则，有选择地保护剥离表层土，留待后期植被恢复时使用；提高主体工程开挖土石方的回填利用率，加强弃土弃渣的综合利用，以减少工程弃渣；临时措施与永久防护措施相结合，做到经济节约；通过水土保持总体方案及主要措施布置比选以及优化设计，确定选择取料方便、省时省工、费少效宏的水土保持措施设计方案。

(5)生态优先，景观协调

随着我国经济社会的发展，广大人民群众物质、精神和文化需求日益提高，生产建设项目的工程设计、建设在满足预期功能或效益要求的同时，也逐步向“工程与人和谐相处”方向发展，建设生态友好型和生态景观型的工程已成为今后我国工程设计坚持的重要发展方向。因此，水土保持必须坚持“生态优先、景观协调”的原则，措施配置应与周边的景观相协调，在不影响主体工程安全和运行管理要求的前提下，尽可能采取植物措施，必要时还可对主体工程规划布局及设计提出水土保持建议或要求。水土保持既要达到控制和治理生产建设项目水土流失的目的，同时，还要充分用植物措施这一水土流失防治的重要手段，营造具有良好生态景观的工程，起到恢复和改善生态环境和人居环境的目的。

3.1.1.2　水土保持措施设计的内容

1.水土保持措施的主要类型

水土保持措施是指为防治水土流失，保护、改良与合理利用水土资源，在流域水土保持规划基础上所采取的工程措施、林草措施、农业措施的总称。

(1)工程措施

工程措施是指为了防治水土流失危害，保护和合理利用水土资源而修筑的各项工程设施。一般分为三大类：第一类包括梯田、水平阶、水平沟、鱼鳞坑等治坡工程，第二类是淤地坝、拦沙坝、谷坊、沟头防护等治沟工程，第三类是池塘、滚水坝、排水系统和灌溉系统等小型水利工程。

(2)林草措施

林草措施是指为防治水土流失,保护与合理利用水土资源,通过人工造林种草、封育、管护等措施,恢复水土流失退化土地上的植被群落数量和改善植被质量,从而达到维护和提高土地生产力、改善生态环境的一种水土保持措施,又称“生物措施”。林草措施主要包括水土保持林、水土保持经济林(果园)、水土保持种草三大类型。其中,水土保持林又可依据地形地貌部位和防护及生产目的细分为水土保持用材林、水土保持薪炭林、水土保持护牧林、坡耕地上的等高绿篱、径流泥沙调节林带、侵蚀沟道水土保持林、水源涵养林等;水土保持经济林(果园)主要是指以经济为主要目的的经济林(果园),要兼顾好水土保持,以水土保持为主要目的的水土保持林要适当兼顾经济效益;水土保持种草包括人工种草和人工促进天然草本植物的恢复两种类型。

(3)农业措施

在水蚀或风蚀的农田中,以改变坡面微小地形增加植被覆盖或增强土壤有机质抗蚀力等方法,保土蓄水,改良土壤,以提高农业生产的技术措施。如等高耕作、等高带状间作、沟垄耕作、少耕、免耕等。水土保持农业措施主要包括水土保持耕作措施、水土保持栽培技术措施、土壤培肥技术、旱作农业技术和复合农林业技术等。

2.水土保持措施选择与空间安排

根据小流域水土流失综合治理目标,进行土地利用结构、水土资源合理利用调整,确定水土流失综合治理措施总体布局。林草措施、农业措施与工程措施相结合,形成层层设防、层层拦截的水土保持措施体系,优化土地利用结构,提高水土资源利用效率。在措施的选择上,要尽量做到生态与经济兼顾,提升流域经济总产出,有助于增强流域可持续发展能力。

立体配置方面。根据小流域的地貌特征和水土流失规律,由分水岭至沟底分层设置防治体系。如黄土丘陵沟壑区梁峁顶和梁峁坡设置梯田粮果带,沟坡设置灌草生物措施带,沟底设置谷坊、坝库等沟道工程体系。在黄土高原沟壑区的现代侵蚀沟沿线附近,设置沟头防护工程和沟边埂工程,防止沟头延伸和沟岸扩张。

水平配置方面。以居民点为中心,道路为骨架,建立近、中、远环状结构配置模式。村庄房前屋后发展种植、养殖庭院经济和四旁植树。居民点附近建立以水平梯田、水地为主的粮食生产和经济果木开发区。远离居民点的地带建设以乔灌草相结合的生态保护区和燃料、饲料基地。中间地带,粮、林、草间作,水土保持防护措施和耕作措施相配合。

在有条件的地方可提出两种以上的不同布局方案,分析其投入、产出,减少水土流失量等指标,用系统工程原理,明确目标函数和约束条件,建立数学模型,电算求解,选出优化的治理措施布局方案。

3.水土保持措施设计要求

以《水土保持综合治理技术规范》为标准,结合当地的实际情况,具体设计各单项治理措施。面上的治理措施按照本规定的要求或者作出一个标准设计图,总体布置图上有该项措施的图斑,每个图斑在设计时,按照标准设计图的要求进行。对于总库容1万立方米以上的治沟拦洪工程,应有单项工程设计。

3.1.1.3 水土保持工程措施设计的方法与步骤

1.设计资料收集与规范标准的熟悉

(1)设计规范标准

首先要了解、熟悉水土保持相关的技术标准、规范,结合自然条件、水土流失现状分析,根据不同治理措施,确定措施的设计标准。

(2)图面资料

图面资料是水土流失综合治理工程设计中普遍使用的基本工具,采用近期大比例尺地形图(1∶1000～1∶3000)。此外,还应收集区域内已有的土壤、植被分布图,土地利用现状图,农业、林业区划及规划图,水土保持专项规划图等相关图件。

(3)自然环境

自然环境条件主要包括气象因素、水文因素、土壤因素、地质地貌因素、植被因素等。

(4)流域特征

各地貌单元分布情况,包括流域面积、形状系数、海拔及相对高差、流域平均长度及宽度、沟道比降、沟壑主密度、地面坡度、水系、地被物等流域特征。

(5)水土流失状况

水土流失状况包括水土流失类型,土壤侵蚀模数,年土壤侵蚀量,水土流失面积分布,山地灾害的分布点及影响范围;水土流失对下游的影响,对生态、生活、基础设施的危害;已有的水土流失治理措施的类型、分布、防治效果及其存在的问题。

(6)社会经济状况

社会经济状况包括行政区划、人口总数、人口密度、人口自然增长率、农业人口、劳动力总数等情况;经济收入来源及收入状况、土地利用结构、粮食产量、道路交通。

2.小流域规划文件分析与水土保持措施优化配置

水土保持措施设计要在水土保持小面积实施规划控制之下进行。小面积实施规划是指小流域或乡、村级的规划,面积为几平方千米至几十平方千米。其主要任务是:根据大面积总体规划提出的方向和要求,以及当地农村经济发展实际,合理调整土地利用结构和农村产业结构,具体地确定农、林、牧生产用地的比例和位置,针对水土流失特点,因地制宜地配置各项水土保持防治措施,提出各项措施的技术要求,分析各项措施所需的劳力、物资和经费,在规划期内安排好治理进度,预测规划实施后的效益,提出保证规划实施的措施。

首先要掌握规划的意图,理解规划的措施体系。要针对总体规划内容,分析规划的特点,对措施的类型、数量、立体与水平布局进行详细分析、仔细核对,分析小流域措施体系布设的合理性与水土流失防治目标之间的关系。在小面积实施规划的指导下,依据实际情况对水土保持措施的布局、措施类型及设计标准进行优化。水土保持措施分析的重点要放在其空间上的布局和对每一项措施、单项工程的设计标准要求。要根据规划的详细程度,对已经作了初步设计的一些措施,可以直接转入详细设计。

3.水土保持措施设计

小流域水土流失综合治理项目初步设计要在认真调查、勘察、试验和研究,取得可靠资料的基础上,经分析、论证、方案比较等,作出结论,并进行设计,对可研阶段报告成果进行复核，按批复文件的要求，对工程设计作补充。

(1)初步设计报告的主要内容

初步设计的主要内容有：①综合说明，即初步设计文件的纲要和结论，全国性大型项目此部分内容应单独成册。②复核项目区的气象、地形、土壤、植被等自然条件。③复核项目任务，确定建设规模，综合治理拦蓄暴雨、排泄洪水、控制水土流失量等标准，防治分区及治理措施布局，分类型区典型设计及不同工程典型设计。④防治工程布置及主要设施。⑤说明施工人力、材料、设备等总布置原则，施工进度安排原则及分期要求，关键措施和路线。⑥确定工程管理范围、办法、管理机构、工程运用及工程监测等。⑦按工程概算编制办法和标准，编制设计概算。⑧复核经济评价，对上阶段成果补充修正。⑨有关附件、附表。

在各类设计文件中均应附工程特性表，参照水利工程技术规范，结合水土保持工程的特点设计特性表，其内容包括工程范围、降雨径流泥沙、设计标准、工程效益、主要工程施工(工程量、材料、所需劳力及设备等)、经济指标等的单位与数量。

(2)治理措施登记表

经过设计的各项治理措施都应该建立登记表。

①登记表类别按措施类别分为治沟骨干工程登记表、淤地坝登记表、小型蓄排工程登记表、基本农田登记表、植物措施登记表等。

②登记表的内容包括工程位置、图斑号、措施面积、承包人姓名、开工日期、完工日期、设计的主要指标(设计标准、结构尺寸、投工、投资、主要材料用量等)、检查验收的情况和意见、效益检查的情况和意见等。

③图斑设计按标准设计完成，用登记表表示设计结果即可。需要进行单项设计的工程，应在登记表后面附上单项设计资料。重点工程的设计资料应单独成册，作为初步设计报告的附件。

4.水土保持措施设计效果评价

小流域水土流失综合治理是在水土流失综合治理规划的指导下，合理安排工程、林草、农业措施体系，实行山、田、水、林、路综合治理，达到保护和合理利用水土资源，实现经济社会的可持续发展。因此，水土保持措施不仅要适应自然，也要改造自然，在对水土流失规律认识的基础上选择、布设恰当的水土保持措施，从而保障水土保持措施的合理性与高效性。

水土保持措施设计实施效果的评价，主要从小流域措施体系需求、水土资源利用效率、措施的技术经济可行性、措施的替代性效益、小流域生态安全性等方面进行评价。在不同设计方案比对的基础上，选择最适宜的措施并确定措施的规模、质量、施工方案及其管理方法。

3.1.2 水土保持工程措施

我国根据兴修目的及其应用条件，将水土保持工程分为以下四种类型：①坡面防护工程；②沟道治理工程；③小型水库工程；④山地灌溉工程。

在规划布设小流域综合治理措施时，不仅应当考虑水土保持工程措施与生物措施、农业耕作措施之间的合理配置，而且要求全面分析坡面工程、沟道工程、节水灌溉工程之间的相互联系，工程与生物相结合，实行沟坡兼治、上下游治理相配合的原则。

水土保持工程措施的洪水设计标准根据工程的种类、防护对象的重要性来确定。坡面工程均按 5～10 年一遇 24 小时最大暴雨标准设计。治沟工程及小型蓄水工程防洪标准根据工程种类、工程规模确定。淤地坝、拦沙坝一般按 10～20 年一遇的洪水设计，50～100 年一遇的洪水校核。引洪漫地工程一般按 5～10 年一遇的洪水设计。

小流域综合治理是一项系统工程，包括多种措施。随着系统工程的发展，在水土保持工程规划设计中，将会更广泛地应用系统工程理论。另外，为了使水土保持工程的设计与施工现代化，将逐步推广应用计算机辅助设计方法与先进的机械施工设备。

3.1.2.1 山坡防护工程

山坡防护工程的作用在于改变地形的方法，防止坡地水土流失，将雨水及雪水就地拦蓄，使其渗入农地、草地或林地，减少或防止形成坡面径流，增加农作物、牧草以及林木可利用的土壤水分。同时，将未能就地拦蓄的坡地径流引入小型蓄水工程。在有发生重力侵蚀危险的坡地上，可以修筑排水工程或支撑建筑物防止滑坡作用。属于山坡防护工程的措施有：梯田、拦水沟埂、水平沟、水平阶、水簸箕、鱼鳞坑、山坡截留沟、水窖(旱井)、蓄水池以及稳定斜坡下部的挡土墙等。

1. 坡面集水保水工程

水是农业的命脉，尤其是旱农地区，水资源的状况对农业生产更有着特别重要的意义。集水技术是在干旱地区充分利用降水资源为农业生产和人畜生活用水服务的一种技术措施。坡面集水保水工程主要包括水窖(又名“旱井”)、蓄水池(又名“涝池”)、山边沟渠工程、鱼鳞坑、水平沟和水平阶等。

(1)水窖

水窖是修建于地面以下并具有一定容积的蓄水建筑物。水窖由水源、管道、沉沙、过滤、窖体等部分组成。主要功能有：拦蓄雨水和地表径流；提供人畜饮水和旱地灌溉的水源；减轻水土流失。

水窖可分为井窖、窑窖、竖井式圆弧形混凝土水窖和隧洞形(或马鞍形)浆砌石水窖等形式。水窖可根据实际情况采用修建单窖、多窖串联或并联运行使用，以发挥其调节用水的功能。

(2)蓄水池

以拦蓄地表径流为主而修建的，蓄水量为 50～1000 m^3 的蓄水工程，称为蓄水池。其主要功能有：拦蓄地表径流；充分和合理利用自然降雨或泉水；就近供耕地、经济林果灌溉和人畜饮水需要；减轻水土流失。

蓄水池按建筑材料可划分为土池、三合土池、浆砌条石池、浆砌块石池、砖砌池和钢筋混凝土池等；按建筑形式可划分为圆形池、矩形池、椭圆形池等几种类型；按池口的结构形式可划分为封闭式和开敞式两大类。

(3)山边沟渠工程

为防治坡面水土流失而修建的截排水设施，统称为坡面沟渠工程。坡面沟渠工程是坡面治理的重要组成部分。其主要功能有：拦截坡面径流，饮水灌溉；排出多余来水，防止冲刷；减少泥沙下泄，保护坡脚农田；巩固和保护治坡成果。

沟渠工程有以下几种类型：截水沟（水平沟、沿山沟、拦山沟、环山沟及梯田内的边沟、背沟等）、排水沟（撇水沟、天沟、排洪沟）、蓄水沟（水平竹节沟）、引水渠（堰沟）、灌溉渠等。

(4)鱼鳞坑、水平沟和水平阶

在坡地上造林整地，是提高造林成活率，改善林木生长条件的重要环节。通过整地，可拦截地表径流，蓄水保墒，提高土壤的抗旱能力；改善立地条件，调节造林地的光照、热量、水分和空气状况，以满足不同树种的需要；保持水土，减免土壤侵蚀，增加活土层，提高土壤肥力，促进苗木生长。鱼鳞坑、水平沟和水平阶是常见的几种造林整地方法。

①鱼鳞坑：鱼鳞坑是陡坡地（45°）植树造林的整地工程，多挖在石山区较陡的梁峁坡面上，或支离破碎的沟坡上。由于这些地区不便于修筑水平沟，因而采取挖坑的办法分散拦截坡面径流。鱼鳞坑的布置是从山顶到山脚每隔一定距离成排地挖月牙形坑，每排坑均匀沿等高线挖，上下两个坑既交叉又相互搭接，呈“品”字形排列。

②水平沟：水平沟是治理坡耕地不可缺少的工程措施，它与其他水保工程措施配套，对改变地形、拦蓄降水、减轻地表径流、减少土壤冲刷、增加土壤抗蚀、渗透、蓄水性能、提高农作物产量具有显著的效果，在技术措施中应用广泛。在坡面不平、覆盖层较厚、坡度较大的丘陵坡地，采用水平沟，即沿等高线修筑，沟底用来拦截坡地上游降雨径流，使其变为土壤水。

③水平阶：水平阶是沿等高线自上而下里切外垫，修成一台面，台面外高里低，以尽量蓄水，减少流失，但其效果不如水平沟。挖水平阶时先从最下边一台挖起，挖第二台时把表土翻到第一台，挖第三台时把表土翻到第二台，依次下翻，最后一台就近采用表土填盖台面。水平阶多用于退耕地及荒山的缓坡和中坡，如在山石多、陡坡大（10°～25°）的坡面上，适宜营造山杏、山桃、沙棘、柠条等水土保持林。

2. 梯田

梯田是山区、丘陵区常见的一种基本农田，它是由于地块顺坡按等高线排列呈阶梯状而得名。在坡地上沿等高线修成阶台式或坡式断面田地，梯田可以改变地形坡度，拦蓄雨水，增加土壤水分，防治水土流失，达到保水、保土、保肥的目的。同改进农业耕作技术结合，能大幅度地提高产量，从而为贫困山区退耕陡坡，种草种树，促进农、林、牧、副业全面发展创造了前提条件。我国规定，25°以下的坡耕地一般可修成梯田，种植农作物；25°以上的则应退耕植树种草。

由于我国各地的自然地理条件、劳动力多少、土地利用方式与耕作习惯、治理程度等不同，修筑梯田形式各异，其分类方法也有多种，但主要有以下几种：

(1)按断面形式分类

①阶台式梯田：在坡地上沿等高线修筑呈逐级升高的阶台形的田地。中国、日本、东南亚各国以及人多地少地区的梯田，一般属于阶台式。阶台式梯田又可分为水平梯田、坡式梯田、反坡梯田和隔坡梯田 4 种。

a. 水平梯田：田面呈水平，在缓坡地上修成的较大面积的水平梯田又称“捻地”或“条田”。它适于种植水稻、其他大田作物、果树等。

b. 坡式梯田：坡式梯田是顺坡向每隔一定间距沿等高线修筑地埂而成的梯田。依靠逐年耕翻、径流冲淤并加高地埂，使田面坡度逐年变缓，终至水平梯田。坡式梯田也是一种过渡的形式。

c. 反坡梯田：反坡梯田是田面微向内侧倾斜，反坡角度一般为1°～3°，能增加田面蓄水量，并使暴雨产生的过多的径流由梯田内侧安全排走。它适于栽植旱作与果树。干旱地区造林所修的反坡梯田，一般宽仅1～2 m。

d. 隔坡梯田：隔坡梯田是相邻两水平阶台之间隔一段斜坡的梯田。从斜坡流失的水土可被拦截流于水平阶台，有利于农作物的生长；斜坡段则种植草、经济林或林粮间作。一般25°以下的坡地上修隔坡梯田可作为水平梯田的过渡期。

②波浪式梯田：波浪式梯田是在缓坡地上修筑的断面呈波浪式的梯田，又称"软捻"或"宽埂梯田"。一般是在小于7°～10°的缓坡上，每隔一定距离沿等高线方向修建软捻和截水沟，两软捻和截水沟之间保持原来坡面。软捻有水平和倾斜两种：水平软捻能拦蓄全部径流，适于较干旱的地区；倾斜软捻能将径流由截水沟安全排出，适于较湿润的地区。软捻的边坡平缓，可种植作物。两软捻和截水沟之间的距离较宽，面积较大，便于农业机械化耕作。波浪式梯田在美国最多，前苏联、澳大利亚等国也较多。

(2)按田坎建筑材料分类

按田坎建筑材料分类，梯田可分为土坎梯田、石坎梯田和植物坎梯田。黄土高原地区，土层深厚，年降水量少，主要修筑土坎梯田；土石山区，石多土薄，降水量多，主要修筑石坎梯田；陕北黄土丘陵地区，地面广阔平缓，人口稀少，则采用灌木、牧草为田坎的植物坎梯田。

(3)按土地利用方向分类

按土地利用方向分类，梯田可分为农田梯田、水稻梯田、果园梯田和林木梯田等。

(4)按灌溉方法分类

按灌溉方法分类，梯田可分为旱地梯田和灌溉梯田。

(5)按施工方法分类

按施工方法分类，梯田可分为人工梯田和机修梯田。

3. 山坡固定工程

山坡岩土体与人类的生存、发展息息相关，山坡岩土体地带的古滑坡，地形平坦，土质松软肥沃，自然成为人类生息滋养之地。但是，山坡岩土体在提供给人类可利用的珍贵的土地资源的同时，也没有停止过给人类带来灾难。山坡岩土体的治理主要包括斜坡固定工程和沟头防护工程。

随着人口的不断增长，人均土地资源的减少，越来越多的山坡包括滑坡地带被开发、利用。山区的铁路、公路、水渠、水库、矿山和城镇等的建设，都有大量边坡工程，由于山坡岩土体不良的地质条件，在本身重力作用及各种外营力的长期作用下失去平衡，时常有崩塌、滑坡、滑塌、风化剥蚀等地质现象产生，并给人类带来严重灾害。为防治这些危害，常采用挡墙、抗滑桩、排水工程、护坡工程、植物固坡措施等斜坡固定工程。

山坡岩土体在水力侵蚀作用下，常产生面蚀、沟蚀等侵蚀现象，尤其是沟头侵蚀，如果不加防治，不但会蚕食耕地，切断交通，而且会将坡面切割得支离破碎，造成大量的土壤流失。作为坡面治理最后一道防线的沟头防护工程，可以拦蓄坡面径流泥沙，防止坡面径流由沟头进入沟道或使之有控制地进入沟道，从而制止沟头前进、沟底下切和沟岸扩张，减轻水土流失的危害。

(1)斜坡固定工程

斜坡固定工程是指为防止斜坡岩土体的运动、保证斜坡稳定而布设的工程措施，包括挡墙、抗滑桩、削坡、反压填土、排水工程、护坡工程、滑动带加固工程、植物固坡工程和落石防护工程等。斜坡固定工程在防治滑坡、崩塌和滑塌等块体运动方面起着重要作用，如挡土墙、抗滑桩等能增大坡体的抗滑阻力。排水工程能降低岩土体的含水量，使之保持较大凝聚力和摩擦力等。防治斜坡块体运动，要运用多种工程进行综合治理，才能充分发挥效果。如在有滑坡、崩塌危险地段修建挡墙、抗滑桩等工程措施时，配合使用削坡、排水工程等减滑措施，可以达到固定斜坡的目的。

①挡墙：挡墙又称“挡土墙”，可防止崩塌、小规模滑坡及大规模滑坡前缘的再次滑动。抗滑挡墙与一般的挡墙有所不同：一般的挡墙在设计时，只考虑墙后土体的主动土压力；而抗滑挡墙需要考虑滑坡体的推力，滑坡体的推力一般都大于挡墙的主动土压力，如果算出的推力不大，则应与主动土压力比较，取其较大值进行设计。

按挡墙构造可以分为重力式、半重力式、悬臂式、扶壁式、支垛式、棚架扶壁式、框架式和锚杆挡墙等。这里仅介绍常见的重力式、悬臂式、扶壁式和锚杆挡墙。

②抗滑桩：抗滑桩是穿过滑坡体插入稳定地基内的桩柱。它凭借桩与周围岩石的共同作用把滑坡推力传入稳定地层，来阻止滑坡的滑动。使用抗滑桩，土方量小，省工省料，施工方便且工期短，是广泛采用的一种抗滑措施。

③削坡和反压填土：对于高陡边坡出现的滑床呈上陡下缓的推动式滑坡，如黄土崩塌性滑坡和破碎岩层滑坡，可采用在滑坡上部削坡和下部反压的方法，这是一种平衡滑体的有效措施。削坡就是清除或避开滑坡体，如邻近有容纳土石的空地时，可将部分或整个滑坡体挖开，或采用导滑工程，将滑坡体引向某地段，消除滑坡危害。削坡主要用于防止中小规模的土质滑坡和岩质斜坡崩塌。削坡可减缓坡度，减小滑坡体体积，从而减小下滑力。反压填土是在滑坡体前面的阻滑部分堆土加载，以增加抗滑力，填土可筑成抗滑土堤，土要分层夯实，外露坡面应干砌片石或种植草皮，堤内侧要修渗沟，土堤和老土之间要修隔渗层，填土时不能堵住原来的地下水出口，要先做好地下水引排工程。

④排水工程：排水工程可减免地表水和地下水对坡体稳定性的不利影响，一方面能提高现有条件下坡体的稳定性，另一方面允许坡度增加而不降低坡体稳定性。排水工程包括排出地表水工程和排出地下水工程。排出地表水工程的作用有两点：一是拦截病害斜坡以外的地表水；二是防止病害斜坡内的地表水大量渗入，并尽快汇集排走。它包括防渗工程和水沟工程。排出地下水工程的作用是排除和截断渗透水，包括明沟、暗沟、渗沟、排水孔、泄水隧洞、截水墙等。

⑤护坡工程：为防止崩塌，可在坡面修筑护坡工程进行加固。护坡工程是一种防护性工程措施，即修筑护坡工程必须以边坡稳定为前提，以防止坡面侵蚀、风化和局部崩塌为目的，若坡体本身不能保持稳定，就需要削坡或改修挡土墙等支挡工程。常见的护坡工程有：干砌片石和混凝土砌块护坡、浆砌片石和混凝土护坡、格状框条护坡、喷浆或喷混凝土护坡、锚固护坡等。

⑥滑动带加固工程:防治沿软弱夹层的滑坡,加固滑动带是一项有效措施,即采用机械或物理化学方法提高滑动带强度,防止软弱夹层进一步恶化。加固方法有灌浆法、石灰加固法等。

⑦植物固坡工程:植被能防止径流对坡面的冲刷,并能在一定程度上防止崩塌和小规模滑坡。植树造林对于渗水严重的塑性滑坡或浅层滑坡是一个有效的方法。对于深层滑坡,它只能部分减少地表水渗入到坡面之下,间接地有助于滑坡的稳定。

⑧落石防护工程:悬崖和陡坡上的危石会对坡下的交通设施、房屋建筑及人身安全产生很大的威胁。常用的落石防护工程有防落石棚、挡墙加拦石栅、囊式栅栏、利用植物的落石网和金属网覆盖等。

(2)沟头防护工程

沟头防护工程是指在沟头兴建的拦蓄或排出坡面暴雨径流,保护村庄、道路和沟头上部土地资源的一种工程措施。其主要作用是防止坡面径流由沟头进入沟道或使之有控制地进入沟道,从而制止沟头前进、沟底下切和沟岸扩张,并拦蓄坡面径流泥沙,提供生产和人畜用水。

沟头前进对工农业生产危害很大,主要表现为:蚕食耕地,切断交通,使地形更加支离破碎,造成大量的土壤流失。沟头侵蚀的防治,应根据沟头上部来水量和地形条件采取不同的沟头防护工程。根据沟头防护工程对沟头上部来水处理方式的不同,可将其分为蓄水式沟头防护工程和泄水式沟头防护工程。另外,当坡面来水不仅集中于沟头,同时在沟边另有多处径流分散进入沟道的,应在修建沟头防护工程的同时,围绕沟边修建沟边埂,防止坡面径流进入沟道。

①蓄水式沟头防护工程:当沟头上部来水较少,且有适宜的地方修建沟埂或蓄水池,能够全部拦蓄上部来水时,可采用蓄水式沟头防护工程,即在沟头上部修建沟埂或蓄水池等蓄水工程,拦蓄上游坡面径流,防止径流排入沟道。根据蓄水工程的种类,蓄水式沟头防护工程又分为沟埂式和围埂蓄水池式两种。

沟埂式沟头防护是在沟头上部的山坡上修筑与沟边大致平行的若干道封沟埂,同时在距封沟埂上方 1.0～1.5 m 处开挖与封沟埂大致平行的蓄水沟,拦蓄山坡汇集的地表径流。

当沟头以上坡面有较平缓低洼地段时,可在平缓低洼处修建蓄水池,同时围绕沟头前沿呈弧形修筑围埂,防止坡面径流进入沟道,围埂与蓄水池相连将径流引入蓄水池中,这样组成一个拦蓄结合的沟头防护系统,同时蓄水池内存蓄的水可以利用。

当沟头以上坡面来水较大或地形破碎时,可修建多个蓄水池,蓄水池相互连通组成连环蓄水池。蓄水池位置应距沟头前缘一定距离,以防渗水引起沟岸崩塌,一般要求距沟头 10 m 以上。蓄水池要设溢水口,并与排水设施相连,使超设计暴雨径流通过溢水口和排水设施安全地送至下游。蓄水池容积与数量应能容纳设计标准时上部坡面的全部径流泥沙。

②泄水式沟头防护工程:沟头防护应以蓄为主,做好坡面与沟头的蓄水工程,变害为利。而当沟头以上坡面来水量较大,蓄水式沟头防护工程不能完全拦蓄,或由于地形、土质限制,不能采用蓄水式时,应采用泄水式沟头防护工程把径流导至集中地点,通过泄水

建筑物有控制地把径流排泄入沟。

跌水是水利工程中常用的消能建筑物，在泄水式沟头防护工程中用作坡面水流进入沟道的衔接防冲设施。依据跌水的结构形式不同，泄水式沟头防护工程一般可分为悬臂跌水、台阶跌水、陡坡跌水和竖井跌水等几种基本类型。在实际工作中可根据不同的地形情况灵活设置跌水类型，如地处小兴安岭余脉丘陵漫岗区的新华农场，采用竖井式跌水防治水土流失，取得了较好的效果。

跌水通常由进口连接渐变段、跌水口、跌水墙、消力池和出口连接渐变段等几部分组成。跌水的水力计算包括设计流量计算、跌水口水力计算、消力池水力计算等。跌水的设计施工可参见有关书籍。

3.1.2.2　*沟道治理工程*

沟道治理工程是指为了固定沟床，拦蓄泥沙，防止或减轻山洪及泥石流灾害而在山区沟道中修筑的各种工程措施。谷坊、拦沙坝、拱坝、淤地坝工程等，都属于沟道治理工程。沟道治理工程的主要作用在于防止沟道底部下切，固定并抬高侵蚀基准面，减缓沟道纵坡，减小山洪流速。沟床的固定对于沟坡及山坡的稳定也具有重要意义。沟床固定工程还包括沟床铺砌、种草皮、沟底防冲林带等措施。

1.谷坊

谷坊又称“防冲坝”“沙土坝”“闸山沟”等，是水土流失地区沟道治理的一种主要工程措施。谷坊一般布置在小支沟、冲沟或切沟上，稳定沟床，防止因沟床下切造成的岸坡崩塌和溯源侵蚀，坝高 3～5 m，拦砂量小于 1000 m^3，以节流固床护坡为主。

(1)谷坊的作用

谷坊规模小、数量多，是防治沟壑侵蚀的第二道防线工程，主要作用是固定、抬高侵蚀基点，防止沟道下切和沟岸扩张，拦蓄、调节径流泥沙，变荒沟为生产用地。

谷坊的主要作用有四点：固定与抬高侵蚀基准面，防止沟床下切；抬高沟床，稳定山坡坡脚，防止沟岸扩张及滑坡；减缓沟道纵坡，减小山洪流速，减轻山洪或泥石流灾害；使沟道逐渐淤平，形成坝阶地，为发展农、林业生产创造条件。

谷坊的重要作用是防止沟床下切冲刷。因此，在考虑某沟段是否应该修建谷坊时，首先应当研究该段沟道是否会发生下切冲刷。

(2)谷坊的种类

①依修筑谷坊的建筑材料的不同可分为土谷坊、石谷坊、插柳谷坊(柳桩编篱)、枝梢(梢柴)谷坊、铅丝石笼谷坊、混凝土谷坊和钢筋混凝土谷坊等。土谷坊、石谷坊和插柳谷坊可就地取材，造价低廉，应用较广泛；铅丝石笼谷坊、混凝土谷坊和钢筋混凝土谷坊抗冲性能好，多用于泥石流沟内。

②依谷坊透水与否可分为透水性谷坊和不透水性谷坊。透水性谷坊(如干砌石谷坊、插柳谷坊、格栅谷坊及铅丝石笼谷坊等)拦挡砂石效果好，结构较简单，多用于土石山区的荒溪治理；不透水性谷坊(如土谷坊、浆砌石谷坊、混凝土谷坊和钢筋混凝土谷坊等)可结合拦泥淤地，发展农、林业生产。

③依谷坊使用年限的不同可分为永久性谷坊和临时性谷坊。浆砌石谷坊、混凝土谷坊和钢筋混凝土谷坊为永久性谷坊，其余基本上属于临时性谷坊。

(3)谷坊位置的选择

如前所述,谷坊修建的主要目的是固定沟床,防止下切冲刷。因此,在选择谷坊坝址时,应考虑以下几方面的条件:

a."口小、肚大、底坡缓"。谷口狭窄,上游有宽阔平坦的贮砂场所,库容大。

b.沟床基岩外露且完整。沟底和岸坡地形、地质状况良好,无孔洞或破碎地层,没有不易清除的乱石和杂物。

c.取用建筑材料比较方便。

d.在有支流汇合的情形下,应在汇合点的下游修建谷坊。

e.谷坊不应设置在天然跌水附近的上下游,但可设在有崩塌危险的山脚下,靠沟床淤积来加固不稳定坡脚。

判断基岩埋藏深度(或沙砾层厚度),是选择谷坊坝址的重要依据之一。在一般不具备钻探的条件下,可以根据下列迹象作出初步估计:

a.两岸或沟底的一部分有基岩外露时,则可估计沙砾层较薄;两岸及附近的沟底基岩外露,坝址处沟底虽被沙砾覆盖,仍可估计沙砾层较薄。

b.沟底有大石堆积,基岩埋深一般较浅;沟底无大石堆积,基岩埋深一般较深。

c.沟底特别狭窄,或呈"V"字形的地方,沙砾层多厚。

d.坡度大的沟道上游部分,一般基岩埋深不大。

2.拦沙坝

拦沙坝是以拦蓄山洪泥石流沟道(荒溪)中的固体物质为主要目的,防治泥沙灾害的拦挡建筑物,它是荒溪治理的主要沟道工程措施。拦沙坝多建在主沟或较大的支沟内的泥石流形成区,通常坝高大于5 m,拦砂量为10^3～10^6 m^3,甚至更大。在黄土区亦称泥坝。

(1)拦沙坝的作用

在水土流失地区沟道内修筑拦沙坝,具有以下几个方面的作用:

①拦蓄泥沙(包括块石),调节沟道内水砂,以免除泥沙对下游的危害,便于河道下游的整治。拦沙坝在减少泥沙来源和拦蓄泥沙方面能起到重大作用。拦沙坝将泥石流中的固体物质堆积库内,可以使下游免遭泥石流危害。

②提高坝址处的侵蚀基准,减缓坝上游淤积段河床比降,加宽了河床,并使流速和水深减小,从而大大减小水流的侵蚀能力。

③因沟道流水侵蚀作用而引起的沟岸滑坡,其剪出口往往位于坡脚附近。拦沙坝的淤积物掩埋了滑坡体剪出口,对滑坡运动产生阻力,促使滑坡稳定,减小泥石流的冲刷及冲击力,防止溯源侵蚀,抑制泥石流发育规模。

(2)拦沙坝的种类

按结构分类,拦沙坝主要分为重力坝、切口坝、错体坝、拱坝、格栅坝、钢索坝等;按建筑材料分为浆砌石坝、干砌石坝、堆石坝、土坝、土石混合坝、木石混合坝、铁丝石笼坝等。

3.拱坝

拱坝是一种在平面上向上游弯曲成拱形的挡水建筑物。由于它具有拱的结构作用,把承受的水压力等荷载部分或全部传到两岸和河床,因而拱坝不像重力坝那样需要依靠本身的质量来维持稳定，坝体内的内力主要是压应力，可以充分利用筑坝材料的强度，减小坝身断面，节省工程量。因此，拱坝是一种经济性和安全性都很高的坝型，在小流域治理及泥石流防治中应用广泛。

(1)拱坝的特点

拱坝的特点可以从它的结构作用、荷载影响、地基变形、坝顶溢流等方面来进行分析。

拱坝是一个在平面上凸向上游、起着拱的结构作用的空间壳体结构。它不同于重力坝需要依靠重力作用维持稳定，因而使坝体材料的强度得不到充分的利用，而是主要借助于拱的作用充分发挥坝体材料的强度。如果在拱坝作一系列的水平和垂直截面，从一系列水平截面看，它由一层层拱圈组成；从一系列垂直截面看，它由一根根左右相连的悬臂梁组成。拱坝承受的荷载，一部分(有时是绝大部分)通过拱的作用传到河床两岸，另一部分则通过垂直方向的悬臂梁的作用传到河床坝基。所以，拱坝除拱的作用外，还有像重力坝一样起悬臂梁的作用。

各种荷载作用对拱坝产生的影响，与重力坝和其他坝型有所不同。一般的拱坝并不依靠自重起作用，拱坝坝底宽度较小，作用于坝底的渗透压力也较小，坝身的渗透压力影响也不显著。拱坝主要起作用的荷载是水压力和温度变化影响，而温度变化对坝身应力的影响很大，特别是库满时温度降低，拱圈收缩，对应力非常不利。

拱坝的安全主要取决于它的基础，地基弹性变形对拱内应力影响很大，要求基岩有较高的抗压强度和较小的变形。拱坝之所以比重力坝经济，除了拱的结构作用外，还由于它利用了坝体两岸下游岩体的质量来增强稳定。所以，只有在坚实稳定的基础上，才能充分发挥拱形结构的优越性，而拱坝的超载能力也正是以坝身稳定为前提的。

拱坝坝体一般比较单薄，下游面有时是倒悬的，坝顶溢流时的水流难于与坝身紧贴，也不易挑远，这是拱坝溢流与其他溢流坝不同的特点。通过试验研究和国内外许多工程的实践可以证明，水流所产生的脉动荷载所引起的动应力对坝的安全不会产生显著的影响。由于拱坝坝顶厚度较小，水流有向心集中作用，因而使下游的消能和冲刷问题变得更为复杂和困难。

(2)拱坝的类型

按坝的高度分类，分为低坝(坝高 30 m 以下)、中坝(坝高 30～70 m)和高坝(坝高大于 70 m)；按筑坝材料分类，分为混凝土拱坝和砌石拱坝；按泄水条件分类，分为溢流拱坝和非溢流拱坝；按水平拱的厚度变化分类；分为等厚拱坝和变厚拱坝；按照平面布置的形式分类，分为等半径拱坝、等中心角拱坝、变半径变中心角拱坝和双向弯曲拱坝；按坝体曲率分类，分为单曲率拱坝和双曲率拱坝；按坝的厚高比分类，分成薄拱坝、拱坝(纯拱坝)和重力拱坝。

4.淤地坝

在水土流失地区，用于拦蓄泥沙、淤地而横向布置在沟道中的坝称为淤地坝。它是我国黄土高原沟壑区沟道治理的一种水土保持工程措施，是一种先淤地后进行农业种植的土坝工程。在我国陕西、山西、内蒙古、甘肃等地分布较多。

(1)淤地坝的组成及其特性

修建淤地坝的主要目的在于拦泥淤地，一般不长期蓄水，其下游也无灌溉要求。随着

坝内淤地面的逐年抬高，坝体与坝地能较快地连成一个整体，实际上坝体可以看作是一个重力式挡土墙。

一般淤地坝由坝体、溢洪道和放水建筑物三部分组成。

①坝体是横拦于沟道的挡水拦泥建筑物，用于拦蓄洪水，淤积泥沙，抬高淤积面，一般不长期用于蓄水，当拦泥淤成坝地后，即投入生产种植，不再起蓄水调洪的作用。

②溢洪道是排泄洪水的建筑物，当淤地坝洪水位超过设计坝高时，就由溢洪道排出，以保证坝体的安全和坝地的正常生产。一般要求在正常情况下能排出设计洪水径流，在非常情况下能排出校核洪水径流。

③放水建筑物又称"放水洞"或"清水洞"，主要作用是排出坝地中的积水，在蓄水期间为下游供水，或为长流水沟道经常性供水，有的可兼顾部分排洪任务。放水建筑物多采用竖井式或卧管式。

(2)淤地坝的分类

淤地坝按筑坝材料可分为土坝、石坝、土石混合坝等；按坝的用途可分为缓洪骨干坝、拦泥生产坝等；按建筑材料和施工方法可分为夯碾坝、水力充填坝、定向爆破坝、堆石坝、干砌石坝、浆砌石坝等；按结构性质可分为重力坝、拱坝等；按坝高、淤地面积或库容可分为大型淤地坝、中型淤地坝、小型淤地坝等。还可以进行组合分类，如水力充填土坝、浆砌石重力坝等。

(3)淤地坝的作用

通过多年实践，水土保持淤地坝工程在拦泥沙淤地、防洪保收、灌溉、养殖、人畜饮水、改善交通等方面发挥了重要作用，成为不可缺少的水土保持措施。主要作用有六点：抬高侵蚀基点，稳定沟坡，减少水土流失；拦泥沙淤地，发展生产；实现高产稳产，促进退耕还林还草，促进农村产业结构调整；拦洪蓄水，合理利用水资源；以坝代路，便利交通；治沟骨干工程防洪保收。

3.1.2.3 小型水库工程

水库是指在山沟或河流的狭口处建造拦挡河坝形成的人工湖泊。兴建水库一般是为工业、农业和生活提供用水，水力发电，发展养殖业和水利风景旅游业等。我国兴建的水库，有以灌溉为主要功能的水库，也有以供给城市用水为主要功能的水库，但绝大多数都具有综合功能，对水资源有高效利用的价值。

水库是综合利用水资源的工程措施，除灌溉农田外，还可防洪，发电，发展养殖业、水运等，改变自然面貌。在我国干旱、半干旱的水土流失地区，以灌溉为主，同时考虑综合利用的小型水库是研究的主要对象。

小型水库主要由坝体(拦截河流或山溪流量、提高水位、形成水库)、放水建筑物(涵洞)、溢洪道(排出库内多余的洪水)三部分组成，通常称为水库的"三大件"。小型水库除了"三大件"外，还应有必要的水量、库水位、渗水量等观测设施和管理设施。具有发电功能的小型水库还应有水力发电的设备等。

1.大坝

大坝可分为混凝土坝和土石坝两大类。大坝的类型根据坝址的自然条件、建筑材料、施工场地、导流、工期、造价等综合比较选定。

(1)混凝土坝

混凝土坝分为重力坝、拱坝和支墩坝三种类型。

①重力坝:依靠坝体自重与基础间产生的摩擦力来承受水的推力而维持稳定。

重力坝的优点是结构简单,施工较容易,耐久性好,适宜于在岩基上进行高坝建筑,便于设置泄水建筑物。但重力坝体积大,水泥用量多,材料强度未能充分利用。

②拱坝:为一空间壳体结构,平面上呈拱形,凸向上游,利用拱的作用将所承受的水平载荷变为轴向压力传至两岸基岩,两岸拱座支撑坝体,保持坝体稳定。拱坝具有较高的超载能力。拱坝对地基和两岸岩石要求较高,施工上亦较重力坝难度大。在两岸岩基坚硬完整的狭窄河谷坝址,特别适于建造拱坝。一般把坝底厚度 T 与最大坝高 H 的比值(T/H)小于 0.1 的称为薄拱坝;0.1～0.3 的称为拱坝;0.4～0.6 的称为重力拱坝。若 T/H 的值更大,拱的作用已很小,即近于重力坝。

③支墩坝:由倾斜的盖面和支墩组成。支墩支撑着盖面,水压力由盖面传给支墩,再由支墩传给地基。支墩坝是最经济可靠的坝型之一,与重力坝相比具有体积小、造价低、适应地基的能力较强等优点。按盖面形式,支墩坝主要可分为三种:盖面为平板状的称为平板坝;盖面为拱形的称为连拱坝;盖面由支墩上游端加厚形成的称为大头坝。支墩坝一般为混凝土或钢筋混凝土结构。和重力坝比较,支墩坝具有如下特点:上游盖面常做成倾斜状,盖面上水重可帮助稳定坝体;支墩坝构件单薄,内部应力均匀,能充分发挥材料的强度;支墩的侧向刚度较小,设计时应对侧向地震时支墩的工作条件进行验算;支墩坝对地基条件的要求较重力坝高。

(2)土石坝

土石坝包括土坝、堆石坝、土石混合坝等,又统称为“当地材料坝”。它具有就地取材、节约水泥、对坝址地基条件要求较低等优点。一般当地材料坝由坝体、防渗体、排水体、护坡等四部分组成。

(3)坝体

坝体是坝的主要组成部分。坝体在水压力与自重作用下主要靠坝体自重维持稳定。

①防渗体:主要作用是减少自上游向下游的渗透水量,一般有心墙、斜墙、铺盖等。

②排水体:主要作用是引走由上游渗向下游的渗透水,增强下游护坡的稳性。

③护坡:防止波浪、冰层、温度变化和雨水径流等对坝体的破坏。

2.溢洪道

(1)溢洪道的分类

溢洪道按泄洪标准和运用情况,分为正常溢洪道和非常溢洪道。前者用以宣泄设计洪水,后者用于宣泄非常洪水。按其所在位置,分为河床式溢洪道和岸边溢洪道。河床式溢洪道经由坝身溢洪;岸边溢洪道按结构形式可分为正槽溢洪道、侧槽溢洪道、井式溢洪道、虹吸溢洪道等。

(2)溢洪道的构成

溢洪道主要由进口段、控制段、陡坡段、扩散和消能段、退水段(尾水段)五部分组成。

进口段的具体形式取决于地形条件和大坝放水设备的相互位置。进口段常是喇叭形布置,也有的是较长的明渠,一般需根据地质条件进行护砌。

控制段主要由横卧在水下的溢流堰或闸门设施等组成，常见溢流堰的结构形式是宽顶堰和实用堰。有的水库受地形限制，堰顶厚度（即控制段长度）超过堰顶水深10倍，成为明渠式。控制段后面是否设渐变段，需要根据地形条件决定。

陡坡段，由于陡坡流速高，除良好的岩基不用衬砌外，一般都要用浆砌石或混凝土衬砌防冲，横断面常为矩形或梯形。陡坡段有单坡和变坡，也有的采用多级跌水形式。

溢洪道出口消能形式有消力池、挑流鼻坎、消力墩等。

溢洪道各组成部分的侧墙、底板、挡水墙和溢流堰等都采用浆砌石或混凝土等材料砌筑（浇筑）而成，也有极少数工程采用钢筋混凝土。

（3）溢洪道的特点

溢洪道从进水口到出口相当于一段缩短距离的人工河道，落差较大。各组成部分的特点如下：

①进口段：进口段的作用是将宣泄水流平顺地引向控制段。若进口段突然收缩，则水流急剧变化，因此为使水流平稳，常布置成直线或平滑的曲线，呈喇叭口形。

②控制段：控制段是控制溢洪道泄流能力大小的建筑物，溢流堰、宽顶堰、实用堰以及明渠等都有各自的特点，在设计水库时因地制宜地选用泄流堰型，以达到加大泄洪能力，减少工程量的目的。

当核算溢洪道的过水能力时，不要将明渠流当作宽顶堰溢流，明渠的过水能力小于堰流的过水能力。

③陡坡段：陡坡段的作用是将经过控制段的水流过渡到下游河段。陡坡段的坡度是综合考虑地形、地质和衬护材料等因素而决定的。陡坡段在平面上应布置成直段，尽量避免弯道。

④消能段：陡坡段下泄的水流具有很大的能量，因此在陡坡段末端设置消能工（起消能作用的建筑物），消除水流的余能，使之平稳地进入退水渠或下游河道。常用的消能形式有消力池和挑流鼻坎。

a.消力池：具有一定的长度和深度，使陡坡上的高速水流进入池内充分消减能量。由于池内水流翻滚，冲刷能力很强，一般都要用浆砌块石或混凝土衬砌。

b.挑流鼻坎：是陡坡末端用混凝土建造的反弧鼻坎，水流通过鼻坎挑向空中，利用水流与空气的撞击、摩擦，以及跌入冲刷坑后旋滚消减能量，一般在陡峭的山体和坚固岩基上采用。

⑤退水段：是将经过消能段的泄流输送到下游河道的连接渠道。

3.放水建筑物

放水建筑物包括进水口以及启闭设备、输水洞、出口段三部分。小型水库的输水洞大都为坝下涵洞（管），也有的在坝端山坡开凿输水洞。由于坝下涵洞存在很多缺陷，近几年来，凡是库容较大、放水洞下接水力发电站，坝址地形、地质条件良好的，在水库除险加固时，大都改为输水隧洞。一些坝高不高的水库结合除险加固，多采取挖除老涵管，重建钢筋混凝土管（或钢管等）的方式，也有的将涵管放水改为虹吸式放水。

（1）输水洞

根据水的流态不同，输水洞分为有压水流和无压水流两种。输水洞出口有水电站的属于有压水流;输水洞出口水流进入灌溉渠道的,一般均属于无压水流。坝下输水洞,有浆砌石拱涵或方涵、圆形炼瓦管、混凝土管及钢筋混凝土管等。一般有压涵管(洞)多为钢筋混凝土材料,能承受压力流(即洞内或管内充满水,或洞内水深为洞净高75%以上的水流);无压涵洞则多为浆砌石材料,不能承受压力水流,故不能有压运行。

(2)进水口及启闭设备

①进水口:输水涵洞进水口采用卧管式、深孔式、塔式、排架式以及闸阀式等形式。

②闸门和启闭设备:小型水库常用的闸门和启闭设备主要有斜插平板闸门、垂直平面闸门和闸阀等。

(3)出口段

输水洞的出口,如果是与渠道连接的,一般在连接处修建挡土墙、消力池和衬砌保护段等,以免渠首受到冲刷。如果是输水发电的,下接一根钢管,将水送到水轮机。一般另有一个分叉管,装有阀门,在不发电时放水到下游渠道。同时,为了对放水流量进行量测,在出口段与渠首连接处,修建量水设施(量水堰、水位尺等)。

(4)虹吸式放水设施的构造

虹吸式放水设施的构造由进水段、驼峰段、出水段、各种闸阀及真空泵等构成。

3.1.2.4 山地灌溉工程

我国是一个以山地为主的国家,耕地有限且以山丘区坡耕地为主,因此,山丘区的农业生产关系着整个国家的粮食安全,至关重要。但山丘区水源条件差,季节性缺水明显,遇干旱年份,塘、库蓄水量不足,农业生产与生活用水矛盾十分突出。

为了有效地解决山丘区农业生产的灌溉问题,大力规划和兴建山地灌溉工程非常有必要。山地灌溉工程是指为山区、丘陵区农业生产灌溉服务的一系列工程,主要包括水源工程、泵站、提水引水工程和输配水工程等。

1.灌溉水源

灌溉水源是用于灌溉的地表水和地下水的统称。地表水包括河川径流、湖泊和汇流过程中拦蓄起来的地面径流;地下水主要是指可用于灌溉的浅层地下水。

(1)地表灌溉水源

我国是世界上最缺水的国家之一,每亩耕地平均占有水量和人均占有水资源量均低于世界平均水平。

我国可利用的灌溉水量在时空分布上很不均匀。时间上,年降水量的50%~70%集中在夏季或春夏之交的季节,径流量的年际变化较剧烈,且时常出现连续枯水年或连续丰水年的现象。空间上,南方水多,北方水少,可利用的水量与耕地面积分布不相适应,严重制约农业的发展。

(2)地下灌溉水源

埋藏在地面以下的地层(如砂、砾石、沙砾土及岩层)裂隙、孔洞等空隙中的重力水,一般称为地下水,而蓄积地下水的上述土层和岩层则称为含水层。根据埋藏条件,地下水可分为潜水和承压水。

潜水是在地表以下第一个稳定的隔水层以上含水层中的地下水,又称“浅层地下水”。其水位、水质在很大程度上取决于气候条件和附近河流的水文状况。在垂直补给比较丰富，且水质适于灌溉的地区，应以浅层地下水作为主要灌溉水源。

埋藏于两个隔水层之间的地下水称为承压水，承压水又可分为无压层间水和有压层间水两种。承压水仅能作为非常干旱年份的后备水源，而不宜作为主要的灌溉水源。

2.灌溉取水方式

灌溉取水方式，随水源类型、水位和水质的状况而定。利用地面径流灌溉，可以有各种不同的取水方式，如无坝引水、有坝引水、抽水取水和蓄水取水等。

(1)无坝引水

当河流枯水期的水位和流量均能满足自流灌溉要求时，即可选择适宜的位置作为取水口，修建进水闸引水自流灌溉，形成无坝引水。在山区、丘陵区，灌区位置较高，可自河流上游水位较高的地点引水，借修筑较长的引水渠取得自流灌溉的水头。

无坝引水取水口的位置应选在河床坚固、河流凹岸中点偏下游处。这是因为河槽的主流总是靠近凹岸，同时还可利用弯道横向环流的作用，引取表层清水，防止泥沙淤积取水口和进入渠道。在较大的河流上引水，为保证主流稳定，减少泥沙入渠，引水流量一般不应超过河流枯水流量的30%。

无坝引水的渠首一般由进水闸、冲沙闸和导流堤三个部分组成。进水闸控制入渠流量，冲沙闸冲走淤积在进水闸前的泥沙，而导流堤一般修建在中小河流中，平时发挥导流引水和防沙的作用，枯水期可以截断河流，保证引水。

(2)有坝引水

当河流水量丰富，但水位不能满足自流灌溉要求时，需要在河流上修建挡水建筑物(坝或闸)抬高水位。在灌区位置已定的情况下，此种形式与有引渠的无坝引水相比较，虽然增加了拦河坝(闸)工程，但引水口一般距灌区较近，可缩短干渠线路长度，减少工程量。在某些山区、丘陵区，洪水季节虽然流量较大，水位也够，但洪、枯季节变化较大，为了便于枯水期引水，也需修建临时性低坝。

有坝引水枢纽主要由拦河坝(闸)、进水闸、冲沙闸及防洪堤等建筑物组成。

①拦河坝:拦截河道，抬高水位，以满足灌溉引水的要求，汛期则在溢流坝顶溢流，宣泄河道洪水。因此，坝顶应有足够的溢洪宽度，在宽度增长受到限制时，可降低坝顶高程，改为带闸门的溢流坝或拦河闸，以增加泄洪能力。

②冲沙闸:是多沙河流低坝引水枢纽中不可缺少的组成部分，它的过水能力一般应大于进水闸的过水能力。冲沙闸底板高程应低于进水闸底板高程，以保证较好的冲沙效果。

③防洪堤:为减少拦河坝上游的淹没损失，在洪水期保护上游城镇、交通的安全，可在拦河坝上游沿河修筑防洪堤。

此外，若有通航、过鱼、过木和发电等综合利用要求，尚需设置船闸、鱼道、航道及电站等建筑。

(3)抽水取水

河流水量比较丰富，但灌区位置较高，修建其他自流引水工程困难或不经济时，可就近采取抽水取水方式。由于它无须修建大型挡水或引水建筑物，受水源、地形、地质等条件的限制较少，且具有机动灵活、一次投资少、成本回收快等特点，特别适用于喷灌、滴灌等节水灌溉系统，但增加了机电设备和厂房、管道等建筑物，需要消耗能源，运行管理费用较高。

(4)蓄水取水

河流的流量、水位均不能满足灌溉要求时，需要在河流的适当地点修建水库等蓄水工程进行径流调节，以解决来水和用水之间的矛盾。

水库枢纽一般由挡水建筑物、泄水建筑物和取水建筑物组成，工程量大，库区淹没损失较多，对库区和坝址处的地形、地质条件要求较高。因此，必须认真选择库址和坝址。水库蓄水一般可兼顾防洪、发电、航运、供水和养殖等方面的要求，为综合利用河流水资源创造条件。

塘堰是小型蓄水工程，主要拦蓄当地地表径流，一般有山塘和平塘两类：在坡地上或山间筑坝蓄水所形成的塘叫“山塘”；在平缓地带挖坑筑堤蓄水所形成的塘叫“平塘”。塘堰工程规模小，技术简单，对地形、地质条件要求较低。

上述几种取水方式，除单独使用外，有时还能综合使用，引取多种水源，形成蓄、引、提结合的灌溉系统。

3. 小型泵站

泵站由抽水的一整套机电设备和与其配套的水工建筑物两部分组成。泵站由下列部分组成：

(1)抽水设备

抽水设备包括水泵、动力机、传动设备、管道及其附属设备。其中，水泵是最主要的设备。

(2)配套建筑物

配套建筑物包括引水闸、引水渠、前池、进水池、泵房、出水池和输水渠道或穿堤涵洞等建筑物。

(3)辅助设施

辅助设施包括功能(变电、配电、储油、供油等)设施、泵房内的供排水设施和安装、起吊、检修设施等。对小型泵站来说，一般只建辅助性房即可，供管理人员值班和存放工具等使用。

3.1.3 水土保持林草措施

水土保持林草措施又称“水土保持植物措施”“水土保持林业措施”或“水土保持生物措施”，是在水土流失地区人工造林或飞播造林种草、封山育林育草等，为涵养水源、保持水土、防风固沙、改善生态环境、开展多种经营、增加经济与社会效益而采取的技术方法。它是区域(流域)水土流失综合治理措施的组成部分，与水土保持农业措施、水土保持工程措施组成一个有机的区域(流域)综合防治体系。

3.1.3.1 水土保持林草体系

1. 水土保持林草措施种类

我国是一个多山的国家，山地丘陵区面积占国土面积的 2/3 以上。在不同的水土流失类型区，由于地形复杂地貌类型多样，水土流失特点出现明显差异。在长期的水土保持造林种草科研和生产实践中，科研工作者提出了不同区域的水土保持林草措施的种类，如黄土高原水土保持林种包括沟头沟边防护林、沟底防冲林等。

水土保持林草措施种类的划分与地貌密切相关，同时也受灾害性质及社会经济需求的影响。水土流失区造林种草的主要作用是控制水土流失，但在不同的地貌立地条件下，造林种草的目的有所区别，如在山地丘陵区的陡坡，以防止土壤侵蚀为主；在一些海拔较高的山地，又以涵养水源为主；在水库、河川地区，以护库、护岸、固滩为主；在饲草能源缺乏的地方，还要充分考虑改善群众生活，提高经济水平，解决农村能源和饲草等问题。因此，水土保持林草措施除保持水土外，还具有多种功能。

在生产实践中，水土保持林草措施种类大多用地形（或小地貌）＋防护性能＋生产性能，或地形（小地貌）＋防护性能（或生产性能）进行命名，如护坡薪炭林、护坡经济林、坡面水土保持林等。现将各类型区的水土保持林草措施工程种类进行归纳和总结，如表3-1所示。

表 3-1　　水土保持林草措施工程种类汇总表

类型	种类	地形（或小地貌）及土地利用类型	防护与生产性能
分水岭防护林草工程	山顶防护林	石质和土石山脉顶部的荒草地、耕地	保持水土、涵养水源，保护农田，获取大径材
	梁峁顶防护林	黄土梁峁顶部的荒草地、耕地	防止水蚀和风蚀，保护农田，获取小径材或灌木饲草
	山梁、峁顶草地	山梁、峁顶退耕地、荒地	防止水蚀和风蚀，获取饲草
塬面防护林草工程	防止水蚀和风蚀，获取饲草	塬面平缓耕地，梯田地埂（坎）、道路、渠道和村庄周围	防止侵蚀与风害，调节小气候，保护农田和渠道，获取木材或林副产品
	塬面农林复合经营	塬面平坦耕地	防蚀防风，调节小气候，保护农田，获取木材或林副产品
	塬面人工草地	塬面平缓耕地	防止轻度侵蚀，刈割牧草
坡面防护林草工程	坡面水土保持林	较陡的山坡、峁坡、沟坡，矿区开发的裸露坡面	防止各类坡面侵蚀，一般禁止生产活动
	护坡薪炭林	较缓的山坡、梁峁坡、沟坡，且靠近村庄和农户	防止各类坡面侵蚀，刈割取柴
	坡面护牧林	较缓的山坡、峁坡和沟坡草地	防止侵蚀，刈割牧草或放牧
	护坡用材林	缓坡、坡麓、塌地	防止侵蚀，获取木材
	护坡经济林	平缓的向阳坡面	防止侵蚀，获取经济林果
	坡地农林复合经营	较缓的山坡、梁坡和塬坡耕地	防止坡耕地侵蚀，获取木材或取条
	梯田地埂林	梯田地埂或坎坡	防止埂（坎）侵蚀，取材，取条或其他林副产品
	护坡草地	较陡的山坡、梁坡、沟坡封禁成为天然草地；平缓的坡面、坡麓、塌地人工种草	防止坡面侵蚀，封禁或刈割牧草

续表

类型	种类	地形(或小地貌)及土地利用类型	防护与生产性能
侵蚀沟道防护林草工程	沟头防护林(草)	沟头荒地或耕地	防止水蚀与重力侵蚀,一般禁止生产活动
	沟边防护林(草)	沟边荒地或耕地	防止水蚀与重力侵蚀,一般禁止生产活动
	沟底防冲林(草)	沟底荒滩、荒草地	防止水流冲刷,一般禁止生产活动
	坝坡防护林(草)	拦泥坝、淤地坝坡	防止水蚀,一般禁止生产活动
水库、河川防护林草工程	水库防护林(草)	水库坝坡,库岸及周边	防止水流冲刷,库岸坍塌,过滤挂淤,一般禁止生产活动
	护岸护滩林(草)	河岸、河滩	防止水流冲淘、河岸坍塌,固岸,挂淤护滩,一般禁止生产活动

2. 水土保持林草措施的作用

在水土流失区造林种草不仅可以保持水土,涵养水源,保护农田和水利水保工程,还可以调节气候,减轻或防止环境污染,改善生态环境,保护生物多样性,为农牧业生产创造良好的条件,同时,水土保持造林种草又具有生产性。通过造林种草,可获得“四料”(木料、燃料、饲料和肥料)、果品及其他林草副产品,为发展多种经营广开门路,促进农林牧副业全面发展。造林种草的水土保持作用主要表现在以下几个方面:

(1)林冠截留降雨,减少土壤侵蚀

造林后形成的林分,枝叶重叠,树冠相接,像一把伞一样,承接降雨,保护地面。据观测,林冠截留降雨一般为15%~40%,截留的雨水除一小部分蒸发到大气中外,其余大部分经过枝叶一次或几次截留以后,缓慢滴落或沿树干下流,改变了雨水落地的方式。林冠的截留作用,一方面,减小了林下的径流量和径流速度;另一方面,又推迟了降雨时间和产流时间,缩短了林地土壤侵蚀的过程,使侵蚀量大大减小。另外,树干径流的雨水顺枝干到达地面后,一般在树干附近渗入土壤,有利于树木根系的吸收,避免了雨滴击溅侵蚀。

(2)枯枝落叶层吸水下渗,调节径流

①林草地枯枝落叶层吸收调节地表径流的作用:林草地大量的枯枝落叶层,像一层海绵覆盖在地面,直接承受落下的雨水,保护地表免遭雨滴的溅击。枯枝落叶层结构疏松,具有很大的吸水能力和透水性。据测定,1 kg的枯枝落叶可以吸收2~5 kg的降水。当其吸水饱和以后,多余的水分通过枯枝落叶层渗入土壤,变成地下水。因而,大大减少了地表径流。此外,枯枝落叶层还能增加地表粗糙度,形成无数细小栅网,分散水流,拦滤泥沙,大大降低了径流速度,减少了泥沙的下移。枯枝落叶层的挡雨、吸水和缓流作用具有非常重要的意义。林草地保持水土的大小,取决于枯枝落叶层的多少。因此,保持林草地的枯落物,是水土保持林草经营的重要措施之一。

②林草地土壤的渗透作用:林草地每年可形成大量的枯枝落叶,加之土壤中还有相当

数量的细根死亡,能增加土壤的有机质和营养物质。有机质被微生物分解后,形成褐色的腐殖质,与土粒结合成团粒结构,可以减小土壤容重,增加土壤孔隙度,改善了土壤的理化性质。同时,林草根系的活动,也使土壤变得疏松多孔,有利于水分的下渗。大量的雨水渗入并蓄存于土内,变成地下水,在枯水期流入河川,不仅大大减少了地表径流及其对土壤的冲刷,而且改善了河川的水文状况,起到了调节径流的作用。

(3)固持和改良土壤,提高土壤的抗蚀性和抗冲性

①固持土壤作用:林木和草本植物的根系均有固持土壤的作用。许多乔木树种主根粗壮,侧根发达,其上又生出大量的须根,形成密集的根网。浅根性的树种和灌木树种侧根发达,须根密集,交织成网,这样的根系网络能固持土体,大大增强了土体的抗冲防蚀能力。不同树种组成的混交林,特别是深根性和浅根性树种的混交以及乔灌混交林,根系纵横交错,且多层分布,在相当大的范围内固持土体,消除了土体滑坡面的形成,为减轻或防止重力侵蚀及泥流和石洪创造了条件。

在河流两岸和水库周围栽植一些耐水湿的杨柳和灌木等树种,密集发达的根系固土能力强,可以缓冲或防止水流对岸边的冲刷破坏作用。同时,庞大的根系从深层吸水,可以减少土体的含水量,使土体滑动面的潜流减少,从而防止滑坡的产生。

草本植物具有丛密发达的根系,纵横交错成根网,对固结土壤和保持水土也起很大的作用,特别是禾本科植物的根系固土能力更为明显。在侵蚀坡面和沟底种草,对于防止土壤侵蚀和水流冲刷作用很大。

②改良土壤的作用:森林的改良土壤作用主要表现在通过制造有机物质和枯落物、腐根分解改善土壤理化性质等方面。森林通过庞大的树冠,进行光合作用,制造有机物质,为林地土壤肥力改善提供了良好的条件。林木从土壤中吸收的有机物质少,而归还给土壤的有机物质多。

林地中根系数量很多,对土壤理化性质影响很大。林木根系直接与土壤接触交织成网,不仅增加了土壤的孔隙度,而且向土壤内分泌碳酸和其他有机化合物,促进了土壤微生物的活动,加速了土壤有机化合物的分解。同时根系不断更新,腐根分解后也增加了土壤有机质,改善了土壤结构。

林内大量的枯枝落叶聚积在地表,形成了有机质,经过微生物的分解作用,提高了土壤腐殖质的含量。据测定,有林地土壤腐殖质含量比无林地多4%~10%。林地土壤腐殖质含量的增加,大大改善了土壤的质地、结构和其他理化性质。

草本植物茎叶繁茂,枯落物丰富,给土壤聚积了大量的有机物质。牧草的根系也能增加土壤的氮、磷、钾养分,尤其是豆科牧草的根系具有根瘤菌,能固定空气中的氮素。此外,草本植物在减弱径流过程中,将径流携带的泥沙过滤沉积,也能增加土壤肥力。一般来说,种植牧草可使土壤有机质含量增加10%~20%。草本植物的枯落物和腐根,经微生物分解后,形成土壤腐殖质,加之密集的根系交织成网,促进了土壤团粒结构的形成,增加了土壤的吸水、保水性和透气性,改善了土壤的理化性质。

③提高土壤的抗蚀性和抗冲性:土壤的抗蚀性指土壤抵抗径流对土壤分散和悬浮的能力,其强弱主要取决于土粒间的胶结力及土粒和水的亲和力。胶结力小且与水亲和力大的土粒,容易分散和悬浮,结构易受破坏和分解。土壤抗蚀性指标主要包括水稳性团聚

体含量、水稳性团聚体风干率(风干土水稳性团粒含量/毛管饱和土水稳性团粒含量×100)和以微团聚体含量为基础的各抗蚀性指标。

土壤抗冲性指土壤抵抗径流的机械破坏和搬运的能力。王佑民等(1994)的研究结果显示,林地抗冲性最强,草地次之,农地最差。多年生的天然草地在茎叶十分茂密的情况下,土壤表层抗冲性高于林地,但在20 cm土壤以下不会超过林地。林草植物增强土壤抗冲性的作用主要表现在其地被物层对地面径流的调蓄和吸收,以及根系对土壤的固持作用方面。地被物包括活地被物和枯落物,二者均有抗冲作用。

单位面积上活地被物茎叶数量多和枯落物厚度大时,其土壤的抗冲性也强。另外,林草地发达的根系网络能固结土壤。根系层是继枯落物层之后,对土壤抗冲性产生重大影响的又一活动层。根系提高土壤抗冲性的作用与不大于1 mm的须根密度关系极为密切,须根密度越大,增强土壤抗冲性效应就越大。因此,一旦植被遭到破坏,特别是地被层和根系遭到破坏,土壤抗冲能力会迅速下降,若遇暴雨冲刷,会导致沟蚀发生。

3.1.3.2 水土保持林草建设与恢复技术

1.水土保持林草建设种类

(1)坡地水土保持林

①水土保持(或水源涵养)用材林:水土保持用材林配置以培育小径材为主要目的护坡用材林,应通过树种选择、混交配置或其他经营技术措施来达到经营目的。一是要保障和增加目的树种的生长速度和生长量;二是要力求长短结合,及早获得其他经济收益。

这类造林地,一般条件较差,应通过坡面林地上水土保持造林整地工程,如水平阶、反坡梯田或鱼鳞坑等整地形式,关键在于适当确定整地季节、时间和整地深度,以达到细致整地、人工改善幼树成活条件的目的。树种选择搭配,一般应采用乔灌混交型的复层林,使幼林在成活、发育过程中发挥生物群体相互有利影响,为提高主要树种生长及其稳定性创造有利条件;同时,采用混交,可调节、缩小主栽乔木树种的密度,有利于林分尽快郁闭,形成较好的林地枯枝落叶层,发挥其涵养水源、调节坡面径流、固持坡面土体的作用。

②护坡薪炭林:护坡薪炭林在立地条件配置上,可选择距村庄(居民点)较近、交通便利而又不适于高经济利用,或水土流失严重的坡地作为人工营造护坡薪炭林的土地。在树种选择上,一般应选择适于干旱、瘠薄立地,再生能力较强,耐平茬,生物产量最高,并且有较高热值的乔、灌木树种。热值是评价薪炭林树种能源价值高低的重要指标,不同树种木质材料的热值不同(燃烧值),同一树种材料的热值又因产地和木质水分含量不同而变化。

在造林技术上,薪炭林的整地、种植等造林技术与一般的造林大致相同,只是由于立地条件差,整地、种植要求更细。在造林密度上,由于薪炭林要求轮伐期短、产量高、见效快,适当密植是一个重要措施。从各地的试验结果看,北方的灌木密度可为0.5 m×1 m,2万株/hm^2;南方因雨量大,一些短轮伐期的树种,也可达此密度,如台湾相思、大叶相思、尾叶桉、木荷等。北方的乔木树种栽植密度可采用1 m×1 m或1 m×2 m,南方可根据情况,适当密植。

③护坡放牧林

a.树种选择:护坡放牧林应根据经营利用方式、立地条件、水土保持、树种特性选择树种。适宜树种的生物学特性包括：适应性强，耐干旱、瘠薄；适口性好，营养价值高；生长迅速，萌发力强，耐啃食；树冠茂密，根系发达。

b. 配置模式：护坡放牧林（或饲料林）可根据地形条件采用短带状沿等高线布设，每带长 10～20 m，每带由 2～3 行灌木组成，带间距 4～6 m，水平相邻的带与带间留出缺口，以便牲畜通过。山西偏关营盘梁和河曲县曲峪采用拧条灌木丛均匀配置，每丛灌木（包括丛间空地）占地 5～6 m^2，放牧羊只可自由穿行于灌丛间。选用的树种，除了灌木外，也可用乔木树种。不论应用何种配置形式，均应使灌木丛（或乔木树丛）有条件促其形成大量嫩叶，以便于牲畜直接采食，同时，通过灌丛的配置要有效地截留坡面径流泥沙。在这种留有一定间隔的灌木丛间的空地上，由于截留雨雪，在茂密生长的灌丛间，天然牧草的生长处于良好的气候条件之中，因而饲料林单位面积的生物产量比单纯灌木饲料林或单纯牧草地的高。

④植物篱

a. 配置原则：与水流调节林带一样，植物篱（如为网格状系指主林带）配置应沿等高线布设，与径流线垂直；在缓坡的地形条件下，植物篱间的距离应为植物篱宽度的 8～10 倍。这是根据最小占地、最大效益的原则，通过试验研究得出的结论。

b. 配置方式：

· 灌木带：适用于水蚀区，即在缓坡耕地上，沿等高线带状配置灌木。树种多选择紫穗槐、柽柳、沙棘、沙柳、花椒等灌木树种。灌木带也适用于南方缓坡耕地，选择的树种（或半灌木、草本）有蓑草、火棘、马桑、桑、茶等。

· 宽草带：在黄土高原缓坡丘陵耕地上，可沿等高线每隔 20～30 m 布设一条草带，带宽 2～3 m。草种选择紫花苜宿、黄花菜等，能起到与灌木相似的作用。

· 乔灌草带：亦称“生物坝”，是山西昕水河流域综合治理过程中总结经验提出来的。它是在黄土斜坡上根据坡度和坡长，每隔 15～30 m，营造乔灌草结合的 5～10 m 宽的生物带。一般选择枣、核桃、杏等经济乔木树种稀植成行，乔木之间栽灌木，在乔灌带侧种 3～5 行黄花菜，生物坝之间种植作物，形成立体种植。

· 灌木林网：适用于北方干旱、半干旱水蚀风蚀交错区（长梁缓坡区），既能保持水土，又能防风固沙。灌木林网的主林带沿等高线布设，副林带垂直于主林带，形成长方形的绿篱网格，每个网格的控制面积约 0.4 hm^2。

· 天然灌草带：利用天然植被形成灌草带的方式，适用于南方低山缓丘地区、高山地区的山间缓丘或缓山坡的开垦坡地。如云南楚雄市农村在缓坡上开垦农田时，在原有草灌植被的条件下，沿等高线隔带造田，形成天然植物篱。植被盖度低时，可采取人工辅助的方法补植补种。

⑤梯田地坎（埂）防护林

a. 土质梯田地坎（埂）防护林配置土质梯田。一般坎和埂有别，大体有两种情况：一是自然带坎梯田（多为坡式梯田，田面坡度为 2°～3°），有坎无埂，坎有坡度（不是垂直的），占地面积大，有的地区坎的占地面积可达梯田总面积的 16%，甚至超过 20%，由于坎相对稳定，极具开发价值。二是人工修筑的梯田，坎多陡直，占地面积小，有地边埂（有软、硬埂之分），坎低而直立，埂、坎基本上重叠，占地面积小；坎高而倾斜不重叠的，占地面积大，一般坡耕地梯化后，坎、埂占地约为7%，土质较好的缓坡耕地小于5%，因此，埂的利用往往更重要。

b. 石质梯田地埂防护林配置石质梯田，在石山区、土石山区占有重要的地位。石质梯田坎基本上是垂直的，埂、坎占地面积小(3%～5%)。但石山区、土石山区，人均耕地面积少，群众十分珍惜梯田地埂的利用，在地埂上栽植经济树种，已成为群众的一种生产习惯，也是一项重要的经济来源。如晋陕沿黄河一带的枣树、晋南的柿树、晋中南部的核桃等。石质梯田防护林对提高田面温度，形成良好的作物生产小气候具有一定的意义。其配置方式有三种：一是栽植在田面外紧靠石坎的部位；二是栽植在石坎下紧靠田面内缘的部位；三是修筑一小台阶，在台阶上栽植。

总之，梯田地埂(坎)防护林以经济树种栽植为多，选择适宜的树种十分关键。总结全国梯田地坎栽培经济树种的研究与实践成果看，北方可选择的树种有柿树、核桃、山楂、海棠、花椒、文冠果、枣、君迁子、桑、板栗、玫瑰、柽柳、白蜡条、枸杞等；南方有银杏、板栗、柑橘、桑、茶、荔枝、油桐、菠萝等。

(2)侵蚀沟道水土保持林

①土质沟道防护林

a. 以利用为主的侵蚀沟：此类侵蚀沟基本停止发展，沟道农业利用较好，沟坡现已用作果园、牧地或林地等。这一类型基本是在坡面治理较好，沟道采用打坝淤地等措施达到稳定沟道纵坡，抬高侵蚀基点的地区，对这一类型的治理措施在于根据全面规划，更好地利用现有土地，加强巩固各项水土保持措施的效果，很好地发挥土地生产潜力，提高其生产率。

b. 治理与利用相结合的侵蚀沟：此类侵蚀沟系的中下游，侵蚀发展基本停止；沟系上游，侵蚀发展仍较活跃，沟道内进行部分利用。

c. 以封禁或治理为主的侵蚀沟：此类侵蚀沟系的上、中、下游，侵蚀发展都很活跃，整个侵蚀沟系均不能进行合理的利用。这类沟系的特点是纵坡较大，一、二级支沟尚处于切沟阶段，沟头溯源侵蚀和沟坡两岸崩塌、滑塌均甚活跃，所以不能从事农、林、牧业的正常生产。

②石质沟道防护林

a. 集水区：易于发生泥石流的流域，固然有其地形、地质、土壤和气候因素，但集水区是泥石流、产流和产沙的发源地，其水土流失状况、土沙汇集的程度和时间是泥石流形成的关键因素。一般认为，流域范围内，森林覆盖率达50%以上，集水区范围内(即流域山地斜坡上)的森林郁闭度大于0.6时，就能有效控制山洪、泥石流。因此，在树种选择和配置上，应该形成由深根性树种和浅根性树种混交的异龄复层林。

b. 通过区：一般沟道十分狭窄，水流湍急，泥石俱下，应以格栅坝为主。有条件的沟道，留出水路，两侧营造雁翅式配置的防冲林。

c. 沉积区：位于沟道下游至沟口，沟谷渐趋开阔，应在沟道水路两侧修筑石坎梯田，并营造地坎防护林或经济林。为了保护梯田，沿梯田与岸的交接带营造护岸林。石质山地沟道防护林可选择的树种，北方以柳、杨为主，南方以杉木为主。

(3)水库河岸防护林

①水库防护林：水库防护林的配置包括两部分：水库沿岸防护林；坝体下游以高地下

水位为特征的低湿地段的造林。

在设计水库沿岸防护林时，应该具体分析研究水库各个地段库岸类型、土壤母质以及与水库有关的气象、水文资料，然后根据实际情况和存在的问题分地段进行设计，不能无区别地拘泥于某一种规格或形式。

对于坝体下游低湿地，宜用作培育速生丰产林，选择一些耐水湿和耐盐渍化土壤的造林树种，如旱柳、垂柳、杨树、丝棉木、三角枫、桑树、乌桕、池杉、枫杨等，林分结构主要取决于生产目的和立地条件。造林时需注意，应离开坝脚 8～10 m，以避免树木根系横穿坝基造成隐患。对于护岸防浪林，灌木柳可以适当密植。

②河岸(滩)防护林：天然河川形成原因很复杂，按其地理环境和演变的过程，可分为河源、上游、中游、下游和河口；按河谷结构，可分为河床、河漫滩、谷坡、阶地。

治河、治滩是山区和平原区一项重要的任务，其基本原则是：全面规划，综合治理，从流域的全局出发，考虑上下游、左右岸，考虑水资源的合理开发、分配和利用，应由流域的专管机构统一规划、布置。当河川通过山地河谷进入中、下游宽阔的河川阶地河段或平原地区时，河滩治理的基本任务在于：护滩、护岸、束水归槽、归整流路，保障河川两岸肥沃土地的安全生产。有条件的河段，根据河川运行规律，科学地治河、治滩，与河争地，扩大利用面积。这种情况下的河滩治理，必须采取工程措施与生物措施相结合，以期发挥最大的防护和经济效益，应用林业措施治河、治滩，以及治河抢险等。

护岸、护滩一般是“护岸必先护滩”，当然，具体工作中，还应考虑具体河段的特点，确定治理顺序。为了防止河岸的破坏，护岸林必须和护滩林密切地结合起来，只有在河岸滩地营造起森林的条件下方能减弱水浪对河岸的冲淘和侵蚀。同时也应注意，森林固持河岸的作用是有限的，当洪水的冲淘作用特别大时，护岸应以水利工程为主，最好修筑永久性水利工程，如防堤、护岸、丁坝等水利工程。但是，绝不能忽视造林工作的重要性。在江河堤岸造林，尤其在堤外滩地造林有很大的意义，它不仅能护滩、护堤岸，而且在成林后还能供应修筑堤坝和防洪抢险所需的木材。因此，应尽可能地布设护岸、护滩森林(生物)工程。

(4)平原农田生态防护林

平原农田生态防护林的主要防护目的在于抵御自然灾害，改善农田小气候环境，给农作物的生长和发育创造有利条件，保障作物高产稳产；同时为发展多种经营，增加农民经济收入打下良好基础。所以，大面积地营造农田防护林，实现农田林网化是可持续发展的重要措施。

林带的混交类型与混交方式也是农田防护林营造的关键技术措施之一。其主要目的在于确保林带形成理想的结构，发挥最大的防护效益，取得更多的经济收益。如果混交类型与混交方式选择不当，树种间竞争加剧，将导致林分组成分化激烈，不能形成理想结构，达不到预期的防护作用和经济效益，造成防护林综合效益的降低和造林的失败。

(5)水土保持种草

护坡种草工程是在坡面上播种适于放牧或收割的牧草，以发展山丘区的畜牧业和山区经济。同时，牧草也具有一定的水土保持功能，其防止面蚀和细沟侵蚀的功能不逊于林木。坡地种草工程与护坡放牧林或护坡用材林结合，不仅可大大提高土地利用率和生产力，而且也提高了人工生态工程，即林草工程的防蚀能力，起到了生态、经济双收的效果。

山丘区护坡种草工程一般要求相对平缓的坡地或坡麓、沟塌地。刈割型的人工草地需要更好的条件，最好是退耕地或弃耕地；也可与农田实施轮作，即种植在撂荒地上(此属于农牧结合的问题)。在荒草地、稀疏灌草地、稀疏灌木林地、疏林地上，均可种植牧草。北方在郁闭度较大的林地种植牧草，因光照、水分、养分等问题，一般不易成功，坡面种草多选在阴坡或半阴半阳坡上；南方由于水分条件好，可以考虑，但林地枯枝落叶量大、林下地被盖度高、光照不足、土层薄是一些限制因子。

2. 水土保持生态修复技术

生态修复是指将被损害的生态系统恢复到或接近于它受干扰之前的自然状况的管理与操作过程。生态系统的退化是干扰引起的，因此，生态修复的原理就是控制干扰源。具体来讲，生态修复的基本原理是通过生物、生态、工程的技术和方法，人为地改变和切断生态系统退化的主导因子或过程，调整、配置优化系统内部及外界的物质、能量、信息等流动过程和时空次序，使生态系统的结构、功能和生态的潜力尽快成功地恢复到原有的或更高的水平。

3. 水土保持造林技术

在长期的造林实践中，林业工作者总结出了适地适树、良种壮苗、细致整地、合理密植、精细栽植、抚育管理等六项造林基本技术措施，对造林工作具有普遍的指导意义。但在水土流失区，适地适树、合理混交、细致整地、精细栽植、抚育管理则是水土保持造林的关键。

(1)适地适树

适地适树就是使造林树种特性，主要是生态学特性与立地条件相适应，以充分发挥生产潜力或生态经济效益，达到该立地在当前技术经济条件下可能达到的最佳水平。

在造林时，若不贯彻适地适树原则，而是盲目地有啥树栽啥树，就可能出现栽不活，活得少，长不旺，成活不成林，成林不成材等现象。这样不但浪费人力、财力和种苗，而且使造林地在数年甚至数十年中生产潜力和生态经济效益得不到充分发挥，造成很大的损失。因此，正确贯彻适地适树的原则，对植被恢复和保持水土具有十分重要的意义。

要做到适地适树，首先要了解树种的生物学和生态学特性，熟悉造林地的生态环境，使二者达到统一。适地适树有三条途径：

第一是选树适地或者选地适树，即把具有一定生物学和生态学特性的树种栽植在适合它生长的地方，使其成活成林，充分发挥生产潜力和生态经济效益。

第二是改地适树，通过改善立地条件使地和树相适应，如采用集流整地、客土、施肥、排盐碱等措施。

第三是改树适地，通过选育和引种驯化等方法改变树种的某些特性，使造林树种与立地条件相适应。

(2)混交造林

混交造林能充分利用造林地的营养空间，改良土壤，促进各树种的生长，减轻火灾和病虫害的发生和蔓延，在保持水土、涵养水源等方面具有显著的作用。

①混交林的树种分类：混交林中的树种，依其地位和所起的作用不同，可分为主要树

种、伴生树种和灌木树种三类。

a. 主要树种：是作为主要培育对象的树种，经济价值高，防护效能好。它在混交林中数量最多，是优势树种。主要树种的数目有时是1个，有时是2～3个。

b. 伴生树种：是在一定时期与主要树种伴生，并促进其生长的乔木树种。伴生树种是次要树种，在数量上一般不占优势。伴生树种的作用是辅佐、护土和改良土壤，为主要树种的生长创造有利条件。

c. 灌木树种：是在一定时期与主要树种生长在一起，并为其生长创造良好条件的灌木。灌木树种的主要作用是护土和改良土壤，有时也有一定的辅佐作用。

②树种的混交类型：混交类型是根据树种在混交林中的地位、生物学特性及生长型等人为搭配在一起而成的树种组合类型。混交林类型有以下几种：

a. 主要树种与主要树种的混交：反映水保林和防护林中两种以上的目的树种混交时的相互关系。两种主要树种混交，可以充分利用地力，同时获得多种经济价值较高的木材和更好地发挥其他有益的效能。

b. 主要树种与伴生树种混交：这种类型的混交林，防护效能较好，稳定性较强。主要树种与伴生树种混交多构成复层林林相，主要树种居第一林层，伴生树种位于其下，组成第二林层。

c. 主要树种与灌木混交：主要树种与灌木混交，种间矛盾比较缓和，林分稳定。混交初期，灌木可以为乔木树种创造侧方庇荫、护土和改良土壤；林分郁闭以后，因在林冠下见不到足够的光线，灌木便趋于衰老，逐渐退出"历史舞台"；而当郁闭的林分树冠疏开时，灌木又会在林内重新出现，继续发挥作用。总的看来，灌木的有利作用较大，但持续的时间不长。在一些混交林中，灌木死亡，可以为乔木树种腾出较大的营养空间，起到调节林分密度的作用。

d. 主要树种、伴生树种与灌木的混交：由主要树种、伴生树种和灌木树种共同组成的混交林中的种间相互关系，一般称为"综合混交类型"。综合混交类型兼有上述三种混交类型的特点。

③混交树种的选择：选择混交树种一般应根据以下条件：

第一，混交树种应具有良好的辅佐、改土和护土作用或其他效能，给主要树种创造生长环境，提高林分的稳定性。

第二，混交树种最好与主要树种之间的矛盾不太大。如喜光树种与耐阴树种混交，深根性与浅根性树种混交，有根瘤菌和无根瘤菌树种混交等。

第三，混交树种具有较高经济价值。

第四，混交树种萌芽力强，繁殖容易。

④混交比例：在立地条件优越的地方，混交树种所占比例不宜太大，其中伴生树种比例应多于灌木树种；在立地条件恶劣的地方，可以不用或少用伴生树种，而适当地增加灌木树种的比例。一般来说，在造林初期，伴生树种或灌木树种的混交比例，应为25%～50%，但对于特殊的立地条件或个别混交类型，混交树种的比例仍可适当增加。

⑤混交方法：混交方法是参加混交的各种树在造林地上配置或排列的形式。常用的混交方法有下列五种：

a. 株间混交：又称“行内混交”或“隔株混交”，是在同一种植行内隔株种植两个以上的树种。这种混交方法因不同树种的种植点相距较近，种间发生相互作用和影响较早。如果树种搭配适当，主要树种被其他树种包围，能较快地产生辅佐等作用，种间关系以有利的作用为主；若树种搭配不当，种间矛盾尖锐。这种混交方法造林施工较麻烦，但对种间关系比较融洽或容易调节的树种，混交仍有一定的实用价值。该方法一般多用于乔灌木混交。

b. 行间混交：又称隔行混交，是两个以上的树种彼此隔行混交的方法。行间混交树种间关系的有利或有害作用均出现较迟，一般多在林分郁闭以后才明显地出现。这种混交矛盾比株间容易调节，施工也较简便，是常用的一种混交方法。该方法适用于阴阳性树种混交或乔灌木混交。

c. 带状混交：是一个树种连续种植三行以上构成一条“带”与另一个树种构成的带依次配置的混交方法。带状混交树种种间关系最先出现在相邻两带的边行，带内各行则出现较迟。带状混交的种间关系容易调节，栽植、管理也较方便。乔木与亚乔木或生长较慢的耐阴树种混交时，可将伴生树种改为单行。这种介于带状和行间混交之间的过渡类型，可称为行带混交。行带混交的优点是保证主要树种的优势，削弱伴生树种过强的竞争能力。

d. 块状混交：又叫“团状混交”，是把某树种栽植成规则或不规则的块状，与另一树种的块状地依次配置进行混交的方法。规则的块状混交，是将坡面整齐的造林地，划分为正方形或长方形的块状地，然后在每一块状地上按一定的株行距栽植同一树种，相邻的块状地栽植另一树种。块状地的面积，原则上不小于成熟林中每株林木占有的平均营养面积，一般可为 25～50 m^2。块状地面积过大，就成了片林，混交的意义也就不大。

e. 植生组混交：是种植点配置成群状时的混交形式，就是在一小块地上密集种植某一树种，与相邻小块状地密集种植的另一树种混交的方法。由于小块状地间距较大，种间相互作用出现很迟，小块状地内为同一树种，具有群状配置的优点。植生组混交树种关系容易调节，但造林施工比较麻烦。该方法主要适用于水保林人工更新、次生林改造等方面。

(3)整地工程

整地能改善造林地小气候和土壤理化性质，增强土壤蓄水保墒和保肥能力，减少杂草和病虫害，有利于保持水土。整地工程有：

①反坡梯田：梯田面向内倾成坡度较大的反坡。反坡梯田蓄水保土、抗旱保墒能力强，改善立地条件的作用大，造林成活率较高，林木生长良好，但整地花费劳力较多。反坡梯田适用于黄土高原地区比较完整的坡面。

②水平沟：是沿等高线挖沟的一种整地方法。沟的断面形状多呈梯形。一般水平沟的上口宽 0.5～1.0 m，沟底宽 0.3 m，沟深 0.4～0.6 m；外侧斜面坡度约 45°，内侧坡(植树斜面)约 35°；沟长 4～6 m；两水平沟距离 2～3 m。水平沟过长时，沟内可留横埂。为增强保持水土效果，可将各沟串联起来。

③鱼鳞坑：为形似半月形的坑穴。规格有大、小两种：大鱼鳞坑长径为 0.8～1.5 m，短径为 0.6～1.0 m；小鱼鳞坑长径为 0.7 m，短径为 0.5 m。坑面水平或稍向内倾斜，有时坑内侧有蓄水沟与坑两角之引水沟相通；外缘有土埂，半环形，高 0.20～0.25 m。

④整地时间：从全国范围来讲，一年四季均可进行整地，但一般在造林前一年或半年提前整地。北方地区最好在雨季以前进行整地，有利于截蓄雨水。

(4)造林方法

造林方法按所使用的造林材料（种子、苗木、插穗等）不同，一般分为植苗造林、播种造林和分殖造林。

①植苗造林：植苗造林是营造水保林最广泛的一种造林方法，其最突出的优点是不受自然条件的限制。水土流失地区、气候干旱的地方，杂草繁茂、鸟兽害及冻害比较严重的造林地上，都可以采用植苗造林。此外，植苗造林可以节省种子，在种源不足的情况下，应先育苗再造林。

②播种造林：播种造林也叫“直播造林”，可分为人工播种造林和飞机播种造林。

a.人工播种造林：播种造林幼苗根系不受损伤，发育比较完整；播种造林时每个播种点要求播多粒种子，经过自然和人为选择，可以留下较优良的植株，林分质量较高；播种造林的幼苗一开始就在造林地上生长，比较适应林地环境条件。但播种造林易遭受鸟兽危害，往往没有植苗造林保存率高，特别是自然条件较差的地方尤为明显。

b.飞机播种造林：简称“飞播造林”，多用于人口稀少、交通不便、劳力缺乏的大面积荒山、荒坡。其特点是速度快、省劳力、成本低。

③分殖造林：分殖造林是利用树木的营养器官（如茎、枝条、根、地下茎等）直接进行造林的方法。该造林方法只适用于营养器官具有萌芽能力的树种，如杉木、竹类、杨、柳等。分殖造林不需要种子和育苗，能保存母本植株的特性，但因没有现成的根系，故要求较湿润的土壤条件。

由于采用营养器官的部位和栽植方法不同，分殖造林可分为插干、插条造林，分根造林，分墩造林等。

a.插干、插条造林：主要用于杉木、杨树、柽柳、沙柳等树种。插干造林一般采取2～4年生，直径为3～5 cm、长为2.5～4 m的通直枝条作为插干，深栽1 m左右。插条造林采取1～3年生，生长健壮、木质化程度高的枝条作为插穗，长度为30～70 cm，粗度为2 cm，栽植深度依插穗长度而定，地上只留1～2 cm，每穴植1～2株。

b.分根造林：多用于根系萌蘖能力强的树种，如刺槐、香椿、河北杨和枣树等。

c.分墩造林：适于丛生灌木，如紫穗槐、白蜡条等。把盘墩很大的条墩劈下一部分，下带根系，上带枝条或茬桩，移栽于造林地上。

(5)抚育管理

抚育管理是巩固造林成果，加速林木生长的重要措施。抚育管理主要是在造林整地的基础上，继续改善土壤条件，使之满足林木生长的需要，对林木进行保护，使其免受各种自然灾害及人畜破坏；调整林木生长过程，使其适应立地条件和人们的要求。“三分造林，七分管”“一日造林，千日管”“有林无林在于造，活多活少在于管”，都生动地说明了造林后抚育管理的重要性。

抚育管理的主要内容包括松土除草、间苗、补植、平茬、除蘖、修枝和防治鼠兔危害等工作。具体措施可根据树种特性而定。

3.1.4 水土保持农业技术措施

水土保持农业技术措施是指用增加地面糙率,改变坡面微小地形,增加植物被覆、地面覆盖或增强土壤抗蚀力等方法,保持水土、改良土壤以提高农业生产的技术措施。水土保持农业技术措施与林草措施、工程措施有机结合,构成完整的综合治理体系。

水土保持农业技术措施包括:水土保持耕作技术;水土保持栽培措施;土壤培肥技术;旱作农业技术。

3.1.4.1 水土保持耕作措施

水土保持耕作措施的种类有:改变小地形、增加地面糙率;增加地面覆盖;改善土壤物理性状的耕作措施。

1.以改变小地形、增加地面糙率为主的农业技术措施

(1)等高耕作

等高耕作又称"横坡耕作技术",是指沿等高线,垂直于坡面倾向进行的横向耕作,如图3-1所示。它是坡耕地实施其他水土保持耕作措施的基础。

沿等高线进行横坡耕作,在犁沟平行于等高线方向会形成许多"蓄水沟",从而有效地拦蓄地表径流,增加土壤水分入渗率,减少水土流失,有利于作物生长发育,从而达到高产。

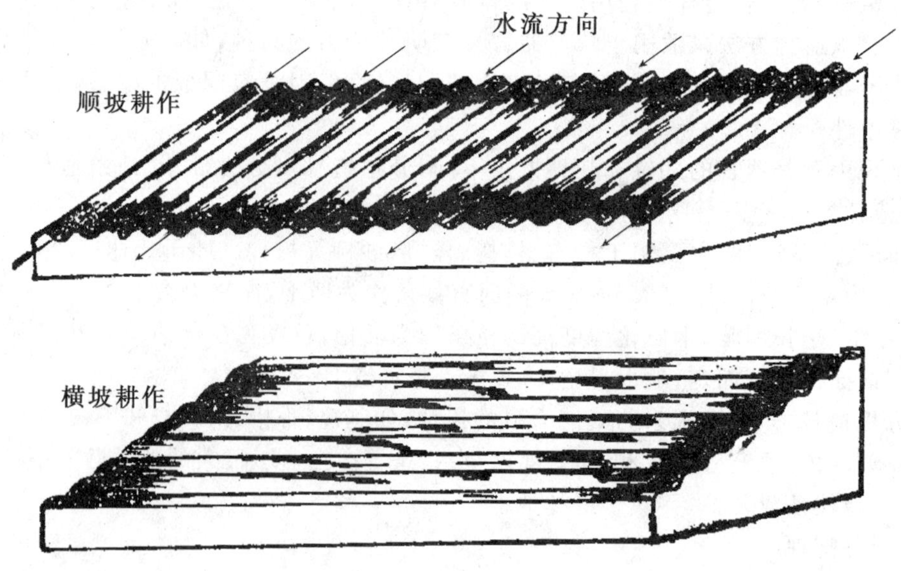

图3-1 顺坡耕作和横坡耕作

(2)等高沟垄耕作

等高沟垄耕作是在等高耕作的基础上进行的。具体操作为:在坡面上沿等高线开犁,形成沟和垄,在沟内或垄上种植作物。一条垄等于一个小坝,可有效地减少径流量和冲刷量,增加土壤含水率,保持土壤养分。它还可进一步划分为以下三种类型。

①水平沟种植:水平沟种植又称"套犁沟播"。具体做法为:在犁过的壕沟内再套耕一犁,然后将种子点在沟内,施上肥料,结合碎土,镇压覆盖种子,中耕培土时仍保持垄沟完整。

②平播起垄：平播起垄是用犁沿等高线隔行条播种植，并进行镇压，使种子和土壤密接，以利于出苗、保墒；在早期保持平作状态，在雨季到来以前，结合中耕，将行间的土培在作物根部，形成沟垄，并在沟内每隔 1～2 m 加筑土挡，以分段拦蓄雨水。这种方法的优点是，在春旱地区，它可以避免因早起垄而增加蒸发面积造成缺苗现象，影响产量。它还能在雨季充分接纳和拦蓄雨水，故蓄水保土和增产作用较显著。

③垄作区田：垄作区田是干旱和半干旱地区采用的蓄水保土耕作法。具体做法是：在坡地上从下往上进行，先在下边沿等高线耕一犁，接着在犁沟内施肥播种，然后在上边浅犁一道，覆土盖种，再空出一道的距离继续犁耕施肥播种，依次进行，直至种完。这样使坡面沟垄相间，有利于拦蓄地表径流。为了防止横向水土流冲刷，在沟内每隔 1～2 m 横向修一道小土挡，如图 3-2 所示。

图 3-2 沟垄种植

(3)区田

区田也叫“掏钵种植”，是我国一种历史悠久的耕种法。具体做法是：在坡耕地上沿等高线划分成许多 1 m^2 的小耕作区，每区掏 1～2 钵，每钵长、宽、深各约 50 cm。掏钵时，用锨或镢，先将表层熟土刮出，再将掏出的生土放在钵的下方和左右两侧，拍紧成埂，最后将刮出的熟土连同上方第二行小区刮出的熟土全部填到钵内，同时将熟土与施入的肥料搅拌均匀。掏第二行钵时，将第三行小区的表层熟土刮到坑内，以此类推。

这样自上而下地进行，上下行的坑以“品”字形错开，坑内作物可实行密植，如图 3-3 所示。每掏一次可连续种 2～3 年，再重掏一次。掏钵 1 hm^2 需 45～60 个工。在实践中，群众还创造了人工加畜力的掏钵方法，值得推广。

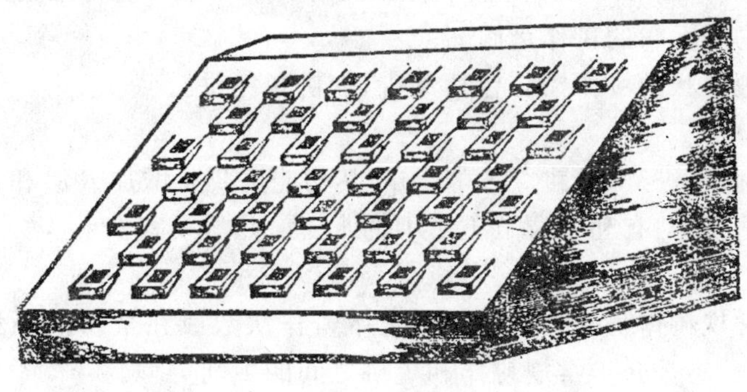

图 3-3 区田种植

(4)圳田

圳田是宽约 1 m 的水平梯田。具体做法是:沿坡耕地等高线做成水平条带,每隔 50 cm挖宽、深各 50 cm 的沟,并结合分层施肥将生土放在沟外拍成垄,再将上方 1 m 宽的表土填入下方沟内。由于沟垄相间,便自然形成了窄条台阶地。此法亦可采用人畜相结合,以提高工效。

(5)水平防冲沟

水平防冲沟也叫"等高防冲沟"。这是在田面按水平方向,每隔一定距离用犁横开一条沟。为了使所开犁沟能充分保持水土,在犁沟时,每走若干距离要将犁抬起,空很短的距离后再犁。这样在一条沟中便留下许多土挡,使每段犁沟较为水平,可以起到分段拦蓄的作用。同时应注意,上下犁沟间所留土挡应错开。犁沟的深浅和宽窄:在 20°的坡地上沟间距离约2 m,沟深 35~40 cm。为了经济利用田面,犁沟内亦可点播豆类作物,并照常进行中耕除草。

2.以增加植物被覆为主的耕作措施

(1)残株覆盖

①材料:作物残株,包括稻草、杂草、蔗叶、蔗渣、玉米秆、谷壳等。

②作用:可以保护表层土壤结构,提高降水的入渗率;隔断蒸发表面与下层土壤的毛管联系,减弱土壤空气与大气之间的交换强度,有效地抑制土壤水分蒸发。

(2)青草覆盖

青草覆盖后,雨滴打在青草上,可避免雨滴直接打在土壤上;因青草覆盖,保持了土壤墒情,地面也没有杂草滋生,减少中耕环节,起到了保持水土的作用。

(3)地膜覆盖

根据覆膜栽培能保土、保水的特点,把它应用到坡耕地耕作当中。

(4)砂田

砂田是甘肃等省的干旱区采用的一种蓄水保墒特殊耕作法。其做法是:一要选择离砂源近、土壤肥沃、坡度缓的土地;二要选择合土少、砂粒大小适中的砂源;三要事先平整土地,施足底肥,精耕细作;四要掌握铺砂厚度,旱砂田铺 12 cm 厚,水砂田铺 6 cm 厚,每公顷需砂 1.5×10^{6} kg 以上;五要防止砂、土混合,要采用不再进行翻动土层的耕作。

3.改善土壤物理性状的耕作措施

改善土壤物理性状的耕作措施包括深耕、少耕和免耕。

(1)深耕

一般在夏、秋两季进行,深耕 21~24 cm,其功能主要是增加入渗和蓄水保水能力,同时改善土壤的通透能力,有利于调节土壤中的水、气、热等要素。

(2)少耕

少耕是指在常规耕作基础上尽量减少土壤耕作次数或在全田间隔耕种,减少耕作面积的一类耕作方法,它是介于常规耕作和免耕之间的中间类型。

(3)免耕

免耕又称"零耕""直接播种",是 20 世纪 60~70 年代世界上普遍重视的一种耕作措施,其核心是不耕不耙,也不中耕。它是依靠生物的作用进行土壤耕作,用化学除草代替机械除草的一种保土耕作法。

3.1.4.2　水土保持栽培技术措施

1.轮作技术措施

轮作是在同一块田地上，于一定的年限内，有顺序地轮换种植不同作物的种植方式。轮作可以改善土壤物理性状，减少水土流失；避免土壤养分偏耗，提高肥效；防除杂草和病虫害。

在农业生产过程中，将不同品种的农作物或牧草按一定原则和作物（牧草）的生物学特性在一定面积的农田上排成一定的顺序，周而复始地轮换种植就是轮作。在轮作的农田上，把作物安排为前后栽植顺序是轮作方式，轮作方式之中或全部栽植农作物，或按一定比例栽植作物与多年生牧草即草田轮作，种植一遍所历经的时间称为轮作周期。从时间和空间的关系上来看，在作物安排上最简单的是三年轮作周期与三区轮作方式，如表 3-2 所示。

表 3-2　　三年轮作周期与三区轮作方式

田区号	第一年	第二年	第三年
第一区	大豆	高粱	谷子
第二区	高粱	谷子	大豆
第三区	谷子	大豆	高粱

依据水土保持作用，可将草田轮作制中的农作物和牧草分为三大类：第一类是保持水土作用小的玉米、高粱、棉花、谷子、糜子等禾本科中耕作物；第二类为保持水土作用大的小麦、大麦、莜麦、荞麦、豌豆、大豆、黑豆等一些禾本科和豆科的密播作物；第三类是一年生和多年生的牧草，如苏丹草、春箭舌豌豆、苜蓿、紫花、沙打旺、红豆草、黑麦草等。

2.间作、套作与混作

(1)间作

间作是在同一田块于同一生长期内，分行或分带相间种植两种或两种以上作物的种植方式。

(2)套作

套作是在同一块地上，不同时间播种两种以上的不同作物，当前季作物未成熟收获时，就把后季作物播种在前季作物的行间的方式。

(3)混作

混作是在同一块地上，同期混合种植两种或两种以上作物的种植方式。一般混作在田间无规则分布，可同时撒播，或在同行内混合、间隔播种，或一种作物成行种植，另一种作物撒播于其行内或行间。

间作、套作和混作，本来是增产措施，但由于增加了植物覆被率和延长了植被覆盖时间，因而仍属于水土保持农业技术措施的范畴。

上述三种作物种植方式如图 3-4 所示。如果它们同出现在一块农田上时，就构成所谓的立体种植。

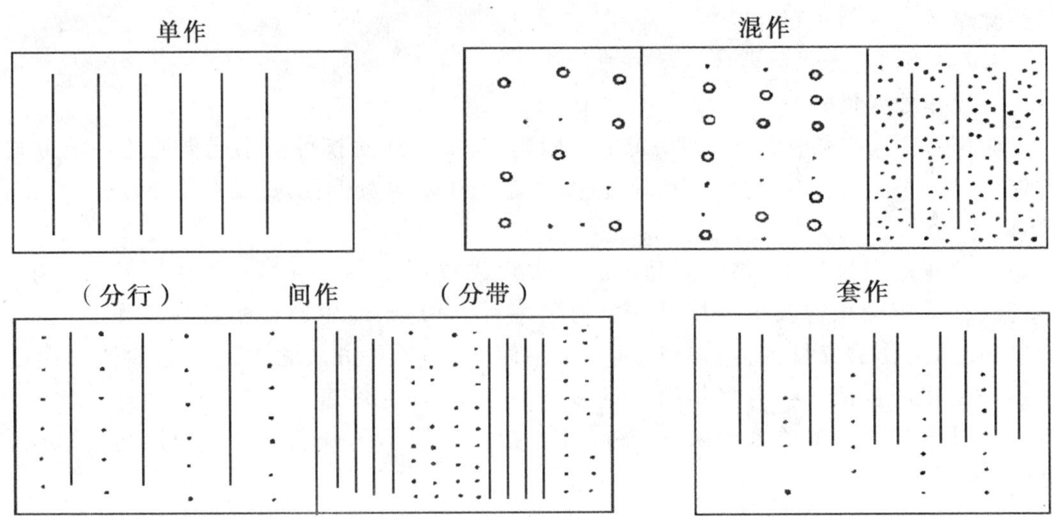

图 3-4 作物种植方式示意图

3. 等高带状间作

等高带状间作是沿着等高线将坡地划分成若干条带，在各条带上交互和轮换种植密生作物与疏生作物或牧草与农作物的一种坡地保持水土的种植方法。它利用密生作物带覆盖地面、减缓径流、拦截泥沙来保护疏生作物生长，从而起到比一般间作更大的防蚀和增产作用；同时，等高带状间作也有利于改良土壤结构，提高土壤肥力和蓄水保土的能力，便于确立合理的轮作制，促使坡地变梯田，如图 3-5 所示。

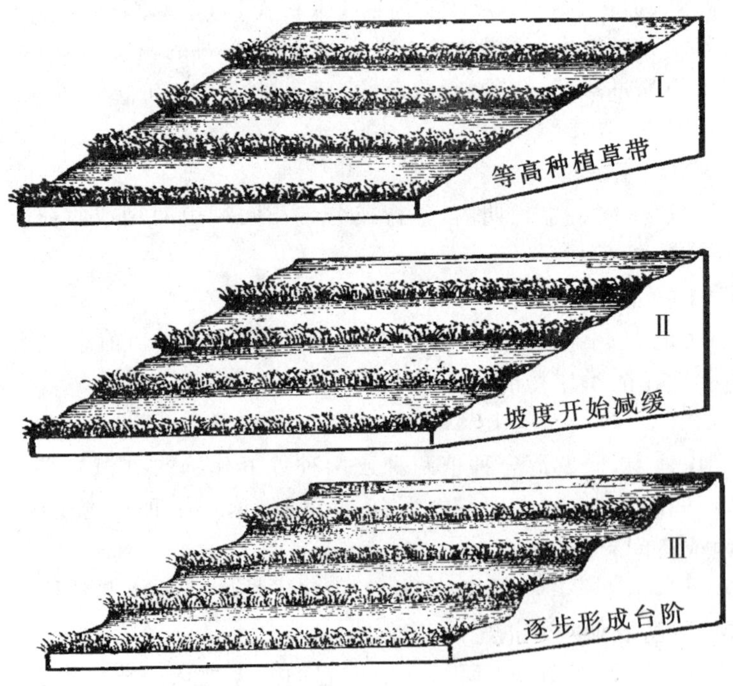

图 3-5 等高带状间作促使坡地变梯田

等高带状间作可分为农作物带状间作、草田带状间作两种。

农作物带状间作:利用疏生作物和密生作物成带状相间种植。

草田带状间作:利用牧草与农作物成带状相间种植。

4.等高带状间轮作

等高带状间轮作要求首先将坡地沿等高线划分为若干条带,再根据粮草轮作的要求,分带种植作物和草,一面坡地至少要有二年生或四年生草带3条以上,沿边线则种植紫穗槐或柠条带。

采用此法的好处:一是可促进坡地农田退耕种草,即一半面积种草,一半面积种粮;二是把草纳入正式的轮作之中,巩固了种草面积;三是保证粮食作物始终种在草地上,可减少优质基肥上山负担,节省大批劳畜力;四是既改良了土壤结构,又提高了土壤蓄水保土能力;五是既确立了合理的轮作制,又可促使坡地变成缓坡梯田。

3.1.4.3 土壤培肥技术

土壤培肥是一项综合性很强的工作。对于农耕地,要从作物布局、耕作、轮作、施肥等方面围绕着水土流失区特点,防止土壤侵蚀,提高土壤蓄水保墒能力,改变掠夺式的经营方式,增加农田能量输入,把用地与养地结合起来,加速土壤的培肥过程,不断提高土壤肥力水平。在这些措施中,施肥是土壤培肥的一项十分有效的途径。

1.广开肥源

当前水土流失区肥料方面最突出的问题是肥料不足。在水土流失地区,由于严重的水蚀、风蚀、干旱等原因,单位面积土地所产的生物量很低,加之"三料"(肥料、饲料、燃料)矛盾突出,所以有机肥源贫乏。在化学肥料方面,目前由于这类地区,农民的经济、文化、技术水平比较低,化肥的施用量也不高,从外系统增加农田物质基础的数量很有限。所以,肥料问题的重点是开辟肥源。这方面虽然有一定困难,但也有有利因素,如果能充分挖掘各方面潜力,是有条件逐步解决肥料不足问题的。

开发利用能源的优势,缓和燃料和肥料的矛盾,使更多的生物材料返回农田。充分利用土地资源优势,通过多种形式把非耕地的动植物产品向农田富集,提高化肥施肥技术,增加化肥用量。

2.使用有机肥料

有机肥料改土培肥的良好作用是公认的,这方面的研究资料也很丰富,但是水土流失区有它的特殊性,在施肥技术上仍需要进一步研究。

(1)有机肥料的分配使用

水土流失区单位面积生物产量低,其主要原因是有机肥料不足,这不是短期内轻易能解决的问题。在有机肥料有限的条件下,怎样才能发挥有机肥料的最大效果,肥料的分配使用是个关键问题。根据目前水土流失区的先进施肥经验和有关研究结果,可采取集中施肥的办法来解决肥料不足的矛盾。

(2)有机肥料的腐熟

施用有机肥料基本上有三种方式:一是结合秋耕施肥,二是结合休闲耕作施肥,三是结合播种施肥。水土流失区土壤的共同特点是土壤有效养分含量低,土壤有效水分含量少,氮、磷供应能力差,这种现象尤其在春季更为严重。所以播种时施用的有机肥一定要充分腐熟，避免因施肥而失误。由于有机肥料一般碳氮比都比较宽，当微生物分解有机物时，自身要消耗一部分氮源和水分，经过充分腐熟的肥料可以避免肥料在分解过程中与种子和幼苗争水夺氮等现象。同时在播种施肥技术上，要使种子与土壤紧密接触，保证种子充分吸水。

3.发展绿肥牧草

种植绿肥牧草，对于改善生态环境、防治土壤侵蚀、培肥地力、实现农牧结合都有显著效果，是水土流失区改善农业生态环境的一项重要措施。这里重点介绍绿肥的压青技术。

(1)绿肥的翻压时期

绿肥应掌握在鲜草产量最高和肥分含量最高时翻压。翻耕过早，虽然植株柔嫩多汁，容易腐烂，但鲜草产量低，肥分总含量也低；翻耕过迟，植株趋于老化，木质素、纤维增加，腐烂分解困难。

(2)绿肥的翻埋深度与分解速度

绿肥分解要靠微生物的活动，因此耕翻深度应考虑到微生物在土壤中旺盛活动的范围以及影响微生物活动的各种因素。微生物的活动一般在 10～15 cm 深处比较旺盛，故耕埋深度也应以此为准。但气候条件、土壤性质、绿肥种类及其老嫩等也会影响耕翻深度。凡绿肥幼嫩多汁易分解，土壤砂性强，土温较高的，耕翻宜深些，反之宜浅。

(3)绿肥的施用方式

①直接耕翻：耕翻绿肥要埋深、埋严，翻耕后随即把地碎土，使土、草紧密结合，以利绿肥分解。耕翻时如土壤水分不足，可在耕翻前浅灌。生长繁茂的绿肥，耕时有缠犁现象，耕前要先用圆盘耙耙倒切断。

②沤制：为了提高绿肥的肥效，或因储存的需要，可把紫云英以及各种水生绿肥与河泥等混合沤制(沤制时还可混入猪、牛粪等)。方法是先把绿肥切断成长约 30 cm，再与适量河泥拌和堆积于田头。

绿肥绝大多数用作基肥。经过堆沤也可用作追肥。野生绿肥和夏季绿肥可割下铺于水稻行间，再踏入泥水作为早期追肥。

绿肥的施用量因作物种类和品种、土壤肥瘦和质地以及绿肥的种类、成分而有不同，在与磷、氮肥料配合下，一般以 15～22.5 t/hm^2 为宜。

4.秸秆直接还田

堆肥和沤肥都是先把秸秆运回堆沤，再送回地里施用，耗用劳力多，而且堆返中释放出来的热量白白散失。为此，近年来各地推广应用了玉米秸秆、稻草、麦秸等直接还田的新技术，对培肥地力和提高单产有一定作用。在年降水量为 500～600 mm 和一定准溉条件下，秸秆还田试验研究和在大面积生产上多数都表现增产效果，并且还有培肥土壤的效果。因为秸秆直接还田可以增加土壤有机质的积累，相应提高土壤的代换性能，提高土壤蓄水保墒能力，改善微生物环境，改善土壤物理性状以及减少田间杂草等。至于在年降水量为 350～450 mm 和无灌溉条件的半干旱地区，秸秆还田的作用还应作进一步的研究。如秸秆还田与土壤墒情的关系，丘陵坡地秸秆还田和保持水土的关系，秸秆还田和土壤耕作技术如何配合，秸秆还田的方式和秸秆还田的增产效果，都是值得重视和进一步探讨的问题。

5.合理施用化肥

已如前述，施化肥是扩大农田物质循环的一个重要手段。从旱农地区的实际出发，强调合理施用化肥，其意义在于：第一，有利于提高水分利用效率，缓和土壤养分的供求矛盾，迅速提高产量，增加秸秆等有机质还田量。第二，植物产品增加，向畜牧业提供更多的饲草饲料，有利于促进畜牧业发展，增加优质基肥向农田的投入。第三，由于增加秸秆、根茬、畜肥等有机质投入农田的数量，有利于培肥土壤。第四，有利于减缓燃料、饲料、肥料之间的矛盾。做到合理施用化肥，必须遵守施肥的基本原理和掌握作物的营养需求规律，否则很难取得好的经济效果。

水土流失区供水不足依然是农业生产的主要限制因素。所以化肥用量要适当，要与土壤水分水平相适应，才能提高水分利用率，收到最大的经济效益。

化肥的适宜用量必须因地制宜。因此，各地都需要进一步进行试验研究，以确定最佳施肥量。

6.改进施肥方法

目前我国主要的水土流失区，由于燃料、饲料、肥料三料俱缺，每年要从农田取走一定数量产品的营养物质，而归还给农田的数量很少，系统外输入的物质更少。因此，农田生态系统中物质规模越来越小，是农田生产性能恶化的主要原因之一。

水土流失区的土壤肥力低，研究表明：增施有机肥或无机肥对提高产量都有明显作用。我国提出了“以无机换有机，以少量无机换多量有机”和“以肥调水”的施肥方法。

3.1.5 生态清洁流域治理

3.1.5.1 生活垃圾处理措施

1.生活垃圾处置方式

中国农村地域辽阔，由于经济、自然、人文状况的不同，各个地区的生产、生活不尽相同，因此中国农村的垃圾在种类和数量上都千差万别，但归纳其特点可以分为可回收垃圾、不可回收垃圾及有害垃圾。可回收垃圾主要是可再回收利用的垃圾，包括废纸、废金属、玻璃等；不可回收垃圾主要包括妇女、儿童卫生用品，旧衣物，厨余物等；有害垃圾是指对人类生产、生活有害的废弃物，除了包括化工业、金属冶炼及加工、造纸业、采掘业等排放的废弃物，还包括一些临床废弃物、生活垃圾中的废旧电池和日光灯管等。

垃圾不仅影响乡村风景的美观，且不论是有害还是无害垃圾，若不正当处置，都会产生环境污染。垃圾威胁人类健康的形式主要有固、液、气三种：通过食物使人进食有害物质；通过降水、地面径流及地下径流污染水资源，从而危害人类的健康；通过散发出有害气体危害呼吸道健康等。

对生活垃圾进行正确恰当的处置，对资源的利用、景观的美化及营造农村健康清新的环境有着重要意义。目前世界各国采用的主要垃圾处理方法有卫生填埋法、焚烧法和高温堆肥等。

(1)卫生填埋法

卫生填埋法是从垃圾露天堆放和填坑演变而来的，垃圾填埋场建设的污染防治标准应严格遵守中华人民共和国环境保护部颁布的《生活垃圾填埋场污染物控制标准》，以防掩埋的垃圾对地下水、地表水、土壤、空气和周围的环境造成污染，一般采用坑埋的方式。坑底做成不透水层以防止污染地下水，并埋设管道导出有害气体，采用分层覆土填埋的方法对垃圾进行填埋。按照设计标准，每日填埋垃圾后要采用 15 cm 厚的沙土进行覆盖，要求覆盖层透气性良好，以促进垃圾分解矿化。堆积完一层垃圾再覆盖一层黏土，黏土厚度为 30 cm。垃圾填埋场达到设计填埋的标准后进行封场覆盖，覆盖厚度不少于 50 cm。根据不同地区 8～15 年后进行开挖，并筛选处理，可将矿化垃圾运用于工程绿化方面。因为垃圾卫生填埋场耗资相对较低、卫生程度好，且能够将垃圾变废为宝，增加经济效益，近年来在国内被广泛应用。

(2)焚烧法

焚烧法是将生活垃圾中的可燃成分在高温下经过燃烧，使生活垃圾中的可燃物充分氧化，变成无害化的稳定的灰渣的过程。垃圾焚烧使得垃圾的体积大大减小，同时也加快了垃圾处理的速度；焚烧的高温能够杀死病原体，将有害物质转化为无害物质，降低了垃圾对土壤和水资源的危害；此外，燃烧过程中放出的大量的热，可以加以利用，如发电或作为热源等，从而得到一定的经济效益和实用价值。焚烧法耗资较大，设备维护较难，且焚烧造成的大气污染仍无法完全解决，因此垃圾焚烧法在国内外已开始进入萎缩期。

(3)高温堆肥

高温堆肥是将生活垃圾中的有机物经过生化反应发生降解，使其快速成为腐殖质，用于土壤改良或施肥。由于我国大多数地区土地较为贫瘠，堆肥能够促进农作物茎秆、人畜粪尿、杂草、垃圾污泥等堆积物的腐熟，可以增加土壤中的有机质含量，也能杀灭其中的病菌、虫卵和杂草种子等，从而有利于增加农业产量，所以在城镇发展堆肥有一定的销售市场。

此外，一些农村对垃圾的处理以“分类收集、源头减量、资源回收”为原则，对垃圾进行分类处理，最大限度地减少了生活垃圾的排放量，使得垃圾的填埋量和垃圾填埋场的占地面积减小，从而大大减少了垃圾处理的难度，也有效避免了垃圾在运输等过程中造成的二次污染，增加了资源的回收利用率，符合建设环境友好型社会和科学发展观的要求。

目前，农村生活垃圾的处理方式并不是千篇一律，各种垃圾的处置方式也存在一定的弊端。例如，垃圾填埋在土地利用日益紧张的城市需要占用大量的宝贵土地；焚烧法处理垃圾会导致大气污染以及焚烧后固体颗粒包含有重金属化合物等；堆肥的肥料也有可能夹杂石头、金属、玻璃等。因此，不同地区的垃圾处置方式还得根据当地的地理位置、经济状况以及不同生活习惯下产生的不同组成成分的垃圾来选择。不管采用哪一种处理方式，垃圾分类收集均是其他处理方式的前提，也是世界上处置垃圾的趋向。事实证明，垃圾分类做得越细致，带来的环境效益、经济效益、社会效益和生态效益越可观。垃圾的处置方式应该因地制宜，根据当地的实际情况采取最合理的处理方式，处理的最终目标是农村生活垃圾的减量化、资源化、无害化。

2.生活垃圾处置运行

对农村生活垃圾的处理应当以科学发展观为核心思想，来构建资源节约型、环境友好型的乡村，通过形成条文来约束垃圾处置运行机制，并组建一个逐级垃圾处理系统，通过配备相关人员对系统进行管理，保障垃圾处置的顺畅，用健全的户、村、镇三级垃圾处理系

统及时消化处理生活垃圾。

对垃圾的处置，可实行"户集、村收、镇处理"的垃圾处置模式。每户农家配备垃圾桶，农户需将垃圾收集起来放入垃圾桶；在村里设立垃圾池或垃圾房，并配备保洁员和相应的垃圾运载车，负责收集农户的生活垃圾；保洁员将垃圾进行分类后，定时将收集的垃圾送往乡镇设立的无公害垃圾处理场，对垃圾进行及时处理。对于无能力自行处理的乡镇，可设垃圾中转站，定时将垃圾运送到区级的垃圾处理场进行处理。这样逐级组建的垃圾处理系统就能高效地运行起来。农村生活垃圾处置运行结构如图 3-6 所示。

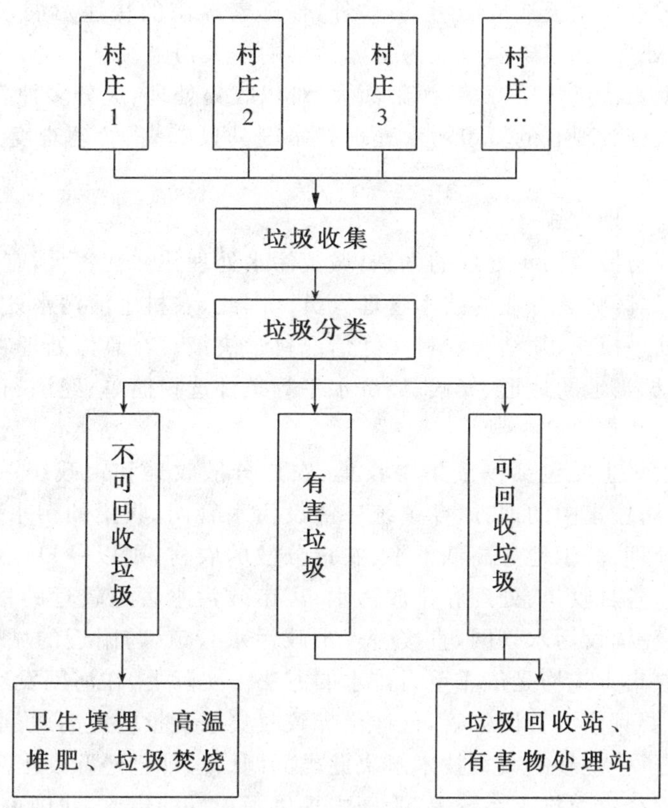

图 3-6 农村生活垃圾处置运行结构

此外，为保障垃圾处置的正常运行，还须政府的参与，可根据实际情况形成具有法律效力的条文，用制度规范村民行为，将农村环境卫生管理工作制度化、规范化，对违反制度的村民进行批评教育，让环境保护的理念深入人心，彻底改变原来乱倒乱扔的现象；政府还应加大宣传力度，引导农民学会垃圾分类，自主爱护环境。

3.1.5.2 污水处理措施

随着我国经济的迅速发展和居民生活水平的提高，以及以牺牲环境健康为代价换来的短期经济效益的人为活动日益增加，农村的水体污染越来越严重。我国有 250 多万个自然村，8 亿多农村人口，污水排放量巨大。其中大部分污水未经处理直接排入周围水体，对生态环境造成严重危害，同时威胁着农村饮用水安全，已经成为新的区域性水环境的污染源。

农村水污染按来源分散程度分为两类:点源污染和面源污染。

点源污染的来源多种多样,包括粗放经营的小造纸厂、电镀厂、印染厂、食品厂等乡镇企业生产过程中产生的废水,未经处理就近排入河道、水库、农田,对水体造成了严重的污染;而部分村庄村民居住比较集中,未经处理的生活污水和生活垃圾随意倾倒也严重威胁着周围的水体。

面源污染包括农药和化肥的过量施用造成的水体富营养化;村民居住比较分散地区,未经处理的生活污水和垃圾造成的污染;另外,伴随着经济的快速发展,养殖业产生的大量粪尿,经过简单处理后的排放,也成为水体污染的一大污染源。

农村污水的主要特点是来源多、污染面大、难以收集处理、成分多种多样、污水中含有较多的人畜粪尿成分。现有的城市污水处理技术因其投资高、管理难度大而不适用于农村污水处理。

1. 污水收集与处理方式

农村污水处理与城镇污水处理的区别:城镇污水处理往往耗资大,有较高的技术支撑及经济支撑;农村地区缺乏专业的技术管理人员。因此,农村生活污水处理方式不能照搬或套用城镇污水处理模式,须结合农村实际情况科学决策。在具体处理农村生活污水时,应当因地制宜,根据当地的地形、气候、经济水平等条件选择简单、经济、有效的处理方式。

(1)污水收集

农村污水的收集主要包括乡镇集中收集、农户分散收集和市政统一收集三种方式。在地势平坦、村民居住集中的地方,乡镇统一铺设污水管网,收集的污水直接送往乡镇的污水处理站进行处理;对于地势高低不平、农户分散的农村,则以一户或相邻的几户为单位,铺设污水管网,各自收集、处理和排放污水;离市政污水管道较近的村庄,采用市政统一收集的办法,统一铺设污水管网,直接引入市政污水管道,与附近的城市市政污水一同处理。以上三种收集方式均是依靠重力排水的方法。实际上,在河网发达的南方,如采用重力收集方法,需要频繁设置倒虹管,这样会导致收集系统投资过高、管道淤积、管理不便等问题,因此出现了一些新的收集技术解决此类问题。国外已经开发出真空排水系统、压力排水系统和小管径重力排水系统等,为国内提供了很好的借鉴,我国也正在开展相关的示范性研究。

由于农村生活污水主要包括厨房、沐浴、洗涤、冲厕及养殖牲畜的粪污等,其中污水量的大小、有机物含量的多少、污染物浓度等与农村居民的生活习惯、生活水平和用水量有关。因此,农村生活污水的收集必须结合当地的地形条件、村落分布,根据实际情况采用不同的模式收集污水。

(2)污水的处理方式

农村污水处理的方式多种多样,归纳起来主要有三类:生物处理方式、生态处理方式和物理化学处理方式。具体有生物接触氧化法、好养生物滤池、厌氧生物处理技术、土地处理技术和稳定塘技术等。

①生物接触氧化法:生物接触氧化法是在生物滤池的基础上派生出来的一种处理废水生物膜法,即在生物接触氧化池内装填一定数量的填料,利用吸附在填料上的生物膜和

充分供应的氧气进行生物氧化作用，通过生物氧化作用，将废水中的有机物氧化分解，达到净化目的。生物接触氧化池操作管理方便，比较适合农村地区使用。日本就针对分散式的农村污水采用了生物接触氧化技术。在我国，气温较低、经济条件较好或者处理后水质要求高的地方，也可采用此方法。

②好氧生物滤池：好氧生物滤池一般以碎石或塑料制品为滤料，将污水均匀地喷洒到滤床表面，并在滤料表面形成生物膜。污水流经生物膜后，污染物被吸附吸收。好氧生物滤池在自然供氧情况下，在滤料表面使好氧微生物形成生物膜，能够去除污水中的悬浮物和溶解在污水中的胶体或污染物质。好氧生物滤池由于处理效率高、占地面积小，并且通过自然通风节省了供氧设施的费用，建设费用低，因此适于农村污水处理。

③厌氧生物处理技术：厌氧生物处理技术无须曝气充氧，产泥量少，是一种低成本、易管理的污水处理技术，能够满足农村生活污水处理的技术要求。一方面，可将有机质含量高的生活污水和牲畜的粪水加入沼气池中，通过厌氧生化反应来净化水源，不仅可将废弃污水加以利用，而且处理效果显著，出水水质稳定；另一方面，可构建厌氧生物滤池，将其密封，通过厌氧生物的生化反应净化污水，工程投资、运行费用低，对维护的要求也不高，适合我国农村应用。

④土地处理技术：土地处理技术是在人工调控下，利用土壤植物微生物复合生态系统，通过一系列物理、化学、生物作用，使污水得到净化并实现水分和污水中营养物质回收利用的一种处理方法。该技术与前三种污水处理技术相比，虽然投资相对较高，但处理系统埋于地下，受外界的影响小，且不影响农村景观效果，对于开展生态旅游业的农村实属最佳方式。目前，土地渗滤技术在国内已投入运用，并取得了较好效果。

⑤稳定塘技术：稳定塘实际上是一个污水池塘，通过人工修建围堤和防渗层，依靠细菌、真菌、藻类、原生动物等的代谢活动及物理、化学、物化过程，将污染物进行多级转换、降解和去除。虽然稳定塘建造投资少、运行维护成本低、无须污泥处理，但污水处理的效率低、受环境影响太大。因此，国内外已相继推出了新型塘和组合塘，如高效藻类塘、水生植物塘、多级串联塘和高级综合塘等以强化处理效果，提高污水处理质量。其中，高效藻类塘应用较多，尤其在太湖流域，其处理效果稳定且优于传统氧化塘。

2.污水收集与处理设施

污水主要是通过污水管网和污水池收集，根据具体的污水处理工艺有相应的处理设备。

3.污水收集与处理设计

污水收集与处理设计主要包括以下步骤：

(1)设计规模的确定

在设计污水处理设施时，首先要考虑污水处理场的规模，加强前期的实地调查，分析出当地污水的水质状况，据此设计出污水处理场的设计水量和设计进水水质浓度等基础数据，特别是污水处理厂有除磷脱氮要求时，除需确定常规污染物浓度外，还应确定营养物浓度、碱度等水质特性。这样在实际工程中才不会出现实际进厂水量、水质偏离设计规模的现象，使污水处理设施高效运转。污水处理厂的水量规模，应根据当地统计的相关资料，以当前的污水量为基础，以一定的年污水增长率计算设计年限内污水处理场管理范围内应当处理的污水总量；污水处理厂设计进水水质的确定，是在污水处理设施管辖范围内选择几个有代表性的排污口，定期实测其水质、水量，再用数学分析的方法算出污水水质浓度，最终适当扩大测得的浓度确定进水水质。

(2)处理工艺的选择

前期调查当地污水状况后，就要根据当地情况因地制宜，有选择地采取污水处理工艺。如当地污水含有哪些污染物质，可选择对应的微生物进行分解，进而可以设计出选择好氧生物滤池还是厌氧处理技术；根据当地经济条件的好坏，可以选择是否用生物接触氧化法处理污水；根据处理后水质的要求及美观效果，考虑选择土地处理技术等。总之，处理工艺的选择以因地制宜、经济适用、工艺流程简单为原则。此外，工艺的选择也要有当地特色，如某村有规模化的猪场，则干粪可以用来外销或生产复合肥，而粪水可直接引入储粪池用于农田的直接浇灌，还可以用来做沼气池的发酵底料，解决农村的能源问题等。

(3)污水的再利用

我国是世界上贫水国家之一，人均水资源占有量是世界人均水资源占有量的1/4，水资源的紧缺状况在一定程度上限制了工农业生产和城市的发展，因此，污水处理后的再利用至关重要。污水处理厂二级处理的尾水，是一种稳定的水资源，工业用水量中冷却、洗涤等用水量大，但水质要求不高，经过处理后可作为工业冷却洗涤用水、市政杂用水及城市河道湖面的景观用水等。因此，污水处理设计中，应充分重视污水回收利用的重要性，调查研究污水回用对象及对水质的要求，并结合用水水质要求进行污水处理工艺选择，进行污水处理设施的布设。处理后的污水按照设计输送到相关的用水单位。

3.1.5.3　沟(河)道清理整治措施

沟(河)道清理整治是在总体规划的基础上，通过修建、整治建筑物或采用其他整治手段(疏浚、爆破等)，对不利于人类生产、生活及居住生态环境建设甚至有破坏作用的沟(河)道演变进行控制。

近年来，随着中国现代化进程的加快，在城市环境日益改善的同时，农村的污染尤其是农村沟(河)道污染问题越来越突出。农村水环境污染不仅直接影响农村人民生活质量，还对城市的水环境造成重大的影响，这是一个必须认真对待的问题。农村的沟(河)道污染与城市的河流污染有很大的区别，在整治措施上也有许多不同之处，必须根据其特点，采取有针对性的措施。

1.污水收集与处理方式

化肥、农药过量和不合理使用，形成农田化肥、农药的流失，又由于传统的灌溉方式加重了农业面源污染，农村面源污染严重影响农村沟(河)道的水质。总氮、氨氮是农村沟(河)道的主要污染物。在农村沟(河)道污水处理中，工程措施往往花费高，小型沟(河)道往往是以沟(河)道污水控制为主。沟(河)道污水控制是一个庞大的工程，需要坚持以系统论、信息论、控制论为指导，把污染源、水环境和人群作为一个有机整体来对待，精确地研究控制对象。污水处理时，应该做好规划，突出水环境综合整治；政府要高度重视农村水环境污染问题，充分发挥农业技术推广等公益单位作用；结合当地特色，区别对待，采取不同的工程措施。沟(河)道污水控制系统如图3-7所示。

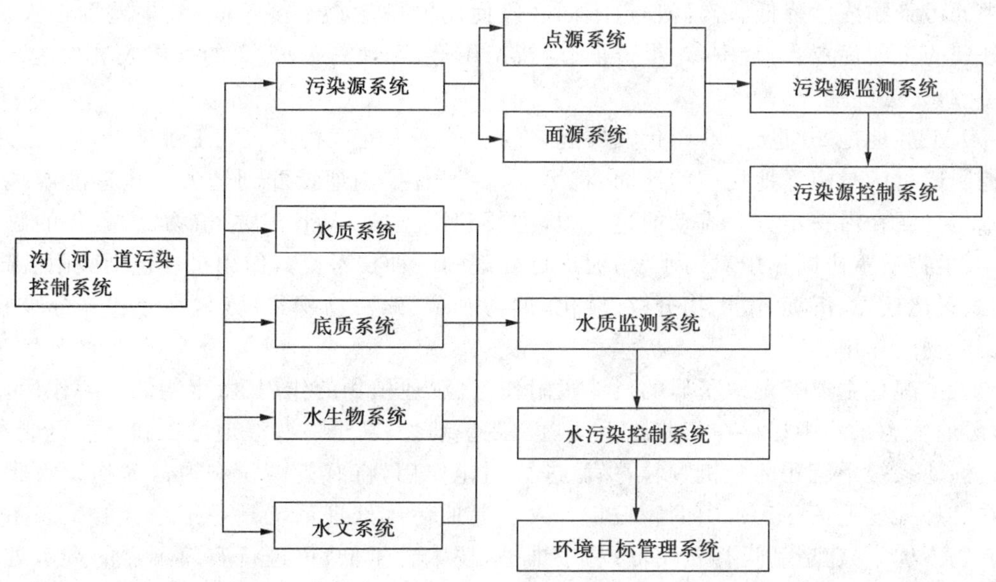

图 3-7　沟(河)道污水控制系统

农村沟(河)道污水处理方式一般可以分为污水分散处理、污水集中处理。

(1)污水分散处理

在我国沟(河)道较为分散的中西部地区，污水分散处理运用较为广泛。污水分散处理时，宜采用小型污水处理设备、自然处理等形式。该处理方式施工简单、布局灵活、管理方便，适用于布局分散、规模较小、地形条件复杂、污水不易集中收集的村庄沟(河)道污水处理。

(2)污水集中处理

在我国沟(河)道分布密集、经济基础较好的东部和华北地区，污水集中处理运用较多。污水处理采用自然处理和常规生物处理等工艺形式。该处理方式占地面积小、抗冲击能力强，适用于村庄布局相对密集、村庄企业或旅游业发达的村庄沟(河)道污水处理。

(3)规模化养殖粪污染源化处理

对于以养猪、羊、牛为主要经济收入的村庄沟(河)道污水处理，往往要采取规模化养殖粪污染源化模式处理沟(河)道污水。该方法针对不同的养殖对象和养殖规模，构建出相应的畜禽养殖粪污染处理的生态模式。规模化养殖粪污染源化处理村庄沟(河)道污水占地少、动力消耗少、成本低、污泥量少。

2. 污水收集与处理设施

村庄污水在流入污水沟(河)道前，一般已经进行了污水收集和处理。农村沟(河)道污水处理措施一般采用自然生物净化和人工湿地，工程措施采用较少。对于村庄污水未处理，沟(河)道污染严重的地区，可以采用沟(河)道曝气法，主要还是应建立好村庄污水处理，减少污染源；对污染的沟(河)道进行垃圾污水清理，种植吸收相应污染元素的植物。

(1)自然生物净化

自然生物净化主要利用土壤中的微生物和植物根系或沟(河)道水中的微生物作用使

水中的污染物浓度降低。沟(河)道不同区段使用的微生物浓度不同,效果差别很大。这种处理的主要优点为:范围广、投资低、运行费用低、管理简单、需要的操作人员少。

(2)人工湿地

人工湿地是20世纪60年代发展起来的一种污水处理技术。人工湿地是由人工建造和控制运行的与沼泽地类似的地面,将污水、污泥有控制地投配到经人工建造的湿地上,污水与污泥在沿一定方向流动的过程中,主要利用土壤、人工介质、植物、微生物的物理、化学、生物三重协同作用对污水、污泥进行处理的一种技术。其作用机理包括吸附、滞留、过滤、氧化还原、沉淀、微生物分解、转化、植物遮蔽、残留物积累、蒸腾水分和养分吸收及各类动物的作用。

人工湿地主要有湿地基质的过滤吸附作用、湿地植物的作用、微生物的消解作用。此外,湿地生态系统中还存在某些原生动物及后生动物,甚至一些湿地昆虫和鸟类也能参与吞食湿地系统中沉积的有机颗粒,然后进行同化作用,将有机颗粒作为营养物质吸收,从而在某种程度上去除污水中的颗粒物。人工湿地污水处理系统是一个综合的生态系统,具有以下优点:建造和运行费用低;易于维护,技术含量低;可进行有效可靠的废水处理;可缓冲对水力和污染负荷的冲击;可提供和间接提供效益,如水产、畜产、造纸原料、建材、绿化、野生动物栖息、娱乐和教育。但也有不足:占地面积大;易受病虫害影响;生物和水力复杂性加大了对其处理机制、工艺动力学和影响因素的认识理解,设计运行参数不精确,因此常由于设计不当使出水达不到设计要求或不能达标排放,有的人工湿地反而成了污染源。

(3)沟(河)道曝气法

沟(河)道曝气法是充分利用天然沟(河)道和沟(河)道已有建筑就地处理污水的一种方法。沟(河)道曝气工程一般分为拦污初沉段、曝气段、二次沉淀段、净化改善段四个部分。

①拦污初沉段:主要利用沟(河)道闸拦截漂浮物,进行污水的初沉。

②曝气段:利用闸前形成的蓄水区安装曝气机进行曝气,为防止曝气机冲刷河道,曝气段内应全部衬砌,处理后的水从闸门顶溢流而下。

③二次沉淀段:闸下建造临时草袋坝,使坝前壅水,用以降低流速,进行沉淀。

④净化改善段:草袋坝下段修拦污活动围堰,进行清污分开,将回流污水和排污口污水全部隔在改善段下游。

沟(河)道综合了曝气氧化塘和氧化沟的原理,结合推流和完全混合的特点,有利于克服短流和提高缓冲能力。同时也有利于氧的传递、液体混合和污水絮凝,是一种有效的污水处理方法。

3.1.5.4 村庄美化措施

现阶段的社会主义新农村建设,要求实现农村经济、社会、环境协调发展。在快速发展经济的前提下,要大力推进农村公共基础设施建设、公共设施配置、生态环境改善等社会事业的发展。要结合当前新农村建设的实际,逐步改善农村生态环境和人居环境,达到村容整洁、道路通畅、村庄绿化、环境美化的目标。村庄美化是建设社会主义新农村的核心内容之一,是立足现实、缩小城乡差距、促进农村全面发展的必由之路。

1.村庄美化内容

村庄美化要在改善农村生态环境和人居环境的前提下，按照因地制宜、兼顾生态与经济的原则，进行统一规划，全面推进"改厨、改厕、改圈、改水、改路"工作，以建设出能够体现田园风光和地方特色的绿化、美化村庄。对于垃圾、污水、杂物、淤泥应进行重点清理，着力防治农村非点源污染，抓好生产、生活污水达标排放工作，规范农具、柴草堆放；同时应大量应用乡土树种，营造出"村在林中、路在绿中、房在园中、人在景中"的优美景观，树立典型，以点带面，深入推进村庄美化工程。

村庄美化的主要内容有村庄绿化、村庄基础设施建设、村庄公共设施建设等。村庄美化前要调查村庄的自然环境、立地条件、风土民情，充分利用自然地貌，采用灵活多变的设计手法，使村庄具有田园风光和地方特色。

①村庄绿化可以分为两个阶段：第一阶段，对村庄可视范围内的荒山荒坡、梯田地埂、街道、公共场所进行绿化，提高村庄绿化覆盖率；第二阶段，在第一阶段的基础上，建设生态化、园林化村庄。通过乔、灌、草结合，达到具有乡村特色的绿化效果。

②村庄基础设施建设即进行"改厨、改厕、改圈、改水、改路"工作，修建污水处理池、水窖、沼气池等基础设施。

③村庄公共设施建设一方面要修建中小型公园、景点，另一方面要修建娱乐、健身场所，小型图书馆等，以促进新农村的精神文明建设。

2.村庄美化设计

(1)道路绿化美化

道路绿化美化是指应用园林植物材料(乔木、灌木、花卉、攀缘植物、地被植物等)通过不同的布局形式和栽植手段，对各种不同性质、类别的道路(交通性、生活性、游览性)进行装点。其目的是为改善环境、组织交通、休息散步、美化市容创造生态效应，并起到景观、环境、休憩三者为一体的统一作用。

目前，村庄道路绿化美化大部分是一板两带式，道路中间为车行道，在车行道两侧为不加分隔的人行道。绿化美化时，常常是在人行道外侧各栽一排行道树。此方法正好符合了村庄道路美化的设计理念：操作简单、用地经济、管理方便。

村庄道路绿化美化按照其位置和重要程度也可以分为：进村道路绿化美化、村内主要道路绿化美化、村内次要道路绿化美化。村庄道路布置较为灵活，应根据实际情况，适地适树选择树种，一般按"两高一低"的原则进行绿化，即在两乔木中间搭配彩叶、观花常绿树种或花灌木，达到多层次的绿化效果。

(2)公共绿地绿化美化

村庄的公共绿地主要是指为全村居民服务、满足规定的日照要求、适合于安排游憩活动设施、供居民共享的游憩绿地，包括村庄公园、小游园和休闲绿地及其他块状、带状绿地等。村庄公共绿地绿化美化要确立"以人为本"的正确导向，最大限度地考虑居民的生活与休闲要求，结合小品、园路、小型绿地广场、健身场地等各种方式来促进居民和自然的亲和性，而不单单为绿化而绿化，要为居民创造一个自然的空间接纳他们的生活和情趣。村庄公共绿地一般包括：实用的休憩设施，如高大树荫下的座椅；为老人、小孩设置的休闲、健身设施，如喝茶、下棋设施，滑梯、跷跷板等；充足的绿化，如大量的"四旁"(宅旁、村旁、路旁、水旁)林;一定面积的硬质铺装,一般为广场砖、生态砖、透水混凝土铺地;一定的照明设施,方便村民晚上使用。

植物配置要层次分明、注重色块。在设计乔灌木混交群落时,要配置高、中、低地被层,各个层次要分明,并注重色块的应用。常绿乔木一般选择圆柏、雪松、白皮松、广玉兰等;落叶乔木一般选择海棠、五角枫、火炬树、梧桐等。灌木有很多选择,如:春天开红花的垂丝海棠、木瓜海棠、紫荆、榆叶梅、樱花,开白花的溲疏、喷雪花,开黄花的黄馨、金钟花、迎春、棣棠等;夏天开花的紫薇、金丝梅、栀子花等;秋天的桂花、红枫、鸡爪槭;冬天的蜡梅、红瑞木等。草花地被植物一般为紫藤、凌霄、野菊、二月兰、玉簪等。

(3)村庄水系绿化美化

村庄水系与村民的生活息息相关,村庄水系绿化美化直接影响村民的生活质量。村庄水系包括湖泊、江河、溪流、水库、池塘和沟渠等形式,其中河流、池塘和沟渠是村庄水系绿化美化的重点,也较为普遍。

①河流:可以将河流分为河道、河漫滩、河道边坡进行绿化美化。

a. 河道:河道内部主要通水,不宜进行太多处理,尽量保持自然,可适量补植一些适生水草,以自然恢复为主。

b. 河漫滩:选育适生草灌,由内到外种植草灌,形成立体景观。

c. 河道边坡:就地取材,进行边坡绿化。不宜运用钢筋石块,河道上部种植一些乔木,如柳树,形成绿化带。

②池塘:池塘是指比湖泊小的水体。界定池塘和湖泊的方法颇有争议性。池塘一般是指可以让人在不被水全淹的情况下安全横过,或者水浅得阳光能够直达塘底。池塘也可以指人工建造的水池。

一般来说,池塘由于面积小,可以不进行人工布置。为了维护池塘水环境,绿化美化时,往往在岸边只有成排乔木,水中散植水生植物,方法简单,效果较好。

③沟渠:沟渠一般指为防洪或灌溉、排水而挖的水道。沟渠一般宽 0.5～2 m,深 20～50 cm。沟渠内水流小,流速慢,绿化美化时应以生态恢复为主。村庄外沟渠一般管理较少,较为凌乱。但对于较宽阔的沟渠,可以建设缓坡自然式河岸,堤坝上种植单一或有骨干树种的林带,形成一种两岸绿树夹一水的景观模式。

3.2 荒漠化防治

荒漠化是指在干旱、半干旱地区,由于气候变化和人类活动等各种因素造成土地退化的现象。在 1977 年联合国荒漠化会议上,荒漠化这一名词被明确定义为“土地滋生生物潜力的削弱和破坏,最后导致类似荒漠的情况,它是生态系统普遍恶化的一个方面,它削弱或破坏了生物的潜力”。根据联合国防治荒漠化公约及其亚洲地区附件的精神,同时结合亚太地区荒漠化防治网络历次会议的观点和中国的实际情况,一致认为荒漠化乃是人类不合理经济活动和脆弱生态环境相互作用造成的土地生产力下降,土地资源丧失,地表呈现类似荒漠景观的土地退化。

我国广阔的干旱、半干旱及部分湿润、半湿润地区存在严重的荒漠化问题，危害着农田、牧场、交通及人民生活，造成土地生产力下降和环境退化。中国土地荒漠化是人口总量超出脆弱环境的承受能力所造成的。根据全国第四次荒漠化监测结果显示，截至2009年底，中国荒漠化土地总面积 $2.62\times10^6\ km^2$，沙化土地面积 $1.73\times10^6\ km^2$，分别占国土总面积的27.33%和18.03%。五年间，全国荒漠化土地面积年均减少2491 km^2，沙化土地面积年均减少1717 km^2。监测表明，我国土地荒漠化整体得到初步遏制，荒漠化土地持续净减少，但局部地区仍在扩展。在地域上主要分布在中国北方，东起黑龙江，西至新疆，断续分布延伸长达5500 km，涉及黑龙江、吉林、辽宁、内蒙古、河北、山西、陕西、宁夏、甘肃、青海和新疆等省(区)共212个区、县。另外，中国南方的部分湿润地区也出现了土地荒漠化的问题。

荒漠化危害非常严重，可导致生态系统退化，生物多样性保护受到破坏，很多物种绝灭；破坏生态环境，威胁人类生存，甚至使许多人沦为“生态难民”；破坏交通、水利等生产基础设施，制约经济腾飞；破坏土地资源，使可利用土地减少、质量下降，造成农牧业生产减产甚至绝收；加剧了农牧民的贫困程度，影响社会安定和民族团结。

3.2.1　荒漠化成因及防治原理

3.2.1.1　荒漠化成因

1. 自然因素

(1)土地荒漠化地区所处地理位置因素

我国发生土地荒漠化的干旱、半干旱及亚湿润干旱地区大多数位于我国北方地区，深居大陆腹地，处于世界沙漠和沙地密集分布这一带，由于受到大气候的影响，该区形成了大面积的洪积、冲积物盆地平原，从而有了丰富的沙物质来源，大量的沙物质覆盖了本来可以利用的土地，使得土壤质地不断恶化，植被难以生长。在植被稀少的情况下，当遇到降雨天气，又会造成大量的水土流失，冲走表层相对肥沃的土壤，周而复始形成了恶性循环。

(2)气候、植被因素

我国荒漠化地区气候主要表现为日照充足、气候干燥、冷热剧变、风大沙多四个方面。全年日照时数较长，但降雨稀少，降水变率大，保证率低，蒸发强烈，因此这种干旱、半干旱及亚湿润干旱气候特点决定了该区在植被构成上种类稀少，结构简单，大量地表裸露，防护效益差，生态环境脆弱，较小的灾害性天气就会对生态平衡造成极大的破坏，导致荒漠化现象的产生。

(3)气候变化因素

目前，我国荒漠化地区正处于暖冬、干化趋势，对于植被分布有很大的影响，使我国植被分布界限向东南方向移动，森林草原带、干旱气候带不断扩大，树种的选择受到了极大的限制，极易发生荒漠化现象。

(4)水资源因素

我国荒漠化地区大部分是干旱缺水区，水资源先天不足，特别是可利用的水资源更为缺乏，严重地制约了植被的生长，导致水土流失和荒漠化的产生。

2. 人类活动因素

人口增长对土地的压力是土地荒漠化的直接原因。干旱土地的过度放牧、粗放经营、盲目垦荒、水资源的不合理利用、过度砍伐森林、不合理开矿等是人类活动加速荒漠化扩展的主要表现。乱挖中药材、毁林开荒等更是直接形成土地荒漠化的人为活动。另外,不合理灌溉方式也造成了耕地次生盐渍化。就全世界而言,过度放牧和不适当的旱作农业是干旱和半干旱地区发生荒漠化的主要原因。同样,干旱和半干旱地区用水管理不善,引起大面积土地盐碱化,也是一个十分严重的问题。从亚太地区人类活动对土地退化的影响构成来看,植被破坏占37%,过度放牧占33%,不可持续农业耕种占25%,基础设施建设过度开发占5%。非洲的情况与亚洲类似,过度放牧、过度耕作和大量砍伐薪树是土地荒漠化的主要原因。

我国土地荒漠化的主要原因有以下几点:

(1)过度放牧

由气候变化和人类活动等各种因素所造成的土地退化,使土地生物和经济生产潜力减小,甚至基本丧失。表现在耕地退化、林地退化、草地退化而使土地沙漠化、土壤次生盐渍化以及石质荒漠化。特别是在干旱年份,草场生产力急剧下降,而牲畜数量却得不到及时调整。草场超载过牧,导致了大面积的土地沙化。

(2)毁草毁林垦荒

据卫星遥感调查结果,黑龙江、甘肃、新疆、内蒙古四省(区)1986～1996年毁草垦荒1.17×10^4 km^2,而其中一半在开垦几年后撂荒,成为新的荒漠化土地。再如河北坝上地区,20世纪50年代后期至70年代末,共进行了三次大规模的垦草种粮浪潮,草场面积由原来的7330 km^{2}下降到2260 km^2,耕地则由原来的4250 km^{2}增加到8710 km^2。由于违背自然规律的滥垦,使原本就十分脆弱的生态环境失去植被的保护,在干旱、大风等恶劣自然条件的影响下,土地因风蚀严重沙化。仅张家口坝上4县就有6670 km^{2}的草场和农田变成沙化土地,占坝上总面积的57.2%。

(3)乱采滥伐

荒漠化地区的植被多是重要的薪柴和药材资源。据有关资料,柴达木盆地原有固沙植被2.0×10^4 km^2,到20世纪80年代中期,因樵采已毁掉1/3以上。

(4)水资源的不合理利用

一些地区水资源的不合理利用导致了大面积的土地荒漠化,如塔里木河下游地区因农业过度用水,使输往下游的水量急剧减少以致断流,造成了下游地区植被的衰退、死亡及大片土地的沙化。

(5)森林资源的不合理开发

森林资源的不合理开发使森林遭受破坏。雨水冲刷裸地,造成水土流失,进而出现沟壑,导致水灾。在干旱时期,风把干燥表土吹走,造成山地岩石裸露,寸草不生。这就是荒漠化的开始,也是破坏森林造成的恶性循环的结果。

3.2.1.2 荒漠化防治原理

1. 充分利用成熟的荒漠化防治技术,因地制宜,组装配套

我国人民在近50年的荒漠化科学防治和生产实践中,总结出了一整套荒漠化防治的

技术和模式，为荒漠化防治工作的开展提供了坚实的技术保障。例如，以治理风蚀荒漠化为主的半荒漠区铁路防沙技术、干旱区绿洲防护林建设、化学固沙技术、机械沙障阻沙技术、优质高产梯田建设技术等，这些技术目前都已十分成熟。不同荒漠化类型区可根据本地区的实际情况，有选择地对这些技术进行组装配套，在荒漠化防治工作中加以推广和应用。

2.依靠科技，建立荒漠化地区区域生态经济可持续发展体系

从荒漠化地区自然条件来看，远较其他地区恶劣，但在这一地区蕴藏着相对丰富的自然资源，具有一定的开发利用潜力。合理开发，适度利用这些资源，将会促进荒漠化地区区域生态经济的可持续发展体系的形成，是荒漠化地区人民走出生态困境、脱贫致富的物质基础。

(1)合理开发荒漠化地区土地资源的生产潜力。目前，荒漠化地区土地利用的主要方向应立足于尚未退化和轻度退化的土地，从开发这些土地的生产潜力入手，充分利用荒漠化地区其他自然资源的优势，依靠科学技术，提高单位土地的生产力，而对那些荒漠化较为严重的土地则采取适当的保护措施使其原有的生态平衡得以恢复。

(2)提高荒漠化地区水资源的利用效率。针对荒漠化地区东部降水相对集中，地下水资源相对丰富的特点，通过飞播和封育等技术措施，恢复和重建该区受到破坏的植被。在西部的内陆河流域，合理确定农业用水和生态建设用水的比例，确保该区植被的保护和恢复以及绿洲农业的持续稳定发展。就整个荒漠化地区的农业用水而言则大力推行水资源高效利用技术，如发展喷灌、滴灌、管道灌、膜孔灌等先进节水灌溉技术。

(3)充分利用荒漠化地区的光能、风能资源，彻底改变该区的能源结构，促进荒漠化地区的产业开发。开发荒漠地区的风能与光能资源，能够解决沙区人民日常生活与生产所需的能源问题，有助于改变荒漠化地区的能源结构，避免了因樵采造成该区植被的严重破坏。国家应加大力气在干旱区实施区域性的太阳能和风力开发利用工程，以解决干旱区可替代能源短缺的问题。

(4)开发荒漠化地区的矿产资源、生物资源及旅游资源。荒漠化地区矿产资源及旅游业资源十分丰富，同时又有许多品质独特、经济价值高的优良作物品种，合理开发利用这些资源，不仅可以使该区的群众脱贫致富，同时可以与发达的沿海地区做到优势互补，共同促进国民经济稳步协调向前发展。

3.实行生态系统管理，促进系统内的良性循环

在全面规划的基础上，做好生态系统管理，主要内容有：

(1)水分平衡原则：选择树种要适地适树、因地制宜。人工造林要考虑区域内地下水的平衡，提倡集水和节水工程。

(2)生物多样性原则：植树造林种草要根据立地条件选用树种和草种，保护和培育荒漠化地区的珍贵动植物种质资源。

(3)以防为主，防治用结合原则。

(4)沙地以半固定为主原则。

这些原则的目的是实现系统的自我控制，变无序为有序，在动态平衡的基础上提高生物生产力。

4. 完善政策措施、加强科学管理

加大资金投入，加强宣传教育，依法治沙，增强广大干部群众的法制观念；坚决杜绝滥垦、滥牧、滥樵的行为；做好预防工作。建立新的工程运作机制；强化领导干部任期目标制，将防治荒漠化的成绩列入各级政府主要干部的政绩考核指标，实行植被保护目标管理。

防治荒漠化需要国家给予政策扶持；对荒漠化土地的治理和开发给予优惠政策。加大对防治荒漠化工程的投入，尽快落实森林生态效益补偿制度和安排荒漠化灾害专项资金。加强科学研究和技术推广体系的建设。

3.2.2 荒漠化防治措施

3.2.2.1 生物防治措施

风蚀荒漠化地区生态环境脆弱，干旱风沙严重，农牧业生产极不稳定。为此，必须因害设防，因地制宜地构建带、网、片、线、点结合，乔、灌、草结合的各种类型植被防护体系，发挥其综合防治功能。

1. 干旱区绿洲防护体系

绿洲是指在大尺度荒漠背景基质上，以小尺度范围，但具有相当规模的生物群落为基础，构成能够维持相对稳定的、具有明显小气候效应的异质生态景观。相当规模的生物群落可以保证绿洲在空间和时间上的稳定性以及结构上的系统性；其小气候效应则保证了绿洲能够具有人类和其他生物种群活动的适宜气候环境，有利于形成景观生态健康成长的生物链结构。绿洲防护林体系是指在绿洲与沙漠毗连处建立封沙育草带、绿洲边缘营造防沙林带、绿洲内部营造护田林带，对绿洲内部零星分布的流沙，则营造固沙片林，以此形成一个完整的防护体系，这是防治风沙危害绿洲的重要措施。其防护体系主要由三部分组成：一是绿洲外围的封育灌草固沙带；二是骨干防沙林带；三是绿洲内部农田林网及其他有关林种。

(1)封育灌草固沙沉沙带

该部分为绿洲最外防线，它接壤沙漠戈壁，地表疏松，处于风蚀、风积都很严重的生态脆弱带。为制止就地起沙和拦截外来流沙，需建立宽阔的抗风蚀、耐干旱的灌草带。其方法，一靠自然繁生，二靠人工培养，实际上常是二者兼之。新疆吐鲁番县利用冬闲水灌溉和人工补播栽植形成灌草带。灌草带必须占有一定空间范围，有一定的高度和盖度才能固沙防蚀，削弱风速。宽度越宽越好，至少不应少于 200 m，防护需要与实际条件相结合。灌草带形成后，一般都能发挥其很好的生态效益和一定的经济效益，但需合理利用，不能影响其防护作用。

(2)防风阻沙带

防风阻沙带是干旱绿洲的第二道防线，位于灌草带和农田之间。通过继续削弱越过灌草带的风速，沉降风沙流中的沙粒，进一步减轻风沙危害。此带因地而异，要根据当地实际情况进行合理设置。

在沙丘带与农田之间的广阔低洼荒滩地，大面积造林，应用乔灌结合，多树种混交，形成一种紧密结构。大沙漠边缘、低矮稀疏沙丘区宜选用耐沙埋的灌木，其他地方以乔木为主。沙丘前移林带很容易遭受沙埋，要选用生长快、耐沙埋树种（小叶杨、旱柳、黄柳、柽柳等），不宜采用生长较慢的树种。为防止背风坡脚造林受到过度沙埋，应留出一定宽度的安全距离。其计算公式为：

$$L=\frac{h-k}{s}(v-c) \tag{3-1}$$

式中：L——安全距离（m）；

h——沙丘高度（m）；

k——苗高（m）；

s——苗木年生长量（m）；

v——沙丘年前进距离（m）；

c——沙埋苗木高 1/2 处的水平距离（m），根据生长快慢取 0.4 或 0.8。

地势较窄时，林带应为乔灌混交林或保留乔木基部枝条不修剪，以提高阻沙能力。营造多带式林带，带宽不必严格限制，带间应合理育草。在需要灌溉的地区，林带设置 20 m 左右即可，只有在外缘沙源丰富、风沙危害严重的地带才营造多带式窄带防沙林。其迎风面要选用枝叶茂盛、抗性强的树种，后面则高矮搭配。如果第一道防线已经有很好的防风固沙效果，第二道防线则以防风为主。如果第一道防线短期防护效果差，第二道防线则需有较大宽度，乔灌混交，形成一种紧密结构。

(3)绿洲内部农田林网

农田防护林是干旱绿洲第三道防线，位于绿洲内部，在绿洲建成纵横交错的防护林网。其目的是改善绿洲近地层小气候条件，形成有利于作物生长发育，提高作物产量和质量的生态环境，这些和一般农田防护林的作用是相同的。不同的是，它还要防止绿洲内部土地起沙，有着阻沙作用。绿洲农田防护林的基本理论在《防护林学》中有专门论述。

2.沙地农田防护林

在风沙危害区，建设高产稳产的基本农田，营造护田林，是非常重要的措施。因为农田防护林可调节农田小气候，降低风速，防止土壤风蚀，抵抗干旱、霜冻等自然灾害，使各项农业技术措施充分发挥增产作用。

沙地农田防护林除具有一般护田林的作用外，最重要的任务是控制土壤风蚀，确保地表不起沙。这主要取决于主林带间距即有效防护距离。该范围内大风时风速应减到起沙风速以下。因自然条件和经营条件不同，主带距差异很大，根据实际观测和理论要求，主带距大致为 $15H\sim20H$（H 为成年树高）。乔灌混交或密度大时，透风系数小，林网中农田会积沙，形成驴槽地，不便耕作。而没有下木和灌木，透风系数为 0.6～0.7 的透风结构林带却无风蚀和积沙，为最适结构。林带宽度影响林带结构，过宽要求紧密。按透风结构要求不需过宽。小网格窄林带防护效果好，有 3～6 行乔木，5～15 m 宽即可。常说的“一路两沟四行树”就是常用模式。

半湿润地区降雨较多，条件较好，可以以乔木为主，主带距 300 m 左右。半干旱地区沙地农田分布广，条件差，以雨养旱作为主，本区南侧多农田，北侧多草原，中部为农牧交错区。东部地区条件稍好，西部地区为旱作边缘，条件很差，沙化最为严重。沙质草原一般情况不发生风蚀，但由于人类大面积开垦旱作，风蚀逐渐发展，开始需要林带保护。因自然条件差，林带建设要困难得多。东部树木尚能生长，高可达 10 m，主带距 150～200 m；西部广大旱作区除条件较好地段可造乔木林，其他地区以耐旱灌木为主，主带距以 50 m 左右为主。

干旱地区为半荒漠、荒漠绿洲，条件更严酷，以风沙危害为主，所以采用小网格窄林带。北疆主带距 170～250 m，副带距 1000 m；南疆风沙大，用 250 m×500 m 网格；风沙前沿用(120～150) m×500 m 的网格，对于有灌溉条件的地方，可以选择的树种也较多，多以乔木为主。农业防风沙措施还包括：①发展水利，扩大灌溉面积；②增施肥料，改良土壤；③防风蚀旱农作业措施，有带状耕作、伏耕压青、种高秆作物和作物留茬等，它们都是有效的防风沙措施。

3.沙区牧场防护林

我国北方有辽阔的草原，饲草资源十分丰富，有极大的生产潜力。但因其多分布在干旱、半干旱地区，自然条件恶劣，加之长期不合理的利用，草场荒漠化现象十分普遍，严重威胁牧业的发展。我国草地荒漠化的主要表现如下：

①地表形态的变化：草场植被退化、破坏，继而发生草地风蚀，出现灌草沙堆，斑状、片状流沙，最终成为沙丘地貌。这种现象首先在畜群点、水井点、牧区道路两侧出现。

②植被的变化：由原来的草原植被变为沙生植被，中生不耐旱优良植物种减少，以致丧失。旱生沙生耐旱而低质植物种增加，逐渐成为优势种。

③植物整体高度、密度降低，盖度减小，生物量不断下降，草地风蚀加剧，细粒吹蚀，地表机械组成粗化、石化，营养贫瘠化，理化性质恶化，地表失去植被保护，裸露面积增加，土壤水分蒸发加剧，盐分上升；坡地草场造成水土流失，旱情加重，土壤、气候更加干燥，这就是草场退化、沙化、盐渍化过程。研究表明，超限度的极端气候因子直接危害家畜的健康和生命。

据研究，超过 7.1～7.5 kJ/(cm^2 · min)的太阳直接辐射，超过 40 ℃的气温和 65 ℃的地表温度，过分的干燥和夏天干热风，冬季彻骨寒风，低于－30 ℃的暴风雪，都直接伤害牲畜的生理活动，对幼畜危害更大。严重的导致一些动物体质、体重下降，疾病增加，甚至死亡。加之草场无林带保护，饲草不足，抗灾能力差，每遇灾害损失惨重，建设草场防护林是绝对必要的，只是实际实施中有很多客观困难。只有赤峰地区等少数草原有些实践经验，效果虽理想，但不同地带的实践经验还极为缺乏，总体上还在探索阶段。

①护牧林营造技术：树种选择可与农田林网一致，但要注意其饲用价值，东部风沙区以乔木为主，西部风沙区以灌木为主。主带距取决于风沙危害程度。危害较轻的可以 25H 为最大防护距离，危害严重的主带距可为 15H，病幼母畜放牧地可为 10H。副带距根据实际情况而定，一般为 400～800 m，割草地不设副带。灌木主带距为 50 m 左右。林带宽：主带为 10～20 m，副带为7～10 m。考虑草原地广林少，干旱多风，为形成森林环境，林带可宽些，东部林带 6～8 行，乔木 4～6 行，每边一行灌木，呈疏透结构，或无灌木的透风结构。生物围栏要呈紧密结构。造林密度取决于水分条件，条件好可密度小些，否则密度要较大些。

营造护牧林时，草原造林必须进行整地。为防风蚀，可带状、穴状整地。整地带宽为 1.2～1.5 m，保留带依行距而定。整地必须在雨季前，以便尽可能积蓄水分。造林在秋季或初春。开沟造林效果好，先用开沟犁开沟，沟底挖穴。用 2～4 年大苗造林，3 年保护，旱时尽可能地灌水，夏天除草、中耕蓄水。灌木要适时平茬复壮。在网眼条件好的地方，可营造绿伞片林，既为饲料林，又作避寒暑风雪的场所。有流动沙丘存在时要造固沙林，以后变为饲料林。在畜舍、饮水点、过夜处等沙化重点场所，应根据畜种、数量、遮阴系数营造乔木片林保护环境。饲料林可提高抗灾能力，提高生产稳定性，应特别重视。在家畜转场途中适当地点营造多种形式林带，提供保护与饲料补充。

牧区其他林种如薪炭林、用材林、苗圃、果园、居民点绿化等都应合理安排，纳入防护林体系之内。实际中经常一林多用，但必须做好管护工作。为根治草场沙化，还应采取其他措施，如封育沙化草场，补播优良牧草，建设饲料基地。转变落后经营思想，确定合理载畜量，缩短存栏周期，提高商品率，实行划区轮牧等都是同样重要的。

②牧场防护林体系效益：100 多年前就有人指出护牧林的作用，然而，利用森林保护牧场是到 20 世纪才开始的。1920 年，苏联卡明草原试验站证明了林带对产草量、牧草组成、近地小气候的作用。1925 年，苏联在半荒漠牧场营造了最早的防护林带。

牧场防护林的作用与农田防护林基本相同。据赤峰巴林右旗短角牛场 1971 年来的研究表明，牧场防护林的防护效益与经济效益都十分显著。

在林网内风速明显减弱，通风、稀疏、紧密结构林带，在 $20H$ 范围内风速分别降低 49.2%、41.6%、25%。春天，林网内牧草比旷野早返青 4～6 天；秋天，早霜推迟 7～10 天，林网内蒸发比旷野减少 25.5%，空气湿度较旷野提高 3%。林网内土壤物理性质改善，土壤有机质、养分、水分含量均明显提高。据对某网格 0～40 cm 土样分析，粗、中沙含量减少，物理微粒含量提高，土粒密度、土壤密度降低，孔隙度提高，有机质提高 75.6%，全氮提高 1 倍，全磷提高 39.3%，全钾提高 100.6%，网格内豆科、禾本科牧草比重提高 53.3%，牧草高度平均提高 33.3cm，产草量提高 21.6%。载畜量提高 1.16 倍，牲畜平均减少死亡 5.9%，牧草、粮料增产显著，活立木价值 233.5 万元，林副产品价值已超过防护林总投资。每年提供干树叶 5.0×10^5 kg，增强了当地的抗灾能力。

4.沙区铁路防护体系

沙区铁路是交通网络的重要组成部分，在社会经济发展中承担着重要的任务。我国沙区铁路的防护在世界上处于领先地位。沙坡头铁路固沙曾获国家"科技进步特等奖""全球环境保护 500 佳"称号。

(1)铁路沙害表现

铁路沙害主要是风蚀路基，线路积沙，磨蚀机械传动部分、沿线通信设备和钢轨三种形式。

①风蚀：沙质路基易遭风蚀。路堤上露肩部位风速最大，风蚀最严重，坡脚部位易积沙。风蚀使路基宽度减小，枕木外露，甚至钢轨悬空。

②积沙：线路积沙是铁路沙害最普遍的现象。

a.积沙形式有如下几种：

·舌状积沙：风沙流经过路基，沙粒沉积成前低后高如舌状的沙堆。埋压道床钢轨，长度可达几米至几十米，有的高出轨面可达几十厘米。其发生具有突然性特点，难以预料，大风时几十分钟就能埋没钢轨。

·片状积沙：片状积沙是线路积沙最普遍的形式，当风沙流受线路阻碍时，沙粒均匀地沉积在道床上。初期对线路影响不大，但对养护造成极大困难。当埋没钢轨时已危害严重，清除工作极为困难。

·堆状积沙：沙丘前移，流沙成堆状埋压在线路上。此类积沙便于预测和提前采取措施。如已形成险情，清除工作量很大。不同路基形式积沙不同，路堤越高，路堤越深长，越不易积沙；平坦地段路基最易积沙，巡道时应注意。

b.积沙危害程度：在实际工作中分成以下四等：

·特级沙害：积沙面积超过轨面，直接影响行车安全，必须立即清除。

·一级沙害：积沙与轨面平行，一遇大风，就有埋道的危险，需及时清理。

·二级沙害：积沙埋没枕木，对线路上部建筑毁害严重，需治理。

·三级沙害：积沙使河床不洁，需要定期维修。

c.线路积沙危害：主要有以下六种：

·造成机车脱轨：当积沙超过轨面 20 cm，长度超过 2～3 m 时，就可能使导轮脱轨，毁坏线路，甚至翻车。

·停运及缓运：造成重大经济损失，影响经济建设。

·拱道：列车通过时震动使沙粒渗落床底，枕木和钢轨被抬高，因抬高不匀使车厢摇晃，甚至断钩脱轨。

·低接头：清除线路积沙会使道砟减少，影响道床不实，造成钢轨接头下沉，也会造成车厢摇晃，有断钩危险。

·腐蚀枕木：线路积沙，湿度增大，会腐蚀枕木，缩短其使用寿命，使其使用年限由 15 年缩短到 5～6 年。

·流沙堵塞桥涵：风沙线路的桥梁和涵洞被流沙堵塞，一旦出现暴雨洪水，排洪不畅，导致冲毁线路及设施，造成严重后果。

③磨蚀：风沙活动使钢轨、机械、通信设备受到严重磨蚀，影响使用寿命，并干扰通信，还可造成电线混线事故。风沙活动影响司机视线，不利正常行车；风沙严重使养路、巡道、维修工作不能进行。

(2)铁路防护体系建设

沙区铁路自然条件差异很大，沙害原因、形式、程度不同，治理特点与难易程度也不同。在干草原地带，自然条件相对较好，沙害主要因植被破坏而造成，防治措施以植物固沙为主，工程措施为辅；半荒漠地带自然条件很差，植物固沙较草原区困难得多。沙害防治必须采取植物固沙和工程固沙相结合的措施；荒漠地带自然条件更加恶劣，降雨过少，不能满足植物需要，植物固沙较为困难，沙害防治以工程措施为主。只有具备引水灌溉条件时才能进行适当的植物固沙。

①草原沙区铁路防护体系：本区条件稍好，降雨量为 250～500 mm，且集中在夏季，雨热同期，有利于植物生长，以植物固沙为主，机械固沙为辅。防护带宽度取决于风沙危害程度。防护重点在迎风面。一般以多带式组成防护体系。带宽 20 m 左右，带距 15 m 左右。带内要除草，带间要育草，林带外缘留一定宽度育草固沙。林带要由专人保护，严防人畜破坏。由危害严重、一般到轻微，迎风面可设 5 带、3 带到 1 带，背风面设 3 带、2 带

到1带。树种，在东部应当以乔木为主或乔灌结合，西部应选用耐旱灌木，条件差的立地，初期可设置平铺式、半隐蔽式、立式、立干草把沙障保护苗木，以后不需再设沙障。

a. 树种选择与造林技术：本区选择的乔木主要有(主要指东部)适合当地条件的杨树、樟子松、油松、旱柳、白榆等；灌木有胡枝子、紫穗槐、黄柳、沙柳、小叶锦鸡儿、山竹子等；半灌木差把杆蒿、油蒿等。西部应增加柠条、花棒、杨柴、籽蒿等。灌木、半灌木比重增加，乔木比重减少，以至于不用乔木。配置上，东部应乔灌草结合，条件好的地段可以乔木为主，较差地段以灌木为主；西部以灌木为主，能灌溉地段应乔灌草结合。

b. 在造林技术上应特别注意：远离路基(百米以外)的流动沙丘顶部、上部可不急于设障造林，待丘顶削低后再设障造林；要根据立地条件和树种生物学特性合理配置树种，提倡针阔混交，提高树种多样性；严格掌握造林技术规程，保证造林质量；降水量大于400 mm地区，造林应争取一次性成功。

②半荒漠沙区铁路防护体系：此类线路最长，有750 km。沙坡头可作为成功代表。沙坡头年均降水不足200 mm，蒸发3000 mm以上，年均起沙风达900 h，沙丘高大，水位深，不能为植物所利用，条件严酷，防护比较困难。宁夏回族自治区中卫固沙林场经30年实践建成了五带一体的铁路防护体系。

防护带宽度，迎风面达300 m，背风面达200 m，共500多米。措施得力，线路就不会积沙。这一“体系”是在长期艰苦的治沙实践中诞生的。它体现了“因地制宜，因害设防，就地取材，综合治理”的原则。采取了以固为主，固阻输结合的措施，体现了以沙治沙的思想。它是我国乃至世界沙漠铁路建设史上的创举，受到国家和联合国的重大奖励。本体系包括固沙防火带(防火平台)、灌溉造林带(水林带)、草障植物带(旱林带)、前沿阻沙带(人工阻沙堤)、封沙育草带(自然繁殖带)。

a. 固沙防火带：在路基迎风面20 m，背风面10 m，因固沙防火需要，清除植物，整平沙丘，铺设10～15 cm厚的卵石、黄土或炉渣，成为线路两侧第一条防护带。

b. 灌溉造林带：利用紧靠黄河的水源、条件，通过4级扬水，提水上沙丘。在固沙防火带外侧迎风面60 m、背风面40 m范围整修梯田，修筑灌渠，梯田设障，灌水造林，3～5年可形成稳定可靠的防护林带。

本带出现是由于沙坡头地段条件恶劣，干旱年份造林成活率不高，降雨只能维持稀疏耐旱灌木的生长，对成片灌木水分显得十分不足，植株枯萎退化，遇连续干旱、特别干旱年份植被大面积死亡，大有流沙再起之势，给人以不安全感。本着有水则水，无水则旱的原则，建立较高质量的灌溉林带是必要的。在实践中筛选出成功的乔灌木树种有：白杨、刺槐、沙枣、樟子松、柠条、花棒、黄柳、沙柳、紫穗槐、小叶锦鸡儿、沙拐枣等。在实践中发现，尽管有水灌溉，但因肥力不足，灌木生长优于乔木，混交林仍应以灌木为主。黄河水中含有大量泥沙，利用得当有利于改良土壤和树木生长。通过试验与实践总结出灌水量与间隔期：乔木半月灌水一次，定额495 m^3/hm^2，灌木一月灌水一次，每次990 m^3/hm^2。灌溉林带有很好的防护效益，极大地改善了铁路两侧的生态环境。

c. 草障植物带：本带是铁路固沙的主要措施，是体系中的主体工程。在灌溉带外侧，迎风面240 m左右、背风面160 m左右，流沙全面扎设1 m×1 m半隐蔽式麦草方格沙障；然后2行1带(隔1行)，株行带距为1 m×1 m，栽植沙生旱生灌木(花棒、柠条等)。

实际上设置沙障、造林都不可能一次成功，需反复多次。此时生物措施、工程措施是同等重要的。

固沙植物主要有花棒、柠条、小叶锦鸡儿、头状和乔木状沙拐枣、黄柳、油蒿等。

造林前先划分立地条件，根据不同立地条件，结合植物种生物生态学特性，进行合理配置。

在实践中发现，全面均匀造林效果不好，主要是水分问题。垂直主风带状栽植效果较好，通常 2 行 1 带配置，株行带距为 1 m×1 m×2 m，油蒿株距为 0.5 m，混交类型中以柠条×花棒、柠条×油蒿、花棒×小叶锦鸡儿效果较好。

造林在春秋两季进行，秋季为主，方法多为植苗造林；黄柳、沙柳用杆插；油蒿可于雨季撒播。直播因限制因子太多，生产上很少采用。

在麦草沙障和植物长期共同作用下，林地表面形成了沙结皮，这是治沙成功的标志，表明流沙正向土壤发育。表层沙土组成变细，黏粒增加，肥力提高，抗风蚀能力增强，微生物、低等生物数量大量增加。但沙结皮的存在影响了降雨时地表的透水性能。

d. 前沿阻沙带：为保护草障植物带外缘部分的安全，用高立式沙障建立前沿阻沙带。本带用柽柳笆或枝条，地上障高 1 m，地下埋 30 cm，加固成折线形，设置在丘顶或较高位置，起阻沙积沙作用。

e. 封沙育草带：在阻沙带迎风面百米范围内，局部沙丘迎风坡采取封沙、设障、栽灌木的方法，促其自然繁殖，减轻阻沙带压力。加强管护，建立专门护林机构，严禁破坏。因各地条件不同，不必照搬，但草障植物带是必备的部分。

③荒漠地区铁路防护体系：我国目前尚无穿过大沙漠的铁路，穿过戈壁的铁路却有多处受到风沙危害。

a. 本区风沙危害的特点：来势猛，堆积快，形成片状积沙。如无灌溉条件，只能依靠机械固沙措施，如西宁—格尔木铁路某段用高立式多列式竹篱防止风沙危害。兰新线在三十里井—巩昌河区间沙害严重，建立了灌溉植物防护带，带宽视沙害程度而定，重点保护迎风面，建多带式防护林。由危害严重、一般到轻微，迎风面可设 3 带到 1 带，背风面 1 带。带宽 30～50 m，带距 40～50 m。树种乔灌结合，结构前紧后疏。

b. 树种选择：灌溉造林可选用较多树种，乔木有二白杨、新疆杨、银白杨、沙枣等，灌木有柽柳、柠条、锦鸡儿、花棒、梭梭等。配置上乔灌结合，形成前紧后疏结构。

c. 造林方法：用开沟积沙客土造林法。戈壁上石多土少，需先开沟积沙，沟深 40～50 cm，宽 40 cm，自然积沙，蓄满后挖穴造林。

d. 灌溉方法：戈壁渗水快，持水能力差，要少灌勤浇，半月灌一次，每次 1200 m^3/hm^2，4 月下旬开始至 10 月下旬，林内除草，林带间育草。

3.2.2.2 工程固沙措施

工程固沙措施亦称“物理措施”，主要包括沙障治沙、化学固沙、风力治沙和水力治沙。其途径有两个方面：一是降低地表面风速，借以削弱风沙流活动，通常采用在流动沙丘上扎设沙障或栽植固沙植物；二是使沙质表面与风化作用隔绝，一般采用各种惰性材料（如沙砾石、黏土等）、柴草和柠条覆盖沙面，或喷洒化学胶结材料（如乳化沥青）固结沙面。

1. 沙障治沙

(1)沙障及其治沙原理

①机械沙障在治沙中的地位及作用:机械沙障是采用秸秆、柴草、树枝、黏土、卵石等材料,在沙面上设置各种形式的障碍物,以此控制风沙流动的方向、速度、结构,改变蚀积状况,达到防风阻沙、改变风的作用力及地貌状况等目的。

机械沙障在治沙中的地位和作用极其重要,是植物措施无法替代的。在自然条件恶劣的地区,机械沙障是治沙的主要措施;在自然条件较好的地区,机械沙障是植物治沙的前提和必要条件。我国多年来的治沙生产实践经验表明,机械沙障和植物治沙相辅相成、缺一不可,发挥着同等重要的作用。

②机械沙障的类型:机械沙障按防沙原理和设置方式方法的不同可以划分为两大类:平铺式沙障和直立式沙障。平铺式沙障按设置的方法不同又可分为带状铺设式和全面铺设式。直立式沙障按高矮不同可分为高立式沙障(高出沙面 50～100 cm)、低立式沙障(半隐蔽式沙障,高出沙面 20～50 cm)和隐蔽式沙障(几乎全部埋入,与沙面相平或稍露障顶);按透风度不同又可分为透风式、紧密式和不透风式三种结构。

③机械沙障的作用原理

a. 平铺式沙障作用原理:平铺式沙障是固沙型沙障,利用柴、草、卵石、黏土或沥青乳剂、聚丙烯酰胺等高分子聚合物等物质铺盖或喷洒在沙面上,以此隔绝风与松散沙层的接触,使风沙流经过沙面时,不起风蚀作用,不增加风沙流中的含沙量,达到风虽过而沙不起,就地固定流沙的作用。但对过境风沙流中的沙粒截阻作用不大。

b. 直立式沙障作用原理:直立式沙障大多是积沙型沙障,风沙流所通过的路线上,无论碰到任何障碍物的阻挡,风速都会受到影响而降低,挟带沙子的一部分就会沉积在障碍物的周围,以此来减少风沙流的输沙量,从而起到防治风沙危害的作用。

c. 透风结构沙障作用原理:当风沙流经过沙障时,一部分分散为许多紊流穿过沙障间隙,摩擦阻力加大,产生许多涡旋,互相碰撞,消耗了动能,使风速减弱,风沙流的载沙能力降低,在沙障前后形成积沙。在沙障前,积沙量小,沙障不易被沙埋;而在沙障后,积沙现象不断出现,沙堆平缓地纵向伸展,积沙范围延伸得较远,因而拦蓄沙粒的时间长,积沙量大。

d. 不透风或紧密结构沙障作用原理:当风沙流经过沙障时,在障前被迫抬升,而越过沙障后又急剧下降,在沙障前后产生强烈的涡动。由于相互阻碰和涡动的影响,消耗了风速动能,减弱了气流载沙能力,在沙障前后形成沙粒的堆积。

e. 隐蔽式沙障作用原理:隐蔽式沙障是埋在沙层中的立式沙障,障顶与沙面相平或稍露出沙面,因此对地上部分的风沙流影响不大,它的主要作用是制止地表沙粒的沙纹式移动。隐蔽式沙障起到一个控制风蚀基准面的作用,设置沙障后虽然沙粒仍在动,但风蚀到一定程度后即不再往下风蚀,故而不会使地形发生变化。

(2)沙障设计

沙障设计技术主要是解决设置沙障时应该注意的几项技术指标的运用问题,了解每项技术指标在沙障治沙中所起的作用。只有这样,设计的各种沙障才能符合当地自然条件的客观规律,发挥沙障在防沙治沙工作中的最大效能。

①沙障孔隙度：是指沙障孔隙面积与沙障总面积的比值，是衡量沙障透风性能的重要指标。一般孔隙度在25%时，障前积沙范围约为障高的2倍，障后积沙范围为障高的7～8倍；而孔隙度达到50%时，障前基本没有积沙，障后的积沙范围为障高的12～13倍。孔隙度越小，沙障越紧密，积沙范围越窄，沙障很快被积沙埋没，失去继续拦沙的作用；反之，孔隙度越大，积沙范围延伸得越远，积沙作用强，防护时间也较长。为了发挥沙障较大的防护效用，在障间距离和沙障高度一定的情况下，沙障孔隙度的大小应根据各地风力及沙源情况来具体确定。一般多采用25%～50%的透风孔隙度。风力大沙源小的地区孔隙度应小；沙源充足时，孔隙度应大。

②沙障高度：在沙地部位和沙障孔隙度相同的情况下，积沙量与沙障高度的平方成正比。沙障高度一般设为30～40 cm，最高1 m即可满足防护要求。

③沙障方向：沙障的设置方向应与主风方向垂直，通常在沙丘迎风坡设置。设置时，先顺主风方向在沙丘中部画一道轴线作为基准。由于沙丘中部的风较两侧强，因此沙障与轴线的夹角要稍大于90°，而不超过100°，这样可使沙丘中部的风稍向两侧顺出。若沙障与主风方向的夹角小于90°，气流易趋中部而使沙障被掏蚀或沙埋。

④沙障配置形式：沙障的配置形式一般有行列式、格状式、人字形、雁翅形、鱼刺形等。其中，行列式和格状式是两种主要形式。

a. 行列式配置：多用于单向起沙风为主的地区，在新月形沙丘迎风坡设置时，丘顶要留一段空，并先在沙丘上部按新月形画出一道设沙障的最上范围线，然后在迎风坡正面的中部，自最上设置范围线起，按所需间距向两翼画出设置沙障的线道，并使该沙障线微呈弧形。在新月形沙丘链上设障时，可参照新月形沙丘进行。但在两丘衔接链口处，因两侧沙丘坡面隆起，形成集风区，吹蚀力强，输沙量多，沙障间距应小。在链身上有起伏弯曲的转折面出现处，标志着气流在此转向，风向很不稳定，可在此处根据坡面转折情况，加设横挡，以防侧向风的掏蚀。

b. 格状式配置：在风向不稳定，除主风外尚有侧向风较强的沙区或地段采用。根据多向风的大小差异情况，采用正方形格、长方形格均可。

⑤沙障间距：沙障间距即相邻两条沙障之间的距离。该距离过大，沙障容易被风掏蚀损坏；距离过小，则浪费材料。因此，在设置沙障前必须确定沙障的行间距离。

沙障间距与沙障高度和沙面坡度有关，同时还要考虑风力强弱。沙障高度大，障间距应大，反之亦然。沙面坡度大，障间距应小；沙田坡度小，障间距应大。风力弱处间距可大，风力强时间距就要缩小。一般在坡度小于4°的平缓沙地上，障间距应为障高的15～20倍；在地势不平坦的沙丘坡面上，沙障间距的确定要根据障高和坡度进行计算。公式为：

$$D=H\cdot\arctan\alpha \tag{3-2}$$

式中：D——障间距离(m)；

H——障高(m)；

α——沙面坡度(°)。

黏土沙障间距为2～4 m，埂高15～20 cm。在风沙危害严重地区，最好设成1 m×1 m或1 m×2 m的黏土方格沙障。其用土量主要根据沙障间距和障埂规格进行计算，并根据取土远近核算用工量，计算公式为：

$$Q=\frac{1}{2}\cdot a\cdot h\cdot s\left(\frac{1}{c_1}+\frac{1}{c_2}\right) \tag{3-3}$$

式中：a——障埂底宽(m)；

h——障埂高(m)；

c_1——与主风垂直的障埂间距(m)；

c_2——与主风平行的障埂间距(m)；

s——所设沙障的总面积(m^3)；

Q——需土量。

⑥沙障类型及设障材料的选用：不同类型的沙障有不同的作用，沙障类型应根据防护目的而因地制宜地灵活确定。如以防风蚀为主，则应选用半隐蔽式沙障；以截持风沙流为主的应选用透风结构的高立式沙障为宜。选用沙障材料时，则主要考虑取材容易，价格低廉，固沙效果良好，副作用小。一般多以麦草、板条、砾石和黏土等较易取得的材料为主。

(3)沙障的设置方法

①高立式沙障

a.制作材料：芨芨草、芦苇、板条和高秆作物等。

b.设置方法：把材料做成 70～130 cm 的高度，在沙丘上画好线，沿线开沟 20～30 cm 深。将材料基部插入沟底，下部加一些比较短的梢头，两侧培沙，扶正踏实，培沙要高出沙面 10 cm，最好在降雨后设置。

②活动的高立式沙障

a.制作材料：木板和铁钉。

b.设置方法：用板做成不透风的沙障；以行列式的沙障为主；高度与高立式沙障近似；可以随风向的变化而随时移动位置。

③半隐蔽式草沙障

a.制作材料：麦秆、稻草、软秆杂草。

b.设置方法：在沙丘上画线，将材料(麦秆、稻草)均匀横铺在线道上，用平头锹沿画线方向压在平铺草条的中段，用力下踩至沙层 10～15 cm，然后从两侧培沙踩实。

④低立式黏土沙障

a.制作材料：黏土。

b.设置方法：根据风沙流情况设计沙障规格，画线，然后沿线按程序设计堆放黏土，形成高 15～20 cm 的土埂，断面呈三角形。切忌出现缺口现象，以防掏蚀。

⑤平铺式沙障

a.制作材料：有胶结性或质地较坚硬的块状体。如黏土、砾石、砖头、瓦片、胶体物质、原油等。

b.设置方法：将黏土或砾石块均匀地覆盖在沙丘表面，厚度可灵活掌握，一般为 5～10 cm，黏土不要打碎；砾石平铺沙障各块间要紧密地排匀，不可留较大的空洞，以免掏蚀。设带状平铺时，要按要求留出空带。

(4)常用沙障施工

①高立式沙障防沙效果较好，适用于沙源距被保护区较远、沙丘高大、沙量较多的区

域，但易造成流沙堆积，使被保护对象仍有受沙害威胁的现象存在。因此，在被保护对象附近不宜采用此类沙障；而且设置后需要经常维修，耗料多，费工多。

②低立式沙障（半隐蔽式沙障）

a. 格状草沙障：其特点是取材方便，施工方法简便易行；成本相对较低；显著增大地表粗糙度，削减沙表面风速；固沙效果较好。

b. 动土沙障：其特点为成本低，可以就地取材；有较强的保水能力；对植物治沙有利；受地区的限制较大。

2. 化学固沙

化学固沙是工程治沙措施的一种类型，其作用和机械沙障一样，也是植物治沙措施的辅助、过渡和补充。

(1)化学固沙概况及作用原理

①化学固沙概况：第一个采用化学方法进行固沙试验的国家是前苏联，这项研究工作开始于 1934 年；美国化学固沙工作起源于 20 世纪 40 年代末期，第一次试验开展于 1950 年；英国于 1960 年开始在澳大利亚用沥青乳剂固沙，并配合植树造林；我国于 1956 年开始进行化学固沙试验研究工作；其他国家，如印度、德国、法国、伊朗、阿尔及利亚、伊拉克等国也都曾先后开展化学治沙试验研究。常用的化学固沙材料有沥青乳液、沥青化合物、油酸、橡胶乳、胶结剂等。

②化学固沙的作用原理：利用稀释的具有一定胶结性的化学物质喷洒于松散的流沙沙地表面，水分迅速渗入沙层以下，而化学胶结物质则滞留于一定厚度（1～5 mm）的沙层间隙中，将单粒的沙子胶结成一层保护壳，以此来隔开气流与松散沙面的直接接触，从而起到防止风蚀的作用。这种作用属于固沙型，只能将沙地就地固定不动，而对过境风沙流中所携带的沙粒却没有防治效能。

(2)化学固沙方法

①沥青乳液的配制及使用

a. 沥青乳液的配制：所用材料为沥青和乳化剂。沥青是 200 号石油沥青与 30 号石油沥青的混合；乳化剂则为亚硫酸造纸废液。有时，为了增加乳液的稳定性和分散度，常加入水玻璃或烧碱。一般要在 10 t 乳液中加入 0.5 kg 烧碱。

沥青乳液一号配方：乳化液的组成为亚硫酸盐造纸废液（pH<7，相对密度为 1.28）12%，硫酸（工业用，相对密度为 1.83）1.2%，水 86.8%；沥青材料则为 30 号石油沥青∶200 号石油沥青＝3∶2；乳化液∶沥青材料＝1∶1（体积比）。

沥青乳液二号配方：乳化液组成为硫化纳蒸煮废液（pH>7，相对密度为 1.04）50%，硫酸（工业用，相对密度为 1.83）1.5%，水 48.5%；沥青材料由 30 号石油沥青∶200 号石油沥青＝2∶1 组成；乳液则由乳化液∶沥青材料＝1∶1（体积比）组成。

沥青乳液生产工艺的主要生产设备为狭缝式胶体磨、蒸汽锅炉、沥青加热锅、乳化液调配池、乳液贮存池。

沥青乳液生产过程：按照配方，将沥青加热至 120～160 ℃，以降低沥青的黏度。在另一容器内，将配好的乳化液加热到 65～70 ℃。两种材料经过滤后按体积比 1∶1 的关系同时放入胶体磨的进料漏斗中，沥青和乳化液的混合料经搅拌后，经过 0.1～0.5 mm 的狭缝后被乳化。乳液经出口流入贮存池。

沥青乳液的质量好坏依赖于沥青乳液的颜色、分散度、稀释稳定性等指标,因此在质量检查时应分别检验这些指标。沥青乳液的颜色以棕色为最好;棕黑次之;黑棕色最差,不易使用。分散度的检验可用玻璃棒插入沥青乳液中,取出时待乳液不再下滴时,观察玻璃棒上的漆膜。如果漆膜细腻,不见颗粒,则分散度高,沥青乳液质量为佳;如果漆膜粗糙,分散度低,沥青颗粒不够均匀,不成膜,则沥青乳化不好,或未乳化,不能使用。此时应检查配方比例是否正确或胶体磨转速是否正常,如没有差错应继续研磨。稀释稳定性的检验:一般在喷洒前按比例稀释,通过搅拌,如稀释均匀,则稳定性好,质量高;如果不易稀释或极不均匀,则不易使用。经过质量检查后符合标准的乳液就是配制好的沥青乳液,可以使用。

b. 沥青乳液的使用

· 用量:各地不一,每平方米几克到每平方米几百克都有,主要取决于当地的水文条件和风速。如果水文条件好,风较小,用量可小,否则应大。

· 高度:喷头不要距地表过低或过高,一般 1 m 左右为宜,否则会影响喷洒质量。

· 方向:风向对喷洒质量影响很大,不易迎风和顺风喷洒。迎风喷洒不易控制,顺风喷洒易使背风坡出现小蜂窝,造成质量不良。以侧向略迎风喷洒为好。

· 喷洒方式:有全面喷洒法和带状喷洒法。如果喷洒沥青与植物固沙同时进行,应在栽上植株后立即喷洒。在降水或喷水后喷洒沥青效果更好。

②沥青化合物的配制和使用

a. 配制:沥青或矿物粉和水按规定的比例配好,装入灰浆搅拌机中进行强力搅拌即可制成。

b. 使用:将制成的化合物进行稀释,可采用 1∶1～1∶10,用泥浆泵喷洒即可。用量一般为 6～8 L/m^2,渗入沙层厚度为 10～30 mm。一次用量不宜太大,可分多次喷洒,间隔半个月到 2 个月再喷。

③油—胶乳的配制和使用

a. 配制:将油 100 份、水 15～30 份、油酸 2～4 份、三乙醇胺 1～2 份混合在一起装入搅拌机中,然后以 50 r/min 的转速,转动 15～20 min,即可制成良好稳定性的油—胶乳液。

b. 使用:使用时可以直接用配制好的油—胶乳溶液向沙面上喷洒。

(3)沥青乳液固沙效果评价与造价

①沥青乳液固沙效果评价

a. 抗风蚀性:喷洒量为 0.25 kg/m^2,在 20 m/s 风速下持续吹 20 min,结皮全部被吹坏;喷洒量为 0.33 kg/m^2,在 20 m/s 风速下持续吹 80 min,一半面积被破坏;喷洒量为 0.5 kg/m^2,在 30 m/s 风速下持续吹 280 min,局部有风蚀洞(8 mm);喷洒量为 1.0 kg/m^2,在 30 m/s 的风速下持续吹 320 min,表面无风蚀现象。一般可使用 4～5 年,如喷洒质量好,未遭人畜破坏,可使用 10 年以上。

b. 透气性:喷洒沥青乳液后,对沙子的透气性影响不大。喷与未喷沙层中的二氧化碳和氧气的量基本相同。

c.保水性:喷洒乳液沙层中的含水量比天然条件下沙层中的含水量高,说明其保水性好。

d.透水性:说法不一,需进一步研究。一般喷洒量大基本不透水,喷洒量小则透水性较好。

e.蒸发量:蒸发量很小时,无明显差异;蒸发量很大时,喷洒量明显影响蒸发量的大小。

f.温度:沙面铺沥青后,对土壤温度影响是有季节变化的。在夏季,高出地面 3 cm 的地方和地表以下 5 cm 处,铺沥青的地方温度均低于未铺沥青的地方,往下温度差别不大,一般在 1~1.5 ℃以内。在春秋两季,温度出现相反的变化。有沥青防护层下的沙层温度均有提高:在 25~100 cm 范围内,提高 0.5~0.8 ℃;200 cm 深处,提高 1.3~3.0 ℃。

g.对植物生长的影响:使植物免除遭受风蚀、沙埋、沙打、沙割的危害;改善了沙地土壤的水温条件,有利于植物的生长;春秋两季沥青层下温度较高,延长了植物的生长期;夏季温度低于未铺沙层,免遭日灼的危害;有沥青层保护的地段,种子发芽可提早 4~6 d,生长速度可以增加 1.3~2 倍,死亡率可减少 50%;沥青中的微量放射性物质对植物也有一定的刺激作用,使植物生长效果好。

②沥青乳液固沙造价:国外用沥青乳剂固沙的造价并不高,约为草沙障的 1/4。我国用沥青乳剂固沙的造价较高,约为前苏联的 6 倍,其原因是所需设备费用高,初期投资大而造成昂贵的造价。化学固沙目前在我国不如机械沙障普通,主要根源在于制造乳化沥青的全套设备购置及制作技术等尚有一定的困难,限制了这一措施的推广应用。

3.风力治沙

(1)风力治沙的概念、意义及原理

①风力治沙的概念:风力治沙是以风的动力为基础,人为地干扰控制风沙的蚀积搬运,因势利导,变害为利的一种治沙方法。

从风沙运动规律角度出发,风力治沙是指应用空气动力学原理,采用各种措施,降低粗糙度,使风力变强,减少沙量,使风沙流非饱和,造成沙粒走动或地表风蚀的一种治沙方法。

②风力治沙的意义

a.应用地区广泛:风力治沙不受自然条件限制,应用范围很广。

b.是行之有效的治沙方法:基于风沙运动规律,遵循“创造条件,使风变害为利,化消极因素为积极因素”,为治理流沙危害增加了切实可行的方法。

c.固输结合,效果显著:经我国治沙试验证明,采用固输结合的措施,效果显著。

d.风是沙区的宝贵能源之一:风力治沙是利用风力代替人力、机械做功,利用自然规律来改变自然地貌。我国沙区风能资源丰富,利用风力拉沙改土、发电、提水等已取得大量的成功经验。

e.风力可拉沙造田,修渠筑堤,掺沙压碱,改良土壤,扩大土地资源。

③风力治沙的原理

a.辩证统一规律是风力治沙的理论基础:变害为利是风力治沙的指导思想。在害转利的过程中,风与沙是基础,必须考虑风的强弱、风沙流的饱和非饱和、沙粒的停走、地表

的蚀积、措施的固输这 5 对矛盾 10 个方面的辩证统一规律。风力治沙要本着以固促输，断源输沙，以输促固，开源固沙的方针，在辩证统一规律的指导下，利用和创造各种条件，使 5 对矛盾各自向其对立面转化，达到除害兴利的目的。

b. 非堆积搬运和饱和路径学说是风力治沙的理论依据：风沙地貌在景观上的最大特征就是沙丘与丘间地相间分布。要使防护地段免受积沙危害，就要在气流逐渐被沙子饱和的路径上，取去一部分沙子，这样就可以在一定长度的地段上达到非堆积搬运，延长饱和路径，使之在这个地段内不堆积，或使风占优势，或使简单的搬运占优势，就可以在防护地段内不造成积沙危害，也可以使被沙埋压的地段，将沙搬运走。

c. 风力治沙是连续性方程的具体应用：气流在运动的过程中，质量守恒原理是流体力学的基本原理，可由连续性方程来表达。

$$\bar{v}_1 A_1 = \bar{v}_2 A_2 \tag{3-4}$$

式中：A_1，A_2——流管任意两个截面的有效断面积；

$\bar{v}_1$，$\bar{v}_2$——两个截面气流的平均流速。

此方程指出，气流在运动中，某一截面的有效面积大，则速度就小；反之，截面积小，速度就大。在风力治沙的许多具体措施中，可以应用这一原理达到输沙的目的。

(2)风力治沙的措施布局

风力治沙的基本措施是以输为主，兼有固，固输结合效果更佳。

①以固促输，断源输沙：要防止某地段被沙埋压，或清除其上的积沙，应在该地段上风区，用可行的治沙方法，固定流沙，切断沙源，使流经防护区的风沙流成为非饱和气流，使此处的积沙被气流带走，或以非堆积搬运形式越过防护区，使被保护物免受积沙危害。

②集流输导：集流输导是聚集风力，加大风速，输导防护区的积沙，防止沙埋危害。集中风力的方法很多，最常见的为聚风板措施。常用方法主要有聚风下输法、水平输导法(八字形输导)和垂直输导法。

聚风下输法设置时向主风向倾斜，聚风输沙被输地段与主风方向交角成 45°～90°，输导积沙的效果较好；如果与主风方向的交角小于 30°，则必须采用另一种方法来输导积沙，即反折侧导的方法。

③反折侧导：当被保护物遭受锐角方向吹来的流沙危害时，可以用促使近地表气流换向的措施，改变流沙的输移方向，避开被保护物。

a. 反折侧导的原理：沙障与主风斜交在 45°以下时，能使近地表的次生风换向，风沙流吹近沙障后，气流受到一定的压缩换向，部分沙粒在障前停下，但由于受压气流换向后风速加大，沿沙障行列前进，开始时降落在沙障附近的一部分沙粒，又因受新来的沙粒撞击，重新卷入风沙径流，沿着沙障的行列方向前进，使被保护区避免障后积沙的危害。

b. 反折侧导的设置：一般用不透风的机械沙障进行侧导。在设置前，首先要了解地形和输导方向，确定沙障的位置和角度，导走流沙的处理场所。地形是否有利于流沙的折向输走，采用 1 m 左右高的不透风沙障或导沙板，排列成连续沙障。

c. 改变地表状况，促进流沙输导。

· 创造平滑的环境条件：在防止积沙的被保护地段，要尽量清除障碍，筑成平滑坚实的下垫面，要使防护地段输沙，就须把陡坡变缓，筑成圆滑的弧形，使气流附面层不产生分离而出现涡流，达到输沙的目的。

·加大上升力进行输沙：上升力的大小取决于气流近地表层的速度与较高层的速度的差值，由于粗糙表面对近地表面层气流的阻力，加大了上升力。所以，在防护区铺设一些砾石或碎石，增加跃移沙的反弹力，加大上升力，调节风沙流结构，减少较低层的沙量，造成防护区风蚀，起到输沙目的。

·附面层风速变化规律的应用：近地表层的风速随高度的增加而增加，所以在公路防沙时，路基要高出附近地表，以增大风速，便于输沙。

(3)风力治沙措施的应用

①渠道防沙

a. 渠道防沙的基本要求：渠道防沙的要求是在渠道内不要造成积沙，这就必须保证风沙流通过渠道时成为不饱和气流，即渠道的宽度必须小于饱和路径长度，或者采取措施，从气流中取走沙量，使过渠气流成为非饱和气流。

b. 渠道本身是非堆积搬运：渠道是具有弧形或接近弧形的剖面形状，容易产生上升力，所以具有非堆积搬运的条件。要使渠道本身更好地输沙，必须使渠道的深度和宽度在一定的范围内，合理地确定宽深比，才有利于渠道的非堆积搬运。

c. 防沙堤和护道：在渠道迎风面上，距岸一定距离筑一道 1 m 的堤，这个堤称为防沙堤。堤到渠边的一定距离，称为护道。这个距离最好根据试验因地制宜确定，原则上根据饱和路径长度和沙丘类型、移动速度而定。一般最好小于饱和路径长度，大于沙丘摆动幅度，使渠道处于饱和路径的起点。

d. 中国沙区的渠道防护：中国沙区防止渠道积沙，采用设置地埂等方法，在田中隔一定距离设一地埂，耕地时不动，形成大粗糙度，使地面均匀积沙，不形成沙丘。既可以掺沙改土、保墒压盐，又可以造成非饱和气流，使风沙流处于非堆积搬运状态。再加上护渠林营造合理，就可以有效地控制风沙流，防止渠道积沙。

②拉沙修渠筑堤：利用风力修渠筑堤，普遍方法是设置高立式紧密沙障，降低风速，改变风沙流结构，使沙子聚积在沙障附近，当沙障被埋一部分后，或向上提沙障，或加高沙障到所需要的高度。修渠可按渠道设计的中心线设置沙障，先修下风一侧，然后修上风一侧。沙障与中心线的距离一般可按下式计算：

$$I=\frac{1}{2}(b+a)+m\cdot h \tag{3-5}$$

式中：I——沙障距渠道中心线距离；

b——渠堤底宽；

a——渠堤顶宽；

m——边坡系数(沙区一般为 1.5～2)；

h——渠堤高度。

筑堤是指在干河床内横向修筑堤坝，引洪淤地，改河造田。

③拉沙改土：拉沙改土是利用风力拉平沙丘，使丘间低地掺沙，改良土壤。对于沙丘是以输为目的，对于丘间低地是以积沙为目的，既改变沙丘，又改良丘间沙地。

黏质土壤掺沙改土不仅改变土壤机械组成，而且可以改善土壤水分和通气条件，对抑制土壤盐渍化也有作用。风力拉沙改土必须掌握两个技术环节:首先要有一定的沙源,保证较短时间内供给足够的沙子;其次要创造很有效的积沙条件。

4. 水力治沙

(1)水力拉沙的概念、意义和原理

①水力拉沙的概念:水力拉沙是以水(特别是洪水)为动力,按照需要使沙子进行输移,消除沙害,以改造利用沙漠的一种方法。其实质是利用水力定向控制蚀积搬运,达到除害兴利的目的。

②水力拉沙的意义

a. 增加沙地水分,为植物生长发育创造条件,还可以增强地表的抗蚀性。

b. 改变沙地的地形。沙区地势起伏不平,经水冲沙塌,冲高淤低,把各种不同的沙丘地形改造成平坦地,并能节省劳力,提高工效。

c. 改良土壤,使沙地的理化性质得到改善。可改变机械组成;溶解并增加无机盐类;促进团粒结构的形成。

d. 改善沙区小气候。促进沙地综合利用,水利治沙改变水分、地形、土壤、小气候等自然条件,可以为农、牧、渔等各项生产创造有利条件。

③水力拉沙的原理:水力拉沙是运用水土流失的基本规律,以水力为动力,通过人为的控制影响流速的坡度、坡长、流量及地面粗糙度的各项因子,使水流大量集中,形成股流,造成水的流速(侵蚀力)大于土体的抵抗力(抗蚀力)。同时,沙粒由于有较大的渗透力,水量超出渗透速度后,沙被水饱和形成浑水泥浆后,水流继续冲掏,即形成径流,水和泥沙顺坡流走。由于沙粒本身是无结构的,机械组成较粗,又极松散,经水力冲刷后很快形成侵蚀沟,此时侧蚀加强,向两侧掏蚀严重,沙丘本身落沙坡面的自由安息角被破坏,沟坡大量崩塌,塌下的泥沙又大量随水流走,这样继续扩展冲淘,沙随水走,使丘体破碎,慢慢被水输移到下游平坦及低洼地上流速变缓而沉积下来。最后达到拉平沙丘,改变沙丘地貌,建造成大面积基本农田和林、牧业基地的目的。

水土流失的快慢与流速、沙粒质量及粒径有关,即粒径与起动流速的平方成正比,沙粒的质量又与其粒径的6次方成正比,所以沙粒的质量与流速的关系可用下式表示:

$$G \propto v \cdot D^6 \tag{3-6}$$

式中:G——沙粒质量;

v——流速;

d——沙粒粒径。

根据这一关系式,可以通过控制流速的办法,解决水力拉沙和沙粒沉积的问题,一旦沙丘拉平即进入防风防沙和沙地利用阶段。

(2)引水拉沙工程

①引水拉沙修渠:拉沙修渠是利用沙区河流、海水、水库等的水源,自流引水或机械抽水,按规划的路线,引水开渠,以水冲沙,边引水边开渠,逐步疏通和延伸引水渠道。它是水利治沙的具体措施。

a. 特点及作用:由于沙区特殊的自然条件,在拉沙修渠时的规划、设计、施工、养护等方面的特点是:适应地形、灵活定线、弯曲前进、逐步改直;沙粒松散、容易冲淤、比降宜小、断面宜大；引水拉沙、冲高填低、水落淤实、不动不夯；引水开渠、以水攻沙、循序渐进、水到渠成。引水拉沙修渠的根本目的是为了开发利用和改造治理沙漠、沙地。其直接目的是在修渠的同时，可以拉沙造田，扩大土地资源；引水润沙、加速绿化，为发展农、林、牧业创造条件；拉沙压碱、改良土壤；拉沙筑坝；建库蓄水，实行土、水、林综合治理。所以，引水修渠要与拉沙造田、拉沙筑坝等治沙方法紧密结合、统筹兼顾、全面规划；开发利用与改造治理并举，水利治理与植物治理并举；消除干旱、风沙、洪水、盐碱等危害，使农、林、牧、副、渔得到全面发展。

b. 规划设计：修渠之前要勘查水源、计算水量，了解水位和地形地势条件，确定灌溉范围和引水方式，选择渠线，布设渠系。

沙区水十分宝贵，必须充分利用和开发水源，积蓄水量，对地表水和地下水的季节变化都要进行详细的调查，根据水量、水位确定引水方式。水量不足时，可建库蓄水；水位较高，可修闸门直接开口，引水修渠；水位不高，可用木桩、柴草临时修坝塞水入渠；水位过低，可用机械抽水入渠。

选择渠线，利用地形图到现场确定渠线的位置、方向和距离。由于沙丘起伏不平，渠道可按沙丘变化，大弯就势，小弯取直。干渠通过大的沙渠和沙丘，应采取拉沙的办法夷平沙丘，使渠岸变成平坦台地。台地在迎风坡一侧宽 50 m，背风坡宽 20～30m。为防止或减少风沙淤积渠道，干渠应基本顺从主风方向或沿沙丘沙梁的迎风坡布设。此外，布设渠系时，要使田、林、渠、路配套，排灌结合，实行林网化、水利化。拉沙筑坝的渠道一般不分级，能满足施工即可。拉沙造田的渠道则应尽量和将来的灌溉渠系结合，统筹兼顾，一次修成。

引水量的大小依据灌溉面积、用水定额、渠道渗漏情况来确定。通常应适当加大渠道断面，增加引水流量，以备将来灌区的发展，也有利于渠道防淤防渗。渠道的比降（任意两点水面高差与流程距离的比值）沙渠比土渠要小。清水渠道引水量小于 0.5 m^3/s，比降采用 1/500～1/2000，浑水比降可增至 1/300～1/500；当引水量增大到 1.0～2.0 m^3/s 时，清水比降采用 1/2500～1/3000，浑水渠道采用 1/500～1/2000。沙渠大都采用宽浅式梯形断面。渠底宽为水深的 2～3 倍较适宜，边坡比采用 1∶1.5～1∶2.0，具体规格按引水流量的大小确定。渠岸顶宽支渠一般为 1～1.5 m，干渠为 2～3 m，渠岸超高为 0.3～0.5 m。

c. 施工和养护：施工过程是从水源开始，边修渠边引水，以水冲沙，引水开渠，由上而下，循序渐进。做法是：在连接水源的地方，开挖冲沙壕，引水入壕，将冲沙壕经过的沙丘拉低，沙湾填高，变成平台，再引水拉沙开渠或人工开挖渠道。渠道经过不同类型的沙丘和不同部位时，可采用不同的方法。机械抽水拉沙修渠，为渠道穿越大沙梁施工创造了条件。可将抽水机胶管一端直接放在沙梁顶部拉沙开渠。

沙区渠道修成之后，必须做好防风、防渗、防冲、防淤等防护措施，才能很好地发挥渠道的效益。

②引水拉沙造田：引水拉沙造田是利用水的冲力，把起伏不平、不断移动的沙丘，改变为地面平坦、风蚀较轻的固定农田。这是改造利用沙地和沙漠的一种方法，是水利治沙的具体措施。

a. 规划设计：拉沙造田必须与拉沙修渠进行统一规划，分期实施。造田地段应规划在沙区河流两岸、水库下游和渠道附近或有其他水源的地方。拉沙造田次序应按渠道布设，先远后近，先高后低，保证水沙有出路，以便拉平高沙丘，淤填低洼地。周围沙荒地带可以利用余水和退水，引水润沙，造林种草，防止风沙，保护农田，发展多种经营。

b. 田间工程：引水拉沙造田的田间工程包括引水渠、蓄水池、冲沙壕、围埂、排水口等。这些田间工程的布设，既要便于造田施工，节约劳力，又要照顾造出的农田布局合理。

引水渠连接支渠或干渠，或直接从河流、海子开挖，引水渠上接水源，下接蓄水池。造田前引水拉沙，造田后大多成为固定性灌溉渠道。如果利用机械从水源直接抽水造田，可不挖或少挖引水渠。

蓄水池是临时性的储水设施，利用沙湾或人工筑埂蓄水，主要起抬高水位、积蓄水量、小聚大放的作用。蓄水池下连冲沙壕，凭借水的压力和冲力，冲移沙丘平地造田。在水量充足压力较大时，可直接开渠或用机械抽水拉沙，不必围筑蓄水池。

冲沙壕挖在要拉平的沙丘上，水通过冲沙壕拉平沙丘，填淤洼地造田块，冲沙壕比降要大，在沙丘的下方要陡，这样水流通畅，冲力强，拉沙快，效果好。冲沙壕一般底宽0.3～0.6 m，放水后越冲越大，沙丘逐渐冲刷滑流入壕，沙子被流水挟带到低洼的沙湾，削高填低，直至沙丘被拉平。

围埂是拦截冲沙壕拉下来的泥沙和排出余水，使沙湾地淤填抬高，与被冲拉的地段相平。围埂用沙或土培筑而成，拉沙造田后变成农田地埂，设计时最好有规格地按田块规划修筑成矩形。

排水口要高于田面，低于田埂，起控制高差、拦蓄洪水、沉淀泥沙、排出清水的作用。施工中常用田面大量积水的均匀程度来鉴定田块的平整程度。经过粗平后，就要把田面上的积水通过排水口排出。排水口应按照地面的高低变化不断改变高差和位置，一般设在田块下部的左右角，使水排到低洼沙湾，引水润沙，亦可将积水直接退至河流及河道。排水口还要用柴草、砖石护砌，以防冲刷。

c. 拉沙造田的具体方法：在设置好田间工程后，即可进行拉沙造田。由于沙丘形态、水量、高差等因素的不同，拉沙造田的方法也各有差异。一般按拉沙的冲沙壕开挖部位来划分，有顶部拉、腰部拉和底部拉三种基本方式，施工中因沙丘形态的变化又有下列多种综合法：

• 抓沙顶：适于引水渠位高于或平于新月形和椭圆形沙丘顶部时采用。当水位略低于沙丘顶部时，只要加深冲沙壕也可应用。采用抽水机械时，只需将水泵抽水管连通水源，放在沙丘顶部拉沙。在不同形态的沙丘上施工，胶管的角度部位可以自由变换。此法比自流引水拉沙操作自如，目前采用越来越多。

• 野马分鬃：一般在渠水位低于或平于大型新月形沙丘、新月形沙丘链时采用。在沙丘靠近蓄水池一端，先偏向沙丘一侧挖一段冲沙壕，放水入壕拉去一段，接着在缺口处筑埂拦水，然后偏向沙丘另一侧，挖一段冲沙壕，再拉去一块，由近及远。如此左右连续前进，即可拉平沙丘。在施工中要保证冲沙壕的水流不中断。由于冲沙壕左右分开，形如马鬃，所以叫“野马分鬃”。

• 旋沙腰：在渠水水位只能引到沙丘腰部时采用，需水量多。做法是：在沙丘中腰部开挖冲沙壕，利用水的冲击力量，逐渐向沙丘腹部掏蚀，形成曲线拉沙，齐腰拉平。

· 劈沙畔：一般在沙丘高大，渠水的水位低，水无法引至沙丘顶部或腰部时采用。可在沙丘坡角开一道冲沙壕，由外及里，逐步劈沙入水，将整个沙丘连根拉平。

· 梅花瓣：在水量充足、范围较大的地段，当几个低于或平于渠水水位的小沙丘环列于蓄水池四周时，采用此方法。另一种梅花瓣拉沙法是在一个大沙丘上，把水引至沙丘顶部，围埂蓄水，然后在蓄水池四周挖 4～5 条冲沙壕，同量放水向四周扩展，拉平沙丘。

· 羊麻肠：在沙丘初步拉垮削低后，还残存有坡度很小的平台状沙堆，可由高处向低处开挖“之”字形冲沙壕，引水入壕，借助水流摆动冲击，将高出地面的平台状沙丘削低扫平。

· 麻雀战：多在拉沙造田收尾施工时采用。主要用来消除高为 1～2 m 的残留沙堆。将拉沙人员散开，每个沙堆旁安排 1～2 名，然后放水，各点的人员分别引水，冲拉沙堆，摊平沙丘。此法因与游击战中的“麻雀战”相似而得名。

③引水拉沙筑坝：即利用水力冲击沙土，形成砂浆输入坝面，经过脱水固结，逐层淤填，形成均质坝体。用这种方法进行筑坝建库，称为“引水拉沙筑坝”，俗称“水坠筑坝”。

a. 沙坝设计：拉沙筑坝材料以沙为主，为防止透水，条件允许时可用动土作墙心，坝体外壳用引水拉沙充填。此外，在选料时，沙土中最好有一定的黏粒和粉粒，这样可减少渗水损失。

沙坝设计的关键是确定合理的坝坡坡比。因沙坝的坝坡风浪掏蚀严重，若不做砌石护坡，就要放缓坡比。坝高超过 40 m，库容大于 1.0×10^6 m^3 时，可酌情放缓坡比。

沙坝透水性强，蓄水后坝体浸润和坝坡风浪掏蚀严重，因此必须设置反滤体和进行护坡，以保证坝角稳定和坝坡完整，防止坝坡崩塌和滑坡。在石料来源方便的地方，采用斜卧式或梭式反滤体，沙坝上游的坝面，采取砌石护坡。在石料缺乏的沙区可采用植物护坡。

b. 沙坝施工：施工前要准备好有关的材料物资，在坝址上游要有充足的水源。用于拉沙的沙场要临近坝址，最好高出坝顶 10 m 以上。自流水源要设置引水渠、冲沙壕等田间工程，机械抽水要少设田间工程。依据沙丘形状和高差，采取抓沙顶等方法，引水拉沙输入坝面。畦块的大小和多少，主要根据坝面、水量、气温、劳力、沙源等决定。小畦一般为 1000 m^2 以下，大畦为 10000 m^2 以上。畦块一般有一坝一畦、一坝两畦和一坝多畦几种形式。修筑围埂主要起分畦淤沙、阻滑吸水和控制坝坡的作用。一般埂高为 0.8～1 m，均为梯形。

提水或引水到沙场进行拉沙，将水流变为砂浆送至坝面，待砂浆经过沉淀、脱水、固结然后再填筑第二层。填筑方式取决于沙是一边还是两边，若一面拉沙，即一端一畦充填；若两面拉沙，即两端一畦充填。砂浆入畦，要低于围埂，充填厚度为埂高的 7/10，沙土一次充填厚度一般为 0.5～0.7 m。在砂浆能流动的情况下，浓度越稠越好，一般含沙量为 50%～60%为合适的砂浆浓度。沙区拉沙筑坝的相间周期要根据土质、气温、充填厚度等因素决定，一般只要隔夜施工就能保证质量。

3.3 山地侵蚀灾害防治措施

3.3.1 滑坡与崩塌综合防治

3.3.1.1 滑坡灾害防治技术

滑坡属于一种严重的地质灾害,给人类造成了巨大的财产损失和人身伤害,而我国是滑坡多发国家之一,加上各种各样的原因条件的作用,以及互相影响却又难以分析的发生和破坏机理,造成滑坡的预先测定非常困难,也让滑坡防治工作成本极高。因此必须做好滑坡灾害的防治,否则不但会影响工程的工期和进度,而且也会影响工程的造价,同时也会给财产、生命安全带来损失。

对滑坡进行防治的办法主要是通过降低下滑力,或者通过增加阻滑力来实现。采取减少下滑力的对策是针对发生滑坡的内因来采取的防治措施。具体的工程措施体现是对滑坡的上部进行削坡减载以及治水。增大阻滑力的工程措施具体表现是各类支挡措施,还有坡脚减载措施。

1. 开挖清除

开挖清除就是把整个滑坡岩土体或者较大部分岩土体经过开挖清除掉。这种方法适合于规模小的滑坡,经过开挖清除处理,可以完全地解除灾害。采用这种方法需要注意,对开挖后岩体的稳定性要核算。由于开挖后的岩体的临空条件,以及其表面的入渗排水条件,都相对发生了变化,为此要采取必要的支护措施,以及适当的坡面防护措施来控制、避免发生新的滑坡。

2. 截水排水

各种各样的斜坡均会发生失稳事件,该类事件经常发生于暴雨时节,或者是由于江河暴涨,或者是跟某些事故发生后导致了地下水活动异常有关。由此表明,水是滑坡产生的主要诱因之一。排水是为了使坡体内部的地下水位降低,从而降低水的渗透压力,以杜绝渗流破坏发生,同时也为了降低或者消除掉作用于滑坡支护结构上或者滑坡上的静水压力。排水可以降低因暴雨或者地表径流冲刷带来的毁坏,从而可以提升滑坡的稳定性。

地表排水主要包括三项措施,可以概括为“截、防、排”三个字。“截”通常是通过在滑坡外缘挖掘截水沟来对滑坡以外的地表水实施旁引并截流,避免外缘水渗入坡体内。“防”通常是指对已经进入坡体范围内的地表水或者降雨水,采取平整坡面或者使坡面具有一定的斜度等防渗措施;也可以采取在坡面上种植植被或者喷洒混凝土等措施,来实现尽可能地减少地表水的渗入,并快速地汇集而引出的目的。“排”是指充分利用坡体范围内的自然沟谷,并且合理建设排水沟系,保证地表水快速排出坡外,以快速降低入渗。

3. 削坡减载和压脚

削坡减载和压脚是一种可以有效防治滑坡的措施,可以减小滑坡下滑力以及增大滑坡的阻滑力。虽然无论采用哪种方法都可以提升滑坡的稳定性,可是在实际工程中,常常将二者结合使用。后者可以为前者提供场地，前者可以为后者提供填料，从而使施工中的石、土方处于平衡状态。就一般的滑坡而言，应该重点对滑坡上部进行削坡减载，否则就毫无防治效果。对于坡脚空间较大的滑坡，适合采用压脚治理方法。

4.抗滑挡墙

抗滑挡墙是一种较为普遍的挡墙形式。根据挡墙的受力和材料不同，还有贴坡式挡墙以及重力式挡墙等形式。对于挡墙的设计，必须满足一定的强度要求，同时还要满足不倾覆、有过大的沉降变形的要求。

其设计时要遵循以下规定：其抗倾覆稳定安全系数大于或者等于其抗滑稳定安全系数，大于其基底压应力，小于基底承载力；墙体应力要小于或等于设计抗压强度及抗压强度；其墙体剪应力要小于墙体剪切强度。计算挡墙的土压时，要权衡挡墙的主动土压力以及挡墙的滑坡推力，取其大值作为挡墙土压力负荷设计值，这样挡墙的安全性会得到增强。

5.抗滑桩

这种防治滑坡的措施比较适合用于滑床和滑面大体完好的滑坡。这种防治措施抗滑能力强，抗滑效果良好，而且对其布设简便，施工扰动性破坏较小，施工简便，成本低，便于校核，有利于优化设计。

6.锚固支护

锚固支护常用于防治滑坡工程中，按照其施工工艺及其材料的不同，可以分为预应力锚索、砂浆锚杆以及预应力锚杆等多种类型。这些锚固支护通常和其他的防治措施（比如抗滑桩等治理工程）配合使用。

可见，滑坡防治往往需要多方案综合设计，不是某一具体措施就能够解决的，设计中必须切合实际情况，综合考虑影响滑坡稳定的各种因素，这样才能达到滑坡防治的目标效果。

3.3.1.2　崩塌防治技术

1.崩塌的定义

陡坡上的岩体或土体在重力或其他外力作用下，突然向下崩落的现象叫崩塌。

2.崩塌的形成条件和影响因素

(1)地形地貌条件

崩塌、落石多发生在海、湖、河、冲沟岸坡、高陡的山坡和人工斜坡上，地形坡度通常大于45°。峡谷陡坡是崩塌密集发生的地段，因为峡谷岸坡陡峻，卸荷裂缝发育，易于崩塌。山区河谷凹岸也是崩塌较集中分布的地段，因河曲凹岸遭受侧蚀，易于造成崩塌。冲沟岸坡和山坡陡崖岩体直立，不稳定岩体较多，时有崩塌发生。丘陵和分水岭地段崩塌较少，原因是地形相对平缓，高差较少，如果开挖高边坡也会产生崩塌。

(2)岩性条件

崩塌绝大多数发生在岩性较坚硬的基岩区，因为只有较坚硬的岩石才可能形成高陡的边坡地形。

(3)地质构造条件

当建筑物的延伸方向和区域构造线一致，而且采用深挖方案时，崩塌较多。

褶皱核部由于岩层强烈弯曲，岩石破碎，地表水渗入，易于产生崩塌，其规模主要取决于褶皱轴向与临空走向的夹角。沿构造节理常发生滑移式崩塌；构造节理面以上的潜在崩塌体的稳定性与节理倾角的大小有关，与节理面的粗糙度和充填物有关，当有黏土或其他风化物填充时，易受水浸润软化，促进崩塌的产生。

(4)降雨和地下水对崩塌、落石的影响

降雨和地下水是诱发崩塌的必要条件。对崩塌的影响表现为：充满裂隙的地下水及其流动对潜在崩塌体产生静水压力和动水压力；裂隙充填物在水的软化作用下抗剪强度大大降低；充满裂隙的地下水对潜在的崩落体产生浮托力；地下水降低了潜在崩塌体与稳定岩体之间的抗拉强度；边坡岩体中的地下水大多数在雨季可以直接得到大气降水的补给，在这种情况下，地下水和雨水的联合作用，使边坡上的潜在崩塌体更易于失稳。

(5)地震对崩塌、落石的影响

地震时，由于地壳强烈震动，边坡岩体各种结构面的强度会降低；同时，因有水平地震力作用，边坡岩体的稳定性会大大降低，导致崩塌的发生。

(6)人类活动的影响

修建铁路或公路，采石、露天开矿等人类大型工程开挖常使自然边坡的坡度变陡，从而诱发崩塌。如工程设计不合理或施工措施不当，更易产生崩塌，开挖施工中采用大爆破的方法使边坡岩体受到振动破坏而发生崩塌的事例屡见不鲜。如宝成线宝鸡至洛阳段因采用大爆破引起的崩塌落石有 7 处，其中一处是大爆破后 3 小时产生的，崩塌体积约 2.0×10^5 m^3。1994 年 4 月 30 日，发生于重庆市武隆县境内乌江鸡冠岭的山体崩塌虽然是多种因素综合作用的结果，但在乌江岸边修路爆破和在山坡中段开采煤矿等人类活动是重要的诱发因素。

3.崩塌的形成机理

(1)潜在崩塌体的形成

成岩过程：沉积、岩浆活动和变质作用形成含原生裂隙的岩体。构造运动：构造变形、破坏作用形成构造裂隙。新构造运动：形成陡峭的地形和表生裂隙。

(2)潜在崩塌体的位移

在外部环境作用下，顺分离面位移，重心临空。

(3)崩塌发生

崩塌体脱离母岩，沿坡面翻滚、跳跃、互相撞击，最后堆于坡脚。伴有崩塌气浪。

(4)崩塌的力学机制

崩塌是岩体长期蠕动和不稳定因素不断积累的结果。崩塌体的大小、物质组成、结构构成、活动方式、运动途径、堆积情况、破坏能量等虽然千差万千，但崩塌的产生都是按照一定的模式孕育和发展的。按崩塌发生时受力情况的不同，可将其形成的力学机制分为倾倒崩塌、滑移崩塌、鼓胀崩塌、拉裂崩塌和错断崩塌五种。

①倾倒崩塌：在河流峡谷区、黄土冲沟地段或岩溶区等地貌单元的陡坡上，经常见有巨大而直立的岩体以垂直节理或裂隙与稳定的母岩分开。这种岩体在断面图上呈长柱型，横向稳定性差。如果坡脚遭受不断的冲刷掏蚀，在重力作用下或有较大水平力作用时，岩体因重心外移倾倒产生突然崩塌。这类崩塌的特点是崩塌体失稳时，以坡脚某一点

为支点发生转动性倾倒。

②滑移崩塌：临近斜坡的岩体内存在软弱结构面时，若其倾向与坡向相同，则软弱结构面上覆的不稳定岩体在重力作用下具有向临空面滑移的趋势。一旦不稳定岩体的重心滑出陡坡，就会产生突然的崩塌。除重力外，降水渗入岩体裂隙中产生的静、动水压力以及地下水对软弱面的湿润作用都是岩体发生滑移崩塌的主要诱因。在某些条件下，地震也可引起滑移崩塌。

③鼓胀崩塌：若陡坡上不稳定岩体之下存在较厚的软弱岩层或不稳定岩体本身就是松软岩层，深大的垂直节理把不稳定岩体与稳定岩体分开，当连续降雨或地下水使下部较厚的松软岩层软化时，上部岩体重力产生的压应力超过软岩天然状态的抗压强度后软岩即被挤出，发生向外鼓胀。随着鼓胀的不断发展，不稳定岩体不断下沉和外移，同时发生倾斜，一旦重心移出坡外即产生崩塌。

④拉裂崩塌：当陡坡由软硬相间的岩层组成时，由于风化作用或河流的冲刷掏蚀作用，上部坚硬岩层在断面上常常突悬出来。在突出的岩体上，通常发育有构造节理或风化节理。在长期重力作用下，节理逐渐扩展。一旦拉应力超过连接处岩石的抗拉强度，拉张裂缝就会迅速向下发展，最终导致突出的岩体突然崩落。除重力的长期作用外，振动力、风化作用（特别是寒冷地区的冰劈作用）等都会促进拉裂崩塌的发生。

⑤错断崩塌：陡坡上长柱状或板状的不稳定岩体，当无倾向坡外的不连续面和较厚的软弱岩层时，一般不会发生滑移崩塌和鼓胀崩塌。但是，当有强烈震动或较大的水平力作用时，可能发生如前所述的倾倒崩塌。此外，在某些因素作用下，可能使长柱或板状不稳定岩体的下部被剪断，从而发生错断崩塌。悬于坡缘的帽檐状危岩，仅靠后缘上部尚未剪断的岩体强度维持暂时的稳定平衡。随着后缘剪切面的扩展，剪切应力逐渐接近并大于危岩与母岩连接处的抗剪强度时，则发生错断崩塌。另一种错断崩塌的发生机制是：锥状或柱状岩体多面临空，后缘分离，仅靠下面软基支撑。当软基的抗剪强度小于危岩体自重产生的剪应力或软基中存在的顺坡外倾裂隙与坡面贯通时，发生错断—滑移—崩塌。产生错断崩塌的主要原因是岩体自重所产生的剪应力超过了岩石的抗剪程度。地壳上升、流水下切作用加强、临空面高差加大等，都会导致长柱状或板状岩体在坡脚处产生较大的自重剪应力，从而发生错断崩塌。人工开挖的边坡过高过陡也会使下部岩体被剪断而产生崩塌。

4.崩塌的防治

（1）事前预防对策

①充分了解影响崩塌安全的各项因素及其影响程度。

②规划设计时，充分了解开发区的地质、地形、水文、气象、植生等条件。

③依据开发区的条件，参考影响边坡崩塌安全的因素及其影响程度，进行最佳的水土保持、挖方、填方、护坡排水等工程的设计与施工。

（2）事后补救（防止对策）

①若开发工程进行时或完成后发现边坡有不稳现象，则应详细调查造成不稳的原因，再由降低或去除形成破坏力的原因以及增加或改善坡地抵抗力的原因着手坡地稳定处理。

②事后防止对策方可分两大项:一为抑制工法,即将造成坡地不稳的因素去之;二为抑止工法,即以土木工程的手段强制阻挡坡地的变动。

(3)边坡的安全监测

为了了解边坡的地质、地形、地下水、降雨情形以及边坡是否滑动崩塌等特性进而提供边坡灾害预警与整治的根据,在坡地开发的过程中必须进行数项必要的调查与监测。经常实施的边坡监测及仪器有下列各项:降雨量监测——使用雨量计;地下水位监测—使用地下水位计或水压计;地表变动监测——使用定期地表测量(可用 GPS 或激光距测仪)、地表伸缩计、地表倾斜计;滑动面观测——以地中倾斜计、地中伸缩计可定出滑动面的位置及其变动方向;地下水流特性——流量计、流向计、导电度计;卫星天线——透过"中新一号"卫星,实时将现场各测量结果传回中心。

3.3.2 泥石流防治措施

在山区沟道内及荒溪冲积扇上,为防止泥石流冲刷与淤积灾害而修筑的沟道治理工程及排导工程等建筑物称为泥石流防治工程。其目的在于保护冲积扇上的房屋、农田、道路、工矿设施等建筑物免受泥石流灾害,保证当地人民生命及财产的安全。泥石流防治工程是防治泥石流灾害综合措施的重要组成部分。

3.3.2.1 泥石流概念与识别

1. 泥石流的概念

泥石流(debris flow,mud rock flow)是指在降水、溃坝或冰雪融化形成的地面流水作用下,在沟谷或山坡上产生的突然暴发的饱含大量泥沙和石块的特殊山洪,俗称"走蛟""出龙""蛟龙"等。泥石流是大量泥沙、石块和水组成的混合流体发生的突发性、快速运移现象。

泥石流的具体特性有如下几点:

①具有极其宽广的粒径范围(数微米至数米)的固体颗粒群,含有充足的水。

②是能保持整体搬运状态的、固体物质含量高(体积浓度大于40%)的流体。

③不但保持阵流状态,而且以相当的速度(每秒数米至十余米),流动相当的距离(数百米至数千米)。

山洪及泥石流的主要区别不仅在于流体中所挟带泥石数量的不同,而且在于运动机理。因此,在防治方法上,两者也有明显的区别。

山洪及泥石流都是溪流(荒溪)流域引起侵蚀作用的外营力。为了做好溪流(荒溪)的水土保持工作,不仅应当研究降雨、融雪、水流、风、生物及人类活动这些外营力对侵蚀作用的影响,而且应当研究山洪及泥石流的形成与运动规律。只有这样才能以溪流(荒溪)为单元,制定出合理的水土保持综合措施。

2. 泥石流的识别

(1)物源

泥石流的形成,必须有一定量的松散土、石,沟谷两侧山体破碎、疏散物质数量较多,沟谷两边滑坡、垮塌现象明显,植被不发育,水土流失、坡面侵蚀作用强烈的沟谷,易发生泥石流。

(2)地形地貌

能够汇集较大水量、保持较高水流速度的沟谷,才能容纳、搬运大量的土、石。沟谷上游三面环山、山坡陡峻,沟域平面形态呈漏斗状、勺状、树叶状,中游山谷狭窄,下游沟口地势开阔,沟谷上、下游高差大于 300 m,沟谷两侧斜坡坡度大于 25°的地形条件,有利于泥石流形成。

(3)水源

水为泥石流的形成提供了必要的动力条件。连续降雨的山区,局部暴雨多发区域,有溃坝危险的水库、塘坝下游,冰雪季节性消融区,具备在短时间内产生大量流水的条件,会诱发泥石流的形成。其中,局部性暴雨多发区,泥石流发生频率最高。

如果一条沟在物源、地形、水源三个方面都有利于泥石流的形成,这条沟就一定是泥石流沟。但泥石流发生频率、规模大小、黏稠程度,会随着上述因素的变化而发生变化。

3.3.2.2　泥石流工程治理

1.荒溪

荒溪是山区流域面积在 20 km^2 以下(最大限度为 100 km^2),具有经常流水或季节性流水的山洪沟道(即小流域)。在暴雨径流或融雪作用下,由于流域内地形陡峭及不良地质条件的存在,同时也由于不合理的人类活动,在坡面上及沟道内发生了严重的土壤侵蚀作用,大量的泥沙、岩屑、石砾随着陡涨的山洪,以很大的流速经过沟道被搬运到沟口的冲积圆锥上或继续被运送到下一级河川之中。由于荒溪活动的发展,常常给山区的工农业生产,公路、铁路交通事业,工矿企业,沟口的居民点造成山洪或泥石流灾害,使人民的生命财产遭受严重的损失。

荒溪的特征可以归结为以下三点:

①在荒溪流域中的非水平农用地、放牧地、割草地、荒山坡及裸露地上广泛地存在着土壤侵蚀作用。

②泥沙(包括底沙)的搬运作用。

③沟道中的径流在时间上的分布不合理,每遇暴雨形成山洪,需要经过调节才能满足人们的需要。

荒溪治理相当于我国的小流域综合治理。

荒溪的类型主要取决于荒溪的形成条件,即地形条件、地质条件(如疏松物质的数量)、气候条件、植被条件及人类社会经济活动的影响。

从国内外荒溪分类的历史与现状可以看出,随着山区荒溪治理工作的开展,荒溪分类工作从简单的分类方法向复杂的分类方法,从定性分类方法向定性与定量相结合的方法发展。

在选择荒溪分类的主导因子及分类方法时,应当注意以下三点:

①任何一种荒溪分类应当便于荒溪治理工作者在实践中将在错综复杂的自然条件及人类活动影响下形成的各类荒溪加以区分。

②便于人们在实践中预测荒溪作用对冲积圆锥上的房舍、铁路及公路交通、工矿企业及人民的生命、财产危害的性质和强度。

③能反映引起荒溪活动的诱因,以便因害设防。

为了划分我国北方土石山区的荒溪类型,北京林业大学水土保持系部分师生于 1982 年应用航空照片对华北山区的荒溪进行了详细调查。根据荒溪沟底坡度、沟床泥沙堆积厚度以及集水区面积、地质、地形、植被、土地利用现状、水土流失的程度及强度等因素,按山洪或泥石流对冲积扇上建筑物的危害作用大小,曾经有人建议将华北土石山区的荒溪划分为以下四类:

①冲击力强的泥石流荒溪:此类荒溪在泥石流阵性(地垒式)运动中不再遵守一般的水力学法则(牛顿定律),黏性的泥石流在极端情况下,流速可达 11～12 m/s。这种泥石流的流速、冲击力及其功能距离沙砾形成区及堵塞溃决区愈近则愈大。此类荒溪中形成的泥石流其水文流态特征为水与固体物质形成黏稠性混合体,液相和固相混杂在一起,做等速无垂直交换的整体性层流态直线运动,能使比重大于泥浆的石块漂浮滚动而行,沉积物无分选性。由于此类泥石流呈整体性直线运动,不易转向,撞击力大,对冲积圆锥上的,特别是沟口附近的建筑物的淤埋和破坏作用很大。

②泥石流荒溪:当发生泥石流灾害时,在荒溪中会形成黏稠的混凝土状的流体,但不存在阵性流(没有堵塞条件)。这类荒溪中出现的泥石流流速较小,冲击力较小,淤埋作用的危害大于冲击作用。在石山区形成这种流体的流通区最小临界坡度为 15°,此类泥石流运输石块不大,与冲击力强的泥石流荒溪相比,冲积圆锥的表面坡度较小。

③高含沙山洪荒溪:在此类荒溪中,当发生洪水时,水中含有大量泥沙及块石(主要为底沙),但水与固体物质形成浑浊性两相体,液相和固相分离,做不等速有垂直交换的紊动乱流态波浪运动,沉积物有分选性。流体的运动符合水力学法则(牛顿定律),表面流速小于 10 m/s。石块沿沟床做推移或跃移运动,含沙山洪暴发突然,来势很猛。大冲小淤,以冲为主,对建筑物基础的冲刷和破坏作用很大。

④一般山洪荒溪:此类荒溪流域中植被良好,无大型的崩塌、滑坡等不良地质现象,沟床坡度小,仅有个别的沟岸崩塌作用。沟床中的沉积物磨圆度大。山洪暴发时,山洪的容重小于 1.1 t/m^3。此类山洪的危害作用只表现为冲刷作用。

2.山洪及泥石流排导工程

山洪及泥石流排导沟(或称“排洪沟”“导流堤”)是开发利用荒溪冲积扇,防止泥沙灾害,发展农业生产的重要工程措施之一。修建排导工程的目的是让泥石流和洪水顺畅排泄,而不至于漫流改道,减轻沿途造成冲毁和淤埋的危害,确保沿河两岸村庄、城镇、工矿区和农田的安全。

排导工程中最常用的是导流堤、防洪堤、丁坝。导流堤一般在拦挡坝下游居民点及重要基础设施的关键部位单侧布设。导流堤、防洪堤通常采用土石坝,迎水面采取浆砌石护坡;导流堤、防洪堤的堤前和堤后要求栽植护岸林。

(1)排导沟的平面

排导沟在平面布置上有不同的形式,设计时应针对荒溪的特点、类型和冲积扇的地形情况,因地制宜地选好排导沟的平面位置。根据排导沟工程实际运行经验,排导沟的平面位置主要有以下四种形式:

①向中部排:向中部排是排导沟经冲积扇中部把山洪及泥石流直接排入河道的一种

方式。排导沟的出口与河流基本上正交,居民区和农田分布在两侧。

采用这种方式的排导沟,有两种修筑方法:一种是排导沟做成挖方渠道。此法适用于从沟口到河道间冲积扇高差比较大的情况。另一种是坡度较小的冲积扇,其排导沟用填方渠道。因为在冲积扇坡度小的情况下,如果仍用挖方渠道,排导沟的出口可能比河道的水位低,影响排泄效果。

②向下游排:将排导沟修在冲积扇靠河道下游一侧,出口与河道呈斜交。这种排导方式在我国西南及西北地区应用较多。

③向上游排:排导沟的位置在冲积扇靠河道上游一侧,其流向与河道的流向成钝角相交。一般泥石流冲积扇是往河流下游方向发育的,因此其下游侧的坡度较缓,坡面长;而上游侧的坡度较陡,坡面短。根据这个特点,排导沟向上游排,既可以满足坡度大、排泄顺畅,又可以达到省工省料的要求。但是,排导沟向上游排的先决条件是与之连接的河道必须有足够的携砂能力,否则将会影响排泄效果,甚至引起排导沟的严重淤积和堵塞。此外,向上排的排导沟,有时必须增设弯道,这时,对弯道的曲率半径和弯道超高,在设计中应该给予重视。

④横向排:在沟口修横向排导沟,把两条或几条泥石流沟汇集到一条主干沟内,并选择适当的地方排入河道。

上述四种排导方式,在选用时应注意荒溪类型。一般说来,对于含固体物质多的泥石流荒溪,可采用第一种和第二种方式;对于含固体物质少的山洪荒溪,最好采用第三种或第四种方式。因为向下游排或向中部排的排导沟能够布置成直线形,以减少泥石流在转弯时造成的漫流或决堤现象,山洪排导沟的弯道半径通常为其底宽的 8～10 倍,泥石流排导沟的弯道半径为其底宽的 20 倍左右。

(2)排导沟的类型

根据挖填方式和建筑材料的不同,常用的排导沟可分为三种类型:挖填排导沟、三合土排导沟和浆砌块石排导沟。具体采用哪一种类型,应考虑荒溪的特性。

①挖填排导沟:挖填排导沟是在冲积扇上按设计断面开挖或填方修筑起来的排导沟,它具有结构简单、可就地取材、易于施工、节省投资等优点。在泥石流荒溪的冲积扇上可采用这种类型。

挖填排导沟的断面形式有三种:梯形断面、复式断面和弧形断面。新开挖的排导沟,排泄流量不大者,多采用梯形断面;流量较大者,则采用复式断面和弧形断面。

②三合土排导沟:三合土排导沟的土堤是以土、砂和石灰(比例为 6∶3∶1)的混合物,分层填筑,夯实而成。它适用于高含沙山洪荒溪。

③浆砌块石排导沟:浆砌块石排导沟适用于排泄冲刷力强的山洪。浆砌块石衬砌的方式主要有两种:一种是边坡衬砌;另一种是边坡与沟底均衬砌。浆砌块石衬砌多用于半挖半填的排导沟,这样既经济又安全。衬砌厚度一般为 0.3～0.5 m。

3.沉沙场

在荒溪内及冲积扇上拦蓄泥沙有两种方法:一是垂直方向的,如拦沙坝(或淤地坝);二是水平方向的,如沉沙场(又称"停淤场")。

沉沙场的作用主要是拦蓄沙石。在严重风化地区、严重地震地区以及坡面重力侵蚀

发展严重的地区，当山洪中可能挟带砂石很多而又没有其他方法可用时，可在坡度较缓的冲积扇上修筑沉沙场，减少排导沟的淤积。

在规划沉沙场时要考虑以下几点：

①山坡陡峻、坡面侵蚀作用强烈的荒溪流域，山洪中可能挟带很多的泥石，在这类沟道中除修筑拦沙坝外，还可修筑沉沙场。

②沉沙场可选在坡度较小的沟段修筑。当沟道宽度大时，流速减小，可减少山洪对砂石的推移力，从而促进砂石淤积下来。也可将沉沙场设在沟道出山谷后的冲积扇上。

③在沉积区修建沉沙场时，由于淤积作用强烈，有些地段可能造成沟底高于两岸以外的田地、房舍等现象。因此，在淤积作用强烈而又可能危及农田、房舍的沟段，不宜设置沉沙场。

④在沉沙场被淤满砂石后，可以另选场地设置一个新的沉沙场。在缺乏新场地时，就必须清挖已淤积的砂石。因此，在选择沉沙场的位置时，应选择开挖砂石易于运出的地点。在不能与现有道路连接的地点修筑沉沙场时，则应规划运输道路。

4.格栅坝

泥石流是山区常见的地质灾害。为了减轻泥石流的灾害，19 世纪中期，人们开始修建泥石流防治工程。格栅坝是用于泥石流防治的一种新型建筑物。它能有选择地拦蓄泥石流中的粗大颗粒，排走碎屑、泥浆和流体中的自由水，降低泥石流峰值泥沙量，使进入库内的泥石流很快地被疏干，实现土水分离。泥石流停淤固结后，格栅坝体承受的荷载减小，结构强度和稳定性增加，坝、库功效提高，相对于传统的坝型使用年限更长。

泥石流防治拦挡坝旨在拦蓄泥石，抬高沟床侵蚀基准，回淤减缓局部沟床纵坡，以期取得稳固沟岸，稳定滑坡，控制冲刷，制止沟床物质起动等效果。若充分排水，则拦挡坝防治泥石流的功能将更为显著。泥石流防治理论与实践研究证实，从实体坝发展演变成透水型格栅坝是科学的总结。透水的格栅坝可减少固体物质供应量，使水土分离，从而达到抑制泥石流形成，减小泥石流暴发频率和规模等目的。它不仅功能可靠，实用安全，且造价低廉，便于施工和管理运用，因而日益受到广泛采用。

(1)格栅坝的特点

①拦排结合：变过去全拦挡为部分拦挡，允许部分不会对下游造成危害的水砂下泄，减少实体坝堆积水砂后因下泄清水造成坝下冲刷等危害，维持下游河道输砂平衡，保证河道稳定，确保下游安全。

②改善受力条件：小于格栅间隙的砂石在坝前一定距离内很少堆积，在石块间不形成紧密结构，坝前堆积的巨石孔隙大，作用在坝体上的水压力与土压力均比实体坝小。另外，格栅坝是一种穿透式结构，承受的泥石流龙头冲击力比实体坝小。

③提高效率：结构简单，用材省，而且现场组装，实现了工厂化生产，缩短了施工周期，提高了建设效率。

(2)格栅坝的类型

①按结构受力分：按结构受力形式可分为平面型和立体型两大类。

a.平面型结构简单，因是平面结构，整体抗弯能力较差，抗泥石流的冲击力较低，拦蓄量有限，多适用于泥石流规模不大的泥石流沟，坝高多在 8 m 以下，有无中支墩的，也有有中支墩的。

b.立体型因采用立体框架，受力整体性强，承载力比平面型大，同时坝体内部空框能拦截大量泥石流石块，形成自然坝体，增加稳定性。这类坝对大、小泥石流沟均适用，坝高与净跨也比平面型大，国内设计净跨已达 20 m，坝高 22 m。

②按建筑材料分：按建筑材料分，主要有以下几种：钢筋混凝土格栅坝、钢筋混凝土梁式格栅坝、钢架格栅坝、钢管缝隙坝、装配式格栅坝、钢索网格坝、钢制缝隙坝、切口坝和钢轨格栅坝等。这里仅介绍金属格栅坝和钢筋混凝土格栅坝。

a.金属格栅坝：在基岩峡谷段，可修金属格栅坝。它具有结构简单、稳定性好、施工快、经济和易维修等特点，适宜于拦截水石流。这种坝是在设坝的沟道中，用浆砌块石或混凝土在沟道两侧做一重力式墩墙（沟道宽时在沟道中间可加做中墩），用钢轨做格栅插入墩内固定即可。

b.钢筋混凝土格栅坝：当沟道中泥石流挟带的大石块比较多时，往往采用钢筋混凝土格栅坝。

3.3.2.3 泥石流灾害避让措施——危险区制图

危险区是指荒溪范围内，山洪及泥石流能直接淹没、冲击和影响防护对象的区域范围。荒溪分类是危险区制图的基础，危险区制图是山洪泥石流排导工程规划设计的依据。

1.危险区的分类

根据防护对象，受灾害影响的程度，危险区可以分为以下几种类型：

（1）红色危险区（简称“红色区”）

山洪或泥石流灾害将直接造成房屋等建筑物和设施的严重破坏和人员伤亡。红色区不允许人员居住和修建居民点及其他设施，是最危险的区域。

（2）黄色危险区（简称“黄色区”）

山洪或泥石流灾害可引起的破坏程度较轻，在此居住和修建房屋必须要有防护措施，以减轻灾害危险。

（3）白色危险区（简称“白色区”）

不用任何防护措施可安全居住和从事生产活动的区域。

2.危险区边界的划分指标

划分危险区边界的指标有：①荒溪冲积锥上调查点处冲出的最大石块体积；②冲积锥上调查点处单次冲刷物质最大淤积层厚度；③冲积锥上调查点处的地表坡度；④冲积锥上调查点处优势植被状况和农业用地情况；⑤冲积锥上调查点处次生侵蚀沟状况；⑥调查点山洪泥石流堵塞可能性等。根据以上指标，分 4 级评分（4，3，2，1），得分总数除以指标项目数，求得每个调查点的危险性得分值。得分值等于或大于 2.6 的点则位于红色区，得分值为 1.6～2.6 的点位于黄色区，小于 1.6 的点位于白色安全区。

根据地形图和实际地形，采用等值线法把属于同一数值的调查点位连线，画“红色区”“黄色区”“白色区”，制成泥石流的危险区图。各项指标的评分标准如表 3-3 所示。

表 3-3　　泥石流危险区的评分标准

得分	指标					
	最大石块体积(m^3)	最大淤积层厚(m)	表层坡度(°)	优势植被	次生侵蚀沟	径流堵塞状况
4	≥1.0	≥1	≥5.8	核桃树、桦木、胡枝子、绣钱菊	有侵蚀沟，并有大石块	有严重堵塞建筑物
3	0.2～1.0	0.5～1.0	4～5.8	有不同龄级的乔木	有侵蚀沟，沟内石块小	有轻微堵塞建筑物
2	0.01～0.2	0.1～0.5	1.1～4	有农田，但有石坎	有侵蚀沟，沟内无石块	无堵塞建筑物
1	<0.01	<0.1	<1.1	有农田，无石坎	无侵蚀沟	有排导工程

第4章 生态退化区水土流失综合防治

4.1 冻融侵蚀防治

4.1.1 冻融侵蚀概述

土壤冻融侵蚀大多发生在冬春季节，作为侵蚀形式的一种，它是指土壤在冻融交替作用下发生的侵蚀现象。冻融侵蚀的发生有两方面的原因：一方面是由于当土层处于冻结状态时，土体的孔隙被冰晶充填，导致土体中形成一层不透水层，当积雪融化或发生降雨时，表层水分不能正常入渗而加剧了地表径流；而另一方面是由于土壤在反复的冻融作用下，其理化性质、结构和质地等会发生改变，从而降低了土壤的抗蚀性和土体稳定性。

目前，国内外学者对于冻融侵蚀的定义与研究范畴尚无全面、统一的认识，但从冻融侵蚀研究的主要发展轨迹来看，人们对它的定义与研究范畴的界定已越来越清晰。大部分学者趋向于将由于温度的频繁变化造成的冻融交替所引起的土壤、岩石性质发生变化，进而造成的侵蚀作用定义为冻融侵蚀。地球上中纬度大部分地区都经受季节性冻融过程，而解冻期是土壤季节性冻融过程发生强烈的时期。这一时期，土壤对融雪和降雨侵蚀都十分敏感。尽管大部分解冻期降雨量不大，但对于解冻不完全、渗透能力很差的坡面土壤来说，融雪径流和降雨的侵蚀能力相对较强。当土体表层解冻而底层未解冻时，土层中会形成一个不透水层，水分沿交接面流动，使两层间的摩擦阻力减小，此时即使原本不具有侵蚀性的融雪径流或降雨，也有可能导致土壤侵蚀的发生。

冻融侵蚀的作用形式多样，冻融作用与重力作用复合可形成寒冻石流、冻融泥流、沟壑冻融侵蚀等形式，进而形成石海与石川、冻融泥流台阶等地貌形态。沟壑冻融侵蚀会在沟壑形成沟岸冻裂、沟岸融滑、沟壁融塌、沟岸泻溜等形式。冻融作用与融雪径流复合作用可形成融雪侵蚀。融雪侵蚀的发生是由于当土层处于冻结状态时，冰晶堵塞了土体的空隙，使土壤中存在一个难透水的土层，表土融化后水分或融雪水等不能下渗，使已经融化了的表层土壤水分含量过多，融雪水等很容易产生地表径流，加剧土壤的侵蚀。当冻融作用与降雨复合作用时，冻融作用降低了地表土壤抗蚀能力，又在表层土壤下形成弱透水冻土层，进而加剧了降雨的侵蚀能力，形成特殊的侵蚀形式。另外，冻融作用对表土抗蚀性的破坏，也可为风提供更多的表土侵蚀物质来源。

据第二次全国土壤侵蚀遥感调查资料统计，我国可发生冻融侵蚀的面积超过 $1.27\times10^6\ km^2$，约占全国国土总面积的13.4%。绝大部分的冻融侵蚀分布在东北地区、西北高山区、青藏高原地区。虽然冻融侵蚀在我国以轻度、中度为主,强度侵蚀相对较少,但目前冻融侵蚀对人类生存与发展的影响已经表现得越来越明显。已有的研究结果表明,冻融作用可以改变土壤的性质,进而影响土壤的可蚀性。同时,土壤冻融作用还具有时间和空间的不一致性,进而影响坡面土体的稳定。部分冻融侵蚀区,春季融雪径流侵蚀量占全年水土流失量的绝大部分。

4.1.2 冻融侵蚀防治措施

目前,以水土保持为目的的冻融侵蚀防治研究主要集中在农用地水土流失的防治上。

已有的研究表明,耕作的方式不同、作物残余物的存在与否及对作物残余物的管理不同,可以极大地影响土壤的性质、结构、地表水的入渗及冻融侵蚀的发生与发展。K. E. Saxton 等人的研究表明,将耕作残余物放置于垄沟等处进行条带覆盖可以减少地表径流量和侵蚀的发生,同时,有利于减少土壤冻结的深度、增加土壤的渗透性。

G. R. Benoit 等人在美国北部选择试验小区,对耕作指数不同的翻耕后没有种植作物的耕地、种植作物并进行了土壤深松的耕地和免耕的土地进行了对比试验。试验数据表明,在耕作指数较小,并且保留了作物残余物的试验小区内,雪的累积量较大,土壤的冻结深度较浅,解冻较早,春季土壤温度升高得较早;在耕作指数较大的试验小区内则情况截然相反。试验还表明,对耕作残余物的适当处理在一定程度上可以增加作物的产量。

值得注意的是,不同地区的耕作方式、管理方式差别较大,所以,在选择具体的耕作方式及作物残余物管理方式时应根据具体情况进行选择。同时,恶劣的天气条件、不良的播种条件、作物疾病等都会影响残余物的数量,进而影响其对水土流失的控制。

在冻融侵蚀区减小地表径流、增加地表径流入渗的研究中,一些研究人员先后应用了修截流沟、挖水窖、修等高犁沟、实行等高耕作及修梯田等措施。J. L. Pikul 等人在奥勒冈地区的研究表明,截流沟在春季融雪过程中能够对减少融雪径流、增加径流入渗起到较好的作用。但对于不同的土壤,其减流效果有所不同。同时,如果土壤冻结深度超过截流沟的深度,其减流效果将受到更大的影响。J. L. Pikul 等人还将作物留茬与改变微地貌等措施结合起来进行考虑,综合分析其在雪的累积、融雪水渗透及侵蚀量大小等方面的作用。目前,大多数的学者都认为,将各种措施综合起来应用将更加有效。

增施有机肥也是农地冻融侵蚀防治的措施之一,有机肥不但可以提高地力,而且能够有效地改良土壤结构,增强土壤的胶结能力,提高土壤抗蚀抗冲性能。实验表明,土壤有机质含量越高,缓冲系数越大,抗冲强度越大,土壤抵抗径流冲刷的能力也越强。

一些研究人员还对冻融侵蚀区耕作及进行保土蓄水、增加入渗时使用的工具进行了开发研究,但无论是工具的使用还是防治措施的应用,都要结合当地具体的自然社会条件,注意其一定的区域适用性问题。

在非农地区域,增加地表植被是冻融侵蚀防治的有效措施。林草植被对土壤有很好的保护作用,良好的植被覆盖可使土壤免受融雪或降雨的冲刷。植被根系紧紧固结土壤颗粒,植被地上部枯枝层和落叶层能有效阻止泥沙移动,使融雪或降雨侵蚀变得极小甚至不发生侵蚀。同时枯枝落叶层腐熟后可以增加土壤有机质含量,提高土壤胶结能力,增强土壤抵抗冻融侵蚀的性能。

4.2 盐碱化治理

4.2.1 土壤盐碱化

4.2.1.1 盐碱地分布

据 Szabolcs 1989 年的调查，全球盐碱地面积已达 9.5×10^8 hm^2，分布在从寒带、温带到热带的各个地区，遍及 100 多个国家和地区。伊拉克有一半水灌地受盐渍化影响，埃及和巴基斯坦有 1/3 以上的水灌地受到盐渍化影响。总体来讲，盐渍土约占世界土地面积的 10%，其中 90%是由于自然因素形成，10%是由于人类不合理的灌溉方式造成，如不合理地施用化肥与土壤改良剂以及砍伐森林造成次生盐渍化。盐渍化在沿海国家，尤其是美国、中国、澳大利亚和秘鲁等国的部分地区正成为日趋严重的生态环境与社会问题。

1. 世界盐碱地分布

Szabolcs(1989)和 Gupta 等(1987)调查了世界各地区盐碱地分布情况和世界分布前 10 名的国家和地区(见表 4-1、表 4-2)。

表 4-1　盐碱地在全球各地区的分布

地区	面积($\times10^3$ hm^2)	比率(%)
北美洲	1555	1.65
墨西哥和中美洲	1965	0.21
南美洲	12963	13.53
非洲	80538	8.43
南亚	87608	9.17
北亚和中亚	211686	22.17
东南亚	19983	2.09
大洋洲及周边地区	357330	37.42
欧洲	50804	5.32
合计	954832	100

表 4-2　盐碱地分布前 10 名的国家和地区

国家和地区	面积($\times10^3$ hm^2)	国家和地区	面积($\times10^3$ hm^2)
澳大利亚	357240	印度	7000
前苏联	170720	伊朗	6726
中国	36658	沙特阿拉伯	6002
印度尼西亚	13213	蒙古	4070
巴基斯坦	10456	马来西亚	3040

2. 中国盐碱地分布

根据第二次全国土壤普查资料统计，我国盐渍土面积为 3.49×10^7 hm^2（不包括滨海滩涂）。其中，盐土 1.6×10^7 hm^2，碱土 8.7×10^5 hm^2，其他各类盐碱化土壤达 1.8×10^7 hm^2。我国盐渍土主要分布在淮河—秦岭—昆仑山一线以北的准噶尔盆地、吐鲁番—哈密盆地、塔里木盆地、柴达木盆地、河西走廊、银川平原、河套灌区、忻定—运城盆地、黄淮海平原、松嫩平原等地区。在我国沿海地区约分布有 1.0×10^6 hm^2 的滨海盐土。

我国地域辽阔，气候多样，盐碱土分布于辽宁、吉林、黑龙江、河北、山东、河南、天津、山西、新疆、陕西、甘肃、宁夏、青海、江苏、浙江、湖南、福建、广东、海南、内蒙古及西藏 21 个省（自治区、直辖市）。

4.2.1.2　盐碱化的成因

土壤盐碱化形成的因素很多，包括自然因素和人为因素。自然因素包括气候、地质、地貌、水文等。气候因素是导致土壤盐碱化的根本原因，由于强烈的地表蒸发，土壤表层会迅速积盐。地质因素主要反映在土壤母质上。地貌因素是指在盆地等低洼地区有利于水、盐汇集。水文因素主要是地下水位和矿化度高。人为因素表现在人类改造自然和适应自然的活动。

4.2.1.3　土壤盐碱化的分级

以碱斑率为主要指标，将盐碱化土地分为轻度、中度、重度、极重度四个等级。其中，轻度盐碱化土地指土壤为轻度积盐碱的土壤，析出盐斑较多，但不会造成农作物缺苗，能够用作耕地和草地，碱斑率小于 30%；中度盐碱化土地指土壤为中度积盐碱，用作耕地会造成农作物不同程度的缺苗，碱斑率为 30%～50%；重度盐碱化土地是指地面盐碱聚集，不能种植作物，碱斑率为 50%～70%；极重度盐碱化土地碱斑率大于 70%。

4.2.1.4　土壤盐碱化的危害

土壤盐碱化对人类活动造成的危害主要体现在影响植物的正常生长，使经济作物减产或绝收，使生态环境恶化，腐蚀损坏工程设施。

1. 盐碱化影响土壤物理化学性状

在以 Na^+、Cl^- 为主的盐碱土中，春季土壤表层会出现一层白色盐结皮，颗粒细密，尤其在温带地区非常明显。此外，土壤的团粒结构和孔隙度也在变化。随着微粒密度的加大，土壤更易板结，孔隙度减小，导致土壤透水透气性降低，发生地表径流和水土流失的可能性增加。

土壤物理性状的改变也会影响其化学性状。土壤溶液中离子浓度增大，pH 值升高，电导率与可交换性钠比率提高，碳、氮的矿化度下降，土壤中酶活性受抑制，进而影响土壤微生物的活动和有机质的转化，使土壤养分利用率、有机质含量和土壤肥力下降。

2. 盐碱化影响植物正常生长

在高浓度盐分作用下，气孔保卫细胞内的淀粉形成受到阻碍，导致气孔不能关闭，植物易干旱枯萎。高浓度的盐分环境可提高土壤溶液的渗透压，引起植物生理干旱，情况严重时会导致水分从根细胞外渗，使植物萎蔫甚至死亡。

由于 Na^+ 的竞争，植物对钾、磷和其他营养元素的吸收减少，磷的转移也会受到抑制，从而影响植物的营养状况，进而抑制植物正常的营养生长和繁殖。

盐分对植物组织的破坏和抑制生长的原因是：减少水分吸收，造成生理干旱；损害细胞膜（液泡膜或质膜）；离子选择性吸收、转移和渗透，使部分离子在一个细胞某部位积累过量；植物体内激素失衡；光合叶面积减少，营养物质合成能力下降；根系营养缺乏，尤其是氮、钾元素缺乏。

4.2.2 盐碱地改良工程措施

4.2.2.1 盐碱地改良工程技术

1.台田技术

改良盐碱是台田的重要功能，它是通过调控地下水位得以实现的。台田系统中均采用抬高地面开挖鱼塘和排盐碱沟的基本立面结构来有效控制地下水位。一方面，台地控塘可以增加地下水位与台田耕种表层的相对距离，使地下水位相对深度大于土壤返盐临界深度；另一方面，通过控制水位高度，可以在一定程度上降低地下水位。两方面共同作用使台田表层土壤在旱季时不致引起积盐。另外，依靠自然降水或定期人工灌水可以起到淡水浇碱的作用。台田表层的盐分随淡水排到渗碱沟，进而降低土壤含盐量。台田模式完整的排水系统可以有效地接纳淋洗的盐水，将其顺畅地排出系统。

根据保持埂坡稳定、占地少、用地少的要求综合分析土的内摩擦角、抗剪切强度、相对平衡坡度等影响因子，合理确定台田地埂规格。一般情况下，要求垄高、坡度因地制宜，台面高程高于农田 1 m。明沟宽度也要因地制宜，根据实际情况设计坡度和深度。明沟排水系统工程简易，投资较少，维修管理也比较方便，但最大的缺点是占用土地多。

2.暗管排碱技术

暗管排碱的基本原理是遵循“盐随水来，盐随水去”的水盐运动规律，将充分溶解了土壤盐分而渗入地下的水体通过管道排走，从而达到有效降低土壤含盐量的目的。

暗管排碱工程的实施首先要对盐碱地进行土壤钻孔调查和地表勘察，以掌握土层构造、渗透性、地下水位、土壤盐碱度及矿物含量；根据调查和勘察的结果进行管网设计，确定吸水管和集水管的走向与埋深、观察井和集水井的布点位置等。排碱暗管采用 PVC 打孔波纹管和塑料滤水管，管径通常采用 80 mm 和 110 mm 两种。为防止土壤细颗粒进入管道造成淤堵和增加管道周围土壤的渗水性，要将暗管包裹一定厚度的滤料，根据不同土壤类型，选作滤料的材料包括砂石料或土工布等。

暗管排碱田间工程通常只设一级吸水管，或加设一级集水管后排入明沟。吸水管是埋设在田间的最末一级透水暗管，具有良好的吸聚地下水流和输水的能力。渗入暗管的水分，通过集水管、集水明沟、泵站提水或重力自流排入河道。暗管的埋设方向、间距、管径选择和埋深，应根据田间土壤的特性及田间排水情况进行分析设计，使其在设计深度的平面上形成具有一定间距的、平行的、相互联系的排碱管网系统，从而有效降低农田的地下水位，以防止盐分沿毛细管升于地表。同时，利用灌溉和降水对暗管上部的含盐土层进行淋洗脱盐，通过地下暗管排出土体。经过暗管排碱系统长期不断地发挥作用，能从根本上解决土壤的盐碱化问题。

暗管铺设的比降可通过激光制导仪自动控制，使暗管达到要求的坡度，以利于地下水的排出。在埋管的同时，将砂滤料包在暗管的周围一起埋入地下。暗管铺设过程具有较高的自动化程度、施工精度和生产效率。一台机器在一个工作日内可铺管 1500 m 以上，这就使大规模铺设暗管进行大面积的治理和开发盐碱地成为可能。荷兰设备中还有冲洗暗管内壁及孔隙的自动推进喷嘴，可自动以高压水流冲开被堵塞的管壁渗孔。每隔 2～3 年可冲洗 1 次，从而使暗管排碱设施的长期使用和维护达到一劳永逸的效果。

3. 台田和暗管排碱工程措施的优劣分析

(1)明排

优点：开挖技术简单，易于操作；维护技术简单。缺点：排沟布设间距大，排碱速度慢；土地损失率较高；阻碍现代农业的机械化；需要很多排水沟、桥梁、闸涵；因排沟较深，成本较高；沟渠边坡易坍塌，排沟难以保持足够深度；维持费用高。

(2)暗排

优点：暗管可深埋密设，吸盐快，调制效果好；无土地损失；对农业机械化没有影响；不需要桥梁、闸涵和许多排水沟；如大规模应用比明排成本低；无边坡塌陷问题；维护费用低；适于大规模机械化施工。缺点：需引进专业机械；小规模应用成本高。

4.2.2.2　台田和暗管排碱工程措施的效益分析

1. 台田工程效益分析

台田—明沟模式降盐改土工程措施，是根据黄河三角洲盐碱土水盐运动规律“盐随水来，盐随水去”所采取的水利工程措施，台田相应降低了地下水位，并借助雨水的天然淋洗起到排盐降碱作用。这一模式不仅需要整平土地、合理规划排水渠道，而且还要做好合理灌溉、引洪放淤等工作。为防止返盐，还需要在生长季进行耕翻，切断土壤毛细管，增加有机质，恢复和提高土壤肥力，改良土壤结构。冲洗改良盐碱地快速有效，但是用水量大，明沟排水系统工程简易，投资较少，维修管理也比较方便。但最大缺点是占用土地多，需建桥涵多，不利于机耕机收，易淤积，易生杂草，影响排水效果；在轻质土地区及淤泥、流沙地段，边坡易于崩塌。因此，目前只能因地制宜地采取一些符合经济有效、简单易行原则的措施，如稳固坡脚或生物护坡等措施，以防边坡崩塌。

台田工程中最重要的是淡水洗盐，特别是具备排水系统的情况下，引用淡水来溶解土壤中的盐分，再通过排水沟将盐分排走，可加速重盐碱地的改造。洗盐季节应在水源丰富、地下水位低、蒸发量小、温度较高的条件下进行。因为地下水位低，灌水洗盐时表层盐分向下淋洗得深；蒸发量小，在洗后不致强烈返盐；温度高，则盐分易于溶解。洗盐用水量一般情况下越大越好。但如果用水量过大，则不仅浪费水，还会造成地下水位高、土壤养分大量流失等副作用。尤其是黄河三角洲地区以含氯化物为主的土壤，更应该相对小些。各种模式应在施工前平整土地，淡水压碱并晒田一年，植树造林第一年林粮间作，主要是在林地间种植大豆等豆科植物，从第三年起禁止种任何植物。林种多选择耐盐碱的植物，如白蜡、刺槐、国槐、黑杨等，或为纯林或为混交林。道路防护林株行距多为 2 m×2 m 或 2 m×3 m 两种规格。

2. 暗管排碱工程效益分析

土壤作为农业生产的物质基础，对黄河三角洲这个商品粮基地和生态区意义重大。利用暗管排碱技术对盐碱地进行开发与治理，可有效降低土壤含盐量和控制地下水位，从根本上治理盐碱地，增加了耕地面积，提高了土地利用率和农业综合生产能力，增强了土地的承载力，从而为更好地发展农业及其他产业、促进油田多种经营的发展、推进油田改革与改制及人员分流打下了物质基础。同时，通过在改良地区种植耐盐碱作物，从根本上解决了盐碱使植被退化的问题，有利于改变土壤的理化性状，从而形成物质良性循环和转化的区域生态系统。

暗管排碱技术是根治土壤盐碱危害的一项革命性战略措施，为解决黄河三角洲地区土地盐碱危害搭建了一个技术平台，为该地区大面积排碱带来希望，具有显著的经济效益。利用黄河三角洲丰富的土地资源，推广先进的暗管排碱技术，改造荒碱地，改变土地面貌，提高土地质量，发展农业产业化，获得良好的效益，走可持续发展的道路，也为本地区向土地要产出、解决“三农”问题探索了一条新路。

4.2.3 盐碱地改良生物措施

4.2.3.1 盐碱地改良农业措施

使用优质基肥和秸秆还田，不仅使土壤营养条件变好，土壤生物和理化性质也得到改善，直接和间接地促使土壤盐分向脱盐和降低毒性的方向变化，实现肥—水—盐—作物系统的良性循环。实验结果表明，轻壤土在地下水埋深 2.0 m 时，采取施用基肥 75000 kg/hm^2、秸秆覆盖和疏松表土三种措施的土壤耕层积盐量比对照分别减少 33%、27%和 14%。一般情况下，如仅从水位考虑，轻壤土要求地下水埋深不小于 2.2～2.5 m 时，才有利于土壤脱盐。而当采取土壤培肥措施后，地下水埋深在 2.0 m 左右时，土壤盐分便开始减少。若地下水埋深大于 2.0 m，施用基肥、秸秆覆盖和疏松表土的土壤耕层脱盐率分别比对照提高 47%、54%和 17%。水肥结合条件下，年内地下水位可调节在 1.5 m(夏季)～2.0 m(秋冬季)～2.2 m 以下(春季)。因此，以培肥为中心的土壤生态建设是调节水盐运动、改良盐渍土不可缺少的重要措施。

加强土壤耕作管理，改良与利用相结合。平整土地是土壤耕作管理的首要措施。如果地面高低不平，在干旱季节，较高部位比较低部位的土壤蒸发量增加 1 倍左右。在半径 5～10 m 范围内，微地形高出周围地面 2.5 cm 时，0～5 cm 土层的盐分，高处是低处的 2 倍多。例如，某地在农田水利工程建成之后，有超过 20 hm^2 的麦田，由于地面不平整，半径3～10 m的大小不同的盐斑约占总面积的 20%，连续两年保苗率只有七八成，后经东西平整土地，灌溉压盐和增施有机肥，第二年基本全苗。

对盐碱地进行深耕，并结合翻压绿肥，加厚了活土层，使土壤的渗透性和蓄水性能提高，土壤密度减少 0.2～0.3 g/m^3，孔隙度增加 10%左右，渗透率提高约 50%，有利于淋盐和抑盐，改土效果显著。测试结果表明，盐碱荒地深耕后第二年，0～60 cm 土层脱盐率达 45%。

根据黄淮海内陆平原盐渍土盐分分布的“T”形状态和高处蒸发量大、水盐往高处运行的规律，对一部分较重的盐渍土采取起垄沟播的耕作措施，躲盐保苗，有较好的效果，有利于盐渍土的开发利用。测定结果表明，垄台比垄沟的蒸发量高 22%～25%，其含盐量约比垄沟高 1 倍。

在盐渍土地区，覆膜可使蒸发强度大大减弱，因此也相应地抑制了地表盐分积累。根据中国科学院地理所在山东禹城的试验结果，每年春季在光解地膜覆盖条件下 0～40 cm

土壤的平均积盐量为8.1%，而未覆膜土壤的平均积盐量为20.1%。虽然单纯地膜覆盖不能改变土壤盐渍化的性质，但可以使盐分在土壤剖面的垂直分布重新分配。

4.2.3.2　盐碱地改良林草措施

植树造林，建立农田防护林网是改善农田生态环境、调控水盐平衡的一个方面，有利于盐碱土的改良。树木能吸收土壤下层的水分，经蒸散进入大气，改变土壤水分和地下水散失的途径，起到生物排水的作用，既可以使地下水位下降，又可以调节空气湿度，再加上树木本身的遮阴和防风作用，可减少土壤表层的蒸发散。

在盐渍化地区分布着不同程度的盐碱荒地，实践证明，一般荒地土壤物理性状都比较差，不利于有机质积累和盐分淋洗，土壤蒸发强烈，盐分不断积累，所以撂荒地越撂越荒。而根据盐渍化程度，选育耐盐种系，增施肥料，加速盐渍土改良，荒地可变成良田。

在盐土的开发利用过程中，数以千计的盐土植物可能成为食物、燃料、饲料、纤维及其他产品。其中许多在传统上已得到应用，如美国沿海滩涂的盐角草和我国滩涂的碱蓬，因其茎叶肉质多液，种子脂类含量高且组成好，已成为色拉等味美可口的佐餐佳肴。随着研究开发的深入，有一些盐土植物的经济利用潜力不断凸显。如三角叶滨藜是口感颇佳、营养丰富的耐盐蔬菜；而海滨锦葵则是既可作油料又可作饲料，地下部分还可以药用，因其花朵美丽全株还可以美化环境的多用途耐盐植物。

4.2.3.3　植物耐盐机理与耐盐植物选择

土壤中过量的盐碱对植物的危害：一是影响根系吸收环境，阻碍或破坏根系对水分和矿质元素的吸收；二是盐碱对植物根系产生直接毒害作用，侵害植物组织，妨碍其正常的生理活动。

1.植物耐盐性分类

植物对盐分的适应能力，一般称为“耐盐性”，也称为“抗盐性”。耐盐性是植物对盐胁迫的对抗能力，其大小取决于盐胁迫的强弱。

植物长期在盐环境下生活，为了适应土壤过多的盐分，形成了各自的特定耐盐机制，通过各种生理过程和渗透调节以抵抗高盐的威胁来维持生存。人们根据植物对盐环境的适应类型将其分成拒盐型、聚盐型、泌盐型或排盐型、稀盐型和避盐型五类。

(1)拒盐型植物

借助细胞膜对离子的选择吸收能力以及根部的双层或三层内皮结构，拒绝过量有害离子进入体内。

(2)聚盐型植物

为了适应外界溶液的低渗透势，在细胞内大量积累无机盐离子，主要是Na^+，提高细胞的渗透压以保持体内的水分。这类植物又具有离子区域化功能，将吸收的大量有害离子输送到液泡中储存，细胞质中盐分含量仍不高，保持酶活性和生理代谢功能，维持在高盐环境中生存。

(3)泌盐型或排盐型植物

在高盐环境中不能阻止大量的盐离子进入体内，往往短时间内在植物中积累高浓度的盐分，但自己形成了泌盐系统，如排钠泵、盐腺等，能有效地将高盐离子不断排出体外，从而减少或避免盐分的伤害。

(4)稀盐型植物

既不能有效地阻止盐离子进入体内,又不具有特殊结构将盐离子有效地排出体外,而是通过吸收水分降低体内的盐分浓度,维持正常生长。

(5)避盐型植物

并不是通过特殊的耐盐机制和生理代谢功能减轻盐分危害,而是以独具的一些生物学特性来避开盐分的伤害,如生长期极短,提早成熟或延迟发育,在对盐敏感时期处于低盐季节生长。有的植物将根扎得很深,透过岩层吸水,甚至有的植物种子在母体上就发芽,避开盐分对种子萌发的影响。

另外,有人提出中和型、渗透调节型等,实际上一种植物可能兼有几种特性适应高盐环境以维持生存。

2.影响植物耐盐性的因素

(1)湿度

土壤水分直接影响土壤的盐溶液浓度。随着蒸发,土壤水分减少,土壤溶液中盐含量相对增加,作物受盐分的影响程度加重。根据资料,当土壤含水量为田间持水量的60%时,在土壤含盐量达到0.4%时,某些小麦、大麦品种均能发芽。空气湿度大,蒸发量相对减少,盐分对作物的危害程度也必然轻。地下水位的高低影响土壤水分含量,直接影响根系对地下水的吸收和土壤含盐量的变化,从而影响作物的生长。

(2)土壤肥力

在肥力适宜的情况下,增施肥料对作物耐盐性影响很小或有所降低。随着大量氮肥的施用,玉米、棉花、水稻、小麦等植物的耐盐性显著降低。有学者认为土壤中的高磷能影响一些作物的耐盐性,但也有学者认为施用过量的磷对作物的耐盐性没有影响。关于磷肥与耐盐性的关系报道较少,生理上,磷肥能被作物选择吸收,抑制钠在细胞中的过多积累,减轻作物危害。作物体内 K^+/Na^+ 比率的大小往往被作为衡量品种耐盐性的生理指标,从这点考虑,磷的存在有利于作物耐盐能力的增强。

(3)气象因素

许多作物在干、热的条件下似乎比在湿、冷条件下的耐盐性差。空气湿度高,能增强作物的耐盐性。有试验结果表明,空气湿度对大麦、棉花影响大,而对小麦、甜菜等作物影响不大。

温度对作物耐盐性的影响很大。在25 ℃时,甜菜种子在电导率为3～8 S/m的溶液里发芽受到强烈抑制。而当温度降至10～15 ℃时,种子发芽率基本不受影响。

光对作物的耐盐性也有一定的影响,一般是强光使作物受害严重。在田间的鉴定中发现,使用同样浓度的地下咸水灌溉处理作物幼苗,如果处理后连续为多云天气,7天内幼苗受盐害不重;若当处理后为连续晴天,5天内植株受盐害损伤就非常明显。

(4)空气污染

空气污染也被作为影响作物耐盐性的环境因子来研究。人们发现,空气污染会增加对氧化剂敏感作物的耐盐性。臭氧含量增加能降低盐对作物的危害程度,而盐分也能降低臭氧对作物的影响。轻度的盐分有助于增加在臭氧环境下的植物产量。

(5)人为因素

人在生产活动中可以改善环境条件。通过栽培措施,根据盐分的变化规律和作物的特点采用灌水、施肥、中耕等操作来减轻盐分对作物的危害,争取获得更高的产量。

3. 提高植物耐盐性的途径

从大量作物品种资源的耐盐性鉴定中,已筛选出一批耐盐性强的种子资源。在这些品种中,农家品种占多数。在现今的生产条件下,这些品种的生产能力往往都不高,农艺性状也不理想,不适合生产上直接利用。植物育种学家、生理学家和土壤学家正开展协作研究,从不同的途径提高作物品种的耐盐性。

(1)耐盐锻炼和定向选择

作物品种的耐盐性是长期对盐环境适应的结果,也有人认为非盐生植物是由盐生植物进化而来的。从鉴定结果中看出,来自盐碱地区的农家品种多数对盐碱的适应性较强。这可以说是长期锻炼、自然选择的结果。育种学家普遍认为,要选出耐盐性强的作物品种,必须在环境中筛选并让其适应。美国 E. Epstain 的全海水大麦品系就是通过世界6000 多份大麦资源的耐盐筛选,而后进行复核杂交,从而定向培育获得的。

(2)有性杂交

一般耐盐品种的经济性状都不太理想,生产性能好的品种往往耐盐性又不强。为了向着人们满意的方向发展,可以通过品种杂交。山东德州市农业科学研究所、河北沧州市农业科学研究所、内蒙古巴盟农业科学研究所、中国农业科学院作物所、山西高寒作物所、南京农业大学等单位都在进行作物耐盐育种研究。

作物品种的耐盐性虽有差异,但差异并不大。国际上已把目标转向利用近缘野生物种的耐盐基因改造栽培品种的耐盐性。美国 E. Epstain 等利用海边生长的野生西红柿和栽培种杂交,获得能用 70%海水灌溉的新的耐盐西红柿品种,已具有商品性价值。D. R. Dewey 提出以小麦祖先及近缘野生种的天然抗性改造生产品种的耐盐性。J. Dvorak 报道了抗性 10 倍体冰草的大多数染色体能传递到小麦中。M. Kazi 和 B. Jorstor 协作已获得中国春小麦的双二倍体杂交种,耐盐性强于公认的耐盐小麦品种。利用黑麦的耐盐性与小麦杂交,已选出耐盐性强的小黑麦品种。通过远缘杂交将可能获得耐盐性强、适应性广的新品种。

(3)诱变育种

物理诱变、化学诱变技术已在育种上普遍采用,在耐盐育种上也开展了这方面的研究。中国海洋大学生物系将福建的农家水稻品种用诱变处理,已初步选出成熟早、较耐盐的后代。山东德州市农业科学研究所用辐射的方法选出的小麦品系,在含盐量 0.5%的土壤环境中能较好地生长。

(4)生物工程

在当代的作物育种工作中,除了采用有性杂交和诱变方法外,生物工程技术也引起了育种学家的广泛重视,有可能将其用于耐盐品种的选育研究。

(5)种子处理

旱作植物在盐渍土中能否出苗或出苗后能否立苗是生产中的重要问题。一般种子萌发时具有较强的耐盐性,而在幼苗期对盐分敏感,处理种子,提高品种耐盐性,是人们普遍采用的措施。处理种子所选用的盐类一般都是盐渍土的主要成分，如氯化钠或当地的含盐地下水。也有用激素和生理活性物质处理种子的，如赤霉素、萘乙酸、矮壮素均能提高小麦在盐渍土中的生活能力。

4.2.4 盐碱化综合防治及措施优化

4.2.4.1 盐碱地综合治理原则

1. 以防为主、防治并重

土壤为次生盐碱化的灌区，要全力预防。已经次生盐碱化的灌区，在当前着重治理的过程中，防、治措施同时采用，才能收到事半功倍的效果；得到治理后应坚持以防为主，已经取得的改良效果才能巩固、提高。开荒地区在着手治理时就应该立足于防治垦后发生土壤次生盐碱化。

2. 水利先行、综合治理

土壤盐碱化的基本矛盾是土壤积盐和脱盐的矛盾，是 Na^+ 在土壤胶体表面上的吸附和释放的矛盾。上述两类矛盾的主要原因都在于含有盐分的水溶液在土体中的运动。水是土壤积盐或碱化的媒介，也是土壤脱盐或脱碱的动力。没有大气降水、田间灌水的上下移动，盐分就不会向上积累或向下淋洗；没有含钠盐水在土壤中的上下运动，就不会有代换性钠盐在胶体表面吸附而使土壤盐化；没有含钙水的存在，就不会有钙置换出土壤胶体表面吸附的钠。土壤水的运动和平衡受地面水、地下水和土壤水分蒸发支配，因而防止土壤盐碱化必须水利先行，通过水利改良措施达到控制地面水和地下水，使土壤中的下行水流大于上行水流，使土壤脱盐，并为采用其他改良措施做好基础工作。

盐碱化的综合治理，一是在治理的对象上，不仅要消除盐碱本身的危害，同时必须兼顾与盐碱有关的其他不利因素或自然灾害，把改良盐碱与改变区域自然面貌和生产条件结合起来；二是在治理上，要采取综合治理措施，不能只片面地注重某一个方面的措施。防治土壤盐碱化的措施很多，概括起来可分为水利改良措施、农业改良措施、生物改良措施和化学改良措施四个方面，每一个单项措施的作用和应用都有一定的局限性。总之，从脱盐—培肥—高产的盐碱地治理过程看，只有实行农、林、水综合措施，并把改土与治理其他自然灾害密切结合起来，才能彻底改变盐碱地的面貌。

3. 统一规划、因地制宜

土壤水的运动是受地表水和地下水支配的。要解决好灌区水的问题，必须从流域着手，从建立有利的区域水盐平衡着眼，对水土资源进行统一规划、综合平衡，合理安排地表水和地下水的开发利用。建立流域完整的排水、排盐系统，对上、中、下游作出统筹安排，分区分期治理。

4. 用改结合、脱盐培肥

盐碱地治理包括利用和改良两个方面，二者必须紧密结合。首先要把盐碱地作为自然资源加以利用，根据发展多种经营的需要，因地制宜，多途径地利用盐碱地。除用于发展作物种植外，还可以发展饲草、燃料、木材和野生经济作物。争取做到先利用后改良，在利用中改良，通过改良实现充分有效的利用。

盐碱地治理的最终目的是高产稳产，把盐碱地变成良田。为此必须从两个方面入手：

一是脱盐去碱，二是培肥土壤。不脱盐去碱就不能有效地培肥土壤和发挥土壤的潜在肥力；不培肥土壤，土壤理化性质就不能进一步改善，脱盐效果不能巩固，也不能高产。两者密不可分，这也是垦区建设高产稳产农业用地的必由之路。

4.2.4.2　盐碱地治理优化措施

在盐碱地治理过程中，往往不能单独依靠一项改良措施，需结合土壤培肥、生物覆盖、优化灌溉等措施综合调控土壤水肥盐动态，在对各种水肥盐调控措施进行优势互补、配合使用的同时，需结合利用深耕深翻、土壤性状改良、开沟排水排盐等农艺和水利措施来促进土壤脱盐脱碱，最终达到盐碱耕地综合质量提升和次生盐渍害防控的优化调控效果。

4.3　石漠化治理

石漠化、沙漠化与水土流失一起构成了我国的生态脆弱带，石漠化是“石质荒漠化”的简称，是土地荒漠化的一种。

广义的石漠化是指由于自然外营力作用导致无土可蚀时出现植被、土壤覆盖的土地转变为基岩裸露而呈现荒漠化景观的土地退化过程，包括岩溶石漠化、花岗岩石漠化、紫色土石漠化等石质石漠化过程。石漠化区域广泛分布在北方土石山区和南方丘陵山区，如在我国黄土高原薄层黄土覆盖的砒砂岩地区，由于受水力侵蚀的影响，水土流失非常严重，地表土层流失殆尽，砒砂岩母质出露地表，以及我国南方砂页岩和红色岩系陡坡开垦所引起的水土流失导致地表出现岩石裸露的现象，都属于石漠化的表现形式。

狭义的石漠化特指喀斯特石漠化或者岩溶石漠化，是在南方湿润地区喀斯特脆弱生态环境下，由于人为干扰造成植被持续退化乃至丧失，导致水土资源流失，土地生产力下降，最终出现基岩大面积裸露于地表(或砾石堆积)面，呈现类似荒漠景观的土地退化过程。石漠化是这一过程的最终结果。

石漠化是土壤侵蚀的直接后果，标志着生态环境已崩溃，实质上就是喀斯特生态环境系统逆向演替的顶级阶段。土地一旦发生石漠化，恢复治理就相当困难，而且恢复速率也极慢。

4.3.1　石漠化成因

石漠化的产生与发展是自然因素和人为因素叠加所致，自然因素是石漠化产生的物质条件，人为因素加速或缓解了石漠化产生、发展的进程。

4.3.1.1　自然因素

岩溶地区丰富的碳酸盐岩具有易淋溶、成土慢的特点，是石漠化形成的物质基础。山高坡陡、气候温暖、雨水丰沛而集中，为石漠化形成提供了侵蚀动力和溶蚀条件。因自然因素形成的石漠化土地占石漠化土地总面积的26%。

1.强烈的岩溶化过程

强烈的岩溶化过程从两个方面促进石漠化的形成和发展：一方面，较快的溶蚀速度，不仅溶蚀母岩全部的可溶组分，也带走大部分不溶物质，降低碳酸盐岩的造土能力；另一方面，强烈的岩溶化过程，有利于地下岩溶裂隙和管道发育，形成地表、地下双层结构，不利于表层水土的保持，加速了石漠化的形成和发展。

2. 地质因素

古地质海相沉积背景是石漠化形成的最原始因素，为石漠化的形成奠定了物质基础。我国西南地区位于古亚洲、濒太平洋与特提斯—喜马拉雅三大构造区域之间，大部分属于扬子准地台，它是晚古生代末扬子旋回构造形成的地台，从震旦纪至三叠纪沉积了厚达5000～6000 m的海相沉积以碳酸盐岩类建造为主，形成自滇东经贵州的北东—南西向的西南碳酸盐岩类分布区。同时这一地区受喜马拉雅运动的影响，一直处于抬升阶段，为水力侵蚀的动力来源。

大坡度的地形为石漠化的扩展起到促进作用。地形坡度直接控制堆积土层的厚度及土壤的侵蚀量，在坡度较大的地区不利于土壤层堆积，水土流失较快，植物难以生长，致使大面积基岩裸露。因此，石漠化主要分布于地形坡度大、切割较深的盆地外围岩溶山区和盆地周边岩溶峰丛地区。

3. 气象因素

降水的动力作用是石漠化形成的又一个主要因素。西南地区地处亚热带、热带气候区，化学淋溶作用强烈，上层土体中的物理结粒(粒径小于0.01 mm)容易发生垂直向下的移动累积，从而造成土体上松(质地轻，通透性强)与下紧(质地黏重，通透性差)，形成一个物理性质截然不同的界面而缺乏柔性过渡层，土壤遇到降雨冲刷极易流失和产生块体滑移，导致水土流失。

4. 水文因素

岩溶地区特殊的水文条件为土地石漠化创造了条件。水是岩溶系统中物质运移与能量交换的载体。西南地区气候暖湿，地面封闭洼地、溶蚀盆地等岩溶形态发育，地表水往往通过地下水文网排泄。而石漠化地区大多数分布在石灰岩地区，由于此处地下水文网较为发达，雨水直接下渗，地表溢流较少，流水对岩体的直接冲刷很弱，特别是在某些植被良好且地形起伏缓和的地貌面上，地表的直接冲刷很微弱。

5. 植被因素

森林植被对水土涵养起着重要作用，而且岩溶地区植被的根呼吸作用及枯枝烂叶形成的有机酸对于土壤的形成也具有重要的作用。另外，由于岩溶地区土壤贫瘠，硅、铝、铁等成土元素含量低，而钙、镁含量偏高，这对土壤的pH值和微量元素含量带来一定影响，使石灰土中的微量元素及其他化学成分与地带性土壤有很大差异，因此，在岩溶山区形成了独特的植物群落。

6. 土壤因素

就土壤本身结构而言，石山区基质碳酸盐母岩和上覆土壤之间缺乏过渡层，存在着软硬明显不同的界面，使岩土之间的黏着力与亲和力大为降低，极易遭受侵蚀，非常不利于表层水土保持，同时也加速了土地石漠化的形成和发展。

该地区的土壤受到碳酸盐“岩($CaCO_3$)—气(CO_2)—水(H_2O)”岩溶动力系统作用，在土壤中盐基离子(Ca^{2+}、Mg^{2+}、K^+、Na^+)大量淋失的同时，岩溶作用产生的富钙环境又补充了其含量，因此循环的结果是形成了偏碱性的土壤环境。这使石灰岩土的阳离子交换量提高，从而降低了土壤中其他微量元素（如锰、铁、磷、锌等）的含量，也造成喀斯特地区土壤肥力低下，生物容量变小，生境先天不足，生态系统脆弱。加之土层浅薄，岩体裂隙、漏斗发育，喀斯特地表干旱严重，这种土壤环境对植物生长有极大的限制作用，降低了生物的多样性，客观上促进了石漠化进程。

4.3.1.2 人为因素

人为因素是对自然因素的二次诱发和放大，对石漠化的发育起到加速作用，是石漠化土地形成的主要原因。

1.经济因素

石漠化地区生态环境恶劣，农业生产条件差，生产水平低，经济基础薄弱，群众生活贫困而无力投入石漠化综合治理，形成贫困导致石漠化、石漠化造成贫困的恶性循环。石漠化地区的城市化水平低于全国平均水平近 14 个百分点，贵州全省 86 个县市中有 74 个县市成为石漠化重点治理对象，有 48 个国家级贫困县，贫困发生率是全国平均水平的 2 倍多。

2.人口因素

人口总数高，增长速度快，密度大，人口素质整体较低，导致喀斯特山区陷入人口增加—过度开垦—土壤退化、石漠化扩展—经济贫困的恶性循环中。目前喀斯特地区生活着近 1 亿人口，包括壮、苗、布衣、侗、瑶、彝等 31 个少数民族人口 4000 万，平均土地承载人口量约 191 人/km^2，人口密度超过全国平均水平 61%，70%以上为农业人口，人口自然增长率远远高于全国平均水平，人口超载严重。文盲率与全国平均水平相比高并有上升趋势，人口素质提高速度落后于全国平均速度。

3.不合理的土地利用

生存的压力致使人们盲目地追逐眼前利益，不合理地开垦荒山及采石采矿，大量土地资源被滥用，大面积原生植被遭到破坏。而森林覆盖率降低导致地表径流加大，水土冲刷更加严重，调节径流与改善环境的功能降低，空气和土壤中的水分也大大降低，同时土壤涵养水的能力下降，坡地地下水位降低，致使土地不断退化，水土流失加剧。这既促进了石漠化发展，反过来又加剧了土壤侵蚀量的剧增，形成恶性循环。主要表现为：

(1)过度开垦耕地

岩溶地区耕地少，为保证足够的耕地，解决温饱问题，当地群众往往通过毁林毁草开垦来扩大耕地面积，增加粮食产量。这些新开垦地，由于缺乏水保措施，土壤流失严重，最后导致植被消失，土被冲走，石头露出。

(2)不合理的耕作方式

岩溶地区山多平地少，农业生产大多沿用传统的刀耕火种、陡坡耕种、广种薄收的方式。由于缺乏必要的水保措施和科学的耕种方式，充沛而集中的降水使得土壤易被冲蚀，导致土地石漠化。据调查，西南地区现有耕地中，15°以上的坡耕地约占耕地总面积的 20%。

(3)过度樵采

岩溶地区经济欠发达，农村能源种类少，群众生活能源主要靠薪柴，在缺煤少电、能源种类单一的岩溶山区，樵采是破坏植被的主要原因。据调查，西南地区的能源结构中，

36%的县薪柴比重大于50%。

(4)过度放牧

岩溶地区散养山羊、黄牛、猪等牲畜,牲畜啃食植物时常破坏根系而毁坏林草植被,使土壤层缺乏保护而被侵蚀。据测算,一头山羊在一年内可以将约6667 m^2(10亩)3～5年生的石质山地的植被吃光。

(5)乱砍滥伐

新中国成立以来,西南岩溶地区先后几次大规模砍伐森林资源,导致森林面积大幅度减少。如大炼钢铁时期大规模的砍伐活动和"文化大革命"期间推行的"以粮为纲"的政策等,使森林资源受到严重破坏。由于地表失去保护,加速了石漠化发展。

(6)工业活动频繁

由于近些年受工业活动的影响,岩溶地区水、土、气污染物超过其自净能力,土壤条件逐渐恶化。化石燃料的大量燃烧使空气中的CO_2、SO_2等酸性气体的含量显著增加,使降水的pH值降低,从而形成酸雨。酸雨对碳酸盐岩及土壤的溶蚀恰恰起到了加速的作用,使部分土壤成分淋失。另外,酸雨还会杀死许多依附于岩石表面起造土作用的嗜碱生物和微生物,降低成土的速度,同时也造成大面积的植被破坏,客观上加速了石漠化的进程。

4.3.2 石漠化防治

4.3.2.1 防治目标

石漠化防治的总目标是保护和改善生态环境,协调人类影响,消除贫困,实现石漠化地区环境、经济、社会的可持续发展。石漠化的防治要全面贯彻可持续发展的战略思想,采取"预防为主、全面规划、综合防治、因地制宜、加强管理、注重效益"的方针。其综合治理模式目标必须由扶贫型向质量型转变,生态建设产业化是石漠化综合治理的趋势,强调自然恢复与社会、人文的统一,要实现经济效益、社会效益与生态效益三者的有机结合和综合效益的最大化。

4.3.2.2 防治措施

通过多年的石漠化治理实践,人们摸索出了许多成功、有效的治理途径,内容简略概括如下:

1.防治工程措施

(1)基本农田建设工程

基本农田建设工程以土地整理、水土保持为中心任务,结合坡改梯、中低产田土改造、兴修小水利、推广节水灌溉和水土保持工程。其基本思路是:工程、生物、化学和农耕农艺措施相结合,山水田林路综合治理,建立健全农田排灌渠系和坡面水系,控制和减少水土流失。25°以上坡耕地退耕还林还草,种植生态林、经济林和牧草;5°～25°坡耕地实行"以改促退"。

(2)水资源开发利用工程

西南喀斯特山区水资源其实是相对较丰富的,但因流失严重且常积涝成灾,造成了工程性缺水。应遵循"开源"与"节流"相结合的原则,结合"三小"水利工程和洼地排涝工程,统筹开展水资源开发利用。具体措施有:多渠道开源,修建集雨设施,围泉建水池(水窖),

修建地下水库，开发地下水，生物、农艺、工程节水与水资源的循环利用相结合，提高水资源的利用效率。

(3)沼气工程

农村沼气建设是代煤、代柴，推进生态建设和农村经济发展的一项战略性措施。目前在西南喀斯特山区大力推广的是“多位一体”农村循环经济模式，以沼气为纽带，“畜、草、果(药)、沼、水、路(多位一体)”为核心，“猪—沼—庭院—农乐”“猪—沼—花(果)”“猪—沼—农产品加工”等“三沼”综合利用为技术支撑。充分回收、利用各种生产废弃物(如废旧塑料、秸秆等)，以“资源—产品—再生资源”为特征，推行生物质能有效循环和以家庭微循环为代表的“多位一体”多向循环。

(4)生态移民工程

喀斯特石漠化山区进行的生态移民主要是指由于资源匮乏，生存环境恶劣，生活贫困，不具备现有生产力诸要素合理结合条件，无法吸收大量剩余劳动力而引发的人口迁移。此举既可有效减轻石漠化地区土地及生态承载压力，又可助搬迁人口逐步摆脱贫困，所以又称“异地扶贫搬迁”。对缺乏基本生存条件的石漠化区，要因地制宜地进行生态移民。在强度石漠化区域、矿山采空区和地质灾害严重区采取生态移民搬迁，帮助移民谋发展、找出路，进一步实施新农村建设，培养新型农民，减轻土地的承载能力。

2. 防治生物措施

(1)封山育林和退耕还林还草

发展草地畜牧业，在喀斯特强度石漠化地区，由于基岩裸露大于80%，表层几乎无土无草，即使有也是薄层的贫瘠等土壤，所以必须实行封禁措施，进行有效的封山育林，防止人为活动和牲畜破坏，促进生物积累和森林植被的自然恢复，以扩大植被覆盖率面积，步入生态环境的良性循环状态。封山育林是以造为主，封、管、育相结合的措施。培草可先于种树，将石山地的禾本科草坡植被类型或萌生灌丛植被类型直接演替成森林植被类型，演替速度快、质量高。能在人为安排下形成满足人们需要的各种植物群落，是恢复石灰岩山森林植被的迅速、有效的根本措施。强度石漠化地区的封山育林要以封为主，辅以人工育林措施。要进行封山育林的全面规划和设计，成立管理和保护组织，明确各自的责任，并制定相应的管理制度，实施管理措施，禁止割草、放牧、采伐、砍柴及其他一切不利于植物生长发育的人畜活动，减少人为活动的不良影响和干扰破坏，促进植被的自然恢复。

我国西南岩溶石山地区的传统畜牧业以牛羊为主，是农村家庭经济收入的一大来源。人们生活水平的提高、商品经济的流通与搞活，大大促进了畜牧业的发展，尤其是牛羊养殖业的发展。但目前西南岩溶石山地区的牛羊养殖基本上都是在对天然草地的掠夺式利用下发展的，仅有极少部分进行的是人工种草养殖。发展人工草业应是贵州省农业发展的一个重点，因为草本植物的适宜性强，在适宜的气候条件下短时间内就能全部覆盖裸露的地面，不仅能有效地控制水土和肥力流失，还能为畜牧业提供更多的饲料来源，远期则可开发林木资源。因此，坡耕地退耕后，可优先发展草业，实行林草结合，这样既有近期效益，又有远期利益，能实现社会效益、经济效益和生态效益的统一。

(2)实施生态农业措施

生态农业即立体农业,它是根据生态环境的土地类型和资源、特点,实行立体的、多层次的生态经济模式,形成多层次的土地资源开发利用形式。山顶分水岭地带以水源涵养林为主,利用林冠截面降水,减缓坡面冲刷,使水分下渗,表层带蓄水;山腰以速生薪炭林或经济林(果、药等)为主,水土条件较好的地方可种植牧草,大力发展养殖业;山麓以旱作及果树、药材为主,从而形成一个山体之中农—林—牧紧密结合,互相支持和保护,具有良好的生态、经济和社会效益的景观生态系统。庭院经济具有投资少、因地制宜、见效快、经营灵活等特点,容易被农民接受,发展快。经适当规划后,农户可充分利用住宅的房前屋后、田间地块周围的空闲用地和自己经营的田、土、水面、林地、果园、院落的空闲资源与其他生产要素结合起来,按生态农业原理,种养结合,种植树木、果树、蔬菜等经济作物和科学养殖,增加收入。

在岩溶资源综合利用周期长、投资大、资金不足的情况下,要进行多层次物质循环综合利用,保持生态经济的动态平衡,以提高能量转化和物质循环的效率,发展商品生产,改变单一粗加工、高消耗、低效益、不顾生态环境恶化的生产模式,依靠科学技术走"高产、优质、高效、低耗"的道路,促进资源的有效利用。这就必须建立以节地、节水为中心的集约化农业生产体系,建立以节能、节材为中心的节约型生产、生活体系,加强资源的综合开发利用,提高资源利用率,并重视再生资源的开发利用。

(3)采取复合农林技术措施

复合林业系统对农田生态环境具有综合的改良作用,在提高生物多样性,充分挖掘生物潜力,协调资源合理利用,改善与保护生态环境,促进粮食增产及经济的可持续发展等方面具有重要作用。混农林复合系统的多层次结构及空间上的合理利用,在提高资源利用率方面具有独特功能,它打破了单一的农业生产模式,将林带(网)与作物,林带(网)与作物、经济林、药材、畜牧等结合在一起,形成了一个多种类、多层次、多功能的立体复合体系,从而提高了生态经济效益。它主要包括立体农林复合型、林果药为主的林业先导型、林牧结合型、牧农业结合型、农牧渔结合型等模式。主要做法为:在山脊、陡坡地段营造马尾松、棒槌树等生态防护林与水源涵养林,在溪沟、道路两旁营造竹林、桉树等生态经济林,在幼林地间种大豆、花生等,实施林药、林农复合开发,以短养长,提高土地利用率与生态经济效益。常用的模式有以传统粮经作物(如玉米、花生、红薯等)—砂仁、花椒间作套种,以花椒种植为核心的经果林(如柚木、柿树、枇杷、桃等)—花椒—金银花套种型生态农业模式,以花椒种植为核心的防护林(如肥牛树等)—花椒—金银花—玉米混农林业模式,以篁竹草种植为核心的篁竹草—养殖(牛、羊、猪等)—沼气草食型养殖业循环经营模式,以特色养殖为核心的养殖(如火鸡、竹鼠等)—传统粮经作物农牧复合型生态农业模式等。

3.防治措施优化

为了减少石漠化地区人口的数量,提高人口素质,需要对农村的富余劳动力和农业劳动力进行培训。农业劳动力培训主要是对参与农业生产的劳动者进行水土保持和农业耕作上的技能培训,以防止石漠化的产生和进一步发展。劳动力转移培训需要提高劳动者的生产生活技能,以适应城市和用工单位对劳动力的需要,从而实现劳动力的自由迁徙和石漠化脆弱区域人口压力的缓解。

4.3.2.3 石漠化治理工作开展情况

2008～2010年，我国西南地区包括贵州、云南、广西、湖南、湖北、重庆、四川、广东8个省（自治区、直辖市）首批开展了100个试点县的以流域为单元的石漠化专项治理工作，建设内容主要包括封山育林育草、人工造林、改良草地、人工种草、基本农田建设与水资源开发、农村能源、建设、异地扶贫搬迁和劳务输出等。目标是：用将近10年时间，控制住人为因素可能产生的新的石漠化现象，生态恶化的态势得到根本改变，土地利用结构和农业生产结构不断优化，农村经济逐渐步入稳定协调可持续发展的轨道。

截至2010年年底，试点工程区累计完成林草植被建设4.1×10^5 hm^2，坡改梯约6.7×10^7 hm^2，棚圈建设5.7×10^5 m^2，青贮窖1.6×10^5 m^3，排灌沟渠1.9×10^4 km，蓄水池1.2×10^4个，各项建设任务完成率大部分在90%以上。各项治理措施基本符合要求，整体防治工作也顺利推进。

目前，这项历时3年的西部大开发标志性生态工程已经取得阶段性进展，生态、经济和社会效益明显。

1. 石漠化拓展势头减缓

经过3年的工作，中国100个试点县实施石漠化综合治理1.6×10^4 km^2以上，451个县（市、区）初步完成3.03×10^4 km^2的石漠化治理任务。试点县治理工作以潜在石漠化土地为重点，采取综合措施，大大减缓了石漠化扩展的速度。以我国石漠化最为严重的贵州省为例，目前贵州省试点县及全省初步遏制了石漠化拓展的势头。

2. 生态环境明显改善

国家林业局对100个试点县的监测显示，2010年与2007年相比，试点工程区林草植被盖度平均提高了16个百分点；生物量明显增加，群落结构进一步优化，植被生物量比治理前净增1.15×10^6 t，群落植物丰富度提高；土壤侵蚀量减少，水土流失总量从治理前的5.11×10^6 t减少到1.7×10^6 t，减幅达67%。规划区451个县（市、区）林草植被覆盖率比治理前提高了3.8个百分点，土壤侵蚀量减少近6.0×10^7 t。

3. 经济社会协调发展

3年来，试点县调整土地利用结构，改善农业生产环境，促进了农业生产要素的转移和集中，提高了复种指数和粮食单产。试点工程建设使大量农村劳动力从广种薄收的土地上解放出来，走出大山，走进城市，既增加了收入，又学到了技术，成为适应社会主义市场经济发展要求的新型农民。目前，试点县培育的经济林、用材林、竹林以及林下种植、养殖业，已经陆续取得效益，成为农民收入增加的重要来源。从整个规划区看，2007～2010年，规划区451个县（市、区）的人均地区生产总值年均增长12.9%；农民人均纯收入年均增长10.1%，试点工程区地方经济社会发展和农民收入呈快速增长之势，农民从工程建设中得到了实惠。

国土资源部2012年发布的报告显示：我国土地石漠化的总面积达到了1.14×10^5 km^2，目前仍在以2%的速度发展。如果不及时治理，我国西南部石漠化地区将在30年左右翻一番，所以加强推进石漠化综合治理工程刻不容缓。

岩溶石漠化综合治理工程区的战略地位十分重要，一是地处长江、珠江和澜沧江的上游，是国家确定的重点生态功能区；二是覆盖范围广，人口占全国的16.5%，国土面积占全国的11%；三是民族众多，是各族群众生存发展的共同家园；四是经济发展落后，贫困人口众多，是扶贫攻坚的主战场。与国内其他生态建设工程相比，这项工程建设的综合性最强，建设内容最为丰富，措施最为多样化。

国家发展改革委、国家林业局、农业部、水利部联合印发了《岩溶地区石漠化综合治理工程"十三五"建设规划》(下文简称《规划》)。《规划》建设期为2016～2020年，其间，全国治理岩溶土地面积不少于5×10^4 km^2，治理石漠化面积不少于2×10^4 km^2。"十三五"时期，石漠化治理范围涉及贵州、云南、广西、湖南、湖北、重庆、四川、广东8个省(区、市)。综合治理主要内容有：强化林草植被的保护和恢复，提高植被质量，这是石漠化治理的核心，是区域生态安全保障的根基，要采取封山育林育草、人工造林、退耕还林还草、森林抚育等措施，促进岩溶地区生态系统的修复；强化草地改良与建设，适度发展草食畜牧业；统筹利用水土资源，改善农业生产条件。《规划》明确"十三五"石漠化综合治理的目标是：到2020年，治理岩溶土地面积不少于5×10^4 km^2，治理石漠化面积不少于2×10^4 km^2，林草植被建设与保护面积不少于1.95×10^6 hm^2，林草植被覆盖度提高2个百分点以上，区域水土流失量持续减少，基本遏制石漠化土地扩展态势，岩溶生态系统逐步趋于稳定，土地利用结构和农业生产结构不断优化，工程区农民人均纯收入增速高于全国平均水平，生态经济发展环境稳步好转，农村经济逐渐步入稳定协调可持续的良性发展轨道。要想从根本改变岩溶石漠化地区的面貌，需要一个较长的历史过程。

4.4 海岸侵蚀防治

4.4.1 海岸侵蚀规律

4.4.1.1 我国沿海海岸类型

我国东南接邻辽阔的海域，大陆海岸线北起辽宁的鸭绿江口，南到广西的北仑河口，长达16124.8 km。沿海分布着大小岛屿6500多个，岛屿海岸线长达11659.4 km。概括起来，我国海岸地貌可分为岩质海岸、沙质海岸、淤泥质海岸、生物海岸和人工海岸几种类型。其中，海岸侵蚀主要集中发生在岩质、沙质和淤泥质海岸。

岩质海岸又称"基岩港湾海岸"。我国岩质海岸线占全国海岸线总长的28%，主要由比较坚硬的基岩组成，并同陆上的山脉或丘陵毗连，分布范围较广。其主要特点是岸线曲折，岛屿众多，水深湾大，风急浪高，地形起伏，土层浅薄，立地条件差，生态环境弱，植被恢复困难，降水时会形成大量地表径流并引起土壤侵蚀。

堆积粗粒的沙砾物质形成的海滩称为沙质海岸。我国沙质岸线绵长，沿海各省市都有沙质海岸的分布，主要分布在辽东半岛、山东半岛和华南海岸三个区域。除了堆积基岩质海岸常出现沙滩、形成沙质海岸外，平原淤泥质海岸中因为临近丘陵山地，发育的河流夹杂着较粗的物质输出河口，在波浪的作用及海流的运送下堆积在岸边也会形成局部的沙质海岸。

淤泥质海岸按其形成过程和组成物质的差异，又可分为河口三角洲海岸、平原搬泥质海岸和港湾淤泥质海岸。淤泥质海岸主要以粉沙、细沙和粉沙淤泥质为主，占全国大陆海岸线的20%以上，约达4000 km，主要分布在长江、黄河、珠江、钱塘江、海河等河流入海口的三角洲冲积平原，以及浙、闽、粤沿海局部的港湾地区。

4.4.1.2　海岸侵蚀分布特征

我国海岸侵蚀主要有两种类型：一是长周期趋势性的海岸侵蚀现象，它主要由河流改道、三角洲废弃或流域来沙减少所引起，海岸的侵蚀强度由河岸夷平作用及海滩剖面调整过程加以调节；二是短周期的暴风浪现象，如台风、暴潮等。

中国海岸侵蚀比较严重，岸线所占比例较大，侵蚀海岸分布广泛。据统计，目前已有近70%的沙质海岸和几乎全部开阔水域的淤泥质海岸处于侵蚀后退状态，侵蚀岸线长度已占全国大陆岸线总长度的1/3以上。其中，沙质海岸的侵蚀速率多为1～3 m/a，淤泥质海岸侵蚀速率比沙质海岸快得多，二者几乎是数量级上的差异。

自20世纪50年代末以来，由于全球海平面上升，河流入海泥沙的减少和海岸工程等许多因素的影响，很多海岸的岸线发生了不同程度的侵蚀后退，侵蚀范围呈不断扩大的趋势。

4.4.1.3　海岸侵蚀成因

海岸侵蚀是指海岸在海洋动力作用下，沿岸供沙少于沿岸失沙而引起的海岸后退的破坏性过程。

海岸侵蚀原因众多，究其根本，导致海岸侵蚀的直接原因是海岸的泥沙亏损与动力增强，而引起泥沙亏损和动力增强的根本原因主要是自然因素和人类活动的影响。

1. 自然因素影响

自然因素的影响主要包括河流改道和海平面的相对上升。

(1)河流改道的影响

河流改道必然减少或断绝泥沙来源，使原来淤涨而突出于海的海岸，海洋动力相对加强，为寻求平衡，从淤积转为冲刷，海岸迅速后退，原河口越突出，海岸侵蚀就越强烈。黄河三角洲海岸即属此种情况。1960年8月，黄河由神仙沟流路改走汉河入海，到1963年年底，神仙沟口附近岸段蚀退面积达56 km^2，蚀退率为16.0 km^2/a；1964年年初，由汉河改走钓口河入海，1964～1975年，神仙沟口至汉河口岸段蚀退面积为166 km^2，平均为15 km^2/a；1976年，黄河由钓口河改走清水沟，1976～1980年，钓口河口岸段蚀退面积为65 km^2，平均为13 km^2/a。

(2)海平面的相对上升的影响

近百年来全球海平面上升，已为世界学者所公认，并且被各国海洋验潮站证实。美国P·布容(1986)列出了6项侵蚀因素，其中自然因素有海平面上升、地面沉降和潮汐港湾3项，人为诱发因素有入海航道、海岸垂直向人工建筑和开采沙石3项。他研究了40个国家的海岸侵蚀实例，指出海平面上升是各国海岸侵蚀的共同因素。根据我国9个和世界102个验潮站的记录分析，过去100年来全球海平面上升15 cm，我国南海海平面上升20 cm。根据对广东珠海淇澳岛东澳湾、高栏岛飞沙，福建晋江深沪湾等地海岸地貌与海滩沉积特征的野外观察与实验分析，确认闽粤沿海存在明显的海岸侵蚀后退现象，具体表现为：海岸线向陆迁移，海湾内早期陆相冲积物遭受波浪侵蚀，岬角岸段早期海蚀龛被现代海滩沉积物掩埋，海岸沙丘被海水吞蚀，古海岸沙丘遭受波浪侵蚀并被现代海滩沉积物覆盖，海滩沉积物呈现粗化和角砾化特征等。这些地貌与沉积现象是海岸地貌对海平面上升的响应，它们的存在说明海平面上升是引起海岸侵蚀后退的主要原因，同时也是海平面上升的地貌与沉积标志。

由于全球气候变暖引起的海平面上升和人类活动的负面影响，海岸带的侵蚀越演越烈，由此诱发的海岸侵蚀、崩塌及岸线后退等地质灾害逐渐成为威胁海岸带人类生存和生活环境的主要因素。

2. 人类活动影响

现代海岸侵蚀加剧的原因是三分天灾，七分人祸。我国从 20 世纪 70 年代，由于人类不合理的开发活动，各种类型的海岸侵蚀均有所加剧，其中无限制的掠夺性挖沙对沙质海岸造成的影响最大。尤其是近年来，海岸侵蚀的范围急剧增大，侵蚀程度也越发严重，已给沿岸人民的生产和生活带来严重影响或构成潜在的威胁，造成巨大经济损失的海岸侵蚀灾害时有发生。人们主要通过沿岸挖沙、修筑海岸工程、修建水库等造成局部海岸泥沙亏损而导致岸滩侵蚀。

(1)沿岸挖沙影响

自全新世海平面基本稳定以来，多数海岸已经相对稳定，动力与岸滩趋于平衡，仅河口地区因泥沙供给充盈而有所淤进。如果人们从海滩取沙，海洋动力势必重新塑造自己的岸滩平衡剖面，造成海岸侵蚀。全国海岸年挖沙总量尚无精确统计。过去只有城市建筑用沙，而随着农村经济的发展，农村建筑也大量用沙，挖沙现象已难以遏制。

(2)海岸工程的影响

沿岸漂沙遇突堤式海岸工程会在其上游一侧形成填角淤积，而在下游一侧形成侵蚀。如岚山港 1970 年建成 700 m 垂直于海岸的突堤式码头，四年内已使堤南侧海滩消失，大片岩滩裸露，低潮线后退 10 m，其侵蚀范围可达鲁苏交界的绣针河河口。可以说，几乎沿岸任何突堤都会造成一侧侵蚀。虽然这种侵蚀是局部的，但如果发生在具有重要开发价值的岸段，其危害也颇为严重，如青岛汇泉浴场因东部突堤的兴建而受到威胁。

海岸带是海陆交界的地带，地表环境由巨大的水体到陆地发生突然变化，因而，影响到形成气候的巨变带。台风和风暴潮常常在由海岸登陆时，冲破海堤，造成严重灾害；经常性的海风、波浪、潮沙和海流都对海岸进行着冲淘并发生重要的影响。海岸带生态系统十分脆弱，一旦遭到破坏，随即引起生态环境的巨变。例如，海岸沙地的植被遭到破坏，很容易引起沙粒流动形成沙丘；一次海潮破堤常使堤内的耕地产生盐渍化现象，以至于多年内都不能耕种。

海岸侵蚀对社会经济和海岸生态环境带来严重后果。海岸侵蚀引发近岸波能增强，造成岸边民宅被毁，海滨公路中断，临岸旅游设施坍塌，海岸建筑物毁坏，大片土地水土流失，土壤次生盐渍化加重，尤其是 20 世纪五六十年代兴造的海防林大片丧失、近岸海水水质趋劣和渔场地质性状改变，给当地人民的生产和生活造成严重危害。

海岸侵蚀不仅破坏沿海的动力系统，引起海岸重塑，还会危及滩后的生态环境，导致海水入侵，破坏沿海工程建筑，给沿海地区的社会经济带来巨大损失。以福建东山岛为例，为了固定流动沙丘，曾在西北海岸营造了一条长 30 km、宽 50～100 m 的防护林；但是近些年，人们大量开采海沙引起海岸侵蚀后退，海岸防护林也遭到破坏，据1994年的《中国海岸灾害公报》，该岛的马銮湾和金銮湾，现已无海湾，涨潮时海水直接冲入，破坏林区生态环境，风沙满天的现象重现。青岛流清河一带，因为海岸后退波及公路桥梁安全，迫使公路内迁，而我国唯一的黄土海岸也因为海滩开挖加剧海岸侵蚀几近消失。

4.4.2 海岸侵蚀综合防治措施

国外海岸侵蚀的调查研究和立法工作始于20世纪初，美、英、法、日、荷等国现已有相关法规及措施来治理海岸侵蚀。1972年国际地理学会成立了专事海岸侵蚀研究的“海岸侵蚀动态工作组”，1974年澳大利亚Bird教授撰写的报告认为，在过去的100年里各国海岸普遍发生侵蚀。1984年国际地理学会海岸环境委员会的一份报告进一步指出，当时的世界沙质海岸约有70%以上处于侵蚀后退状态，平均蚀退速率约为10 cm/a，其中约有20%甚至超过1 m/a。

我国在20世纪60年代以前，海岸的主要防护措施是建造海堤。这是一种被动的海岸防护形式，虽然使海岸加固，但对今后海岸带的开发利用带来不便。为改变这种古老的防护形式，早在20世纪60年代曾经提出“保堤必须保滩”的积极海岸保护原则。在不同地区建造丁坝、潜坝、离岸堤以及其组合形式。这些方法的一个共同点，就是使造成海岸侵蚀的动力在远离海岸之前就消能，使以往的全线防护变成线段防护，既可节省经费又可美化海岸，也有利于今后的海岸开发。

目前，现有的沙质海岸防御措施主要分为两大类：一是修筑硬质海岸工程抵制岸线后退或消减沿岸波浪能量，如防浪墙、突堤、丁坝、潜堤、离岸堤等；二是构建软质海岸环境，模拟海岸系统特征抵消海岸侵蚀，如构建后滨沙丘、人工滋养海滩、建造防护林带和生物护滩等。

4.4.2.1 构建硬质海岸工程

1.海堤

海堤由整体的或块状的混凝土、钢板、木料或者天然石料构成，可以分为直立式和倾斜式。海堤对其背后的陆地有防护功能，但与其毗邻的无防护的海岸地区依然会遭受侵蚀。

2.丁坝

丁坝是与海岸相垂直的一种防护建筑，主要的功能是拦流拦沙，对入射波也起着一定的掩护作用，是当前我国海岸防护采用较多的一种保滩保淤工程。从江苏海岸丁坝防护效益看，丁坝的促淤效果取决于其方向、高度、长度以及它们的间距。丁坝的高度相当于最高水位时，从坝顶越过的波浪对邻近海滩不再起冲刷作用，可达到较好的淤积效果。一般丁坝轴线与主波向线交角以100°～120°最佳。丁坝垂直于海岸，或与主波向线平行，消浪能力较差。

3.突堤

突堤建造在河湾、海湾或港湾，主要是为了稳定航道，防止航道被沿岸输沙淤浅。

4.离岸堤

离岸堤是距海岸线有一定距离又平行于海岸的防护工程，堤后拦截输沙，防护海岸侵蚀，但是也会造成下游地区的侵蚀，因此多采用离岸堤群的形式保护大面积的海岸。

5. 水力插板桩坝

水力插板桩坝技术是针对黄河三角洲海岸蚀退的特点发展起来的一种新型堤坝建设专利技术。即先制成水泥板，用放在水泥板下的水枪搅起泥沙把水泥板插入地下。这种堤坝插入地层深度大、抗水毁能力强、施工速度快、投资少、维护工作量小。

工程护滩为许多国家所使用，我国沿海地区也多使用工程护岸，但海岸工程却会引起更为严重的破坏，只是在短时间内不明显，如丁坝、离岸堤等靠拦截泥沙输移来保护海滩，却造成下游泥沙亏损。

4.4.2.2 构建软质海岸环境

1. 生物护滩措施

恢复、重建退化的滨海湿地以抵抗海岸侵蚀，是靠在潮滩或水下栽种或培育某种植物，以达到消能、促淤而防止侵蚀的目的。上海市水利部门经常在潮滩上种植芦苇，当其发展成为群落后能有效地削减到达岸边的波浪能量。还有，自20世纪60年代以来，南京大学的仲崇信教授等在江苏等淤泥质海岸引种的互花米草有效地减轻了滩面的侵蚀，收到了良好的促淤效果；黄河三角洲胜利油田在桩104、桩12、桩303海域试验性种植互花米草，目前最高处已淤高约0.5 m，总淤积面积近1.0×10^5 m^2，且该淤积部分经过1997年风暴潮的袭击，损失最小。

2. 海岸(堤)防护林带

沿岸防护林带可使海岸风能降低，风速减缓，从而使风的起沙作用减弱。同时，由风从滩面上带来的泥沙可在林带中减速并沉降，不断提高岸后高程，形成防护林地带的风积阶地。防护林的存在还可降低林内的蒸发，使地表潮湿、泥沙不易被风扬起，从而起到固沙的作用。防护林还能通过其根系固持海沙，防止海沙被海浪淘蚀。

自20世纪50年代以来，全国的沙质海岸先后都营造过海岸防护林带，有的保存较好，有的几经砍伐更新，林相参差不齐。淤泥质海岸多建有海堤，有的在海堤上营造了防护林带，有的未造林，情况不一。岩质海岸自50年代以来有的进行过人工成片造林，有的进行过封山育林。沿海岸种植耐盐碱植物，构建沿海防护林带，达到抵抗海岸侵蚀的目的。例如，山东、江苏、浙江、福建、海南等沿海防护林带，较好地保护了海岸，防止了海水的入侵，并且还能起到改善环境、美化环境的作用。

3. 构建后滨沙丘

沙丘是防止海水冲刷后滨海岸的天然屏障，因此为保护海岸，更要保护沙丘免遭破坏；已经破坏的沙丘可以进行人工重建，方法主要有两种：利用沙障拦沙和种植植物固沙。

4. 人工海滩补沙

把附近海底或陆地的沙石运来填补海滩蚀掉的沙石，恢复原来的自然海滩剖面，可以减轻海岸侵蚀。它是一种有效防止海岸侵蚀的“软”措施，且对附近岸滩的影响比其他防护措施小。发达国家多采用此方法，此方法造价高，因此被看作“国家发达的标志”。

4.4.2.3 防治措施布局与综合优化

海岸防护按照“因地制宜、因害设防”的原则，根据沿海地区的侵蚀类型和自然灾害频次及发生程度，确定海岸防护的基本措施。

从防护措施的方式这一角度来分类，海岸侵蚀防治主要分为两类，即工程措施和生物措施。总结以上防护措施，从长远出发，应将工程措施和生物措施有机结合在一起，提高土壤的抗侵蚀能力，使防侵蚀效果达到最佳。

海岸侵蚀防护工作不仅应该注重实际防护措施，更应该加强人们的海岸保护意识，树立防灾观念，使人们深切意识到海岸侵蚀对人们生产、生活以及经济发展的严重危害。制定合理的海岸开发利用规划和严格的保滩护岸法规，加强执法力度，保证各种规章制度的顺利执行。对于非法占用海滩、海岸采沙以及各种违章海岸工程等进行严厉禁止。

第5章　生产建设项目水土保持

5.1　生产建设项目水土保持概述

5.1.1　生产建设项目水土流失

5.1.1.1　生产建设项目水土流失的基本概念与专用名词

1. 生产建设项目水土流失的基本概念

生产建设项目水土流失是以人类生产建设活动为主要外营力形成的水土流失类型，是人类生产建设活动过程中扰动地表和地下岩土层、堆置废弃物、构筑人工边坡以及排放各种有毒有害物质而造成的水土资源和土地生产力的破坏和损失，是一种典型的人为加速侵蚀。其形式主要体现为：建设项目主体工程建设区和直接影响区的水资源、土地资源及其环境的破坏和损失（包括岩石、土壤、土状物、泥状物、废渣、尾矿、垃圾等的流失）。

2. 与生产建设项目水土流失有关的专用名词

(1)生产建设项目水土流失面积

生产建设项目水土流失面积包括因生产建设项目生产建设活动导致或诱发的水土流失面积，以及项目建设区内尚未达到容许土壤流失量的未扰动地表水土流失的面积。

(2)生产建设项目的土壤流失量

生产建设项目的土壤流失量是指项目区验收或某一监测时段，防治责任范围内的平均土壤流失量。

(3)扰动土地

扰动土地是指生产建设项目在生产建设活动中形成的各类挖损、占压、堆弃用地，均以垂直投影面积计。

(4)弃土弃渣量

弃土弃渣量是指项目生产建设过程中产生的弃土、弃石、弃渣量，也包括临时弃土弃渣。

5.1.1.2　生产建设项目水土流失成因

生产建设项目造成水土流失有以下两方面的原因：第一，通过开挖、占压土地直接造成土壤的位移和功能的丧失；第二，通过改变项目取得自然条件加速水土流失。

1. 直接造成土壤的位移和损失

生产建设项目通常将富含有机质的表土层甚至整个土壤层剥离，造成了原始地表土

壤的位移和土地生产力的下降，属于水土流失的范畴。几乎所有的生产建设项目都存在不同程度的上述现象，尤以采矿中的露天采矿最为严重。露天采矿必须首先剥离矿体上覆盖的土壤及岩层，暴露出岩层，再实施采矿，因而矿体上覆盖的表土与岩层的分离是必不可少的环节。同时，剥离的表土及岩石的堆积也可能形成新的水土流失策源地，造成弃渣的水土流失。

2. 毁坏水土保持设施，削减区域水土保持能力

生产建设项目在实施过程中，不可避免地要永久性或临时性征占土地，损坏大量水土保持设施，并且损坏具有水土保持和涵养水源的湿地、水域等，削弱了项目区及其周边地带的水土保持功能，产生了严重的水土流失。

3. 破坏地表植被，降低地表抗蚀力

地表植被可以显著地减少土壤侵蚀，保护土壤免受雨滴的溅蚀作用。同时，植被冠层可以截留一部分降雨，延长径流形成的时间，保护土壤。此外，植被可以减缓径流流速，减少沟间侵蚀。植物根系具有固持土壤的作用，可增加土壤的抗冲性和抗蚀力。生产建设项目清除了地表被覆，降低了植被覆盖度，造成了土地裸露，为水土流失创造了条件。土壤失去植被的保护将直接遭受雨水的击打、剥蚀、搬离。同时植被盖度的下降，容易诱发严重的风力侵蚀。生产建设项目破坏了土壤的结构，改变了土壤成分，影响土壤的透水性、抗蚀力、抗冲性等，减小土壤的入渗能力，从而造成严重的水土流失。此外，生产建设项目产生的弃土弃渣，形成大量的松散堆积体，在外营力作用下产生严重的水土流失。

4. 改变项目区原有的地貌地形和地面组成物质

地形地貌情况（地面起伏状况、地面破碎程度、地面组成物质、坡度、坡长、坡型、坡向等）是影响水土流失的重要因素。坡度和坡长对水土流失的产生起到了举足轻重的作用。虽然在水平面同样可以发生侵蚀，但坡地条件下侵蚀量显著增加，而且在一定范围内，地面的坡度愈大，径流速度愈大，水流冲刷能力愈强，水土流失就越严重。生产建设项目因为人为的扰动，短期内改变了项目区中小尺度的地形地貌，形成许多人工地形和地貌。而地形地貌因素的变化，改变了区域水土流失的运行规律，既有可能加剧水土流失，也有可能减少水土流失。此外，改变了地面组成物质。生产建设活动在再塑地形地貌的同时，使地表的组成物质发生极大变化。有些地表因为表土剥离，岩石外露；有些地表因为倾倒弃渣，而被岩土混合物覆盖；有些地面因为硬化，被混凝土代替。再塑地貌，地面物质复杂，种类繁多，各组分的物理化学性质存在明显差异，造成的水土流失强度也不同。

5. 生产建设活动诱发重力侵蚀

生产建设项目由于开挖、堆垫、采掘等活动，形成大量的人工坡面、悬空面和采空区等，破坏了岩土层原有的平衡状态，引发泻溜、崩塌、滑坡等重力侵蚀，在水力等因素的共同作用下，造成严重的水土流失。最常见的形式为以下几种：①边坡滑塌：在修筑道路和水工工程过程开挖和堆垫的人工边坡、在采矿过程中形成的采场边坡等失去支撑后，产生泻溜和滑塌；②固体废弃物的堆置引起滑坡；③采空塌陷：地下矿藏大面积采空后，矿层上部顶板失去支护后，造成地表大面积塌陷，破坏土地资源，加剧水土流失。

6. 破坏水资源循环系统，造成水资源大量损失

水既是人类赖以生存的珍贵资源，同时也是水土流失的主要动力。因此防止水的

流失既是水土保持的一个重要目标，也是控制土壤侵蚀的主要手段。生产建设活动扰动、破坏、重塑了地形地貌和地质结构，特别是大量生产建设工程给排水设施的建设，改变了原有水系的自然条件和水文特征，减少了地下径流的补给，地表径流量增大，汇流速度加快，使珍贵的降水资源常常以洪水的形式宣泄，造成大量地表水的无效损失。同时生产建设活动通过对地面及地下的扰动破坏隔水层和地下储水结构，造成大量地表水的渗漏损失和地下水位的下降。水的大量流失一方面加剧了土壤侵蚀，另一方面又导致地表严重干旱，植物干枯死亡，加剧了土地沙化和荒漠化。如陕北神府煤田许多煤矿由于采空塌陷对地下水造成了严重影响，使地下水位下降，表层土壤干燥，地表植被退化，水土流失加重。

7.生产建设活动加剧水土流失

生产建设活动产生的大量弃土弃渣，不可避免地会加剧水土流失。首先，生产建设活动剥离、搬运、堆弃的废弃岩石土壤，为水土流失提供了大量的松散堆积物。其次，这些堆积物往往随意倾倒堆积在山坡、沟渠和河道，改变了水势，影响了行洪能力，在强降雨下容易诱发泥石流和洪水灾害，造成严重的水土流失。再次，一些细颗粒的松散堆积物(如粉煤灰)，由于缺少植被覆盖，极易产生风力侵蚀。生产建设项目在施工期排放的大量弃土弃渣和尾矿均较松散，稳定性差，在一定时间内无植被覆盖，既可发生水蚀，也可有风蚀发生。若遇暴雨或长期连续降水时，发生不均匀沉降，则会进一步加剧水土流失。

5.1.1.3　生产建设项目水土流失的发生特点

1.岩土扰动程度大，植被和土壤破坏严重，甚至损失殆尽

露天采矿区，对岩土扰动不仅在地表，而且深入地层几十至数百米，层序扰乱，植被和土壤几乎不复存在，矿区大部分变为裸地，新的地貌条件取代了原有的地貌形态。由于地面失去保护，水土流失剧烈。据调查，露天矿排土场头几年的水土流失量可达$(1.5\sim3.0)\times10^4$ t/(km^2 · a)。

2.侵蚀搬运物质复杂，水土流失成倍增长

现代化的建设项目，如晋城市境内的晋焦高速公路、西气东输工程等，采用的是高度机械化的挖掘施工工艺和高能量的爆破技术，不仅使表层的土壤和植被荡然无存，而且还将浅层或深层的岩土物质搬运到地表。构成开发建设项目侵蚀搬运的物质已不是传统意义上的土壤和岩石风化物，而是包括土壤、母岩、基岩、工业固体废弃物、垃圾等物质的混合物，这些搬运物质通常呈非自然固结状态，胶结和稳定性极差，加剧了水蚀、风蚀和重力侵蚀。传统水土流失的年侵蚀模数一般在2×10^4 t/(km^2 · a)以下，而开发建设项目水土流失的年侵蚀模数要比此大得多，局部地区可达6×10^4 t/(km^2 · a)以上。

3.易引发严重的重力侵蚀，影响行洪，危及正常的生产及人民的生命、财产安全

在山区、丘陵区、风沙区的开发建设活动一般分布在水文网络两侧的沟岸、河岸或山坡体上，开挖、爆破、剥离、堆垫、搬运极易导致山坡失衡，引发严重的重力侵蚀。特别是诱发性滑坡、崩塌和泥石流等在工程建设区及各类采石场屡见不鲜，侵蚀强度可达自然侵蚀的几倍至几十倍，发生频数惊人。比如，晋城市境内的晋阳高速公路从1996年开通至今，年年发生较大面积的滑坡。阳城县东冶镇郎庄村的洞凹自然村，因采矿废弃洞引发泥石流，造成本村村民重大伤亡和财产重大损失。

4. 特殊工程侵蚀

特殊工程侵蚀包括固体废弃物堆积的非均匀沉降、采空区塌陷、土砂液化引发的各种侵蚀类型。本类型显著不同于自然地貌条件下的水土流失形式。

5. 水资源破坏和损失严重

建设项目破坏地表结构，导致地表水渗漏，造成了地表水和地下水的污染，成为水资源破坏的一种特殊形式。

5.1.2　生产建设项目水土保持

预防水土流失就是通过法律的、行政的、经济的、教育的手段，使人们在生产活动、生产建设中尽量避免造成水土流失，更不能加剧水土流失。主要措施可归纳为：①坚决禁止严重破坏水土资源的行为，如禁止毁林开荒等；②严格控制可能造成水土流失的行为，并达到法定的条件，如实行水土保持方案报告审批制度等；③积极采取各种水土保持措施，如植树造林等，防止新的水土流失的产生。

治理水土流失就是在已经造成水土流失的区域，采取并合理配置生物措施、工程措施和蓄水保土耕作措施，因害设防，综合整治，使水土资源得到有效保护和永续利用。

5.1.2.1　生产建设项目水土流失防治责任范围

《开发建设项目水土保持技术规范》(GB 50433—2008)规定：水土流失防治责任范围是项目建设单位依法应承担水土流失防治义务的区域，由项目建设区和直接影响区组成。

1. 防治责任范围的意义

水土流失防治责任范围(以下简称“防治责任范围”)是指依据法律法规的规定和水土保持方案，生产建设单位或个人(以下简称“建设单位”)对其生产建设行为可能造成水土流失必须采取有效措施进行预防和治理的范围，即承担水土流失防治义务与责任的范围。科学界定防治责任范围是合理确定建设单位水土流失防治义务的基本前提，也是水行政主管部门对建设单位进行监督检查和验收的范围。

2. 防治责任范围的内涵

水土流失防治责任范围主要有三个方面的内涵：

(1)确定了空间范围

在此范围内的水土流失，不管是否由生产建设行为造成，均需对其进行治理并达到水土流失防治标准规定的治理要求或当地的治理规划；在此范围内，建设单位应根据地形、地貌、地质条件和施工扰动方式，有针对性地设置预防及治理措施，避免或减轻可能造成的水土流失灾害或影响。

(2)明确了防治责任的时间期限

因防治责任与土地利用权属直接相关，在永久征地范围内建设单位具有土地使用权，毫无疑问要承担全过程的水土流失防治义务；在通过水土保持专项验收前，临时占地范围内的水土流失防治义务也归建设单位，通过验收、土地移交后建设单位不再具有土地使用权，无法再设置防治措施，即超出了责任期限。

(3)明确了责任主体

为落实具体的防治责任，需明确承担该空间和时间范围内水土流失防治义务的责任主体；在生产建设期间，责任主体为建设单位。当主体工程完工、临时占地归还地方时，需在土地交还前完成水土流失防治义务并经水行政主管部门验收后，将防治责任归还土地使用权的接收者，即通过水土保持验收后，建设单位或运行管理单位的水土流失防治责任范围仅为项目的永久占地范围。

3.防治责任范围的划分

生产建设项目防治水土流失的责任范围包括项目建设区和直接影响区。

(1)项目建设区

项目建设区主要指生产建设扰动的区域，它包括生产建设项目的征地范围、占地范围、用地范围及其管辖范围。具体范围应包括建(构)筑物占地，施工临时生产、生活设施占地，施工道路(公路、便道等)占地，料场(土、石、沙砾、骨料等)占地，弃渣(土、石、灰等)场占地，对外交通、供水管线、通信、施工用电线路等线型工程占地，水库正常蓄水位淹没区等永久和临时占地面积。改建、扩建工程项目与现有工程共用部分也应列入项目建设区。

项目建设区的项目永久征地、临时占地、租赁土地、管辖范围等土地权属明确，所有权属范围均需项目法人对其区域内的水土流失进行预防或治理。其主要特点是必然发生、与建设项目直接相关。项目建设区需根据整个项目的施工活动来确定，不得肢解转移。由于建设单位一般不会直接参与施工，所有的施工均需向外委托或承包，但防治责任均应由建设单位负责，不能无限转包最终至个人。在外购土、石料时，合同中应予明确水土流失防治责任，并报当地(县级)水行政主管部门备案。

在此范围内，应根据因害设防的原则，根据以往经验，提前设置水土流失防治措施以减轻水土流失灾害和影响。规模较小、集中安置的移民(拆迁)安置区应列入项目建设区，在方案中进行相应深度的设计；规模较小且分散安置时，列为直接影响区，在水土保持方案中明确水土流失防治责任、提出水土流失防治要求，建设单位承担连带责任，验收技术评估时应对该范围进行问卷调查。若规模较大(如超过1000人)，须由地方政府集中安置，应该另行编报水土保持方案。移民安置工程通过水土保持验收移交地方后，不再属于建设单位运行期的防治责任范围。

(2)直接影响区

直接影响区指在项目建设区以外，由于工程建设扰动土地的范围可能超出项目建设区(征占地界)并造成水土流失及其直接危害的区域。具体应包括规模较小的拆迁安置和道路等专项设施迁建区，排洪泄水区下游，开挖面下边坡，道路两侧，灰渣场下风向，塌陷区，水库周边影响区，地下开采对地面的影响区，工程引发滑坡、泥石流、崩塌的区域等。应依据区域地形地貌、自然条件和主体工程设计文件，结合对类比工程的调查，根据风向，边坡，洪水下泄，排水，塌陷，水库水位消落，水库周边可能引起的浸渍，排洪涵洞上、下游的滞洪、冲刷等因素，经分析后确定。

直接影响区的主要特点是由项目建设所诱发、可能(也可能不)会加剧水土流失的范围，若加剧水土流失应由建设单位进行防治的范围。在此范围内，如果发生水土流失灾害或影响，建设单位应负责治理，并应根据工程经验，在项目建设区采取有效措施进行预防。直接影响区一般包括不稳定边坡的周边、排水沟尾段至河沟的顺接区、地下施工作业范围、再塑地形与周边立地条件的衔接区、工程导致侵蚀外营力发生变化的区域等。对直接影响区，应针对具体情况进行调查分析，方案中应附详细的调查资料，不能简单外推；线型工程的直接影响区应根据地貌和施工特点分段计算。

直接影响区一般不布设措施，也不估列水土保持设施补偿费，但可作为主体工程方案比选分析评价(水土流失影响分析)的重要依据。直接影响区越大，说明主体工程设计的合理性越差，方案中应作充分的分析，明确直接影响区的范围，以作为监督执法的依据。水库淹没造成的直接影响区主要是指塌岸区域，应调查可能发生塌岸的地段，合理估算确定坍塌的范围，如必须采取措施，应商移民和施工组织设计专业，经协商确需采取措施进行防治的，其范围应列入项目建设区。

4.防治责任范围的基本特征

(1)相对性

防治责任范围相对固定，即责任范围相对固定、责任期间相对明确。在该范围发生的水土流失，须由建设单位负责预防和治理，是水土保持监督检查和专项验收的范围；超出该范围和期间的水土流失，一般不由建设单位负责治理，也不作为水土保持专项验收的范围。

(2)可变性

在实践中，工程所处的阶段不同，防治责任范围也不同。

(3)系统性

水土流失防治责任范围包括项目建设区和直接影响区两部分。直接影响区一般不单独存在，总是伴随项目建设区而存在，如果附近没有施工扰动，就不会导致或诱发水土流失，也无必要设置直接影响区。一般情况下，直接影响区不单独进行水土流失防治分区，而是就近并入相应的防治分区；在设计阶段也无必要进行措施设计，只需提出相应的处理原则和规划措施类型，根据经验估列如果遭受扰动后所需的防治费用。

5.项目建设区的判别准则

(1)导致或诱发水土流失的必然性

项目建设过程中，必将破坏原有植被，在施工期出现大量的地表裸露、土壤疏松或失去水分，同时使地貌、水文等条件发生很大变化，遇降雨、大风等外力甚至在自身重力下不可避免地造成土壤侵蚀；施工形成的边坡面积较大，遇暴雨、大风或地表径流可诱发大量的水土流失。尽管在项目完工后，大量地表被硬化或覆盖，水土流失可能较项目建设前要轻些，但在施工期间水土流失是必然的，是不可避免的。

(2)水土流失与生产建设存在因果关系

生产建设期间，防治责任范围内的水土流失量将增大，水土流失强度较施工扰动前的原地貌要高一至几个等级，由于地表裸露和植被等水土保持设施损毁不可避免，直接造成的水土流失量必然增加，即项目建设区的水土流失增加与生产建设活动存在因果关系。

(3)建设单位有土地利用的支配权

项目建设区一般指建设单位为项目生产建设而征用、占用、使用和管辖的土地范围，为生产建设必不可少的场地，在责任期间内建设单位可以在该范围内进行施工生产，可以提前采取措施对水土流失进行预防和治理，即建设单位对项目建设区的土地使用有支配操纵权，可以随时设置水土流失防治措施而不需经其他人同意。

6.直接影响区的判别准则

(1)诱发或导致水土流失的不确定性

直接影响区的主要特征是可能造成水土流失的增加，也可能不造成水土流失的增加，即诱发或导致水土流失具有不确定性。当施工范围或施工工艺发生变化、防护不当或遇到超出工程防护标准的自然力时，可导致水土流失的增加或灾害事故的发生，如果没有扰动，该区域的水土流失仍处于相对稳定的状态，即事先无法确认是否会发生水土流失。如果一个区域因生产建设行为必然导致水土流失增加，则应将其纳入项目建设区。

(2)水土流失与生产建设有因果关系

水土流失的增加与生产建设活动有因果关系是界定直接影响区的重要原则。因生产建设行为和外营力的不利组合，才导致了水土流失的增加。如果水土流失的增加不是由生产建设活动造成的，则建设单位不应承担此区域的水土流失防治责任；如果在工程验收前没有发生大的水土流失，且经技术评估后认为不存在水土流失灾害的隐患，则无须承担该区域水土流失的防治义务。

(3)建设单位无土地利用的支配权

尽管存在水土流失增加的可能性，但建设单位没有征用、占用、使用或管辖该土地范围，没有土地利用的支配权，无权主动地、大范围地采取水土流失防治措施。如果有土地利用的支配权，即应纳入项目建设区，提前设置相应的水土流失防治措施。只有直接影响区内确实已经或即将发生水土流失，且由生产建设活动直接导致，建设单位才有义务提前预防和治理水土流失，并采取措施消除水土流失隐患。在水土保持方案中，应在项目建设区提前设置必要的防护措施。在施工过程中，如果真的发生了扰动，应该及时清除泥土，进行修补或恢复原状，并对土地使用权属人进行赔偿，提出防治水土流失的建议措施。

(4)可转换性

在项目前期阶段，根据一定的分析方法确定的直接影响区具有不确定性，在实际施工中可能对该区域产生扰动，也可能不产生扰动。确定的直接影响区是项目建设前确定的关联责任边界，在施工中须对其进行监督检查，并在验收时检查其水土保持状况及水土流失隐患。但是，在实际施工过程中，如果确实对其产生了扰动，则应将此部分看作项目建设区，布设相应的防治措施，排除水土流失隐患。

5.1.2.2 生产建设项目水土流失防治特点

(1)落实法律规定的水土流失防治义务。

(2)水土保持列入了生产建设项目的总体规划，具有法律强制性。

(3)防治目标专一，工程标准高。

(4)方案实施有严格的时间限制。

(5)与项目工程相互协调。

(6)水土流失防治有科学规划和技术保证。

(7)有利于水土保持执法部门监督实施。

5.1.2.3　生产建设项目水土保持专用术语

1.扰动土地整治面积

扰动土地整治面积是指对扰动土地采取各类整治措施的面积，包括永久建筑物面积。不扰动的土地面积不计算在内，如水工程建设过程不扰动的水域面积不统计在内。

2.扰动土地整治率

扰动土地整治率是指项目建设区内扰动土地的整治面积占扰动土地总面积的百分比。

3.水土流失防治面积

水土流失防治面积是指对水土流失区域采取水土保持措施，并使土壤流失量达到容许土壤流失量或以下的面积，以及建立良好排水体系，并不对周边产生冲刷的地面硬化面积和永久建筑物占用地面积。

4.水土流失总治理度

水土流失总治理度是指项目建设区内水土流失治理达标面积占水土流失总面积的百分比。

5.土壤流失控制比

土壤流失控制比是指项目建设区内容许土壤流失量与治理后的平均土壤流失强度之比。

6.拦渣率

拦渣率是指项目建设区内采取措施实际拦挡的弃土(石、渣)量与工程弃土(石、渣)总量的百分比。

7.可恢复植被面积

可恢复植被面积是指在当前技术经济条件下，通过分析论证确定的可以采取植物措施的面积，不含国家规定应恢复农耕的面积，以批准的水土保持方案数据为准。

8.林草植被恢复率

林草植被恢复率是指项目建设区内林草类植被面积占可恢复林草植被(在目前经济、技术条件下适宜恢复林草植被)面积的百分比。

9.林草面积

林草面积是指生产建设项目的项目建设区内所有人工和天然森林、灌木林和草地的面积。其中森林的郁闭度应达到0.2以上(不含0.2)；灌木林和草地的覆盖率应达到0.4以上(不含0.4)。零星植树可根据不同树种的造林密度折合为面积。

10.林草覆盖率

林草覆盖率是林草类植被面积占项目建设区面积的百分比。

5.1.3　生产建设项目水土保持的任务和内容

5.1.3.1　项目建议书阶段

在项目建议书阶段，应有水土流失及其防治的内容，并说明可行性研究阶段重点解决的问题。

本阶段水土保持章节(或专章)主要分析是否存在影响工程任务和规模的水土流失影

响因素，以及不同比选方案可能产生的水土流失影响情况。对水土流失作出初步估测，提出水土流失防治的初步方案并估算投资。建议书经批准后，可以进行详细的可行性研究工作，但并不表明项目非上不可，项目建议书不是项目的最终决策。

5.1.3.2 可行性研究阶段

在可行性研究阶段，必须编制水土保持方案，预测主体工程不同比选方案引起的水土流失及其采取的措施，论证并确定水土流失防治的标准等级，以作为下一阶段设计的依据。

水土保持方案不仅要对主体工程设计提出约束条件，而且应提出解决的方案和建议，应对采挖面、排弃场、施工区、临时道路、生产建设区的选位、布局，生产和施工技术等提出符合水土保持的要求，对工程优化设计作出贡献，供建设项目初设时考虑。各设计专业则应充分吸纳水土保持的意见，并在各专业协商基础上取得一致。

5.1.3.3 初步设计阶段

初步设计的主要作用是根据批准的可行性研究报告和必要准确的设计基础资料，对设计对象进行通盘研究、概略计算和总体安排，目的是为了阐明在指定的地点、时间和投资内，拟建工程技术上的可能性和经济上的合理性。

在初步设计、施工图设计阶段，应根据批准的水土保持方案和工程设计规程规范，设专章进行水土保持工程设计。

5.2 生产建设项目水土流失防治技术

生产建设项目水土流失防治需要达到的目标：①使新增水土流失及土地沙化得到有效控制；②项目区原有的水土流失得到有效治理；③工程设施安全得到保障；④泄入下游的泥沙显著减少；⑤生态环境明显改善。

防治任务包括：①对占用、管辖、租用土地范围的原有水土流失进行防治；②在生产建设过程中必须采取措施，保护水土资源，并尽量减少对植被的破坏；③废弃土（石、渣）、尾矿渣、沙等固体废弃物必须有专门存放场地，并采取拦挡措施；④采挖、排弃、填方等场地必须进行护坡和土地整治；⑤开发建设形成的裸露土地，应恢复林草植被并开发利用。

5.2.1 拦渣工程

拦渣工程是为专门存放生产建设项目在基建施工和生产运行中造成的大量弃土、弃石、弃渣、尾矿（沙）和其他废弃固体物而修建的水土保持工程。它主要包括拦渣坝、拦渣墙、拦渣堤、围渣堰和尾矿（沙）坝等。

5.2.1.1 一般规定

（1）开发建设项目在施工期和生产运行期造成大量弃土、弃石、弃渣、尾矿和其他废弃固体物质时，必须布置专门的堆放场地，将其分类集中堆放，并修建拦渣工程。

（2）根据弃土、弃石、弃渣等堆放的位置和堆放方式，结合地形、地质、水文条件等，布置拦渣工程，有效地控制水土流失。

(3)拦渣工程主要有拦渣坝(尾矿库)、挡渣墙、拦渣堤三种形式,其防洪标准及设计标准,应按其所处位置的重要程度和河道的等级分别确定,并应进行相应的洪峰流量计算。

(4)对于含有有害元素的尾矿(灰渣等),拦挡设施的设计必须符合其特殊要求,尾水处理必须符合有关废水处理的规定,以防废水下泄给下游带来危害。

(5)拦渣工程布设除应遵循《开发建设项目水土保持技术规范》外,还应符合国家现行有关挡土墙和堤防工程设计标准规范的标准要求。

5.2.1.2　适用条件

(1)在沟道中堆置弃土、弃石、弃渣、尾矿时,必须修建拦渣坝(尾矿库)。

(2)弃土、弃石、弃渣等堆置物易发生滑塌,当堆置在坡顶及斜坡面时,必须修建挡渣墙。

(3)弃土、弃石、弃渣等堆置于河(沟)道旁边时,必须按防洪治导线布置拦渣堤。拦渣堤具有防洪要求时,应结合防洪堤进行布置。

5.2.1.3　设计原则

(1)生产建设项目在基建施工期和生产运行期造成大量弃土、弃石、弃渣、尾矿和其他废弃固体物质时,必须布置专门的堆放场地,将其集中堆放,并修建拦渣工程。

(2)拦渣工程应根据弃土、弃石、弃渣的堆放位置和堆放方式,结合堆放区域的地形地貌特征、水文地质条件和建设项目的安全要求,在设计时妥善确定与其相适宜的拦渣工程形式。

(3)拦渣工程主要有拦渣坝、挡渣墙、拦渣堤三种形式,其防洪标准及建筑物等级,应按其所处位置的重要程度和河道的等级分别确定,并应进行相应的水文计算、稳定计算。

(4)拦渣工程布设应首先满足《开发建设项目水土保持技术规范》,并应符合《挡土墙设计规范》和《堤防工程设计规范》等技术标准的要求。对在防洪、稳定、防止有毒物质泄漏等方面有特殊要求的生产建设项目,如冶炼系统的尾矿(沙)库、赤泥库等,应详细参照有关行业部门的设计规范,在分析论证的基础上,相应提高设计标准。

(5)拦渣工程在总体布局上必须考虑河(沟)道行洪和下游建筑物、工厂、城镇、居民点等重要设施的安全,应根据国家标准,结合当地的具体情况确定适当的防洪标准。拦渣工程选址、修建,应少占耕地,尽可能选择荒沟、荒滩、荒坡等地。

(6)对于含有有害元素的尾矿(灰渣等),拦挡设施的设计必须符合其特殊要求,尾水处理必须符合有关废水处理的规定,以防废水下泄给下游带来危害。

5.2.1.4　拦渣坝

拦渣坝是在沟道中修建的拦蓄固体废弃物的建筑工程。目的是避免淤塞河道,减少入库泥沙,防止引发山洪、泥石流。修建时应妥善处理河(沟)道水流过坝问题,可允许部分或整个坝体渗流和坝顶溢流。

1.坝址选择应考虑的因素

(1)河(沟)谷地形平缓,河(沟)床狭窄,有足够的库容拦挡洪水、泥沙和废弃物。

(2)两岸地质地貌条件适合布置溢洪道、放水设施和施工场地。

(3)坝基宜为新鲜岩石或紧密的土基,无断层破碎带,无地下水出露。

(4)坝址附近筑坝所需土、石、沙料充足,且取料方便,水源条件能满足施工要求。

(5)排废距离近,库区淹没损失小,废弃物的堆放不会增加对下游河(沟)道的淤积,并不影响河道的行洪和下游的防洪。

2.防洪标准的确定应遵循的原则

(1)项目及工矿企业的拦渣坝(尾矿库)根据库容或坝高的规模分为五个等级,防洪标准可按国家标准《防洪标准》(GB 50201—2014)中的规定选择确定。沟道中的拦渣坝防洪标准还应符合水土保持治沟骨干工程的规定。

(2)当拦渣坝(尾矿库)一旦失事对下游的城镇、工矿企业、交通运输等设施造成严重危害,或有害物质会大量扩散时,应比规定确定的防洪标准提高一等或二等。对于特别重要的拦渣坝(尾矿库),除采用Ⅰ等的最高防洪标准外,还应采取专门的防护措施。

3.上游及周边来水处理应遵循的原则

(1)拦渣坝上游洪水较小时,设置导洪堤或排洪渠,将区间洪水排泄至拦渣坝的溢洪道或泄洪洞进口,将洪水排泄至下游。

(2)拦渣坝上游有较大洪水时,应在拦渣坝的上游修建拦洪坝,在此情况下拦渣坝溢洪道、泄洪洞的泄洪流量,由拦洪坝下泄流量与两坝之间的区间洪水流量组合调节确定。

(3)拦渣坝上游来洪量较大且无条件修建拦洪坝时,必须修建防洪拦渣坝,该坝同时具有拦渣和防洪双重作用。经过技术、经济分析之后,择优确定可靠、经济、合理的设计和施工方案。

4.拦渣坝坝高和库容的确定应遵循的原则

(1)拦渣坝总库容由拦渣库容、拦泥库容、滞洪库容三部分组成。

(2)坝顶高程为总库容在水位—库容曲线上对应的高程,加上安全超高之和。

5.拦渣坝的设计

(1)坝高与库容:拦渣库容与拦泥库容根据项目生产运行情况,确定每年的排渣量;根据每年排渣量和拦渣坝的使用年限,确定拦渣库容;若为项目建设施工期一次性排渣,则该排渣总量即为拦渣库容;根据每年的来沙量和拦渣坝的使用年限确定拦泥库容。

(2)坝型选择:坝型分为一次成坝和多次成坝。根据坝址区地形、地质、水文、施工、运行等条件,结合弃土、弃渣、弃石等排弃物的岩性,综合分析确定拦渣坝(尾矿坝)的坝型。主要坝型包括碾压土坝、水坠坝、浆砌石坝。

(3)基础处理:根据不同的坝型分别采用不同的稳定分析方法:水坠坝基础处理参照《水坠坝技术规范》;碾压坝基础处理参照《碾压式土石坝设计规范》;浆砌石坝基础处理参照《浆砌石坝设计规范》。

(4)排水与放水建筑物:溢洪道——明渠式、陡坡式;放水工程——卧管式、竖井式。

5.2.1.5 挡渣墙

水土保持工程可采用重力式、悬臂式、扶臂式和加筋式等形式的挡渣墙。

1.墙址及走向选择

(1)应沿弃土、弃石、弃渣坡脚或相对较高的坡面上布置挡渣墙,有效降低挡渣墙的高度,地基宜为新鲜不易风化的岩石或密实土层。

(2)挡渣墙沿线地基土层中的含水量和密度应均匀单一,避免地基不均匀沉陷引起墙基和墙体断裂等形式的变形。

(3)挡渣墙的长度应尽量与水流方向一致,避免截断沟谷和水流。若无法避免,则应修建排水建筑物。

(4)挡渣墙线应尽量顺直,转折处采用平滑曲线连接。

2.渣体及上方与周边来水处理

(1)当挡渣墙及渣体上游集流面积较小,坡面径流或洪水对渣体及挡渣墙冲刷较轻时,可采取排洪渠、暗管、导洪堤等排洪工程将洪水排泄至挡渣墙下游。

(2)排洪渠、暗管、涵洞、导洪堤等排洪工程设计与施工技术要求参照相关规范规定执行。

(3)当挡渣墙及渣体上游集流面积较大,坡面径流或洪水对渣体及挡渣墙造成较大冲刷时,应采取引洪渠、拦洪坝等蓄洪引洪工程,将洪水排泄至挡渣墙下游或拦蓄在坝内有控制地下泄。

(4)引洪渠、拦洪坝等工程设计与施工技术要求可按照《开发建设项目水土保持技术规范》相关规定执行。

3.挡渣墙的设计

(1)墙型选择:根据拦渣数量、渣体岩性、地形地质条件、建筑材料等因素确定。

墙型通过比选,满足以下原则:墙型的选择首先应满足水土保持的基本作用;其次要保证墙体安全稳定;再次尽量追求经济、可靠、合理、美观。

(2)重力式挡渣墙:墙背有仰斜式、垂直式、俯斜式、衡重式等。

(3)悬臂式挡渣墙:当墙高超过 5 m,地基土质较差,当地石料缺乏,在渣体下游有重要工程时,采用悬臂式混凝土挡土墙。

(4)扶臂式挡土墙:适用于防护要求高,墙高大于 10 m 的情况。

(5)加筋式挡渣墙:可根据具体情况采用不同的配筋,主要包括断面设计、稳定性分析等。

(6)地基处理及其他:基础埋置深度一般应在冻土深度以下,而且不小于 0.25 m。重力式挡渣墙基础最小埋置深度如表 5-1 所示。

表 5-1　重力式挡渣墙基础最小埋置深度

地层类别	填埋深度(m)	距斜坡地面水平距离(m)
较完整的硬质岩层	0.25	0.25～0.50
一般硬质岩层	0.6	0.6～1.5
软质岩层	1	1.0～2.0
土层	≥1.0	1.5～2.5

伸缩、沉降缝:二者一般合并设置。沿墙线方向每隔 10～15 m 设置一道缝宽 2～3 m 的伸缩、沉降缝,缝内用沥青麻絮、沥青木板、聚氨酯、胶泥或其他止水材料填塞。清基:清理基础范围风化严重的岩石、杂草、树根、表层腐殖土、淤泥等杂物。墙后排水:当墙后水位较高时,应将渣体出露的地下水以及降水形成的水流及时排出,降低墙后水位,减小墙身压力,增加稳定性,因此需要设排水设施。排水孔径为 5～10 cm,间距为 2～3 m。

5.2.1.6 挡渣堤

拦渣堤宜选择在河道较宽处,不宜在河流凹岸侧建设,宜少占用河床的面积。当在河漫滩地上建设拦渣堤时,应减少占地面积,不得影响河道的行洪宽度。

1.拦渣堤的布设应符合的要求

(1)应按照《河道管理条例》的要求,获得相应河道管理部门的批准。

(2)设计标准应与其相应的河道的防洪标准相对应。

(3)建设过程中严禁泥、土、石进入河道。

2.堤线选择与河流治导线

可按照规范中堤线选择与平面布置的有关规定执行。

3.拦渣堤的种类

拦渣堤分为沟岸拦渣堤、河岸拦渣堤。弃土、弃石、弃渣堆置于沟道边时,应采用沟岸拦渣堤;弃土、弃石、弃渣堆置于河道边时,应采用河岸拦渣堤。

4.防洪标准应满足的要求

(1)拦渣堤设计必须同时满足防洪和拦渣的双重要求。

(2)拦渣堤的防洪标准与堤防工程相同,可按照堤防工程规范的规定执行。

(3)堤顶高程必须同时满足防洪与拦渣的双重要求,取二者中的大值。防洪堤高根据设计洪水、风浪爬高、安全超高、拦渣量综合确定。

5.拦渣堤的设计

(1)高度的确定:须同时满足防洪与拦渣的双重要求,即选取两者中的最大值。拦渣堤高度=设计洪水位+风浪爬高+安全超高+拦渣高。

(2)断面设计:在满足就地取材和安全稳定要求情况下,通过试算确定。

(3)基础处理:清理堤基范围内风化岩层、软弱夹层、淤泥、腐殖土等;土堤必须布置防渗体。

5.2.1.7 围渣堰

围渣堰的设计要求:

(1)平地堆渣场,根据堆置高度、弃土(渣、沙、石、灰)容重和岩性综合分析稳定性,布置拦挡工程和土地整治工程。当堆置高度低于 3 m 时,外围修筑围渣(土、沙、石、灰)堰,并平堆覆土改造成为农林草地。当堆置高度高于 3 m(含 3 m)时,外围修筑挡渣(土、沙、石、灰)墙,内修筑阶式水平梯田等,并覆土改造成为农林草地。

(2)按照筑堰材料,围渣堰分为土围堰、土石围堰、砌石围堰。根据堰外洪水冲刷作用大小,对土围堰、土石围堰堰顶和外坡采用块石、砼或钢筋砼预制板(块)护坡。围渣堰断面形式可采用梯形。根据渣场地形地质、水文、施工条件、筑堰材料、弃渣岩性和数量等选择堰型。

(3)应根据堰外河道防洪水位、河槽宽度,并结合围渣堰周边排洪排水系统工程布置等,分析确定围渣堰的平面布置。围渣堰纵断面线宜采用直线形,大弯就势、小弯取直,使表面规则平整。

(4)防洪标准可按照拦渣堤的规定执行。

(5)围渣堰的设计主要包括断面设计、稳定性分析、基础处理等,参照有关规范执行。

5.2.1.8　贮灰场、尾矿库、尾沙库、赤泥库

设计要求：

(1)当工矿企业有采场剥离土石、尾矿、尾沙、赤泥、灰渣排弃时，必须修筑拦灰坝、尾矿(沙、泥)库，防止在水力或风力作用下产生流失，避免淤积堵塞下游河(沟)道、污染环境等危害。对于有毒有害尾矿、尾沙、赤泥、废灰等按照国家有关规范和标准进行处理，否则不得出库(场)及向下游排放。

(2)工程布设应满足下列要求：

①排洪防洪要求可按照拦渣坝的规定执行。

②尾矿(沙、石、渣)库坝型选择与坝体断面设计，不仅应考虑地形地质、水文、施工、贮灰(或拦蓄尾矿)等条件，也要考虑利用尾矿(沙、石、渣)修筑和加高加固坝体。可按照国家行业标准《选矿厂尾矿设施设计规范》的有关规定执行。

③贮灰场宜布置在水源区、工业区、农业区和居民区主导风向的下游，其飞灰与排水对环境的影响必须符合国家环保标准和规定。

(3)根据地质地貌条件可选择山谷型、平原型、山坡型等形式的拦渣堤。

(4)工程布置应满足下列要求：

①库区内地质、地貌、水文条件良好，两岸岸坡地形适宜于布置溢洪道、放水工程。

②坝址上游汇流面积小，库容大，能够拦蓄施工与运行期的弃土(石、沙、灰)等废弃物。

③库区淹没损失小，移民人数少，占用耕地面积少，破坏植被数量小。

④库区附近有质地良好、贮量丰富的土、石筑坝材料，开采运输方便，施工条件较好。

⑤贮灰场也可布置在塌陷区、废矿井、废采石场、水塘、海涂、滩地。

(5)贮灰场、尾矿库、尾沙库、赤泥库的设计：

①库容：

$$V=WN/(\gamma_a\eta_z) \tag{5-1}$$

式中：V——尾矿(沙)库所需库容(m^3)；

W——年排放尾矿(沙)量(t/a)；

N——设计生产年限(a)；

γ_a——尾矿(沙)库终期库容利用系数；

η_z——尾矿(沙)堆积干容重(t/m^3)。

②尾矿(沙)库等别与防洪标准：分为一、二、三、四、五级，其等别标准如表5-2所示。

表5-2　尾矿(沙)库等别、标准

总库容(m^3)或坝高(m)	尾矿库等级	防洪标准[重现期(年)]
$V \geq 5\times10^8$ 或 $H \geq 200$	一	1000～5000
$V=10^8\sim5\times10^8$ 或 $100\leq H<200$	二	500～1000
$V=10^7\sim10^8$ 或 $60\leq H<100$	三	200～500
$V=10^6\sim10^7$ 或 $30\leq H<60$	四	100～200
$V<10^6$ 或 $H<30$	五	100

③坝型的选择:均质坝、非均质坝等。

非均质坝分为心墙坝和斜墙坝,一般由初期坝、堆积坝两部分组成。初期坝在排弃、贮存之前采用土石料修筑。堆积坝一般用尾矿(沙)或土石加高。

④排洪、排水、蓄水系统:将上游洪水及库内澄清水通过排洪、排水系统排出。一般由排水井(塔)、排水管(涵洞)、消力池、溢洪道、截洪沟、谷坊、拦水坝、蓄水池及坡面水土流失治理工程等组成。

(6)基础处理:参考相关规范与标准。

(7)尾矿坝设计与施工:参考相关规范与标准。

5.2.2 斜坡防护工程

斜坡防护工程就是为了稳定开挖地面或堆置固体废弃物所形成的不稳定高陡边坡,有时也要对局部非稳定自然边坡进行加固,或对滑坡危险地段采取水土保持护坡措施。常用的防护措施有挡墙、削坡开级、工程护坡、植物护坡、综合护坡、坡面固定、滑坡防治等。

5.2.2.1 一般规定

(1)对开发建设项目因开挖、回填、弃土(石、沙、渣)形成的坡面,应根据地形、地质、水文条件、施工方式等因素,采取挡墙、削坡开级、工程护坡、植物护坡、坡面固定、滑坡防治等边坡防护措施。

(2)对开挖、削坡、取土(石)形成的土(沙)质坡面或风化严重的岩石坡面,在降水渗流的渗透、地表径流及沟道洪水的冲刷作用下容易产生湿陷、坍塌、滑坡、岩石风化等边坡失稳现象的,应采取挡墙工程,保证边坡的稳定。

(3)对易风化岩石或泥质岩层坡面,采取削坡卸荷稳定边坡工程之后,应采取锚喷工程支护,固定坡面。

(4)对易发生滑坡的坡面,应根据滑坡体的岩层构造、地层岩性、塑性滑动层、地表地下分布状况以及人工开挖情况等造成滑坡的主导因素,采取削坡反压、拦排地表水、排出地下水、滑坡体上造林、抗滑桩、抗滑墙等滑坡整治工程。

(5)对经防护达到安全稳定要求的边坡,宜恢复林草措施。

5.2.2.2 适用条件

(1)水土保持工程的挡墙形式可分为浆砌石挡墙、混凝土挡墙、钢筋混凝土挡墙和钢筋(铅丝)笼挡墙等。应根据坡面的高度、地层岩性、地质构造、水文条件、施工条件、筑墙材料等条件,综合分析确定挡墙形式。墙型选择、断面设计、稳定性分析、基础处理等可按照规范挡渣墙工程的规定执行。

(2)对高度大于 4 m、坡度大于 1.0∶1.5 的边坡,宜采取削坡开级工程。

(3)对堆置物或山体不稳定处形成的高陡边坡,或坡脚遭受水流淘刷的,应采取工程护坡措施。

(4)对边坡缓于 1.0∶1.5 的土质或沙质坡面,可采取植物护坡工程。

(5)对条件较复杂的不稳定边坡,应采取综合护坡工程。

(6)对易风化岩石或泥质岩层坡面,采取稳定边坡措施后,应采取工程锚喷工程支护,

控制岩石变形,将松动岩块胶结,防止岩石风化,堵塞渗水通道,填补缺陷和平整表面。

(7)对滑坡地段应采取滑坡治理工程。

5.2.2.3 设计原则

(1)斜坡防护工程应根据开挖、回填、弃土(石、砂、渣)形成的非稳定边坡的高度、坡度、岩层构造、岩土力学性质、水文条件、施工方式、行业防护要求等因素,分别采取不同的护坡措施。

(2)不同的斜坡防护工程,防护功能不同,造价相差很大,必须进行充分的调查研究和分析论证,做到既符合实际,又经济合理。

(3)稳定性分析是斜坡防护工程设计的关键性问题,大型斜坡防护工程应进行必要的勘探和试验,并采用多种分析方法比较论证,实现工程稳定、技术合理。

(4)斜坡防护工程应在满足护坡要求的前提下,充分考虑植被恢复和重建,特别是草灌植物的应用,尽力把工程措施和植被措施很好地结合起来。

5.2.2.4 设计要求

1.土质坡面的削坡开级工程

削坡开级工程可分为直线形、折线形、阶梯形、大平台形等形式。应根据边坡的土质与暴雨径流条件,确定每一个小平台的宽度与两平台间的高差,削坡后保证土坡的稳定。小平台宽度可取 1.5～2.0 m,两平台高差可取 6～12 m。干旱、半干旱地区两平台间高差宜大些,湿润、半湿润地区两平台间高差宜小些。

(1)直线形削坡开级

①高度小于 15 m、结构紧密的均质土坡;高度小于 10 m 的非均质土坡。

②从上到下削坡,成同一坡度。

③松散夹层土坡采取加固措施。

(2)折线形削坡开级

①高度为 12～15 m、结构比较松散的土坡。

②上部较缓,下部较陡。

③根据土质调整上下部的高度。

(3)阶梯形削坡开级

①高度在 12 m 以下、结构松散的土坡。

②高度大于 20 m、结构紧密的均质土坡。

③合理确定台阶之间的高差。

④开级后土坡稳定。

(4)大平台形削坡开级

①高度大于 30 m、结构松散或 8 度以上地震烈度区的土坡。

②中部开台,宽度在 4 m 以上。

③须进行稳定验算。

2.石质边坡削坡

石质边坡削坡适用于坡面陡直或坡形呈凸形,荷载不平衡,或存在软弱岩石夹层,且岩层走向沿坡体下倾的非稳定边坡。

(1)除坡面石质坚硬、不易风化的外,削坡后的坡比一般应缓于1∶1。

(2)石质削坡坡面应留出齿槽,齿槽间距为3～5 m,宽度为1～2 m。在齿槽上修筑排水明沟或渗沟,一般深10～30 cm,宽20～50 cm。

(3)削坡后因土质疏松可能产生碎落或塌方的坡脚,应采取工程措施予以防护。石质坡面的削坡应留出齿槽,在齿槽上修筑排水明沟和渗沟。

3.削坡开级应满足的要求

(1)土质削坡或石质削坡,应在距最终坡脚1 m处修建排洪沟。具体尺寸根据坡面来水量计算确定。

(2)削坡开级后的土质坡面,应采取植物防护措施。

(3)在阶梯形的小平台和大平台形的大平台中,根据土质情况,因地制宜种植草类、灌木、乔木。

(4)在坡面采取削坡工程时,可布置山坡截水沟、急流槽、排水边沟等排水系统,防止削坡坡面径流及坡面上方地表径流对坡面的冲刷。

(5)排水系统应符合下列要求:

①在坡面上方距开挖(或填筑)边缘线10 m以外布置山坡截水沟工程。

②在阶梯形和大平台形削坡平台布置截水沟。

③顺削坡面或坡面两侧布置急流槽或明(暗)沟工程,将山坡截水沟和平台截水沟中径流排泄至排水边沟。

④在削坡坡脚布置排水沟,将急流槽中的洪水或径流排泄至河道(沟道),以及其他排水系统中。

4.砌石护坡

砌石护坡有干砌石护坡和浆砌石护坡两种形式,应根据土质和洪水条件选用,并符合下列要求:

(1)干砌石护坡

①坡面较缓(1.0∶2.5～1.0∶3.0)、受水流冲刷较轻的土质或软质岩石坡面,采用单层干砌块石护坡或双层干砌块石护坡。

②干砌石护坡的坡度,应与防护对象的坡度一致,根据土体的结构性质而定。土质坚实的砌石坡度可陡些;反之则应缓些。

③坡面有涌水现象时,在砌石与土基之间铺设不小于15 cm厚的碎石、粗沙或沙砾石作为反滤层,用平整块石砌筑封顶。根据土层的结构性质确定干砌石护坡坡度,一般为1∶2～1∶3,个别为1∶2。

(2)浆砌石护坡

①坡度在1.0∶1.0～1.0∶2.0之间,或坡面位于沟岸、河岸,下部可能遭受水流冲刷,且洪水冲击力强的防护地段,宜采用浆砌石护坡。

②浆砌石护坡由面层和起反滤作用的垫层组成;原坡面如为砂、砾、卵石,可不设垫层;对长度较大的浆砌石护坡,应沿纵向设置伸缩缝,并用沥青砂浆或沥青木条填塞。

③浆砌石护坡坡面层铺砌厚度为25～35 cm,垫层分为单层和双层两种形式,单层厚5～15 cm,双层厚20～25 cm。当浆砌石护坡长度较大时,沿纵向每隔10～15 m设置一

道2～3 m的伸缩缝。

5.混凝土护坡的设计应满足的条件

(1)在边坡坡脚可能遭受强烈洪水冲刷的陡坡段，采取混凝土(或钢筋混凝土)护坡，必要时应加锚固定。

(2)边坡介于1.0∶1.0～1.0∶0.5之间的、高度小于3 m的坡面，应采用现浇混凝土或混凝土预制块护坡；混凝土预制块砌块长宽各30～50 cm；边坡陡于1.0∶0.5的，应采用钢筋混凝土护坡。

(3)坡面有涌水现象时，应采用粗砂、碎石或沙砾等设置反滤层并设排水管。涌水量较大时，修筑盲沟排水，具体根据水量尺寸计算确定。

6.坡脚为沟岸、河岸可能遭受洪水冲刷的部分，对枯水位以下的坡脚应采取抛石护坡。抛石护坡应根据不同情况选用散抛块石、石笼抛石和草袋抛石等方式。

7.在基岩裂隙不太发育、无大面积崩塌的坡面，应采用喷浆机进行喷水泥砂浆或喷混凝土护坡，防止基岩的风化剥落。

(1)喷水泥砂浆的砂石料最大粒径为15 cm，水泥与砂石的质量比为1∶4～1∶5，砂率为50%～60%，水灰比为0.4～0.5，速凝剂添加量为水泥质量的3%左右。

(2)喷浆前须清除坡面活动岩石、废渣、浮土、草根等杂物，采用浆砌石或混凝土填塞大缝隙、大坑洼。

(3)根据土料质地的情况，对破碎程度较轻的坡段，采用胶泥喷涂护坡，或用胶泥作为喷浆垫层。

8.在路旁或人口聚居地，坡度较陡于1∶1的土质、沙质坡面，可采用格状框条护坡。

(1)圆拱形，上下两层网格呈“品”字形排列，浆砌石部分宽0.5 m左右。

(2)一般采用混凝土或钢筋混凝土预制构件修筑格式建筑物，预制构件规格为宽20～40 cm，长100 cm。

9.在坡度缓于1∶1，高度小于4 m，有涌水的坡段可采用砌石草皮护坡。

(1)坡面下部1/2～2/3范围内采用浆砌石护坡，上部采用草皮护坡。

(2)在坡面从上到下每隔3～5 m，沿等高线修一条宽30～50 cm的砌石条带，条带间种植草皮。

(3)砌石部位一般在坡面下部涌水处或松散地层出露处，在涌水较大处设置反滤层。

10.挂网喷草(水力种草)可按照规范护坡及植被建设的有关规定执行。

11.对于稳定性差的岩石坡面，应采取喷浆固坡、锚杆支护、喷锚支护、喷锚加筋支护等喷锚护坡工程，特别是对破碎、软弱、稳定性极差的岩层，应在开挖后立即喷射混凝土，以保证施工安全，并应符合下列要求：

(1)喷浆固坡：在基岩裂隙细小、岩层较为完整的坡段，宜采用喷混凝土或砂浆护坡。喷射水泥砂浆厚度为5～10 cm，喷射混凝土厚度为10～25 cm，在冻融地区喷射厚度宜在10 cm以上。

在地质软弱、温差较大的地区，喷射厚度应相应增加。喷射水泥砂浆的砂石料最大粒径为15 mm，水泥与砂石的质量比为1∶4～1∶5，砂率为50%～60%，水灰比为0.4～0.5。喷射混凝土时，灰∶砂∶石=1∶3∶1～1∶5∶3，水灰比为0.4～0.5。在坡面高、压送距离长的坡面喷射时，采用易于压送的配合比标准。

(2)锚杆支护：在节理、裂隙、层理发育的岩石坡面，根据岩石破坏的可能形态(局部或整体性破坏)，宜采用局部(对个别危石)锚杆加固，或在整个断面上系统锚杆加固。锚杆应穿过松弱区或塑性区，进入岩层或弹性区一定深度。锚杆直径为16～25 cm，长为2～4 m，间距一般不宜大于锚杆长度的1/2；对不良岩石，边坡应大于1.25 m，锚杆应垂直于主结构面，主结构面不明显时，可与坡面垂直。

(3)喷锚加筋支护：对强度不高、完整性差的岩石坡面，当仅采用锚杆加固难以维持锚杆之间那部分围岩稳定时，应采用锚杆与喷混凝土联合加固。

对软弱、破碎岩层，如果锚杆和喷混凝土所提供的支护反力不足时，还可以加钢筋网，以提高喷层的整体性和强度并减少温度裂缝。

钢筋网直径一般为6～12 mm，网格尺寸为20 cm×20 cm～30 cm×30 cm，距岩面3～5 cm与锚杆焊接在一起。钢筋的喷混凝土保护层厚度不应小于5 cm。

(4)断面的结构设计：根据岩石类别、坡面的形状和尺寸以及使用条件等因素，按照工程类比法确定喷锚支护参数。也可以利用不同的理论计算方法(如组合梁、悬吊、冲切等)进行计算。

(5)稳定性分析：采用有限单元法、弹性理论法、材料力学法等稳定分析方法，对坡面稳定性进行分析。根据分析的结果采取坡面支护工程。

12.根据造成滑坡的主导因素，应采取削坡反压、拦排地表水、排除地下水的措施，修建抗滑桩、抗滑墙和预应力锚固等滑坡整治工程，并对坡面进行防护。

(1)削坡反压：适用于上陡下缓的移动式滑坡。将上部陡坡削缓，减轻上部荷载，将上部削土反压在下缓坡上，控制上部向下部移动。

(2)拦排地表水、排除地下水：在地面径流及渗流、地下水较易导致滑坡的条件下，采取拦排水工程。

首先在滑坡体外边缘开挖截水沟并布置排水沟，将来自滑坡体外围的地表径流排到下游坡脚以外。同时在滑床面修建纵、横排水系统，排除滑坡体内底下径流，防止进入滑坡体引起主体下滑。其设计按照防洪排水工程规定执行。

(3)滑坡体造林：在滑坡体基本稳定，但在人为挖损的条件下，仍有滑坡潜在的危险坡面，在滑坡体上种植深根性乔灌木。

(4)抗滑桩：对建设施工区坡面构造中两种岩层间有塑性滑动层，开挖后易引起上部剧烈滑动位移时，通过在地基内打抗滑桩加固滑坡土体，稳定坡面，或在滑动层与基岩间打入楔子，防止滑坡体滑动。

①适用于浅层及中型非塑性滑坡的前缘，不适宜用于塑性流状深层滑坡。

②根据作用与桩上土体特性、下滑力大小及施工条件等，确定抗滑桩断面及布设密度。

③根据下滑推力、滑床土体物理学性质，通过桩结构应力分析确定抗滑深度。

④根据抗滑体的具体情况，在抗滑桩间加设挡土墙、支撑等建筑物，与抗滑桩共同作用。

(5)抗滑墙：为防治小型滑坡或在中小型滑坡的前缘进行填土反压整治滑坡时，采用抗滑墙工程。

对于边坡坡度或削坡开级后坡度缓于 1∶1.5 的土质或沙质边坡，应采取植物措施护坡措施，其类型可分为种草护坡和造林护坡两种类型，并应符合规范中的植物护坡规定。

5.2.3 土地整理工程

土地整治按水土流失防治分区可分为：主体工程区、工程永久办公生活区、弃土（石、渣）场区、土（块石、沙砾石）料场区、交通道路区、施工生产生活区、移民安置与专项设施改建区的土地整治。按征占地性质可分为：工程永久占地区和临时占地区的土地整治。按土地最终利用方向可分为：恢复为耕地的土地整治、恢复为林草地的土地整治及改造为水面养殖用地或其他用地（如建设用地等）的土地整治。

5.2.3.1 适用条件

（1）生产建设项目水土流失防治区域内具有表层土，而后期进行植被恢复需要进行表土剥离与回填的情况，可以采取表土剥离及整治措施。

（2）适用于工程建设过程中，由于开挖、回填、取土（料）、排放废弃物及清淤等扰动或占压地表形成的裸露土地，包括平面和坡面，在恢复植被前根据植物种植要求采取的土地整治措施。

（3）对终止使用的弃土（石、渣）场表面的整治。

（4）工程建设结束，施工临时征占区，如施工作业区、施工道路区、施工生产生活区及加工厂等，需要恢复植被的土地整治。

（5）工程永久占地范围内需恢复植被的其他裸露土地的整治，以及工程永久占地范围内工程建设未扰动，但根据美化环境和水土流失防治要求需要种植林草的土地。

5.2.3.2 土地整治设计

土地整治是控制水土流失、改善土地生产力、恢复植被的基础工作，在土地整治前应首先确定土地的用途，根据土地的用途采用适宜的土地整治措施。因此，土地整治设计是根据土地利用方向，确定土地整治原则和标准，进行相应的土地整治措施内容、模式设计。

1. 整治原则

（1）土地整治应符合土地利用总体规划及土地整治规划。

（2）土地整治应与蓄水保土相结合。土地整治工程应根据地形、土壤等条件，以“坡度越小，地块越大”为原则，对条件好的，整治成地块大小不等的平地或平缓坡地；条件较好的，应整治成水平梯田；条件较差的，应尽可能整治成窄条梯田或台田。同时，搞好覆土、田块平整及打畦围堰等蓄水保土工作，把二者紧密结合起来，达到保持水土，恢复和提高整治土地生产力的目的。

（3）土地整治与生态环境建设相协调。整治后的土地利用应注意生态环境改善，合理划分农林牧用地比例，尽力扩大林草面积，同时在有条件的情况下，根据需要布设各种景点，改造和美化景观。

（4）土地整治应与防洪排水工程相结合。坑凹回填物和弃渣场都是人工开挖、堆置形成的松散堆积体，易产生流失。应把土地整治与防洪排水工程结合起来，才能保障土地的安全和利用。

2.整治标准

(1)土地利用方向

在符合法律法规及区域总体规划的基础上,根据占地性质、原土地类型、立地条件和使用者要求综合确定,并与区域自然条件、社会经济发展和生态环境建设相协调,宜农则农,宜林则林,宜牧则牧,宜渔则渔,宜建设则建设。

一般工程永久占地范围内的裸露土地和未扰动土地尽量恢复为林草地;工程临时占地范围内的土地原则上按原地类恢复,即原地貌为耕地的恢复为耕地,原地貌为非耕地的恢复为林草地;也可按土地利用规划进行土地整治,在工程实践中,亦有改造为水面养殖用地或其他用地的情况。

(2)土地整治标准

土地利用方向不同,土地整治标准也有差异。

①恢复为耕地的土地整治标准。经整治形成的平地或缓坡地(坡度在15°以下),土质较好,覆土厚度为0.5 m以上(自然沉实)的可恢复为耕地,当用作水田时,坡度一般不超过2°~3°。覆土土壤pH值一般为5.5~8.5,含盐量不大于0.3%。

②恢复为林草地的土地整治标准。弃渣场受占地限制整治后地面坡度大于15°或土质较差的,可作为林业和牧业用地;对于复垦为林地的,坡度应不大于35°,裸岩面积在30%以下,覆土厚度不小于0.3 m,土壤pH值为5.5~8.5;对于复垦为草地的,坡度应不大于25°,覆土厚度不小于0.3 m,土壤pH值为5.0~9.0。

③水面利用。有水源补给且水质符合要求的坑凹地可修成鱼塘、蓄水池等,进行水面利用和发展灌溉。塘(池)面积一般0.3~0.7 hm^2,深度以2.5~3.0 m为宜,且有良好的排水设施。

④其他利用。根据生产建设项目项目区的实际需要,土地经过专门处理后利用,如建筑用地、旅游景点等。

3.土地整治内容及要求

根据工程扰动破坏土地的具体情况,以及土地恢复利用方向确定相应的土地整治内容。土地整治内容主要包括表土剥离及堆存,扰动占压土地的平整及翻松,表土回覆,田面平整和犁耕,土壤改良,以及灌溉设施。

(1)表土剥离及堆存

表土剥离及堆存是指将扰动土地表层熟化土剥离并搬运到固定场地堆放,并采取必要的水土流失防治措施,待主体工程完工后,再将其回铺到需恢复植物的扰动场地表面的过程。

①表土剥离:表土剥离量应根据整治土地的利用方向、植被恢复措施的面积等需土量确定,即按需剥离。表土剥离厚度根据表层熟化土厚度确定,一般为20~80 cm,原地类为耕地的,表土剥离厚度一般为50 cm;原地类为牧草、造林的土地,剥离厚度一般为20~30 cm。黄土高原土层较厚的地区亦可不剥离表土。表土剥离还应结合工程占地性质考虑,永久占地(建筑物、水库淹没区)内的表土应优先考虑剥离,临时占地使用后需恢复农、林、牧草等农业种植的表土需考虑剥离。

在土层较厚的平原区、山丘区可采用机械结合人工方式剥离表土,在土层较薄的山丘

区及高寒草原草甸地区采用人工剥离的方式。

各地区表土剥离厚度参考值如表 5-3 所示。

表 5-3　各地区表土剥离厚度参考值

分区	表土剥离厚度(cm)	分区	表土剥离厚度(cm)
西北黄土高原区的土石山区	30～50	南方红壤丘陵区	30～50
东北黑土区	30～80	西南土石山区	20～30
北方土石山区	30～50		

注:黄土高原土层较厚的地区亦可不剥离表土。

②表土堆存及防护:剥离表土就近集中堆存于征用的土地范围内,且堆放场地表土不宜受到水蚀,堆放过程中防止岩石等杂物混入,使土质恶化,尽可能做到回填后保持原有土壤结构。表土临时堆存一般采用推土机推叠,在自然稳定的前提下堆高 2.5～3.0 m,也有堆高 10～15 m 的。堆存表土应采取临时防护措施,如土袋拦挡、遮盖、边坡撒播草籽(或铺植草皮,草皮可再利用)临时防护措施等。

(2)扰动占压土地的平整及翻松

①平整形式:扰动后凸凹不平的土地需采用机械削凸填凹进行粗平整,粗平整包括全面成片平整、局部平整和阶地式平整三种形式(见图 5-1)。

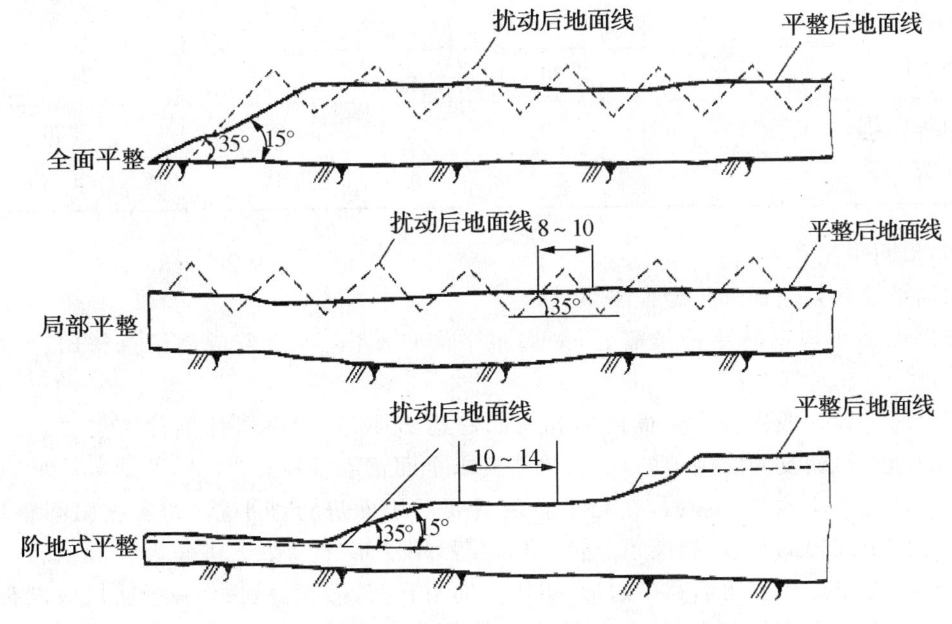

图 5-1　不同类型土地平整示意图(单位:m)

a. 全面平整:多适用于种植大田作物,一般整平坡度小于 1°(个别为 2°～3°)。

b. 局部平整:用于种植经济林木、果树,一般整平坡度小于 3°～5°,局部平整主要是削平堆脊,整成许多沟垄相间的平台,一般宽度为 8～10 m(个别为 4 m)。

c. 阶地式平整：一般是形成分层平台（地块），平台面上成倒坡，坡度为 1°～2°。

②平整原则：平整时应采取就近原则，对局部高差较大处，由铲运机铲运土方回填，开挖及回填时应保证表土回填前田块有足够的保水层。扰动后地面相对平整或粗平整后的土地，压实度较高的采用推土机的松土器进行疏松。

对于弃土（石、渣）场、取土（石）场在粗平整之后，有些细部仍不符合要求的还要进行精细平整，主要包括修坡等地面工程。精细平整过程中不仅要保证土体再塑，而且要稳坡固表，防治水土流失，保障再塑土体安全。

（3）表土回覆

土地整平工作结束之后，黄土区或附近有取土条件的地方表层应覆土，覆土厚度依据土地利用方向确定，农业用地为 60～100 cm，林业用地为 50～80 cm，牧业用地为 30～50 cm。在土料缺乏的地区，可覆盖易风化物，如页岩、泥岩、泥页岩、污泥等。覆土有顺序地倾倒后形成"堆状地面"，若作为农业用地，须进一步整平；若作为林牧业用地，可直接采用"堆状地面"种植。各地区覆土厚度参考值如表 5-4 所示。

表 5-4　各地区覆土厚度参考值

分区	覆土厚度（cm）		
	农地	林地	草地
西北黄土高原区的土石山区	60～100	≥60	≥30
东北黑土区	50～80	≥50	≥30
北方土石山区	30～50	≥40	≥30
南方红壤丘陵区	30～60	≥40	≥20
西南土石山区	20～50	20～40	≥10

（4）田面平整和犁耕

田面平整包括坡面和平台面平整。

坡面平整可根据林草种植需要，采用水平沟整地，也可修整成为窄条梯田、反坡梯田等。

平台面平整一般先在平台面四周和内部修建田埂，然后根据林草种植需要，采取穴状、块状整地；对恢复为农用地的，应按耕作要求全面精细整地。

对于恢复为耕地的平台面，在粗平整之后要对田面进行细平整（即实施田间整形工程），并考虑田间辅助工程，如渠系、道路、林带等，田块形状以便于耕作为宜，最好为长方形、正方形，尽量防止三角形和多边形；田块方向与日照、灌溉、机械作业及防风效果有关，坡度大于 3°的与等高线基本平行，并垂直于径流方向；田块规格与耕作的机械要求和排水有关，拖拉机作业长度为 1000～1500 m，宽度为 200～300 m 或更宽些。另外，土壤黏性越大，排水沟间距越小，则田块宽度越小，如黏土一般为 80～200 m，宜透水覆盖层或底部有砂层则可宽到 200～600 m，最高可达 1000 m。

对于恢复为林草的，整地方式主要有全面整地、水平沟整地、穴状（圆形）整地、块状

(方形)整地等,以土壤或土壤发生物质(成土母质或土状物质)为主的地块,宜依据其覆盖厚度和造林种草的基本要求,采取全面整地;以碎石为主的地块,且无覆土条件时,采用穴状整地;砂页岩、泥页岩等强风化地块,宜采取提前整地等加速风化措施;开挖形成的裸岩地块,且无覆土条件时,采取爆破整地,形成植树穴。整地规格可参照《生态公益林建设技术规程》执行。

(5)土壤改良

土壤改良措施主要包括增肥改土、种植改土和粗骨土改良。地表有土时,主要是通过施有机肥、无机肥和种植绿色植物等措施实现土壤培肥。恢复为耕地的,应增施有机肥、复合肥或其他肥料;恢复为林草地的,优先选择具有根瘤菌或其他固氮菌的绿肥植物,必要时,工程管理范围的绿化区应在田面细平整后增施有机肥、复合肥或其他肥料。地表无土时,一般用易风化的泥岩和砂岩混合的碎砾作为土体,调整其比例,依靠物理和化学风化成土,如添加城市污泥、河泥、湖泥、锯末等改良物质;对于pH过低或过高的土地,施加化学物料如黑矾、石膏、石灰等改善土壤;盐渍化土地,应采取灌水洗盐、排水压盐、客土等方式改良土壤。

(6)灌溉设施

生产建设项目区缺水或降雨量不足或种植需水作(植)物规模大,需要采取人工补充水量的工程,应布设灌溉设施,以保证适时适量供水,满足作(植)物不同生长发育阶段需要。

灌溉设施工程有两类:一是水源工程,其作用是将适宜的水(量)从灌溉水源中取引出来,该类工程主要有蓄水工程、引水工程、提水工程和蓄、引、提相结合的工程等;二是将适宜的水(量)逐级输送并分配到田间的输配水工程,这类工程包括渠道或管道系统,以及系统上的建(构)筑物等。

①引水工程设计:根据河(湖)水位、河(湖)岸地形、地质条件和灌溉对引水高程、引水流量的要求,经技术、经济比较确定后选择采用无坝引水或有坝(闸)引水方式。当河(湖)岸地形较陡、岸坡稳定时,渠首工程宜采用岸边式布置;当河(湖)岸地形较缓、岸坡不稳定时,可采用引渠式布置。

②提水泵站设计:提水泵站设计主要是对扬程、抽水量、水泵的数量进行计算,设计详见《泵站设计规范》和《灌溉与排水工程设计规范》。

③机井设计:机井设计包括机井最大可能出水量,最大可能水位降落值,单井、群井影响半径,机井数量及井距,详见《灌溉与排水工程设计规范》。

④输配水工程:输配水工程的作用是将适宜的水(量)逐级输送并分配到田间。这类工程包括渠道或管道系统及相应的建(构)筑物等。

a.灌溉渠道系统设计:输配水渠道系统通常分为干、支、斗、农、毛渠五级。各级渠道上可根据需要修建渠系建筑物,包括分水闸、节制闸、渡槽、跌水、陡坡、倒虹吸、桥梁、涵洞和量水建筑物等。灌溉渠道系统设计包括横断面设计和纵断面设计。

b.灌溉管道系统设计

·灌溉管道系统组成及配置。灌溉管道系统可根据地形、水源和用户用水情况,采用环状管网或树枝状管网。各用水单位应设置独立的配水口,配水口的位置、给水栓的形式和规格尺寸,与相应的灌溉方法和移动管道连接方式一致。各级管道进口需设置节制阀,分水口较多的输配水管道，每隔 3～5 个分水口应设置一个节制阀；管道最低处应设置排水沟阀。水泵出口逆止阀或压力池放水阀下游，以及可能产生水锤负压或水柱分离的地方安装进气阀。管道的驼峰处或长度大于 3 km 但无明显驼峰的管道中段安装排气阀。水泵出口处（逆止阀下游或闸阀上游）安装水锤防护装置。在适当位置设置压力、流量计量装置。

· 地下灌溉管道断面形状。常用的断面形式包括圆形管、马蹄形管和椭圆形管等。圆形管以预制混凝土管套接埋设或现场浇制；马蹄形管上圆下方，可以预制构件装配，也可现场浇制；椭圆形管宜现场浇筑。

· 灌溉管道系统设计。系统进口设计流量根据全系统同时工作的各配水口所需要的设计流量之和确定，设计压力应经技术、经济比较后确定。如局部地区水压不足，提高全系统工作压力又不经济时，可另行增压；部分地区水压过高时，应安装调减压装置。管道沿程水头损失和局部水头损失计算参照相关水力计算。管道设计流速应控制在经济流速 0.9～1.5 m/s，超出此范围时，应经技术、经济比较后确定。管道的纵、横断面应通过水力计算确定，并应验算输水管道产生水锤的可能性及水锤压力值，管道转角不应小于 90°。

c. 喷灌、滴灌系统设计

· 喷灌系统一般包括水源、动力、水泵、管道系统及喷头等部分。喷灌系统设计包括灌水定额和灌水周期的设计及计算喷头数、支管数、管道系统的水头损失及水泵选择动力功率。

· 滴灌系统一般包括压力源、输配水管路、滴头等部分。滴灌系统设计包括确定系统用水率、确定系统面积及进行滴灌系统布置设计、滴灌系统水力设计。

盐碱地采取蓄淡压盐、灌水洗盐以及大穴客土，下部设隔离层和渗管排盐等水利和其他措施，改良盐碱地。

4. 土地整治模式

(1) 主体工程永久占地区及工程永久办公生活区

征占地范围内除构筑物占地之外的空闲地及从工程安全运行角度考虑进行的防护措施外的裸露面，土地利用方向一般确定为恢复成林草植被。

对填筑好的土坝坡、堤防坡面、排水建筑物进出口等裸露的坡面，一般需铺种草皮，铺种草皮时需凿毛表面，再撒一层细土整治。

对工程永久占地内的管理区，施工结束后地面裸露，需进行整治，硬化或恢复植被，满足水土流失防治要求同时美化环境。

(2) 弃土（石、渣）场区

弃土（石、渣）场恢复利用方向，由工程建设过程中产生的弃料性质、堆放方式及堆放地占地类型决定。

①土地整治模式：一般情况下，弃料主要为土和石。首先剥离堆放地或永久占地内的表土，并集中堆放防护备用，弃料堆放时要求将渣堆放在场底下部，土堆放在场上部，顶面恢复耕种的先铺一层厚度不小于 30 cm 的黏土并碾压密实作为防渗层，表面按复耕作物的种植要求确定回铺表土的厚度。渣场的坡面一般不可耕种，按林草种植要求放坡整治，恢复林草，作好水土流失防治措施。

②弃土（石、渣）场：在经过整治的弃土（石、渣）场平台和边坡，应覆盖土层，充分利用

工程前收集的表土覆盖于表层。覆盖土层厚度根据场地用途确定:用于农业时大于0.8 m;用于林业时大于0.5 m;采取坑栽时,坑内放少许客土或人工土。边坡在35°以下可以用于一般林木种植,15°~20°坡度可用于果园(含桑)和其他经济林,用于牧业时坡度不大于30°。场地大的复垦区应有作业通道。

③土(块石、沙砾石)料场区:工程建设过程中取料造成的坑凹地形,尽量利用工程土方平衡后弃料填筑,并按土地利用方向采取平整、覆土等土地整治工程。覆土时需高出四周地面,预留一定的沉降高度;不能填筑的坑凹地,底面需恢复耕地,同时要做好集水、排水工程,坡面采用植物护坡工程;山坡坡地在距开挖边缘线2 m以外布置截排水工程,避免取土上方地表径流对边坡坡面的冲刷。滩地取土坑可整平恢复为耕地,地下水位高或水利条件好的取土坑凹可整治恢复为鱼塘。

a.土料场区:根据地形地质地貌条件、周边地表径流量大小情况,采用边坡防护工程、截排水工程、坡面水系工程和土地整治工程。

对干旱、半干旱地区且无地下水出露的凹形取土场,采用生土填平坑凹,表层按农林草用地要求覆熟化土,覆土厚度根据土地利用方向确定。若取土场周边无熟化土,则采取深耕、深松、增施有机肥、种植有机物含量高的农作物或草类等耕作措施改良土壤。对降水量丰沛、地下水出露地区,当土壤、水分等符合农林草类植物种植要求时,采取土地平整、覆土措施,将取土场改造成为农地或林地,并种植适宜农作物或乔灌木,同时在周边布置截(引、排)水工程和边坡防护工程。当取土场内外水量丰富、水质较好,适合养殖水产品或种植水生植物时,可用黏土、砌石、混凝土等防渗处理工程,并修筑引水排水工程,将其改造成为养殖场或水生植物种植场。当土质较差时,采取边坡防护、场地粗平整和植被自然恢复工程。

山坡地取土场,应分台阶取土,每台高度不大于6 m,台阶宽度不小于2 m。取土前,应清理表层熟化土,集中堆放并采取临时防护措施;取土结束后,应对形成的坡面和平台面进行削坡、平整,根据林草种植要求覆熟化土、整地。

平地取土场,根据土地管理部门要求深度取土,取土深不宜超过1.5 m;取土前,应清理表层熟化土,集中堆放并采取临时防护措施;取土结束后,应对形成的取土坑坡面和平底面进行削坡、平整,根据农作物或林草种植要求覆熟化土、增施有机肥及整地等。地下水位高或水利条件好的取土坑凹可整治恢复为养鱼塘。平地深挖取土场整治如图5-2所示,山坡地取土场整治如图5-3所示。

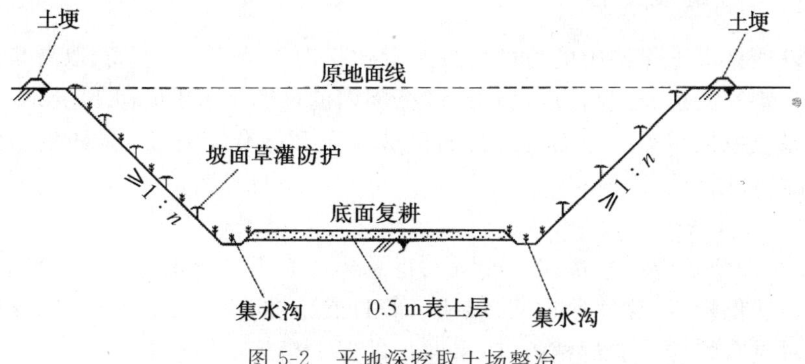

图5-2 平地深挖取土场整治

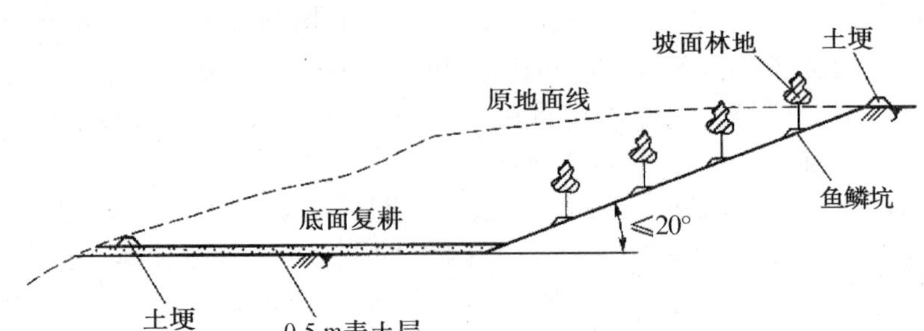

图 5-3　山坡地取土场整治

b. 沙砾料场区：开采前将表土剥离，用于后期沙坑回填。河道内砂石坑取料结束后对料场进行土地平整，尽量利用采砂后的废弃料回填，回填应满足河道管理部门的规划设计河底线高程要求。有景观要求且水量不足的取料区域，可将坑内堆料清除，蓄积降雨形成水面。

c. 采石场（开采面）区：采石场应按照批准的开采方案开采，宜分阶段、分台阶采石，台阶高度不宜超过 12 m。采石前，应剥离表层土，集中堆放并采取临时防护措施；采石结束后，应对场顶平台及坡面进行整治。

在干旱、半干旱地区，首先利用岩石碎屑平整采石场坑凹，然后铺覆 0.3 m 厚的黏土防渗层，在黄土区或有取土条件的地方，对平整土地表面覆土；在土料缺乏的地区，可先铺一层易风化岩石碎屑，改造为林草用地。在降水量丰沛、地下水出露地区，当凹形取石场（挖砂场）周边有充足土料时，采用岩屑、废沙填平坑凹、表层铺土，将取石场改造为农林用地，种植耐湿耐涝农作物或乔灌木，铺土厚度根据用地需求确定；若缺乏土料，则采取坑凹平整和边坡修整加固工程，将其改造成蓄水池（塘）作为水产养殖用地。

坡面整治主要是用机械铲去浮石、清除悬岩、平整、覆土等。

④施工道路区及施工生产生活区：工程结束后，对施工道路、生产生活区等临时用地应恢复原迹地功能。对山坡地施工道路，应清理垃圾、平整、削坡，根据林草种植要求覆土、整地；平耕地的施工道路，应清除垃圾、翻松，根据农作物种植要求整地。对施工生产生活区，应拆除临建、清除垃圾、翻松土地，根据林草和作物种植要求覆土、整地。

5.2.4　植被建设工程

生产建设项目水土保持中的植被建设工程包括对弃渣场、取土场、取石场及各类开挖破坏面的林草恢复工程，也包括项目建设区范围内的裸露地、闲置地、废弃地、各类边坡等一切能够用绿色植物覆盖的地面所进行的植被建设和绿化美化工程，如生活区、厂区、管理区、道路等植被绿化。

5.2.4.1　基本原则

(1)生产建设项目应通过选线、选址、工程总体布置等方案比选，尽量避让人工片林、天然林以及自然保护区、草原保护区、湿地区等自然植被；应尽量减少征占、压埋地表和植被的范围。对具有特殊功能的植被，应采取局部保护措施加以保护。

(2)对各类开挖破损面、堆弃面、占压破损面及各类边坡，在安全稳定的前提下（含采取一定的工程措施),应尽可能采取植物防护措施,恢复自然景观。并对含有害物质(指对植被生长有害)的渣场或其他地面,如高陡裸露岩石边坡等特殊场地,采取特殊措施恢复植被。

(3)植被建设工程的设计必须与景观设计、土地整治工程设计紧密结合,通盘考虑、统一布局,从生态学要求和美学要求出发。不同区域和不同建设项目类型,应分别确定植被建设目标。城区的植被建设应以观赏型为主,偏远区域应以防护型为主。

(4)在南方地形较缓或边坡稳定的地方,可采取封育管护措施恢复自然植被。北方干旱地区,在当前技术、经济条件下无法人工恢复的,应采取相应的土地整治措施,创造条件,进行自然恢复。

(5)植被建设工程应考虑与主体工程设计相衔接,特别要考虑地下埋设的管线工程和地上的供电通信工程的特殊要求。

5.2.4.2 设计要求

1.可行性研究阶段

(1)在调查的基础上,初步确定水土保持植被恢复与绿化范围、任务、规模。对主体工程提出植被保护的相关建议。

(2)分析预测植被恢复与建设可出现的限制因子和需采取的特殊措施。

(3)结合主体工程设计分区,基本确定植被恢复与绿化的标准,比选论证植被恢复与绿化总体布局方案。应根据项目主体建设的要求,研究项目对绿化的特殊要求,并比较论证提出可行的绿化方案。

(4)初步确定植被恢复与绿化的立地类型划分、树种选择、造林种草的方法,作出典型设计,并进行工程量计算和投资估算。

2.初步设计阶段

(1)根据水土保持方案和主体工程可行性研究调整与复核植被恢复与绿化方案,确定分区绿化功能、标准与要求。

(2)划分植被恢复与绿化的小班(地块),分析评价各小班的立地条件。对特殊立地需要改良的,提出相应的改良方案。

(3)根据林草工程的设计要素与要求,对每一地块作出具体设计。

5.2.4.3 弃渣场、取土场、采石场等造林种草

1.弃渣场

具体设计时,应根据弃渣组成采取相应的土地整治措施,然后按确定的土地利用方向进行植被恢复。在土石山区明挖、隧洞开挖形成的弃渣场,煤炭开采形成的矸石场(山)、铁矿开采形成的排石场、铜矿开采形成的毛石堆等均以弃石为主。这类渣场需覆土(河泥、风化碎屑)或实施客土措施才能恢复植被。

2.取土场

平原区取土场不能恢复成农田或鱼塘的,可种植耐水湿的速生树种;山区、丘陵区可根据整治后的立地条件进行林草恢复;取土场植被恢复应与附近的植被和风景等相适应。

3.采石场

(1)40°以下石壁的治理一般采用直接挂网喷草技术。

(2)40°～70°石壁的治理一般采用喷混植生技术。

(3)70°以上陡壁的治理应在石壁上开凿人工植生槽，加填客土，栽植藤本植物，以接力的方式绿化石壁。

5.2.4.4 项目区道路和周边绿化

项目区道路绿化是指项目区内的永久性道路的绿化，包括工业场地和生活区内的道路绿化和与项目有关的运输道路专用线的绿化。前者与城市的街道绿化基本相似；后者与一般道路绿化的要求基本一致。

(1)道路绿化应与主体工程布局和设计紧密配合，根据不同道路的宽度、周边的条件及项目的生产工艺、防护要求等采取不同的布局。

(2)专用线道路绿化，两侧行道树应选择主干通直、高大(高度不小于 2.5 m)、抗病虫害的树种。转弯处不得遮挡司机视线，保证车辆正常运行。周围一定范围内与之相关的闲置地应与行道绿化统一布局，全面绿化。专用线绿化还应考虑两侧的附属建筑物和供电通信线路的要求。

(3)工业场地和生活区内的道路绿化应根据不同工业企业生产性质和防护要求，统一安排，合理布局，应把道路绿化看作工业场地和生活区绿化的一部分，充分考虑与周围绿化的协调和美学要求，如植物种的外形、色彩、季相等。

(4)工业场地和生活区道路绿化还应考虑采光、吸尘、隔噪等防护要求及对地上、地下管线的影响，一般行道树距管线的间距应大于 1.5～2.0 m，离高压线的距离大于 5 m。

(5)公路绿化包括护路林带、中央分隔带、停车场绿化、交叉道口绿化、路旁建筑物绿化、路堤路边坡绿化及公路周围闲置地绿化。公路绿化布局，应采取点、线、面结合，乔、灌、草、花结合。切忌树种单一、规格统一的布局，应把绿化与美化结合起来。

高速公路和一级公路绿化要求标准高，路堤两侧排水沟外缘、路堤坡顶排水沟外缘(无排水沟和截水沟者为路堤或护坡道坡脚外缘，或坡顶外缘)征占地范围(1～3 m 或更宽)应种植一行或多行乔木或灌木林带，局部亦可考虑草坪。中央隔离带一般宽 1～1.5 m，应种植常绿灌木、花卉或可修剪的针叶树，并与草坪结合，路堤、路堤边坡应与斜坡防护工程相结合，种植草坪或攀缘植物。周围闲置地、路旁建筑物如收费站、停车场、进出路口、交叉桥梁周围等也应全面绿化。二、三、四级公路可根据情况在路旁适当位置(一般不在路堤中部种植)种植乔灌相结合的护路林带，有闲置空地应考虑草坪、灌木和花草。路堤、路堤边坡根据实际情况结合斜坡防护工程进行绿化。

公路绿化树种要求形态美观、抗污染(尾气)、耐修剪、抗病虫害。树种选择应多样化，特别是长距离公路上，每隔一定距离(2～3 km)可更换主栽树种，并注意常绿与落叶、阔叶和针叶、速生和慢生结合，以控制病虫害，同时也使公路绿化景色有变化之美。

(6)铁路绿化是为了防止风、雪、沙、水对铁路的危害，保护路基，但绿化首先要考虑火车的安全运行。

5.2.5 防风固沙工程

5.2.5.1 基本原则

1.北方风沙区

北方风沙区主要分布在“三北”地区大部分省区沙漠、沙化土地和风蚀严重(极易沙

化)的地区。区内存在着流动沙丘、半固定沙丘、固定沙丘及易风蚀的沙化土地。防风固沙应以植被措施为主,同时结合人工沙障;特别重要的地段,又无法恢复植被的,可采用化学固沙;有条件的地区可平整沙丘和引水拉沙造地。

2. 黄泛沙区

黄泛区古河道沙地及河流沿岸沙地或次生沙地,应研究沙地的成因,在害风方向设置防风林带,堵截风源,并采取翻土压沙、植被固沙等措施。

3. 东南沿海风沙区

风沙危害主要发生在海水潮涨的海岸线,风源是沿海大风,故应顺海岸线选择抗风性强的树种,采用客土造林法,营造防风林带。

5.2.5.2 设计要求

1. 可行性研究阶段

(1)根据项目总体可行性研究,预测项目破坏地表和植被的面积及引起的风沙危害,预测周边风沙对项目构成的威胁,从保障生产建设安全与防风固沙、改善环境出发,进行多方案比较,提出防风固沙工程的总体方案。

(2)根据项目所在区域气候条件、下伏地貌和下伏物的性质、沙地的机械组成、地下水埋深及矿化程度、风蚀程度(沙化、沙丘类型、沙丘高度、沙丘部位)、植被覆盖及破坏程度等,结合施工工艺,提出防风固沙应采取的措施,并论证其可行性。

(3)对于植物固沙,应分析立地条件,比选采用的树种和草种、种植方法等;对于机械固沙,应比选分析沙障类型、沙障材料、取材地点、材料运输路线;对于化学固沙,应论证分析比选化学胶结物料及来源、胶结方法。

(4)在风沙危害严重的地区,机械固沙和化学固沙可为植物固沙创造良好的环境,因此各类措施的先后顺序,如何合理配合,应合理论证。防风固沙工程,特别是机械和化学固沙费用较高,应论证其经济合理性,并提出初步方案。

2. 初步设计阶段

(1)在可行性研究的基础上,确定防风固沙的总体方案,结合项目总体初步设计,作必要的分析论证,特殊情况可对原方案进行再次比选论证(机械固沙和化学固沙措施)。

(2)设计确定植被防护距离、沙障物料种类、沙障高度、沙障间距、沙障铺设或修筑的方法、沙障与其他措施的结合等。

(3)根据可行性研究比选化学胶结物料,设计确定固沙面积、化学物料用量、覆盖或喷涂方式、化学固沙与其他措施的结合等。

(4)对于植物固沙,应划分立地条件类型,根据适地适树的原则选择合适的树种、草种,确定种植方法、种植密度、种植时间等。若植物措施与其他措施结合,应设计确定施工顺序、结合方式、特殊的施工要求等。

5.2.6 泥石流防治工程

生产建设项目由于本身特点或地理条件限制,项目建设在泥石流易发的沟道或坡面下游,受泥石流危害的危险性增大;或项目在生产建设期大量弃土弃渣,加剧泥石流的潜在危险,应采取泥石流防治工程。泥石流防治应以保护建设项目、保障项目区下游安全的措施为主，结合流域综合治理。应根据泥石流分区，采取不同的措施。

5.2.6.1 基本原则

1.坚持以预防为主

泥石流的防治方案应与生产建设项目的主体设计结合，应在选址时尽量避开泥石流危险区；在生产和建设工艺设计中，尽力采用弃土弃渣量小、开挖量小的方案。项目必须建在或通过泥石流易发区，应首先把泥石流的预测预报系统作为项目设计的重要内容。

2.统筹兼顾，重点防护

应根据项目区所在沟道或坡面的状况和项目的主体设计方案，对泥石流易发区进行分区，判别不同区域对项目的危害程度，做到统筹兼顾，重点防护。

3.注重以工程为主体的泥石流防治措施

大型建设项目的泥石流防治，应以工程措施，如拦渣工程、防洪工程、排导工程为主体，达到应急性保障的目的。

4.综合防治，除害兴利

从长远利益出发，泥石流防治应根据地表径流形成区、泥石流形成区、泥石流流通区和泥石流堆积区的特征，分别采取不同的措施，进行综合防治，并与流域水土资源利用结合起来，做到除害兴利。

5.经济安全兼顾

泥石流危害大，极易造成重大经济损失，但其防治工程造价高、投资大。因此，设计应十分慎重，充分论证，做到经济合理、安全可靠。

5.2.6.2 设计要求

1.基本要求

泥石流的防治应以小流域为单元，可根据泥石流发生规律在不同的类型区采取不同的措施，开展全面综合防治，做到标本兼治、除害兴利。

(1)地表径流形成区主要分布在坡面，应在坡耕地修建梯田，或采取蓄水保土耕作法；荒地造林种草，实施封育治理，涵养水源；同时配合坡面各类小型蓄排工程，力求减少地表径流，减缓流速。有条件的流域可将产流区的洪流另行引走，避免洪水沙石混合，削减形成泥石流的水源和动力。

(2)泥石流形成区主要分布在容易滑塌、崩塌的沟段，应在沟中修建谷坊、淤地坝和各类固沟工程，巩固沟床，稳定沟坡，减轻沟蚀，控制崩塌、滑塌等重力侵蚀的产生。

(3)泥石流流过区在主沟道的中、下游地段，应修建各种类型的格栅坝和桩林等工程，拦截水流中的石砾等固体物质，尽量将泥石流改变为一般洪水。

(4)泥石流堆积区主要在沟道下游和沟口，应修建停淤工程与排导工程，控制泥石流对沟口和下游河床、川道的危害。

2.可行性研究阶段设计要求

(1)考察和调查项目建设泥石流易发区的分布、形成原因、危害及潜在危险性，明确防治的方针和重点。

(2)收集与泥石流发生密切相关的地质、地形、气象和水文资料。重点调查泥石流沟道松散固体物质的风化、剥离、堆积情况，沟道径流和汇流情况及植被状况。对重要区域

应进行必要的勘测。

(3)根据主体设计，预测项目对沟道自然地貌和植被的破坏，弃土弃渣量及对泥石流发生的影响；预测泥石流对项目的潜在危害。

(4)比较选定泥石流防治方案，选定所采取的措施，明确各项措施在泥石流防治中的任务，初步确定其形式、规模、位置、布局及建筑材料来源、场所和运输条件。

(5)对投资高、规模大的泥石流防治工程要反复论证，应根据具体情况，作专题研究，如大型泥石流排导工程。

(6)企业治理和地方综合治理相结合。泥石流沟道往往需要修筑大量工程才能达到预期效果。除企业征地范围内或直接影响区的治理由企业业主负责外，大面积泥石流沟道的谷坊建设应考虑与地方综合治理密切结合。在当前中国山区经济尚不发达的情况下，就地取材修筑谷坊最为经济。

3.初步设计阶段设计要求

(1)明确泥石流防治工程初步设计的依据和技术资料。

(2)详细调查和勘测径流形成区的汇流资料，形成泥石流的固体物质来源，流通区的沟道水文地质状况和沉积区的沉积现状和条件。

(3)确定泥石流防治工程的性质、类型、规模，复核其防护任务和具体要求。

(4)确定泥石流工程的位置、形式、断面尺寸和材料及其运输路线，其中生物措施应明确植物种类、配置方式和典型设计。

5.2.6.3 地表径流形成区

坡面是泥石流发生过程中地表径流的主要来源地，因此，防治措施主要是针对坡面。本区的防治工程主要有坡耕地治理、荒坡荒地治理、小型蓄排工程和沟头沟边防护工程等，具体包括修建梯田、保土耕作、造林种草、封山育林育草和坡面小型蓄排工程等，目的是减少坡面的地表径流，减缓流速，削弱形成泥石流的水源或动力。这些措施大部分也适用于坡面泥石流的防治。

5.2.6.4 泥石流形成区

泥石流形成区主要是指滑坡和崩塌严重的沟道，它是泥石流固体物质产生的来源地。故应在沟道中修建谷坊、淤地坝，营造沟底防冲林，在坡面上修筑斜坡防护工程。目的是巩固沟床，稳定沟坡，减轻沟蚀，控制和减少崩塌、滑塌等重力侵蚀产生的固体物质。

5.2.6.5 泥石流流通区

泥石流流通区分布在沟道的中、下游，应在适宜的位置修建各种类型的格栅坝和桩林等工程，拦截水流中的石砾、漂石等固体物质，使泥石流中固体物质含量降低，以减小泥石流的冲击力。

5.2.6.6 泥石流堆积区

泥石流堆积区主要分布在沟道的下游和沟口，应修建停淤工程与排导工程。两类工程互相配合，控制泥石流对沟口和下游河床、川道及生产建设项目的危害。

1.停淤工程

根据不同地形条件，选择修建侧向停淤场、正向停淤场或凹地停淤场，将泥石流拦阻于保护区之外，同时，减少泥石流的下泄量，减轻排导工程的压力。

在泥石流活跃，沿主河一侧堆积扇有扇间凹地的，可修建凹地停淤场。布设要点如下：

(1)在堆积扇上部修导流堤，将泥石流引入扇间凹地停淤。凹地两侧受相邻两个堆积扇挟持约束，形成天然围堤。

(2)根据凹地容积及泥石流的停淤场总量，确定是否需要在下游出口处修建拦挡工程，以及拦挡工程的规模。

(3)在凹地停淤场出口以下，开挖排洪道，将停淤后的洪水排入下游主河。

2.排导工程

在需要排泄泥石流或控制泥石流走向和堆积的地方，修建排导工程。根据不同条件，分别采用排导槽或渡槽等形式。

5.2.7 防洪排水工程

生产建设项目在基建施工和生产运行中，由于破坏地面或排放大量弃土、弃石、弃渣，极易造成水流失和引发洪水灾害，对项目区本身或下游构成危害。为此，必须修建防洪排水工程，以防害减灾。防洪排水工程主要包括拦洪坝、护岸护滩、堤防、排洪排水、排导、沟床固定与泥石流拦挡、清淤清障等工程。

5.2.7.1 一般规定

(1)开发建设项目在基建施工和生产运行中，由于损坏地面和弃土、弃石、弃渣，易遭受洪水危害时，必须布置防洪排导工程。

(2)根据开发建设项目的实际情况，可采取拦洪坝、排洪渠、涵洞、防洪堤、护岸护滩、泥石流治理等防洪排导工程。

5.2.7.2 适用条件

根据洪水的来水量及其危害程度，应采取不同的防洪工程。

(1)项目区上游有小流域沟道洪水集中危害时，应在沟中修建拦洪坝。

(2)项目区一侧或周边坡面有洪水危害时，应在坡面与坡脚修建排洪渠，并对坡面进行综合治理。项目区内各类场地道路以及其他地面排水，应与排洪渠衔接顺畅，形成有效的洪水排泄系统。

(3)当坡面或沟道洪水与项目区的道路、建筑物、堆渣场等发生交叉时，应采取涵洞或暗管进行地下排洪。

(4)项目区紧靠沟岸、河岸，洪水影响项目区安全时，应修建防洪堤。

(5)项目区内沟岸、河岸在洪水作用下易发生坍塌时，应布置护岸护滩工程。

(6)对泥石流沟道应实施专项治理工程。

5.2.7.3 基本原则

(1)根据项目生产建设的总体布局、施工与生产工艺、安全要求等，按照经济安全的原则，确定应采取的工程类型。

(2)防洪排水工程应把防洪减灾、保障安全放在首位，研究确定合理的防洪标准和稳定性要求。为了保护特殊重要的生产和民用设施，应根据国家标准，通过论证分析，提高防洪设计标准。

(3)防洪排水工程应处理好防洪与综合利用、占地和造地的关系，尽量少占耕地，并结合工程修建和运行特征，把防洪与蓄水利用、拦泥与淤地造地结合起来，充分发挥其综合效益。

(4)防洪排水工程涉及一定的汇水面积，为了减少来水来沙量，控制面上水土流失，延长其工程寿命，应与流域综合治理协调配合。

5.2.7.4　设计要求

1.拦洪坝

拦洪坝可采用土坝、堆石坝、浆砌石坝和混凝土坝等形式。沟道中的拦洪坝可采用相当于水土保持治沟骨干工程的防洪标准(见表5-5)。

表5-5　水土保持治沟骨干工程的防洪标准

工程等级		Ⅴ	Ⅳ
总库容($\times 10^4$ m^3)		50～100	100～500
洪水重现期(年)	设计	20～30	30～50
	校核	200～300	300～500
设计淤积年限(年)		10～20	20～30

注:开发建设项目也可根据本身的重要性，另定较高的标准，使项目的防洪标准与主体工程的防洪标准相适应。

(1)拦洪坝坝址选择

①坝址处地形地质条件良好，基础为抗风化岩石或密实土。避开较大弯道、跌水、泉眼、断层、滑坡体、洞穴等，坝肩无冲沟。

②河(沟)地形平缓，河床较窄，坝轴线短，库容大。

③有适宜于布置溢洪道、放水工程的地形地质条件。

④坝址上下游有充足的筑坝土、沙、石等材料，有水源条件。

⑤库区淹没损失小，对村镇、工矿、铁路、公路、高压线路等建筑物的安全影响小。

(2)放水建筑物

①卧管式放水工程:适用于坝上游岸坡基础条件较好，坡度为1∶2～1∶3。它包括卧管、涵管及消力池三部分。具体技术要求参照《水土保持治沟骨干工程技术规范》中的规定。

②竖井式放水工程:适用于布置在土坝上游坝坡上，且坝体基础较好。它包括竖井、消力井及涵管三部分。具体技术设计参照《水土保持治沟骨干工程技术规范》中的规定。

(3)溢洪道设计

①陡坡式溢洪道:适用于坝高20 m以上、库容5.0×10^5 m^3以上的较大型库坝。它由进口段、陡坡段和消力池三部分组成。具体技术参照《水土保持治沟骨干工程技术规范》中的规定。

②明渠式溢洪道:适用于坝高20 m以下，库容5.0×10^5 m^3以下的中小型库坝。具体技术参照《水土保持治沟骨干工程技术规范》中的规定

(4)基础处理

①根据坝型、坝基的地质条件、筑坝施工方式等，采取相应的处理方法。

②水坠坝基础处理参照《水坠坝技术规范》中的规定执行。

③碾压式坝基础处理参照《碾压式土石坝设计规范》中的规定执行。

2. 护岸护滩

(1)护岸护滩工程的布设原则

①护岸护滩工程可分为坡式护岸、坝式护岸护滩和墙式护岸三种类型,应根据河(沟)岸的地形地质和水文条件选择采用。

②工程布置之前,应对河(沟)道两岸的情况进行调查研究,分析在修建护岸护滩工程之后,下游或对岸是否会发生新的冲刷。

③工程应按地形布置,外沿顺直,宜避免急剧弯曲。

④应根据最高洪水位与背水面有无塌岸情况确定是否需预留出堆积崩塌砂石的余地。

(2)坡式护岸的设计要求

枯水位以下采取坡脚防护工程,枯水位与洪水位之间采取护坡工程。

(3)坝式护岸护滩的设计应满足的要求

①坝式护岸护滩可分为丁坝、顺坝两种形式,应根据具体情况分析选用。丁坝、顺坝的修建必须遵循河道规划治导线,并按规定认可后方可实施。

②丁坝、顺坝可依托滩岸修建,丁坝可按河流治导线在凹岸成组布置,丁坝坝头位置在规划的治导线上;顺坝沿治导线布置。

③丁坝、顺坝布设时必须符合河道整治规划的要求,不应构成对凸岸的影响。

④按结构及水位关系、水流条件,选择采用淹没或不淹没坝,透水或不透水坝。

(4)墙式护岸

墙式护岸的临水面采取直立式,背水面可采取直立式、斜坡式、折线式、卸荷台阶式及其他形式。墙体材料可采用钢筋混凝土、混凝土、浆砌石等。断面尺寸及墙基嵌入河床下的深度根据基岩埋深、冲坑深度及稳定性验算分析确定。

3. 堤防工程

堤防工程布设及其防洪应符合下列要求:

(1)堤线应根据防洪规划,按规划治导线要求,并根据防护区范围、防护对象的要求、土地综合利用以及行政区划等因素,经过技术、经济分析比较后确定堤线。

(2)防洪堤应布置在土质较好、基础稳定的滩岸上,沿高地或一侧傍山布置,尽可能避开软弱地基、低凹地带、古河道和强透水层地带。

(3)堤线走向宜平顺,堤段间宜用平滑曲线连接,不宜采用折线或急弯。

(4)堤线走向应与河势相适应,与洪水主流方向大致平行。

(5)堤线宜选择在拆迁房屋、工厂等建筑物较少的地带,建成后便于管理养护、防汛抢险和工程管理单位的综合经营。

(6)堤防设计应符合现行国家标准《堤防工程设计规范》的规定。

4. 排洪排水工程

(1)排洪排水工程布设与选型应满足的要求

①建设排洪渠体系将项目区周边山坡来洪安全排泄,并与项目区排水系统相结合。当山坡或沟道洪水以及项目区本身需排除的地表径流与道路、建筑物交叉时,采取涵洞或

暗管排洪。

②排洪排水工程可分为明渠、暗管、竖井、涵洞等。应根据项目区周边来洪量及项目区内地表径流量选择确定。

(2)排洪渠工程

①土质排洪渠：在有洪水危害的山坡上部或下部，按设计断面半挖半填，修筑土质排洪渠，不加衬砌。它适用于渠道比降和流速较小且土质渠道较密实的渠段。

②衬砌排洪渠：用浆砌石或混凝土将土质排洪渠底部和边坡加以衬砌。它适用于渠道比降和流速较大的渠段。

③三合土排洪渠：排洪渠填方部分用三合土分层填筑夯实。三合土中，土、沙、石灰混合比例为6∶3∶1。其适用范围介于以上两者之间的渠段。

5.排导工程

在需要排泄泥石流或控制泥石流走向和堆积位置时，可根据泥石流的性质采用排导槽或渡槽等排导工程。

排导工程(泥石流沟道治理工程)的设计应符合下列要求：

(1)排导槽的布设应满足的要求

①在泥石流堆积扇或堆积阶地上修建排导槽，使泥石流按预定路线排泄。

②根据排导流量，确定排导槽的断面和比降，保证泥石流不漫槽。

③排泄区下游必须有充足的停淤场，使泥石流导流后不产生漫淤、漫流等危害。

④排导槽自上而下由进口段、急流段和出口段三段组成。进口段应呈喇叭状，并设渐变段与急流段顺畅衔接。

⑤排导槽出口下游的排泄区应顺直或通过裁弯取直后比较顺直，以利于泥石流流动。排导槽应有足够的纵坡，或采取一定的工程措施后，使之有足够的纵坡，保证泥石流的顺畅下泄，不溢、不淤、不堵导槽。

(2)渡槽的布设应满足的要求

①在铁路、公路、水渠、管道或其他线形设施与泥石流流经区或堆积区交叉处，需修建渡槽使泥石流从渡槽通过，避免对各类设施造成危害。

②渡槽由沟道入流衔接段、进口段、槽身、出口段和沟道出流衔接段五部分组成。进口段采用梯形或弧形喇叭口断面，从衔接段渐变到槽身。渐变段长度一般为5～15倍槽宽，且须大于20 m，扩散角应为8°～15°。

③槽身段：根据槽下跨越物确定其宽度，其长度为跨越物净宽的2～2.5倍。

④渡槽出口段与出流衔接段应顺畅连接，应避开弯曲沟道，以免在槽尾附近散留停淤。

⑤沟道出流衔接段其断面与比降，应使泥石流顺畅地流出渡槽出口，并不产生淤积和冲刷，以保证渡槽的正常使用。

(3)停淤场的布设应满足的要求

停淤场是将泥石流阻挡于保护区之外，减少泥石流的下泄量，减轻排导工程的压力。停淤场有侧向、正向、凹地三种形式。

①侧向停淤场：当堆积扇和低阶地面较宽、纵坡较缓时，将堆积扇径向垄岗或宽谷一

侧山麓修筑成侧向围堤，在泥石流流动方向构成半封闭的侧向停淤场。

②正向停淤场：当泥石流出沟口后，下游有公路或其他需要保护的建筑物时，在堆积扇的扇腰处垂直于流向修建正向停淤场。

③凹地停淤场：泥石流活跃、沿主河槽一侧有扇间凹地时，修建凹地停淤场。

6.沟床固定与泥石流拦挡工程

沟床固定与泥石流拦挡工程应符合下列要求：

(1)对沟床应采取钢筋混凝土沟床加固工程、木笼沟床加固工程、石笼沟床加固工程。在如滑坡等需要富有柔性沟床加固的地方，可用木笼或石笼加固沟床。

(2)在布置格栅坝、桩林的沟道中，同时布置拦沙坝(含谷坊)拦蓄经筛分的沙砾与洪水，以巩固沟床、稳定沟坡，减轻对下游的危害。

(3)在沟道中修筑混凝土、钢筋混凝土或浆砌石重力坝，其过水部分应采用钢材做成格栅，拦挡泥石流中的巨石与大漂砾石，并使其与泥水下泄，减小石砾冲撞作用。

7.清淤清障

施工过程中淤积物清淤清障应符合下列要求：

(1)清淤清障(包括施工过程中的淤积物)时，要保障与项目区有关的河道、沟道泄洪顺畅。

(2)清淤清障之前应调查河道、沟道内淤积物或障碍物的范围、种类和堆积量，提出清淤清障的施工方案。河道清障清淤的施工期应安排在汛前。

(3)应设置专用的土、渣、淤泥堆置场地。宜利用荒地、凹地堆置清淤清障物，不得占用耕地和其他施工场地，有条件的应将清理的淤泥与平沟平凹造地相结合。

(4)堆置场四周必须设置拦护工程，其形式应根据堆置场地条件选择确定。

5.2.8 降水蓄渗工程

降水蓄渗工程是指针对建设屋顶、地面铺装、道路、广场等硬化地面导致区域内径流量增加，所采取的雨水就地收集、入渗、储存、利用等措施。该措施既可有效利用雨水，为水土保持植物措施提供水源，也可以减少地面径流，防治水土流失。

生产建设活动对原地貌的坡面产流和河槽汇流均产生较大影响。在坡面汇流方面，因基本建设施工活动和生产运行，土壤性状、土壤湿度、土层剖面特性、植被、地形、土地利用等下垫面条件发生变化，硬化地面、开挖裸露面等使地面糙率和入渗系数降低，入渗减少，冲刷能力加剧，地下水补给减少，破坏了局部地区水文循环。同时施工期间的回填土方、堆置土方等因排水不良，对边坡稳定产生不利影响。在河槽汇流方面，由于坡面产流大大增加，排洪量加剧，河流汇流量暴涨，加剧防洪压力。因此，降水蓄渗工程应用于大型生产建设项目以及城镇建设或生产区建设，具有改善局部地区水循环、节约用水、减免雨洪灾害等重要作用。

5.2.8.1 一般规定

对因开发建设活动对地面沟道的降水入渗、过流影响应进行分析，并采取降水蓄渗措施。

1.坡面漫流的分析应包括的内容

(1)在项目区范围内,由于基建施工和生产运行使土壤性状、土壤湿度、土层剖面特性、植被、地形、土地利用等下垫面条件发生变化,硬化地面、开挖裸露面等,使地面糙率变小,其蓄渗降雨的能力下降,坡面漫流速度增大。

(2)产流历时缩短而产流量增大,其冲刷作用增强,地下水补给减少。

(3)填土(石、沙、渣)或弃土(石、沙、渣、灰)孔隙率增大,蓄渗能力增大,产流历时延长而产流量减小,土壤含水量增加,对于填方或废弃物的稳定可能产生不利影响。

2.河槽集流的分析应包括的内容

(1)坡面漫流从上游向下游汇集,在项目区内或在项目区下游汇流到流域出口断面形成沟(河)道径流。

(2)由于基建施工和生产运行将引起包括沟(河)道在内的下垫面条件发生变化,河槽集流的历时、集流速度发生变化。

(3)项目区硬化地面、开挖裸露面使坡面漫流、河槽集流量增大,径流特别是洪水对河(沟)道的冲刷作用增强。

5.2.8.2 适用条件

(1)对由于项目基建施工和生产运行引起坡面漫流和河槽集流增大,地表的冲刷作用增强,必须采取水土保持防护工程,与项目防护工程形成完整的防御体系,有效地防止水土流失,并保证工程项目稳定和生产运行的安全。

(2)硬化面积宜限制在项目区空闲地总面积的 1/3 以下,地面、人行道路面硬化结构尽量采用透水形式。

(3)应恢复并增加项目区内林草植被覆盖率,植被恢复面积应达到项目区空闲地总面积的 2/3 以上。

5.2.8.3 基本原则

(1)对于因生产建设项目建设和生产运行引起的坡面产流和河槽汇流增大等问题,采取降水蓄渗措施,如渗水方砖、框格种草、集雨工程等,并与其他工程相结合,形成完整的防御体系,有效防止径流损失,并对雨水加以利用。

(2)硬化面积宜限制在项目区空闲地总面积的 1/3 以下,地面和人行道路的硬化结构宜采用透水形式。

(3)应恢复并增加项目区林草植被覆盖率、植被恢复面积,以达到项目区空闲地总面积的 2/3 以上。

5.2.8.4 设计要求

(1)对产生径流的坡面应根据地形条件,采取水平阶、水平沟、窄梯田、鱼鳞坑等蓄水工程。

①水平阶:适用于地形较完整、土层较厚、坡度为 15°～25°的坡面,阶面宽 1～1.5 m。具有 3°～5°反坡。上下阶之间的水平距离以设计造林的行距为准。在阶面上能全部拦蓄各阶台间斜坡径流,由此确定阶面宽度、反坡坡度(或阶边设埂),或调整阶间距离。树苗种植于距离阶边 0.3～0.5 m(约 1/3 阶宽)处。

②水平沟:适用于坡度为 15°～25°的陡坡,沟口上宽 0.6～1.0 m,沟底宽 0.3～

0.5 m，沟深 0.4～0.6 m，由半开挖半填筑而成，内侧挖出的生土堆于外埂。树苗植于沟底外侧。根据设计造林行距和坡面径流量大小确定上下沟的间距和水平沟断面尺寸。

③窄梯田：在坡度较缓、土层较厚的坡地种植果树或其他立地条件要求较高的经济树木时，采用窄梯田。田面宽 2～3 m。田边蓄水埂高 0.3 m，顶宽 0.3 m，根据果树的设计行距确定上下两台梯田的间距。田面修筑平整后将挖方生土部分翻耕 0.3 m 左右，在田面中部挖穴种植果树。

④鱼鳞坑：适用于地形破碎、土层较薄、不能采用带状整地的坡地。每坑平面呈半圆形，长径为 0.8～1.5 m，短径为 0.3～0.5 m，坑内取土在下沿筑成弧状土埂，高 0.2～0.3 m（中部高，两端略低）。各坑在坡面基本沿等高线布置，上下两行坑口呈“品”字形错开排列。根据造林设计行距和株距确定坑的行距和穴距，树苗种植在坑内距上沿 0.2～0.3 m 范围，坑两端开挖宽深均为 0.2～0.3 m 的倒“八”字形截水沟。

(2)对径流汇集的坡面应根据地形条件，采取水窖、涝池、蓄水池、沉砂池等径流拦蓄工程。

①水窖：在原来水量不大的路旁或硬化地面修井式水窖，水窖容积一般为 30～50 m^3。土质坚硬且蓄水量需求较大的地方，修筑窑式水窖，容积为 100～200 m^3。水窖设计与施工参照《雨水集蓄利用工程技术规范》确定。

②涝池：在土质坚硬且渗透性较小、地域路面的路旁（或道路附近）布置涝池拦蓄道路径流，防止道路冲刷与沟头前进，同时供项目区植被绿化灌溉用水。涝池工程设计与施工参照《雨水集蓄利用工程技术规范》确定。

③蓄水池：一般布置在坡脚或坡面局部低洼处，与排水沟（或排水型截水沟）末端相连，以容蓄坡面径流。根据坡面径流总量、蓄排关系、施工条件、使用条件确定蓄水池的分布与容量。

④沉砂池：一般布置在蓄水池进口上游，排水沟（或排水型截水沟）排出的水流经泥沙沉淀之后，将清水排入蓄水池中。

⑤蓄水池：设计与施工参照《雨水集蓄利用工程技术规范》确定。

(3)项目区位于干旱、半干旱地区时，应结合项目工程供水排水系统，布置专用于贮备绿化的引水、蓄水、灌溉工程。

①引水工程：引水工程的形式采用引水渠、引水管道。

a. 当项目区内及附近有河流、充足的地下水出露时，修筑引水渠工程。当埋深较浅具备开采条件时，布置小型抽水泵站，通过引水工程灌溉。

b. 当项目区范围内无地表径流可供引水灌溉时，应结合项目工程供排水系统布置专用林草灌溉引水管线。

c. 引水工程设计与施工参照有关设计手册确定。

②蓄水工程：根据项目区水源条件，在道路、硬化地面附近布置蓄水池、水窖、涝池等蓄水工程，灌溉林草植被。蓄水池的形式、工程设计与施工参照《雨水集蓄利用工程技术规范》确定。

③灌溉工程：根据林草生长需要进行缺水期补充灌溉。可采用喷灌、滴灌、管灌等节水灌溉方式。工程设计与施工参照有关设计手册确定。

5.2.9　临时防护工程

生产建设项目从动工兴建到建成投产正常运行，其间往往历时较长，如不及时落实“三同时”制度和采取有效措施，可能会造成严重的水土流失。临时防护工程是生产建设项目水土保持措施体系中不可缺少的重要组成部分，在整个防治方案中起着非常重要的作用。

5.2.9.1　一般规定

(1)施工建设中，临时堆土(石、渣)，必须设置专门堆放地，集中堆放，并应采取拦挡、覆盖等措施。

(2)对施工开挖、剥离的地表熟土，应安排场地集中堆放，用于工程施工结束后场地的覆土利用。

(3)施工中的各类裸露地，在遇暴雨、大风时应布设防护措施。

(4)施工建设场地应布设临时拦护、排水、沉沙等设施，防止施工期间的水土流失。

(5)对裸露时间超过一个生长季节的，应进行临时种草。

(6)临时施工道路应统一规划，提出典型设计，并采取临时性的防护措施。

(7)施工中对下游及周边造成影响的，必须采取相应的防护措施。

5.2.9.2　适用条件

(1)临时防护工程适用于工程项目的施工准备期和基建施工期。

(2)临时防护工程宜布设在项目工程的施工场地及其周边。

(3)防护的对象应为施工场地的扰动面、占压区等。

5.2.9.3　基本原则

(1)施工建设中，临时堆土(石、渣)必须设置专门堆放地，集中堆放，并应采取拦挡、覆盖等措施。

(2)对施工开挖、剥离的地表熟土，应安排场地集中堆放，用于工程施工结束后场地的覆土利用。

(3)施工中的裸露地在遇暴雨、大风时应布设防护措施。如裸露时间超过一个生长季节，应进行临时种草加以防护。

(4)施工建设场地、临时施工道路应统一规划，并采取临时性的防护措施，如布设临时拦挡、排水、沉沙等设施，防止施工期间的水土流失。

(5)施工中对下游及周边造成影响的，必须采取相应的防护措施。

5.2.9.4　设计要求

(1)施工场地开挖应符合下列规定：

①对施工场地的地表熟土层，剥离后集中存放于专门堆放场地，并采取措施防止其流失。

②对植被稀少、生长缓慢地区的林草、草皮等，应将地表植被连同其下熟土层一起移植至其他地方，工程结束后回植于施工场地。

③项目建设施工中，临时堆土(石、渣)及建材应分类集中堆放，并建临时性挡渣、排水、沉沙等工程，对堆放时间长的土、石、渣体，还应种植临时性草。

(2)表面覆盖应符合下列规定：

①对临时堆放的渣土，应用土工布、塑料布、抑尘网等覆盖，避免水土流失。

②风沙区部分场地也可用草、树枝等临时覆盖。

(3)临时挡土(石)工程应符合下列规定：

①宜在施工场地的边坡下侧修建。

②平地区应在临时弃渣体周边布设。

③临时挡土(石)工程的规模应根据渣体的规模、地面坡度、降雨等情况分析确定。

④临时挡土(石)工程防洪标准可根据确定的工程规模、相应的弃渣防护工程的防洪标准确定。

(4)临时排水设施应符合下列规定：

①在施工场地的周边，应建临时排水设施。

②临时排水设施可采用排水沟(渠)、暗涵(洞)、临时土(石)方挖沟等，也可利用抽排水管。

③临时排水设施规模和标准，应根据工程规模、施工场地、集水面积、气象等情况分析确定。

④临时排水设施的防洪标准应根据确定的工程规模，相应的弃渣防治工程的防洪标准确定。

(5)沉沙池应符合下列规定：

①对施工场地产生的泥沙进行沉积。

②位置应选在挖泥和运输方便的地方，以利于清淤。

③容量应根据地形地质、降雨时泥沙径流量，确定一次暴雨搬运堆积泥沙的数量。

④沉沙池的设计施工应遵循国家行业标准《水利水电工程沉沙池设计规范》。

(6)临时种草场地应采取土地整治、撒播草籽措施，可按照规范规定执行。

(7)施工组织设计应符合下列要求：

①项目在施工和运行期，各种车辆、运输设备应固定行驶路线，不得任意开辟道路，减少对地面的扰动。

②应明确标示场内交通道路的边界，规范车辆的行驶。

③临时道路宜采用砾石、卵石及碎石铺压路面，防止暴雨、大风造成的危害。

④应合理确定工程的施工期，避免在大风季和暴雨季施工。

第 6 章　水土保持工程材料与施工

6.1　水土保持工程材料

6.1.1　水土保持工程材料的基本性质

6.1.1.1　物理性质

1. 材料的体积密度、密度、表观密度、堆积密度

(1)体积密度

材料在包含实体积、开口和密闭孔隙的状态下单位体积的质量称为材料的体积密度。在不同构造状态下又可分为真密度、表观密度和堆积密度，而表观密度根据其开口孔又可分为体积密度和视密度。

(2)密度(比重)

材料在绝对密实状态下单位体积的质量称为密度，也叫“真密度”。计算公式如下：

$$\rho=\frac{m}{V} \tag{6-1}$$

式中：ρ——密度(g/cm^3)；

V——在绝对密实状态下材料的体积(cm^3)；

m——材料的质量(g)。

(3)表观密度

表观密度指材料在自然状态下单位体积的质量。计算公式如下：

$$\rho_0=\frac{m}{V_0} \tag{6-2}$$

式中：ρ_0——材料的表观密度(g/cm^3，kg/m^3)；

m——材料的质量(g，kg)；

V_0——材料在自然状态下的体积(m^3)。

(4)堆积密度

堆积密度指粒状、粉状及纤维状材料在堆积状态下(包含颗粒内部的孔隙和颗粒之间的空隙)单位体积的质量。计算公式如下：

$$\rho'_0=\frac{m}{V'_0} \tag{6-3}$$

式中：ρ'_0——材料的堆积密度(g/cm^3，kg/m^3)；

m——材料的质量(g,kg);

V'_0——材料在堆积状态下的体积(m^3)。

2.材料的密实度与孔隙率

(1)密实度

密实度指材料体积内被固体物质充实的程度,即固体物质体积占总体积的比例。计算公式如下:

$$D=\frac{V}{V_0}=\frac{\rho_0}{\rho}\times 100\% \tag{6-4}$$

(2)孔隙率

孔隙率指材料体积中,孔隙的体积与总体积的比值。计算公式如下:

$$P=\frac{V_0-V}{V_0}=(1-\frac{V}{V_0})=(1-\frac{\rho}{\rho_0})\times 100\% \tag{6-5}$$

材料的密实度和孔隙率之和为1。

3.材料的填充率与空隙率

(1)填充率

填充率指散粒材料在堆积体积内颗粒所填充的程度。计算公式如下:

$$D'=\frac{V_0}{V'_0}=\frac{\rho'_0}{\rho_0}\times 100\% \tag{6-6}$$

(2)空隙率

空隙率指散粒材料在堆积体积内,颗粒之间空隙体积所占的比例。计算公式如下:

$$P'=\frac{V'_0-V_0}{V'_0}=(1-\frac{V_0}{V'_0})=(1-\frac{\rho'_0}{\rho_0})\times 100\% \tag{6-7}$$

填充率和空隙率之和为1。

6.1.1.2　力学性质

1.材料的强度和比强度

(1)材料强度

材料强度指材料在外力(荷载)作用下抵抗被破坏的能力,以材料受外力破坏时,单位面积上所承受的力来表示。

材料抵抗拉力、压力、弯矩及剪力的能力分别称为抗拉强度、抗压强度、抗弯强度及抗剪强度。计算公式如下:

$$f=\frac{P}{A} \tag{6-8}$$

式中:f——材料抗压、抗拉或抗剪强度(MPa);

P——材料破坏时的最大荷载(N);

A——受力截面面积(m^2)。

(2)比强度

比强度是按单位质量计算的材料强度,其值等于材料的强度与其表观密度的比值。

2. 材料的弹性与塑性

(1)弹性

材料在外力的作用下产生变形,当外力取消后,能完全恢复原来形状的性质称为“弹性”。完全恢复的变形称为“弹性形变”。

(2)塑性

材料在外力作用下产生形变,除去外力以后,材料能保持变形后的形状尺寸,并且不产生裂缝的性质称为“塑性”。不能恢复的变形称为“塑性形变”。

3. 材料的脆性和韧性

(1)脆性

材料在外力作用下,当外力超过一定限度,材料突然破坏而无明显塑性变形的性质称为“脆性”。具有这种性质的材料称为“脆性材料”。脆性材料抵抗冲击和振动荷载的能力很差,其抗压强度比抗拉强度高得多,如混凝土、砖、玻璃等。

(2)韧性

材料在冲击和振动荷载作用下,能承受很大的变形也不至于被破坏的能力称为“韧性”。具有这种性质的材料称为“韧性材料”,如建筑钢材、木材。

4. 材料的硬度及耐磨性

(1)硬度

硬度是材料抵抗较硬物体压入或刻画的能力。木材、钢材、混凝土及矿物材料等可用钢球或钢锥压入的方法来测定硬度,矿物材料也可用刻画法测定硬度。

(2)耐磨性

耐磨性是指材料表面抵抗磨损的能力,用磨损前后单位表面的质量损失来表示。

6.1.2 石材与石灰

6.1.2.1 石材

石材作为一种高档建筑装饰材料,广泛应用于室内外装饰设计、幕墙装饰和公共设施建设。目前市场上常见的石材主要分为天然石和人造石、大理石。天然石材是指从天然岩体中开采出来的,并经加工成块状或板状材料的总称。天然石材具有很高的抗压强度,良好的耐磨性和耐久性,经加工后表面美观富于装饰性,资源分布广,蕴藏量丰富,便于就地取材,生产成本低等优点,是古今土木工程中修筑城垣、桥梁、房屋、道路及水利工程的主要材料,是现代土木工程的主要装饰材料之一。

天然石材按地质可分为岩浆岩、沉积岩和变质岩三类。

1. 岩浆岩

(1)花岗岩

花岗岩是岩浆岩中分布最广的一种岩石,它由长石、石英及少量云母组成,具有致密的结晶结构和块状构造。花岗岩呈白色、微黄色、淡红色。花岗岩具有吸水率低、抗压强度高、表观密度大、耐磨性能及耐风化性能好的特点。

(2)辉长岩

辉长岩是岩浆岩的一种,属于晶质等粒结构,块状构造,具有强度高、韧性好、耐磨性及耐久性好的特点。

(3)玄武岩

玄武岩是喷出岩中最普通的一种,颜色较深,强度变化较大,表观密度大,硬度高,脆性大,耐久性好。

2.沉积岩

(1)石灰岩

石灰岩又称"灰石""青石",主要矿物成分是方解石,还有少量的黏土、白玉石、菱镁矿、石英及一些有机杂质,属于晶质结构,层状构造。石灰岩常呈白色、灰色、浅红色等,当有机杂质含量多时呈褐色至黑色。由于所含化学成分、矿物组成、致密程度不同,物理性能差异较大。

(2)砂岩

砂岩由石英砂粒经天然胶结物胶结而成。根据其胶结物的不同可分为硅质砂岩、钙质砂岩、铁质砂岩及黏土质砂岩等。砂岩的主要矿物成分为石英及少量长石、方解石等,性能差异较大。

3.变质岩

(1)大理岩

大理岩又称"大理石",是由石灰岩和白云岩变质而成的岩石,具有等粒和不等粒结构,块状构造。

(2)石英岩

石英岩由硅质砂岩变质而成,结构致密,强度高,硬度大,难加工,非常耐久,耐酸性好。

6.1.2.2 石灰

石灰一种以氧化钙为主要成分的气硬性无机胶凝材料。石灰是用石灰石、白云石、白垩、贝壳等碳酸钙含量高的产物,经900~1100 ℃煅烧而成,是人类最早应用的胶凝材料。

1.石灰的种类

(1)根据石灰中氧化镁百分含量分类,可分为钙质石灰(MgO≤5%)、镁质石灰(MgO>5%)。

(2)根据产品的加工方法分类,可分为块灰、消石灰粉、石灰膏、石灰乳、磨细生石灰。

2.石灰的特性

可塑性好;硬化慢、强度低;硬化时体积收缩大;耐水性差;生石灰吸湿性强。

3.石灰的应用

(1)石灰在建筑上的主要用途

①石灰乳涂料:石灰加大量的水所得的稀浆,即为石灰乳,主要用于要求不高的室内粉刷。

②砂浆:利用石灰膏或消石灰粉可配制成石灰砂浆或水泥石灰混合砂浆,用于抹灰和砌筑。

③灰土和三合土:消石灰粉与黏土拌和后称为灰土,再加砂或石屑、炉渣等即成三合土。灰土和三合土广泛用于建筑物的基础和道路的垫层。

④硅酸盐混凝土及其制品：以石灰与硅质材料（如石英砂、粉煤灰、矿渣等）为主要原料，经磨细、配料、拌和、成型、养护（蒸汽养护或压蒸养护）等工序得到的人造石材。常用的硅酸盐混凝土制品有蒸汽养护和压蒸养护的各种粉煤灰砖、灰砂砖、砌块及加气混凝土等。

⑤碳化石灰板：将磨细生石灰、纤维状填料（如玻璃纤维）或轻质骨料加水搅拌成型为坯体，然后再通入二氧化碳进行人工碳化（12～24 h）而成的一种轻质板材。它适合作非承重的内隔墙板、顶棚等。

生石灰块及生石灰粉须在干燥条件下运输和储存，且不宜存放太久。长期存放时应在密闭条件下，且应防潮、防水。

（2）石灰在土木工程中的主要用途

①石灰乳和砂浆：消石灰粉或石灰膏掺加大量粉刷。用石灰膏或消石灰粉可配制石灰砂浆或水泥石灰混合砂浆，用于砌筑或抹灰工程。

②石灰稳定土：将消石灰粉或生石灰粉掺入各种粉碎或原来松散的土中，经拌和、压实及养护后得到的混合料，称为石灰稳定土。它包括石灰土、石灰稳定沙砾土、石灰碎石土等。黏土颗粒表面的少量活性氧化硅和氧化铝与氢氧化钙发生反应，生成水硬性的水化硅酸钙和水化铝酸钙，使黏土的抗渗能力、抗压强度、耐水性得到改善。它广泛用作建筑物的基础、地面的垫层及道路的路面基层。

③硅酸盐制品：以石灰（消石灰粉或生石灰粉）与硅质材料（砂、粉煤灰、火山灰、矿渣等）为主要原料，经过配料、拌和、成型和养护后可制得砖、砌块等各种制品。因内部的胶凝物质主要是水化硅酸钙，所以称为硅酸盐制品，常用的有灰砂砖、粉煤灰砖等。

6.1.3　水泥

水泥是粉状水硬性无机胶凝材料。加水搅拌后成浆体，能在空气中硬化或者在水中更好地硬化，并能把砂、石等材料牢固地胶结在一起。

1. 水泥的组成

凡由硅酸盐水泥熟料、0%～5%石灰石或粒化高炉矿渣、适量石膏磨细制成的水硬性胶凝材料称为硅酸盐水泥，也称“波特兰水泥”。硅酸盐水泥分为不掺加混合材料的Ⅰ型硅酸盐水泥（代号P.Ⅰ）和掺加混合材料（石灰石或粒化高炉矿渣）不超过水泥质量5%的Ⅱ型硅酸盐水泥（代号P.Ⅱ）。

2. 水泥的分类

（1）按用途及性能分类

①通用水泥：一般土木建筑工程通常采用的水泥。即GB 175—2007规定的六大类水泥：硅酸盐水泥、普通硅酸盐水泥、矿渣硅酸盐水泥、火山灰质硅酸盐水泥、粉煤灰硅酸盐水泥和复合硅酸盐水泥。

②专用水泥：专门用途的水泥。如：G级油井水泥、道路硅酸盐水泥。

③特性水泥：某种性能比较突出的水泥。如：快硬硅酸盐水泥、低热矿渣硅酸盐水泥、膨胀硫铝酸盐水泥、磷铝酸盐水泥和磷酸盐水泥。

(2)按其主要水硬性物质名称分类

硅酸盐水泥,即国外通称的波特兰水泥;铝酸盐水泥;硫铝酸盐水泥;铁铝酸盐水泥;氟铝酸盐水泥;磷酸盐水泥;以火山灰或潜在水硬性材料及其他活性材料为主要组分的水泥。

(3)按主要技术特性分类

①快硬性(水硬性):分为快硬和特快硬两类。

②水化热:分为中热和低热两类。

③抗硫酸盐性:分中抗硫酸盐腐蚀和高抗硫酸盐腐蚀两类。

④膨胀性:分为膨胀和自应力两类。

⑤耐高温性:铝酸盐水泥的耐高温性以水泥中氧化铝含量分级。

2. 水泥的技术性质

(1)细度

水泥颗粒粒径一般为7～200 μm,粒径小于40 μm时活性较高,大于100 μm的颗粒近乎惰性。水泥磨得越细,水泥水化速度越快,强度越高。

(2)凝结时间

凝结时间指水泥从加水拌和开始到失去流动性,即从可塑态发展到固体状态的时间。水泥凝结时间分为初凝时间和终凝时间,从加水拌和至水泥浆开始失去可塑性的时间称为初凝时间,从加水拌和至水泥浆完全失去可塑性并开始具有一定结构强度的时间称为终凝时间。现行国家标准规定,硅酸盐水泥初凝时间不得早于45 min,终凝时间不得迟于6.5 h。

(3)体积安定性

体积安定性指水泥在凝结硬化过程中,体积变化的均匀性。若水泥凝结硬化后体积变化不均匀,水泥混凝土构件将产生膨胀性裂缝,降低建筑物质量,甚至引起严重事故。体积安定性不良的水泥不能用于工程结构中。

(4)标号

水泥的标号是按照水泥强度的等级划分的,水泥强度是评定其质量的重要指标。各强度等级硅酸盐水泥各龄期的强度值不得低于表6-1中的数值。

表6-1　各强度等级硅酸盐水泥各龄期的强度值　单位:MPa

强度等级	抗压强度		抗拉强度	
	3天	28天	3天	28天
42.5	17	42.5	3.5	6.5
42.5R	22	42.5	4	6.5
52.5	23	52.5	4	7
52.5R	27	52.5	5	7
62.5	28	62.6	5	8
62.5R	32	62.5	5.5	8

6.1.4　混凝土

混凝土，简称为“砼”(tóng)，是指由胶凝材料将骨料胶结成整体的工程复合材料的统称。通常讲的混凝土是指用水泥作胶凝材料，砂、石作骨料；与水(可含外加剂和掺和料)按一定比例配合，经搅拌而得的水泥混凝土，也称“普通混凝土”，它被广泛应用于土木工程。

6.1.4.1　混凝土的分类与特点

1.混凝土的分类

(1)按凝胶材料分类：可分为无机胶凝材料混凝土，如水泥混凝土、石膏混凝土、硅酸盐混凝土、水玻璃混凝土等；有机胶结料混凝土，如沥青混凝土、聚合物混凝土等。

(2)按照表观密度的大小分类：可分为重混凝土(表观密度不低于2500 kg/m^3)、普通混凝土(表观密度为1950～2500 kg/m^3)、轻质混凝土(表观密度低于1950 kg/m^3)。

(3)按使用功能分类：可分为结构混凝土、保温混凝土、装饰混凝土、防水混凝土、耐火混凝土、水工混凝土、海工混凝土、道路混凝土、防辐射混凝土等。

(4)按施工工艺分类：可分为离心混凝土、真空混凝土、灌浆混凝土、喷射混凝土、碾压混凝土、挤压混凝土、泵送混凝土等。

(5)按混凝土拌和物的和易性分类：可分为干硬性混凝土、半干硬性混凝土、塑性混凝土、流动性混凝土、高流动性混凝土、流态混凝土等。

(6)按配筋方式分类：可分为素混凝土、钢筋混凝土、钢丝网水泥、纤维混凝土、预应力混凝土等。

2.混凝土的特点

混凝土的优点是具有较高的强度和耐久性；混凝土拌和物具有可塑性，便于浇铸成各种形状的构件和整体结构；能与钢筋牢固地结合成坚固、耐久、抗震且经济的钢筋混凝土结构；组成材料均为地方性材料，可以最大限度地就地取材；可以根据不同要求，通过调整混凝土配合比配置成不同性能的混凝土。

其缺点是自重大，比强度低，抗拉强度低，脆性大，受力变形小，易产生裂缝；硬化速度慢，生产周期长，强度波动因素多等。

6.1.4.2　混凝土的组成材料

1.水泥

(1)水泥品种的选择

水泥品种的选择主要根据工程结构特点、工程所处环境及施工条件确定。如高温车间结构混凝土有耐热要求，一般宜选用耐热性好的矿渣水泥等。

(2)水泥强度的选择

水泥强度等级的选择应与混凝土的设计强度等级相适应。若用低强度等级的水泥配制高强度等级混凝土，不仅会使水泥用量过多，还会对混凝土产生不利影响。用高强度等级的水泥配制低强度等级混凝土，若只考虑强度要求，会使水泥用量偏少，从而影响耐久性能；若水泥用量兼顾了耐久性等要求，又会导致超强而不经济。因此，根据经验，一般以选择的水泥强度等级标准值为泥土强度等级标准值的1.5～2.0倍为宜。

2.骨料

普通混凝土所用骨料按粒径大小分为两种,粒径大于 5 mm 的称为粗骨料,粒径小于 5 mm 的称为细骨料。细骨料一般是由天然岩石长期风化等自然条件形成的天然沙,天然沙可分为河沙、海沙、山沙三类。粗骨料有碎石和卵石两种。

3.水

混凝土用水的基本要求是:不影响混凝土的凝结和硬化,无损于混凝土强度发展及耐久性,不加快钢筋锈蚀,不引起预应力钢筋脆断,不污染混凝土表面。凡饮用水和清洁的天然水,都可用于混凝土拌制和养护。

6.1.4.3 混凝土的技术性质

1.和易性

混凝土的和易性也称"工作性",是指拌和物易于搅拌、运输、浇捣成型,并获得质量均匀密实的混凝土的一项综合技术性能。通常用流动性、黏聚性和保水性三项内容表示。

流动性是指拌和物在自重或外力作用下产生流动的难易程度;黏聚性是指拌和物各组成材料之间不产生分层离析现象;保水性是指拌和物不产生严重的泌水现象。

通常情况下,混凝土拌和物的流动性越大,则保水性和黏聚性越差,反之亦然,相互之间存在一定矛盾。和易性良好的混凝土是指既具有满足施工要求的流动性,又具有良好的黏聚性和保水性。因此,不能简单地认为流动性大的混凝土和易性好,或者流动性减小则和易性变差。良好的和易性既是施工的要求也是获得质量均匀密实混凝土的基本保证。

2.强度

普通混凝土一般用作结构材料,故强度是其最主要的技术性质。混凝土的抗拉、抗压、抗弯、抗剪强度中,抗压强度最大,故混凝土主要用来承受压力作用。

(1)混凝土的强度等级

我国把普通混凝土划分为 C7.5、C10、C15、C20、C25、C30、C35、C40、C45、C50、C55 和 C60 共 12 个等级。强度等级中的"C"为混凝土强度符号,后面的数值为混凝土立方体抗压强度标准值。

(2)影响混凝土强度的主要因素

①水泥强度等级和水灰比:是影响混凝土抗压强度的最主要因素,也可以说是决定因素。混凝土的强度主要取决于水泥石的强度及其与骨料间的黏结力,而水泥石的强度及其与骨料间的黏结力,又取决于水泥的强度等级和水灰比的大小。由于拌制混凝土拌和物时,为了获得必要的流动性,常需要加入较多的水,多余的水所占空间在混凝土硬化后成为毛细孔,使混凝土密实度降低,强度下降。

②骨料:骨料本身的强度一般都比水泥石的强度高(轻骨料除外),所以不会直接影响混凝土的强度,但若骨料经风化等作用而强度降低时,则用其配制的混凝土强度也较低。骨料表面粗糙,则与水泥石黏结力较大,但达到同样流动性时,需水量大,随着水灰比增大,强度降低。因此,在水灰比小于 0.4 时,用碎石配制的混凝土比用卵石配制的混凝土强度约高 38%,但随着水灰比增大,两者差别就不显著了。

③龄期:混凝土在日常养护条件下,强度将随龄期的增长而增长。在标准养护条件

下，混凝土强度与龄期的对数成正比(龄期不小于3天)。

④养护湿度及温度：为了获得质量良好的混凝土，混凝土成型后必须进行适当的养护，以保证水泥水化过程的正常进行。养护过程需要控制的参数为湿度和温度。由于水泥的水化反应只能在充水的毛细孔内发生，在干燥环境中，强度会随水分蒸发而停止发展，因此养护期必须保湿。养护温度对混凝土强度发展也有很大影响。混凝土在不同温度的水中养护，强度的发展规律是养护温度高时，可以加快初期水化速度，使混凝土早期强度得以提高。

3.耐久性

(1)抗渗性

抗渗性是指其抵抗水、油等压力液体渗透作用的能力。它对混凝土的耐久性起着重要的作用，因为环境中的各种侵蚀介质只有通过渗透才能进入混凝土内部产生破坏作用。

抗渗性以抗渗标号表示，如S4、S8等，即表示混凝土能抵抗0.4 MPa、0.8 MPa等的水压力而不渗水。

(2)抗冻性

抗冻性是指混凝土含水时抵抗冻融循环作用而不破坏的能力。混凝土的冻融破坏原因是混凝土中水结冰后发生体积膨胀，当膨胀力超过其抗拉强度时，混凝土便产生微细裂缝，反复冻融裂缝不断扩展，导致混凝土强度降低直至破坏。

抗冻性以抗冻标号表示，抗冻标号是以龄期28天的石块在吸水饱和后于－15～20 ℃反复冻融循环，用抗压强度下降不超过25%，且质量损失不超过5%时，所能承受的最大冻融循环次数来表示。混凝土分以下9个抗冻等级：D10、D15、D25、D50、D100、D150、D200、D250、D300，分别表示混凝土能够承受反复冻融循环次数不小于10、15、25、50、100、150、200、250和300次。

(3)抗侵蚀性

环境介质对混凝土的化学侵蚀主要是对水泥石的侵蚀，提高混凝土的抗侵蚀性主要在于选用合适的水泥品种，以及提高混凝土的密实度。

(4)碳化

碳化是指环境中的二氧化碳和混凝土内水泥石中的氢氧化钙反应，生成碳酸钙和水，从而使混凝土的碱度降低(也称“中性化”)的现象。

(5)碱—骨料反应

碱—骨料反应是指混凝土中含有活性二氧化硅的骨料与所用水泥中的碱氧化钠和氧化钾在有水的条件下发生反应，形成碱—硅酸凝胶，此凝胶吸水肿胀并导致混凝土胀裂的现象。水泥中含碱量高、骨料中含有活性二氧化硅及有水存在是碱—骨料反应的主要原因。

4.变形性

(1)化学减缩

混凝土体积的自发化学收缩是在没有干燥和其他外界影响下的收缩，其原因是水泥水化物的固体体积小于水化前反应物(水和水泥)的总体积。因此，混凝土的这种体积收缩是由水泥的水化反应所产生的固有收缩，也称为“化学减缩”。

(2)温度变形

混凝土与通常固体材料一样呈现热胀冷缩。一般室温变化对于混凝土没有太大影响。但是温度变化很大时,就会对混凝土产生重要影响。

(3)干缩湿胀

当处于空气中的混凝土水分散失时,会引起体积收缩,称为干缩;受潮后体积又会膨胀,即为湿胀。

(4)荷载作用下的变形

①混凝土在短期荷载作用下的变形:混凝土在短期荷载作用下的变形可分为4个阶段:第一阶段是混凝土承受的压应力低于30%极限应力时,混凝土内部产生基本稳定的微裂缝,混凝土的受压应力—应变曲线近似直线状。第二阶段是混凝土承受的压应力为30%~50%极限应力时,裂缝缓慢伸展,但仍很独立,混凝土的受压应力—应变曲线随界面裂缝的演变逐渐偏离直线,产生弯曲。第三阶段是混凝土承受的压应力为50%~75%极限应力时,裂缝逐渐增生发展,并相互搭接。第四阶段是混凝土承受的压应力超过75%极限应力时,裂缝逐渐扩展为连续的裂缝体系,此时混凝土产生非常大的应变,其受压应力—应变曲线明显弯曲,直到达到极限应力。

②混凝土在长期荷载作用下的变形:混凝土承受持续荷载作用时,随时间的延长而增加的变形,称为徐变。混凝土的徐变在加荷早期增长较快,然后逐渐减慢;当混凝土卸载后,一部分变形迅速恢复,还有一部分要过一段时间才恢复,称徐变恢复。剩余不可恢复部分称残余变形。混凝土的徐变对混凝土及钢筋混凝土结构物的应力和应变状态有很大影响。徐变可能超过弹性变形,甚至达到弹性变形的2~4倍。在某些情况下,徐变有利于削弱由温度、干缩等引起的约束变形,从而防止裂缝的产生。但在预应力结构中,徐变将产生应力松弛,引起预应力损失,造成不利影响。因此在混凝土结构设计时,必须充分考虑徐变的有利和不利影响。影响混凝土徐变大小的主要因素是水泥用量和水灰比,水泥用量越多,水灰比越大,徐变越大。

6.1.5 砌体材料

6.1.5.1 铺地砖

铺地砖是用黏土压制成型、干燥后经过熔烧而成的组织紧密的板状铺地建筑材料。其种类繁多,应用广泛。水土保持工程中渗水型铺地砖应用较多。

渗水型铺地砖是一种生态型新型铺地产品,它是用混凝土制成的能够形成均匀分布排水孔铺面的功能型铺地砖。除具备普通混凝土铺地砖承载能力强、施工和维护方便、装饰效果好等特点外,还增加了表面渗水的特殊功能。

①渗水型铺地砖种类:渗水型铺地砖分为陶瓷透水砖和非陶瓷透水砖。

②适用范围:渗水型铺地砖多用于停车场、行车道、广场、码头、堆场及周边有绿化的各种铺地。

6.1.5.2 护坡砖

护坡砖是以保护坡面不受外界损害为目的的特殊砖块,不仅在水利、水土保持工程中得到广泛应用,而且还可用于广场、码头、人行道等工程。它具有利废、环保、防滑、保持水土不易流失和整体美观优雅等特点。在水土保持工程中，应用较多的是连锁式护土砖、杰克型滨水砖、铰接式护土砖等。

1.连锁式护土砖

连锁式护土砖水土保持系统是一种可人工安装，适于中小水流情况下土壤水侵蚀控制的连锁型预制混凝土块铺面系统。采用独特连锁设计的连锁式护土砖，每块与周围6块产生超强连锁，铺面在水流作用下具有良好的整体稳定性；高开孔率渗水型柔性结构铺面能够降低流速，减少流体压力和提高排水能力。连锁式护土砖铺设在铺有滤水土工布的基面上，随着植被在砖孔和砖缝中生长，铺面的耐久性和稳定性将进一步提高，开孔部分既能起到渗水、排水的作用，又能增加植被，美化环境。

2.杰克型滨水砖

杰克型滨水砖是一种高稳定性、高透水性、超强连锁的特殊造型滨水工程用混凝土构件。每组杰克型滨水砖由两个独立的插接式构件组装而成，组合后形成6个对称的支角，任意方式放置均形成稳定的三角形支架结构，并可伸入松软的土壤中。各种规格的杰克型滨水砖可随机码放形成交叉连锁的矩阵。每一独立块体与周围6块实现插入式接合，所以该系统的稳定性远远超过一般单体构件。杰克型滨水砖矩阵有高达40%的间隙，间隙允许高速水流迅速通过，同时起到减小流速、降低水压的作用。根据工程需要，杰克型滨水砖可制成各种规格，安装应用时可在施工现场或工厂将各个独立的滨水砖组装在一起形成杰克型组合。

3.铰接式护土砖

铰接式护土砖水土保持系统是一种由缆索穿孔连接的连锁型预制混凝土块土壤侵蚀控制系统。该系统是由一组尺寸、形状和质量一致的预制混凝土块用若干根缆索相互连接在一起而形成的连锁型矩阵。铰接式护土系统的连锁护土砖主要有两种类型：开孔式和闭孔式。两种类型的护土砖均有不同的规格和厚度，分别适用于不同的水流情况。

6.1.5.3 挡墙砖

挡墙砖是垒砌挡土墙用的材料，即干垒块。目前在水土保持工程中应用较多的有钻石系列、嵌锁式、砌块配筋砌体挡土墙。

1.钻石系列

钻石系列干垒挡土墙具有以下特点：美观自然，风格独特；无砂浆砌筑，施工简便快捷；可适于垒筑圆、弧和各种转角；高墙或有附加荷载的挡土墙可结合聚合物拉接网片组成加筋干垒挡土墙，结构稳定；无须维护，无污染，美化环境。可广泛用于园林、护坡、护堤、高速公路和立交桥等。

钻石系列干垒挡土墙是重力式柔性结构，主要依靠结构自身质量达到稳定的目的。一般干垒挡土墙高，靠块体自重即可起到防止滑动和倾覆失稳的作用。对于较高或有附加荷载的干垒挡土墙，通常可在干垒块之间放置柔性编织拉接网片延伸到填土中，通过挡土块和加筋土的共同作用来增大墙体结构有效质量，从而形成稳固的挡土结构墙体。

无须砂浆黏结而逐层摆放在碎石集料垫层上的干垒块挡土墙，其特有的施工方法使墙体成为柔性的重力式结构，能适应较大的整体沉降和一定程度的不均匀沉降（一般允许1%）。干垒挡土墙受到地震荷载或其他动力荷载的作用时，结构稳定，力学性能卓越。

2. 嵌锁式

嵌锁式干垒挡土墙是加筋土干垒挡土墙的一种。由塑料压杆和嵌锁式干垒挡土块组成的连锁结构极大地加强了拉接网片与墙体之间的连接,偏斜式键槽和键销在导引块体准确安装错台就位的同时也起到了块体自稳定的作用,墙体抗倾覆、拉接网片抗拉拔和抗滑移能力、抗剪切、抗震和抗附加荷载能力强,尤其适用于挡土高墙和附加荷载较大的挡土墙。

嵌锁式连接能够充分保证土工布类拉接网片在安装和使用过程中不会被拔出或移拉,检测实验证明了这一点。实验表明,这种连接系统完全能够承受3倍于土工拉接网片的允许设计强度。限定条件实验分析结果还证明,这种连接系统能够抵抗超大荷载和严峻的外界环境。

嵌锁式干垒挡土墙由混凝土砌块制成,锁扣压杆可由一般的工程塑料制成,制作简单,并可采用工业废料作为原材料。拉接网片也是市面上常见易购的工程材料,如聚酯(涤纶)、聚丙烯(丙纶)土工格栅或编织网等。

3. 砌块配筋砌体

砌块配筋砌体挡土墙是刚性挡土结构,设计和计算方法与直立板式和现浇钢筋混凝土结构相似,结构性能相当。悬臂式结构较适于配筋砌体挡土墙。相对现浇钢筋混凝土结构,混凝土砌块横向和纵向配筋操作简单,无须模板灌,施工快捷,更适用于悬臂式挡土墙结构。

当土体压力较大、有附加荷载作用于墙体前端或墙趾时,悬臂式砌块配筋砌体挡土墙常采用倒"T"形截面;在某些情况下无须结构墙趾时,可采用"L"形截面构造。悬臂式挡土墙一般具有较好的稳定性,适用于各种高度和荷载的场所。

无论是倒"T"形还是"L"形截面,砌块孔均需用一定强度的混凝土满灌,砌块起到模板和装饰的作用,挡土宜与墙体高度齐平或略低。刚性基础与挡土墙主体是一个结构整体,基础上的回填土能起到增加挡土墙自重、稳定结构的作用。为抵抗土压力,配筋一般靠土体一侧固定。延伸基础的作用是稳定墙干、抵抗来自墙干的力的作用(滑动、倾覆和附加荷载),并将其传递给土基。

6.2 水土保持工程施工

建筑物在地面以下并将上部结构自重和所承担的荷载传递到地基上的构件或部分结构即为建筑物的"基础",形象地说,基础是建筑物的根脚。

6.2.1 基础工程施工

6.2.1.1 基坑开挖

基坑是指为进行建筑物(包括构筑物)基础与地下室的施工在基础设计位置按基底标高和基础平面尺寸所开挖的地面以下空间。一般来说,开挖深度大于等于5 m的基坑是深基坑,小于5 m的是浅基坑。

基坑开挖前,应根据地质水文资料,结合现场附近建筑物情况,决定开挖方案,并做好

防水、排水工作。开挖不深者可用放边坡的办法，使土坡稳定，其坡度大小按有关施工规程确定。开挖较深及邻近有建筑物者，可用基坑壁支护方法、喷射混凝土护壁方法，大型基坑甚至采用地下连续墙和钻孔灌注桩连锁等方法，防护外侧土层坍入；在附近建筑无影响者，可用井点法降低地下水位，放坡明挖；在寒冷地区可采用天然冷气冻结法开挖等。

1.陆地基坑开挖

基础开挖前，应准确测定基础轴线、边线位置及标高，并根据地质水文资料及现场具体情况，决定坑壁开挖坡度或支护方案，做好防水、排水工作。基坑开挖的深度一般稍大于基础埋深，视对基底处理的要求而定。坑底应在基础的襟边之外每边各增加 30～60 cm的富余量，为基坑的支护和排水留出必要的空间。

范围较小的桥梁基础施工，常用位于坑顶的吊机操纵抓土斗；开挖面很大的基坑，常用各类铲式挖土机、铲运机、推土机和自卸式汽车等。但离基底设计标高 20～40 cm 厚的最后一层土仍要人工挖除修整，以保证地基土结构不受破坏。土质较好、开挖不深、周围无邻近建筑物的基坑，有可能采用局部或全深度的放坡开挖方法。其坡度（高宽比）根据岩土类别及其物理状态和坡高等因素而定。

坡高大于 5 m 时，应分级放坡并设置过渡平台。坡顶有堆积荷载、坡高和坡度大、地层情况不利于边坡稳定时，应进行稳定验算。放坡开挖宜对坡面采取保护措施，如水泥砂浆抹面、塑料薄膜覆盖、挂铁丝网喷浆等。放坡开挖基坑必然增加土方量，多占场地。如基坑较深、土质较差或邻近有须保留建筑物，则应采用坑壁支护的方案。

2.水下基坑开挖

围堰的顶面要高出施工期可能出现的最高水位 0.7 m；还要考虑因修筑围堰使河流过水断面减小，流速增大，而引起河床的集中冲刷；围堰的断面应满足强度和稳定（防止滑动、倾覆）的要求；渗漏应尽量减少；堰内应有适当的工作面积。

（1）土围堰

土围堰一般适用于水深在 2 m 以内，流速缓慢，基底不渗水的情况。土围堰的厚度及其四周斜坡应根据使用的土质（宜使用黏性土）、渗水程度及围堰本身在水压力作用下的稳定性而定：堰顶宽不应小于 1.5 m，外坡不宜陡于 1∶2，内坡不宜陡于 1∶1，内坡脚距基坑顶缘不应小于 1 m。修筑时，尽可能使填土密实，必要时需在外坡上铺设树枝、草皮或片石，防止冲刷。

（2）木板桩围堰

木板桩围堰一般适用于水深 3 m 以内，河床为砂类土、黏性土等地层中。围堰通常采用单层的木板桩，桩外侧填筑一道土堤，必要时可用夹土双层木板桩。

（3）钢板桩围堰

钢板桩围堰一般适用于砂类土层、半干硬黏性土、碎石类土以及风化岩等地层中。钢板桩围堰有单层、双层和构体式等几种。单层钢板桩围堰适合于修筑中小面积基坑，常用于水中桥梁基础工程。双层钢板桩围堰一般应用在水深而需要确保围堰不漏水，或因基坑范围很大，不便安设支撑的情况下。在水深坑大、无法安设支撑时，也可采用平直型板桩组成的构体式钢板桩围堰。围堰还可根据具体的施工条件和要求，采用其他各种结构形式，如套箱围堰等。

6.2.1.2 地基处理

地基按照地层性质可分为岩基和软基。由于天然地基的性状复杂多样，各种类型的水工建筑物对地基的要求又各不相同，因而在实际工程中，形成了各种不同的地基处理方案和措施。水土保持工程施工中常用的方法有开挖、灌浆、防渗墙、桩基础、排水、挤实、锚固等。

1. 岩基处理

对于表层岩石存在的缺陷，可采用爆破开挖处理。当基岩在较深的范围内存在风化、节理裂隙、破碎带以及软弱夹层等地质问题时，应采用专门的处理方法。

(1)断层破碎带处理

断层是岩石或岩层受力发生断裂并向两侧产生显著位移而出现的破碎发育岩体，有断层破碎带和挤压破碎带两种。一般情况下，破碎带的长度和深度比较大，且风化强烈，岩块极易破碎，常夹有泥质填充物，强度、承载能力和抗渗性不能满足设计需求，必须予以处理。

对于较浅的断层破碎带，通常可采用开挖和回填混凝土的方法进行处理。处理时将一定深度范围内的断层及其两侧的破碎风化岩石清理干净，直到露出新鲜岩石，然后回填混凝土。

对于深度较大的断层破碎带，可开挖一层，回填一层。回填混凝土时预留竖井或斜井，作为继续下挖的通道，直到预定深度为止。

对于贯通建筑物上下游宽而深的断层破碎带或深厚覆盖层的河床深槽，处理时，既要解决地基承载能力，又要截断渗透通道。为此，可以采用支承拱和防渗墙法。

(2)软弱夹层处理

软弱夹层是指基岩出现层面之间的强度较低，已泥化或遇水容易泥化的夹层，尤其是缓倾角软弱夹层，处理不当会对坝体稳定带来严重影响。

对于倾角陡的夹层，如不与水库连通，可采用开挖和回填混凝土的方法处理。如夹层和水库相通，除对基础范围内的夹层进行开挖回填外，还必须在夹层上游水库入口处，进行封闭处理，切断通路。

对于缓倾角夹层，埋藏不深，开挖量不太大时，最好彻底挖除。如夹层埋藏较深，或夹层上部有足够厚度的支撑岩体，能维持基岩的深层抗滑稳定，可以只挖除上游部位的夹层，并进行封闭处理。如果夹层埋藏得很深，且没有深层滑动的危险，处理的目的主要是加固地基，可采用一般灌浆方法进行处理。

(3)岩溶处理

岩溶是指可溶性岩层(石灰岩、白云岩)长期受地表水或地下水溶蚀作用产生的溶洞、溶槽、暗沟、暗河、溶泉等现象。这些地质缺陷削弱了地基承载能力，形成了漏水的通道，危及水工建筑物的正常运行。对岩溶处理的目的是防止渗漏，保证蓄水，提高地基承载能力，确保建筑物的稳定安全。

对岩溶的处理可采取堵、铺、截、固、导、灌等措施。堵就是堵塞漏水的洞眼。铺就是在漏水地段做铺盖。截就是在漏水处修筑截水墙。围就是将间歇泉、落水洞围住。导就是将下游的泉水导出建筑物。灌就是进行固结灌浆和帷幕灌浆，对于大裂隙破碎岩溶地段，采取群孔水气冲洗，高压灌浆；对于松散物质的大型溶洞，可对洞内进行高压旋喷灌浆。

2. 软基处理

(1)挖除置换法

该法是指将建筑物基础底面以下一定范围内的软土层挖除，换填无侵蚀性及低压缩性的散粒材料，这些材料可以是粗沙、砾(卵)石、灰土、石屑、煤渣等。通过置换，减小沉降，改善排水条件，加速固结。

当地基软土层厚度不大时，可全部挖除，并换以沙土、黏土、壤土或沙壤土等回填夯实，回填时应分层夯实，严格控制压实质量。

(2)重锤夯实法

该法适用于带有自动脱钩装置的履带式起重机，将重锤吊起到一定的高度脱钩让其自由下落，利用下落的冲击能把土夯实。

当地基软土层厚度不大时，可以不开挖，利用重锤夯实法进行处理。当夯锤重为5～7 t，落距为5～9 m时，夯实深度为2～3.5 m；当夯锤重为8～40 t，落距为14～40 m时，夯实深度为20～30 m。此法可以省去大开大挖，节省成本，能耗少，机具简单；只是机械磨损大，震动大，施工不易控制。

(3)震动水冲法

该法是用一种类似插入式混凝土振捣器的振冲器，在土层中振冲造孔，并以碎石或沙砾填成碎石或沙砾桩，达到加固地基的一种方法。这种方法不仅适用于松沙地基，也可用于黏性土地基，因碎石承担了大部分传递载荷，同时又改善了地基排水条件，加速了地基的固结，提高了地基的承载能力。一般碎石桩的直径为0.6～1.1 m，桩距视地质条件在1.2～2.5 m范围内选择。

(4)排水法

该法是指采取相应的措施如砂垫层、排水井、塑料多空排水板等，使软基表层或内部形成水平或垂直排水通道，然后在土壤自重或是外荷作用下，加速土壤中水分的排除，使土壤固结，从而提高强度的一种方法。排水法又可分为水平排水法和垂直排水法。

(5)桩基础

桩基础是由若干个沉入土中的单桩组成的一种深基础，在各个单桩的顶部再用承台或梁联系起来，以承受上部建筑物质量的地基处理方法。按桩的传力和作用性质不同，可分端承桩和摩擦桩两种；按桩的施工方法不同，又可以分为预制桩和灌注桩两种。

桩基础的作用就是将上部建筑物的质量传到地基深处承载力较大的土层中，或将软弱土挤密实以提高地基的承载能力。在软弱土层上建造建筑物或上部结构载荷很大，天然地基的承载能力不满足时，采用桩基础可以取得较好的经济效果。

此外，在处理松散饱和的沙土地基时，也可以采用深孔爆破加密法，人工进行深层爆破，使饱和松沙液化，颗粒重新排列组合成为结构紧密、强度较高的砂。

6.2.2 土方工程施工

6.2.2.1 土方开挖

在施工过程中常见的土方开挖机械有挖掘机械和挖运组合机械两大类。挖掘机械按照工作机构及工作特点可分为循环作业的单斗式和连续作业的多斗式挖掘机两类。挖运组合机械能综合完成挖土运土和铺土等工作程序，常用的有装载机、铲运机、推土机等。土方开挖机械的选择应根据工程规模、工期要求、地质条件以及施工现场条件等确定。

6.2.2.2 土方运输

①人工运输：有人工挑抬、独轮车运输、架子车运输和小型翻斗车运输。

②机械运输：有无轨运输、有轨运输、带式运输等。其中无轨运输主要包括自卸汽车运输和拖拉机运输；有轨运输包括窄轨运输、标准轨道运输；带式运输主要是指皮带机运输。

6.2.2.3 土方的填筑与压实

1. 土方的填筑

级配良好的沙土或碎石土、爆破石渣、性能稳定的工业废料及含水量符合压实要求的黏性土可作为填方土料。淤泥、冻土、膨胀性土及有机物含量大于5%的土，以及硫酸盐含量大于5%的土均不能作填土。含水量大的黏土不宜作填土用。

以粉质黏土、粉土作填料时，其含水量宜为最优含水量，可采用击实试验确定；挖高填低或开山填沟的土料和石料，应符合设计要求。

填方应尽量采用同类土填筑。填方中采用两种透水性不同的填料时，应分层填筑，上层宜填筑透水性较小的填料，下层宜填筑透水性较大的填料。各种土料不得混杂使用，以免填方内形成水囊。

填方施工应接近水平地分层填土、分层压实，每层的厚度根据土的种类及选用的压实机械而定。应分层检查填土压实质量，符合设计要求后，才能填筑土层。当填方位于倾斜的地面时，应先将斜坡挖成阶梯状，然后分层填筑，以防填土横向滑移。压实填土的施工缝各层应错开搭接，在施工缝的搭接处，应适当增加压实遍数。

2. 土方的压实

土方压实方法有碾压法、夯实法及振动压实法。

6.2.3 砌筑工程施工

砌体工程是指在建筑工程中使用普通黏土砖、承重黏土空心砖、蒸压灰砂砖、粉煤灰砖、各种中小型砌块和石材等材料进行砌筑的工程。

6.2.3.1 砌砖

砌砖工程是指砌筑工程中使用普通黏土砖、承重黏土空心砖、蒸压灰砂砖、粉煤灰砖等各类砖块作为主要材料进行的工程种类。

1. 施工准备

(1)砌体材料准备

砌体工程所用的材料应有产品的合格证书，产品性能检测报告；块材、水泥、钢筋、外加剂等应有材料主要性能的进场复验报告。

(2)砖的准备

砖的品种和强度等级必须符合设计要求，并应规格一致。砌筑砖砌体时，砖应提前1～2天浇水湿润。一般要求砖处于半干湿状态(将水浸入砖10 mm左右)，含水率为10%～15%。

(3)机具的准备

砌筑前,必须按施工组织设计要求组织垂直和水平运输机械、砂浆搅拌机进场、安装、调试等。同时,还应准备脚手架、砌筑工具等。

2.组砌形式

(1)240 mm 厚砖墙的组砌形式

①一顺一丁:这种砌法是一皮中全部顺砖与一皮中全部丁砖相互间隔砌成,上下皮间竖缝相互错开 1/4 砖长。

②三顺一丁:这种砌法是三皮中全部顺砖与一皮中全部丁砖间隔砌成,上下皮顺砖与丁砖间竖缝错开 1/4 砖长,上下皮顺砖间竖缝错开 1/2 砖长。

③梅花丁:这种砌法是每皮中丁砖与顺砖相隔,上皮丁砖坐中于下皮顺砖,上下皮间竖缝相互错开 1/4 砖长。

砖砌体的组砌要求:上下错缝,内外搭接,以保证砌体的整体性,同时组砌要有规律,少砍砖,以提高砌筑效率,节约材料。

当采用一顺一丁组砌时,七分头的顺面方向依次砌顺砖,丁面方向依次砌丁砖。砖墙的丁字接头处,应分皮相互砌通,内角相交处的竖缝应错开 1/4 砖长,并在横墙端头处加砌七分头砖。砖墙的十字接头处,应分皮相互砌通,立角处的竖缝相互错开 1/4 砖长。

(2)砖基组砌

砖基础有带形基础和独立基础,基础下部扩大部分称为大放脚。大放脚有等高式和不等高式两种。等高式大放脚是两皮一收,两边各收进 1/4 砖长;不等高大放脚是两皮一收和一皮一收相间隔,两边各收进 1/4 砖长。大放脚一般采用一顺一丁砌法,竖缝要错开,要注意十字及丁字接头处砖块的搭接;在这些交接处,纵横墙要隔皮砌通;大放脚的最下一皮及每层的最上一皮应以丁砌为主。

3.施工工艺

砖砌体的施工过程一般包括:抄平、放线、摆砖、立皮数杆、挂线、砌砖和勾缝及清理等。

(1)抄平

砌墙前,应在基础防潮层或楼面上定出各层标高,并用 M7.5 水泥砂浆或 C10 细石混凝土找平,使各段砖墙底部标高符合设计要求。

(2)放线

根据龙门板上给定的轴线及图纸上标注的墙体尺寸,在基础顶面上用墨线弹出墙的轴线和墙的宽度线,并定出门洞口位置线。

(3)摆砖

摆砖是指在放线的基面上按选定的组砌方式用干砖试摆。摆砖的目的是核对所放的墨线在门窗洞口、附墙垛等处是否符合砖的模数,以尽可能减少砍砖。

(4)立皮数杆

立皮数杆是指在其上画有每皮砖和砖缝厚度以及门窗洞口、过梁、楼板、梁底、预埋件等标高位置的一种木制标杆。

(5)挂线

为保证砌体垂直平整,砌筑时必须挂线,一般二四墙可单面挂线,三七墙及以上的墙则应双面挂线。

(6)砌砖

砌砖的操作方法很多，常用的是“三一”砌砖法和挤浆法。砌砖时，先挂上通线，按所排的干砖位置把第一皮砖砌好，然后盘角。盘角又称“立头角”，指在砌墙时先砌墙角，然后从墙角处拉准线，再按准线砌中间的墙。砌筑过程中应三皮一吊，五皮一靠，保证墙面垂直平整。

(7)勾缝及清理

清水墙砌完后，要进行墙面修正及勾缝。墙面勾缝应横平竖直，深浅一致，搭接平整，不得有丢缝、开裂和黏结不牢等现象。砖墙勾缝宜采用凹缝或平缝，凹缝深度一般为4～5 mm。勾缝完毕后，应进行墙面、柱面和落地灰的清理。

6.2.3.2 *砌石*

砌石工程是指砌筑工程中使用石材作为主要材料进行施工的工程种类。常见的有干砌石工程和浆砌石工程。

1.干砌石工程

干砌石是砌筑工程中最为常用的砌筑方式之一，是指不用胶结材料而将石块砌筑起来。它宜用于护坡、护底等部位。

(1)砌筑方法

干砌石常用的砌筑方法有两种，即平缝砌筑法和花缝砌筑法。

①平缝砌筑法：这种砌筑方法适用于干砌石施工，石块宽面长向与坡面方向垂直，水平分层砌筑，同一层仅有横缝，但竖向纵缝必须错开。

②花缝砌筑法：这种砌筑方法多用于干砌毛石施工，砌石水平向不分层，大面朝上，小面朝下，相互填充挤实砌成。

(2)施工要求

①不得使用有尖角或薄边的石料砌筑；石料最小边尺寸不宜小于20 cm。

②砌石应垫稳填实，与周边砌石靠紧。严禁架空。

③严禁出现通缝、叠砌和浮塞；不得在外露面用块石砌筑，而中间以小石填心；不得在砌筑层面以小块石、片石找平；堤顶应以大石块或混凝土预制块压顶。

④承受大风浪冲击的堤段，用粗料石钉扣砌筑。

2.浆砌石工程

浆砌石工程宜采用块石砌筑，如石料不规则，必要时可采用粗料石或混凝土预制块作砌体镶面；仅有卵石的地区，也可采用卵石砌筑。其中砌体强度均必须达到设计要求。此外，在施工过程中应注意：

(1)砌筑前，应在砌体外将石料上的泥垢冲洗干净，砌筑时保持砌石表面湿润。

(2)应采用坐浆法分层砌筑，铺浆厚宜为3～5 cm，随铺浆随砌石。砌缝需用砂浆填充饱满，不得无浆直接贴靠，砌缝内砂浆应采用扁铁插捣密实；严禁先堆砌石块再用砂浆灌缝。

(3)上下层砌石应错缝砌筑；砌体外露面应平整美观，外露面上的砌缝应预留约4 cm深的空隙，以备勾缝处理；水平缝宽应不大于2.5 cm，竖缝宽应不大于4 cm。

(4)砌筑因故停顿,砂浆已超过初凝时间,应待砂浆强度达到2.5 MPa后才可继续施工;在继续砌筑前,应将原砌体表面的浮渣清除;砌筑时应避免震动下层砌体。

(5)勾缝前必须清缝,用水冲净并保持槽内湿润,砂浆应分次向缝内填塞密实;勾缝砂浆标号应高于砌体砂浆;应按实有砌缝勾平缝,严禁勾假缝、凸缝;砌筑完毕后,应保持砌体表面湿润,做好养护。

(6)砂浆配合比、工作性能等,应按设计标号通过试验确定,施工中应在砌筑现场随机制取试件。

6.2.4 钢筋混凝土工程施工

6.2.4.1 模板工程

模板工程指新浇混凝土成型的模板以及支承模板的一整套构造体系,其中,接触混凝土并控制预定尺寸、形状、位置的构造部分称为模板,支持和固定模板的杆件、桁架、联结件、金属附件、工作便桥等构成支承体系,对于滑动模板、自升模板,则增设提升动力以及提升架、平台等构成。模板工程在混凝土施工中是一种临时结构。

1.模板分类

模板按其功能常分为五大类:

(1)按照形状分为平面模板和曲面模板两种。

(2)按受力条件分为承重和非承重模板(即承受混凝土的质量和混凝土的侧压力)。

(3)按照材料分为木模板、钢模板、钢木组合模板、重力式混凝土模板、钢筋混凝土镶面模板、铝合金模板、塑料模板,砖砌模板等。

(4)按照结构和使用特点分为拆移式、固定式两种。

(5)按其特种功能有滑动模板、真空吸盘或真空软盘模板、保温模板、钢模台车等。

2.设计原则

(1)实用性原则

模板要保证构件形状尺寸和相互位置正确,且结构简单,支拆方便,表面平整,接缝严密不漏浆等。

(2)安全性原则

要有足够的强度,刚度和稳定性,保证施工中不变形,不破坏,不倒塌。

(3)经济性原则

在确保工期质量安全的前提下,尽量减少一次性投入,增加模板周转,减少支拆用工,实现文明施工。

3.模板荷载

设计模板首先要确定模板应承受的荷载。

(1)荷载标准值

荷载标准值包括模板及其支架自重标准值、新浇筑混凝土自重标准值、钢筋自重标准值。

(2)活荷载标准值

活荷载标准值包括施工人员及设备荷载标准值。

(3)风荷载标准值

计算模板及支架结构或构件的强度、稳定性和连接的强度时，应采用荷载设计值(荷载标准值乘以荷载分项系数)。计算正常使用极限状态的变形时，应采用荷载标准值。

4.荷载组合

按极限状态设计时，其荷载组合应按两种情况分别选择：一是对于承载能力极限状态，应按荷载效应的基本组合采用；二是对于正常使用极限状态，应采用标准组合。

5.模板的安装与拆除

(1)模板安装

模板应按设计与施工说明书循序安装。根据安装部位及安装方法的不同，模板常用的安装方法有起重机具吊装和人工架立等。

(2)模板拆除

模板的拆除对混凝土质量、工程进度和模板重复使用的周转率都有直接影响。因此，应准确掌握拆模时间，拆完后应妥善管理。

6.2.4.2 钢筋工程

在施工过程中，钢筋工程是保证结构安全的主要工序，也是主体质量控制的重点。

1.施工准备

(1)开始施工前，根据钢筋材料计划准备材料，分批组织钢筋进场，钢筋进场时附带原材料质量证明书(钢筋出厂合格证、炉号和批量等)，钢筋进场时现场材料员核验(材料员应在规定的时间内将有关资料归档到资料员处)。

(2)钢筋进场后，现场试验人员立即通知项目技术负责人及监理，现场按规范规定的要求取样送试，进行拉伸试验(包括屈服点、抗拉强度和伸长率)及冷弯试验。试验不合格的钢筋及时清运出场外。钢筋复试合格后，方可使用。

2.钢筋加工工艺

(1)材料准备

钢筋表面应洁净，黏着的油污、泥土、浮锈使用前必须清理干净，可结合冷拉工艺除锈。

(2)钢筋调直

钢筋可用机械或人工调直。调直后的钢筋不得有局部弯曲、死弯、小波浪形，其表面伤痕不应使钢筋截面减小5%。

(3)钢筋切断

钢筋切断应根据钢筋号、直径、长度和数量，长短搭配，先断长料后断短料，尽量减少和缩短钢筋短头，以节约钢材。

(4)钢筋弯钩或弯曲

钢筋弯钩的形式有三种，分别为半圆弯钩、直弯钩及斜弯钩。钢筋弯曲后，弯曲处内皮收缩、外皮延伸、轴线长度不变，弯曲处形成圆弧，弯起后尺寸不大于下料尺寸，应考虑弯曲调整值。

3.钢筋绑扎施工方法

(1)所有钢筋交叉点用20号或22号铁丝绑牢。

(2)22 号铁丝绑扎直径 12 mm 以下的钢筋，20 号铁丝绑扎其他直径的钢筋；梁柱绑扎铁丝丝尾朝向梁柱心板、墙绑扎铁丝丝尾与受力筋弯钩一致。

(3)梁柱箍筋应与受力筋垂直，弯钩叠合处应沿受力筋错开设置绑扎，箍筋要平、直，开口对角错开，规格间距依照图纸，丝尾朝向梁柱心。梁两端箍筋距柱筋外皮 50 mm 开始绑扎。

(4)梁、板钢筋先弹线后绑扎，上层钢筋弯钩朝下，下层钢筋弯钩朝上，丝尾部与弯钩一致，保护层垫块到位。弯矩较大钢筋放在较小钢筋的外侧。

(5)基础钢筋的绑扎，应根据图纸设计要求画出基础筋的间距线，并用墨线弹出，将钢筋按设计要求摆放。靠外两根钢筋的交叉点，必须满绑，中间的交叉点可相隔交错绑扎，但必须保证网片牢固。

6.2.4.3　混凝土工程

混凝土工程施工过程中最为重要的环节是混凝土的制备、混凝土的运输、混凝土的浇筑、混凝土的养护等几方面。

1.混凝土的制备

混凝土的制备就是根据混凝土的配合比，把水泥、砂、石、外加剂、矿物掺和料和水通过搅拌的手段使其成为均质的混凝土。

2.混凝土的运输

混凝土的运输是指混凝土拌和物自搅拌机中出料至浇筑入模这一段运送距离以及在运送过程中所消耗的时间。

混凝土运输分为地面运输、垂直运输和楼地面运输三种情况。运输预拌混凝土，多采用自卸汽车或混凝土搅拌运输车。混凝土如来自现场搅拌站，多采用小型机动翻斗车、双轮手推车等运输。混凝土垂直运输多采用塔式起重机、混凝土泵、快速提升架和井架等。混凝土楼地面运输一般以双轮手推车为主。

3.混凝土的浇筑

(1)基础面处理

在地基或基土上浇筑混凝土时，应清除淤泥和杂物，并应有排水和防水措施。对干燥的非黏性土，应用水湿润；对未风化的岩土，应用水清洗，但表面不得留有积水。在降雨雪时，不宜露天浇筑混凝土。

(2)施工缝处理

由于技术上的原因或设备、人力的限制，混凝土的浇筑不能连续进行，中间的间歇时间若超过混凝土的初凝时间，则应留置施工缝，施工缝的位置应在混凝土浇筑前按设计要求和施工技术方案确定。由于该处新旧混凝土的结合力较差，是结构中的薄弱环节，因此，施工缝宜留置在结构受剪力较小且便于施工的部位。

(3)混凝土浇筑

混凝土应由低处往高处分层浇筑。每层的厚度应根据捣实方法、结构的配筋情况等因素确定。在浇筑竖向结构混凝土前，应先在底部填入与混凝土内砂浆成分相同的水泥砂浆；浇筑中不得发生离析现象；当浇筑高度超过 3 m 时，应采用串筒、溜管或振动溜管使混凝土下落。

为保证混凝土的整体性，浇筑混凝土应连续进行。当必须间歇时，其间歇时间宜缩短，并应在前层混凝土凝结前将次层混凝土浇筑完毕。混凝土运输、浇筑及间歇的全部时间不应超过混凝土的初凝时间。

(4)混凝土的捣实

混凝土的捣实就是使入模的混凝土完成成型与密实的过程，从而保证混凝土结构构件外形正确，表面平整，混凝土的强度和其他性能符合设计的要求。

混凝土浇筑入模后应立即进行充分的振捣，使新入模的混凝土充满模板的每一角落，排出气泡，使混凝土拌和物获得最大的密实度和均匀性。

混凝土的振捣分为人工振捣和机械振捣。人工振捣是利用捣棍或插钎等用人力对混凝土进行夯、插，使之成型。只有在采用塑性混凝土，而且缺少机械或工程量不大时才采用人工振捣。采用机械振实混凝土，早期强度高，可以加快模板的周转，提高生产率，并能获得高质量的混凝土，应尽可能采用。

4. 混凝土的养护

混凝土的凝结与硬化是水泥与水产生水化反应的结果。在混凝土浇筑后的初期，采取一定的工艺措施，建立适当的水化反应条件的工作，称为混凝土的养护。养护的目的是为混凝土硬化创造必要的湿度、温度等条件。常采用的养护方法有：标准养护、热养护、自然养护，根据具体施工情况采用相应的养护方法。对高耸构筑物和大面积混凝土结构不便于覆盖浇水或使用塑料布养护时，宜喷涂保护层(如薄膜养生液等)养护，防止混凝土内部水分蒸发，以保证水泥水化反应的正常进行。

6.2.5 土石坝施工

土石坝包括各种碾压式土石坝、堆石坝和土石混合坝。按施工方法可以分为干填碾压、水中填土、水力充填以及定向爆破筑坝等类型。目前，国内外仍以机械压实土石料的施工方法为多。

6.2.5.1 碾压式土石坝施工

碾压式土石坝是在坝基清理之后将开挖合格的土石料装运上坝，卸载在指定部位，按规定的厚度铺平，经过碾压密实而逐层填筑到坝体设计断面筑成的土石坝。

1. 碾压式土石坝的作业内容

碾压式土石坝的作业内容包括准备作业、基本作业、辅助作业和附加作业。

(1)准备作业：平整场地、通车、通水、通电；架设通信线路；建房；排水清基。

(2)基本作业：土石料开采、挖、装、运、卸；坝面铺平、压实、质检。

(3)辅助作业：清除施工场地和料场的覆盖；从上坝土料中剔除超径石块、杂物；坝面排水；层间刨毛和加水。

(4)附加作业：坝坡修整；铺砌护面石块；铺植草皮。

2. 坝面作业的基本要求

坝面作业施工程序包括铺料、整平、洒水、压实(对于黏性土料，采用平碾，压实后尚须刨毛，以保证层间接合的质量)、质检等工序。为了避免各工序之间相互干扰，可将流水作业进行组织单位压实遍数的压实厚度最大者，即在满足设计干容重的条件下，压实厚度同

压实遍数的比值最大者视为最经济合理的组合。

3.铺料与整平

铺料宜平行坝轴线进行，铺土厚度要均匀，超径不合格的料块应打碎，杂物应剔除。进入防渗体内铺料，自卸汽车卸料宜用进占法倒退铺土，使汽车始终在松土上行驶，避免在压实土层上开行，造成超压，引起剪力破坏。汽车穿越反滤层进入防渗体，容易将反滤料带入防渗体内，造成防渗土料与反滤料混杂，影响坝体质量。

一般采用带式运输机或自卸汽车上坝卸料，采用推土机或平土机散料平土。

4.碾压

(1)进退错距法

该法操作简便，碾压、铺土和质检等工序协调，便于分段流水作业，压实质量容易保证。

(2)圈转套压法

该法要求开行的工作面较大，适合于多碾滚组合碾压。其优点是生产效率较高，但碾压中转弯套压交接处重压过多，易超压。

5.接头处理

在坝体填筑中，层与层之间分段接头应错开一定距离，同时分段条带应与坝轴线平行布置，各分段之间不应形成过大的高差。接坡坡比一般缓于1∶3。

坝体填筑中，为了保护黏土心墙或黏土斜墙不至于长时间暴露在大气中受到影响，一般都采用土、砂平起的施工方法。

对于坝身与混凝土结构物(如涵管、刺墙等)的连接，靠近混凝土结构物部位不能采用大型机械压实时，可采用小型机械夯实或人工夯实。填土碾压时，要注意混凝土结构物两侧均衡填料压实，以免对其产生过大的侧向压力，影响其安全。

6.2.5.2 堆石坝施工

用堆石或沙砾石分层碾压填筑成坝体，用钢筋混凝土面板作为防渗体的坝，称为钢筋混凝土面板堆石坝。该坝型主要由堆石体和防渗体组成，其中堆石体从上游向下游依次主要由垫层区、过渡区、主堆区和次堆石区组成；防渗体由钢筋混凝土面板、趾板、趾板地基的防渗帷幕、周边缝和面板间的接缝止水组成。

1.坝体填筑施工工艺

(1)施工准备

坝体填筑原则上应在坝基、两岸岸坡处理验收以及相应部位的趾板混凝土浇筑完成后进行。但有时考虑到来年度汛要求，填筑工期较紧，所以在基坑截流后，一般前期除趾板区和坝后有量水堰施工区等有施工干扰外，其他区域覆盖层依照设计要求清理后即可考虑先组织施工。采用流水作业法组织坝体填筑施工，将整个坝面划分成若干施工单元，在各单元内依次完成填筑的测量控制、坝料运输、卸料、洒水、摊铺平整、振动碾压等各道工序，使各单元所有工序能够连续作业。各单元之间应采用石灰线等作为标志，以避免超压或漏压。

(2)测量控制

基面处理验收合格后，按设计要求测量确定各填筑区的交界线，撒石灰线做标志，垫层上游边线可用竹桩吊线控制，两岸岩坡上标写高程和桩号；其中垫层上游边线、垫层与过渡层交界线、过渡层与主堆石区交界线每上升一层均应进行测量放样，主次交界线、下游边线可放宽到2/3层测量放样一次，施工放样以预加沉降量的坝体断面为准，考虑沉陷影响后的外形尺寸和高程，以设计要求的坝顶高程为最终沉降高程，坝体填筑时需预留坝高的0.5%～1.0%为沉降超高。填筑过程中每上升一层必须对分区边线进行一次测量，并绘制断面图，施工期间定线、放样、验收等测量原始记录全部及时整理成册，提交归档，竣工后按设计和规范要求绘制竣工平面图和断面图。

(3)坝料摊铺

坝体填筑从填筑区的最低点开始铺料，铺料方向平行于坝轴线，沙砾料、小区料、垫层料、过渡料及两岸接坡料采用后退法卸料，主堆石、次堆石和低压缩区料全部采用进占法填筑，自卸汽车卸料后，采用推土机摊料平整，摊铺过程中对超径石和界面分离料采用小型反铲挖土机配合处理，垫层料、过渡料由人工配合整平，每层铺料后采用水准仪检查铺料厚度，确保厚度满足要求。

(4)洒水

洒水一般采用坝面加水和坝外加水等方式，具体应根据不同施工条件选择。洒水主要是为了能充分湿润石料，以便在振动碾强烈激振力的作用下，块石相互接触部分棱角被击碎，从而减少孔隙率，细料充填空隙，以增加碾压的密实度。洒水量以碾压试验结果确定，对于有风化岩的掺配料，应适当增加洒水量，以便使掺配的风化岩料提前湿润软化。

(5)压实

垫层料和过渡料多采用自行式振动碾进退错距法碾压，主、次堆石料和沙砾石料多采用牵引式振动碾碾压，振动碾一般沿平行坝轴线方向行进，靠近岸坡、施工道路边坡处除增加顺向碾压外，多采用液压振动夯加强碾压；主、次堆石料碾压采用进退错距法，错距由振动碾碾子宽度和碾压遍数控制，当振动碾碾子宽度为2 m，碾压遍数为8遍时，错距一般为25 m。坝坡接触带等大的碾压设备无法到位的区域，采用小型手扶式振动碾或液压振动夯加强碾压。

2.坝体填筑应注意的问题

(1)大坝各区料的界面处理

大坝填筑各区料的交接界面必须注意防止大块石集中，特别是垫层料与过渡料之间、过渡料与主堆石料之间，填筑料的粒径差距较大，采用后退法卸料，填筑时不能有超径石集中现象。界面上有大块石时，及时采用1 m^3 反铲挖土机或推土机清除，保证主堆石区不侵占过渡区、过渡区不侵占垫层区。

(2)坝体与岸坡接合部的填筑

坝体地基要求不能有“反坡”现象，因此对边坡的反坡部位要先进行削坡或回填混凝土处理。坝料填筑时，岸坡接合部位易出现大块石集中现象，且碾压设备不容易到位，造成接合部位碾压不密实。因此，在接合部位填筑时，应减薄填筑铺料厚度，清除所有的大块石，采用过渡层料填筑。

6.2.6　混凝土坝施工

6.2.6.1　混凝土坝施工方法

混凝土坝是以水工混凝土为筑坝材料修筑的坝体，包括重力坝、拱坝等主要坝型，是最常用的坝型。施工方法有现浇混凝土和预制混凝土两种。当前世界上的混凝土坝，绝大多数是常态混凝土法施工的。

现浇混凝土施工分为常态混凝土施工和碾压混凝土施工两种。常态混凝土施工一般是以一定配合比的砂、石、水泥、掺和料和外加剂加水拌和成流态混合物，在施工现场浇入按建坝程序和大坝施工要求所组立的浇筑分块模板内。经过养护，混合物凝结成具有相当强度的固体大块(大坝混凝土浇筑块)。经分坝段逐层逐块浇筑并按设计要求进行坝段间和分块间的接缝灌泉等措施，使各分块连成整体，即构成混凝土坝。碾压混凝土施工法是不分块、不分层整坝体浇筑，用类似土石坝工程的施工工艺，分层铺干硬性混凝土。用振动碾压实，全断面连续浇筑到顶(详见碾压混凝土坝施工)。

6.2.6.2　混凝土坝施工程序

混凝土坝施工程序主要包括施工准备、施工导流、地基开挖与处理、混凝土制备、混凝土浇筑、接缝灌浆等。

1.施工准备

施工准备主要包括：修建下基坑道路；大型施工机械的布设与安装；修建专用混凝土供应线；设置制冷及制热系统(针对高坝及不良气候地区特殊要求的施工工艺设施)。

2.施工导流

由于混凝土坝施工期间坝面过水对工程的损失和风险较小，故采用的导流标准较土石坝低，并且尽可能采用枯水期导流。汛期利用坝体缺口或设置底孔、梳齿等泄水。如果一个枯水期坝体不可能抢出枯水位，可以考虑布置过水围堰，汛期围堰过水，汛后恢复基坑再接着施工。

3.地基开挖与处理

坝基要求有一定的抗压强度和限定的压缩变形值，坝体要与基础接合紧密，胶结良好，因此坝基表层及风化软弱岩层应按设计要求挖除。为防止地基渗漏和加强地基承载力，还要将断层、软弱夹层和熔岩等不良地质构造挖除并处理好。为将地基的节理、裂缝胶结起来，使坝基达到坚固、密实与稳定，常用基础灌浆方法处理。在软基上建混凝土坝，要解决地基侵蚀、沉陷、渗漏等问题。

4.混凝土制备

坝体使用的水工混凝土，除了一般普通混凝土质量要求外，在不同的坝体部位还有低热、抗渗、抗冻、抗冲耐磨等不同性能要求，故其品种与标号繁多。混凝土质量控制严格，尤其是混凝土温度控制方面。为限制出机温度(混凝土由拌和机中卸出时的温度)，要对混凝土原材料和拌和过程采取升温或降温措施。高坝或宽河床的长坝往往受混凝土运输条件的限制而在不同高程或左、右岸分散布置混凝土拌和系统。

5.混凝土浇筑

坝体常分成许多坝段，各坝段又分层、分块进行浇筑。分层的高度，在基础约束区内常采用 0.75～1.5 m，脱离约束区后常采用 1.5～3 m，也有采用更高的。各分块尺寸都按整坝段宽度，一般不设横向施工缝。分块沿坝段纵向，要考虑混凝土浇筑能力和温度控制件的限制而设置垂直施工缝。至于薄拱坝或其他坝型，如混凝土浇筑能力强，又能满足混凝土温度控制要求，则可通仓浇筑不设垂直施工缝。浇筑块分缝方式很多，主要有错缝、纵缝（包括宽缝）及斜缝等。

近代大坝施工倾向于大仓面、薄层短间歇浇筑，以通仓最为先进。通仓浇筑即整坝段浇筑，不设垂直施工缝。由于不分缝，仓面准备工作量少，连续浇筑机械效率高，坝体升高速度快，同时没有纵缝灌浆问题，成为混凝土坝快速施工的一项主要措施。通仓浇筑面临的困难是仓面浇筑强度大，混凝土温度控制要求高。

6. 接缝灌浆

坝体混凝土在降温后体积收缩，浇筑块间接缝会张开，破坏了坝的整体性。因此，施工后期进行接缝灌浆。灌浆时间宜选择在冬季浇筑块体积收缩、接缝张开时。为加快混凝土冷却，缩短大坝施工期，常采取人工冷却坝体混凝土的措施。

6.2.7 生态护坡工程施工

6.2.7.1 生态植生袋护坡

生态植生袋护坡是把纤度为 3～50 丹尼尔的纤维纺织成孔隙率达 70%～90%的纤维棉，把灌草种子和其生长所需养分定植在纤维棉内形成多功能绿化植生袋，并将其应用于边坡的生态护坡技术。该技术具有运输方便、操作简单、播种均匀、抗冲力强、水土流失治理效果好等特点，可以在植生袋中添加保水剂、肥料、土壤改良剂等，将土壤改良与植被建设一次完成。

1. 材料选用

植生袋由针刺法和喷胶法生产，所需的原材料包括无纺布、高孔隙纤维棉、种子、有机肥料及强化尼龙方格编织网等。

纤维棉的单位质量为 50 g/m^2 左右，厚度为 5～20 mm，幅宽 102 cm，每卷 50～200 m。

强化尼龙方格编织网宽度为 102～105 cm。

灌草植物种按适地适树选取根系发达、管理相对粗放的植物种合理混配。

绿化辅料选用有机质、保水剂、岩溶剂和肥料等按一定比例选配。

2. 施工要点

清理场内的石块瓦砾、杂草和渣土等，在表层撒施加入泥炭土、腐殖土或有机复合肥做底肥，以改善土质，提高肥力。

自上而下铺设植生袋，将相邻植生袋重叠 1～2 cm，用“U”形铁丝卡或者直径为 15～20 cm 的小木桩按 1.0～1.5 m 间距交错固定。植生袋上均匀覆土 1 cm 后碾平。

3. 养护管理

植生袋铺设完毕立即洒水，保持地表湿润，上、下午各洒水 1 次。旱季应适时洒水。

植生袋中含足够底肥，养护期间不需要施肥。

4.适用范围

适用于城市景观河道、公路、铁路、矿山、电力等建设项目边坡;适用于土质或泥质边坡;适用坡比范围为1∶3～1∶0.5。

6.2.7.2 厚层基材喷射植被护坡

厚层基材喷射植被护坡是针对坡度大于60°的高陡岩石边坡(混凝土边坡、硬岩边坡)防护和绿化的新技术。它是以水泥为黏结剂,加上混凝土绿化添加剂,有机物(纤维+有机质或腐殖质)含量小于20%(体积比),并由土壤、植物种子、肥料、水等组成喷射混合料进行护坡绿化的技术。

厚层基材喷射植被护坡技术机械化程度高,生产能力大,采用干式喷播,喷射距离远,喷射层有一定强度且不易产生龟裂,抗冲刷能力强,特别适用于陡峭岩石边坡。由于它具有一定的强度和整体性能(能抵御120 mm/h的强暴雨的冲刷,不产生龟裂),又是良好的植物生长基材,所以能够达到边坡浅层防护、修复坡面营养基质、营造植被生长环境、促进植被良好生长的多重功效。

植被混凝土生态护坡施工工艺如下:

1.坡面整治

清除坡表面的杂草、落叶枯枝、浮土浮石等;坡面修整处理。对于明显存在危岩的凸出易脱落部位,进行击落,可先用电锤或风镐在凸出部位沿坡面钻出孔洞,然后用锤击落。对于明显凹进的地段,进行填补,可用风镐将需填补处凿出麻面,其深度不宜小于1 cm,然后用高压风、水将其冲洗干净,最后用M7.5砂浆将其填平。

2.铁丝网和锚钉的铺设安装

采用电锤垂直于坡面钻孔,击入锚钉,锚钉间距为1 m×1 m。孔深20～50 cm,锚杆外露10 cm。坡体顶部为加强稳定,可用长60 cm锚钉进行加密加长处理。锚钉稍上倾,与坡面夹角为95°～100°坡体部分岩石风化严重处,视情况用锚钉进行加长,以锚钉击入坡体后稳定为准。按设计的锚钉规格、入岩深度、间距垂直于坡面配置好锚钉后,铺设加14号镀锌勾花铁丝网(网目为5 cm×5 cm)。网片从植被接合部顶由上至下铺设,加筋网铺设要张紧,网间上下需进行不小于5 cm的搭接,网间左右不需搭接,但所有网片之间应用18号铁丝绑扎牢固,在锚钉接触处也一并用18号铁丝与锚钉绑扎牢固。网片距坡面保持7 cm的距离,否则用垫块支撑。

3.植被混凝土基材配制

植被混凝土基材由沙壤土、水泥、有机质、植被混凝土绿化添加剂混合组成,各组分材料的选择要求如下:

(1)沙壤土

沙壤土选择工程所在地原有的地表土壤经风干粉碎过筛而成,要求土壤中砂粒含量不超过5%,最大粒径应小于8 mm,含水量不超过20%。

(2)水泥

采用P32.5普通硅酸盐水泥。

(3)腐殖质

有机质一般采用酒糟、醋渣或新鲜有机质(稻壳、秸秆、树枝)的粉碎物,其中新鲜有机质的粉碎物在基材配置前应进行自然发酵处理。

(4)植被混凝土绿化添加剂

添加剂能中和因水泥添加带来的严重碱性,调节基材 pH,降低水化热;增加基材空隙率,提高透气性;改变基材变形特性,使其不产生龟裂;提供土壤微生物和有机菌,有利于加速基材的活化;含有缓释肥和保水剂。

植被混凝土基材(分基层和表层)分别按不同配比配制,具体如表 6-2 所示。

表 6-2　植被混凝土基材的配比

配比(质量比)	沙壤土	水泥	有机质	植被混凝土添加剂
基材基层	100	10	5	5
基材基表	100	6.5	5	5

按配比制备各组分材料,利用搅拌机充分搅拌后待用。表层基材搅拌时应按设计要求加入植物种子。

4. 植被混凝土喷植

喷植所用设备为一般混凝土喷射机,基层和表层分别进行。从坡面由上至下进行喷护,先基层后表层,每次喷护单块宽度为 4～6 m,高度为 3～5 m。

(1)基层喷植

基层喷射混凝土可一次喷至设计厚度,不需分层喷植;喷射过程中,喷嘴距坡面的距离控制为 0.6～1.0 m,一般应垂直于坡面,最大倾斜角度不能超过 100°;喷浆中,喷射头输出压力不能小于 0.1 MPa;喷射自上而下进行,先喷凹陷部分,再喷凸出部分;喷射移动可采用“S”形或螺旋形移动前进。

(2)表层喷植

基层施工结束 8 小时以内进行表层喷护,一般控制为 3～4 小时;表层的喷护厚度为 1～2 cm;表层喷护之前在坡面上喷 1 次透水,保证基层和表层的黏结;近距离实施喷播,以保证草籽播撒的均匀性;喷播自上而下进行,单块宽度按 4～6 m 进行控制。

5. 前期养护

喷射施工后的 45 天内,早、晚各 1 次对坡面喷水湿润,其深度由开始时的 3～5 cm 逐渐向 5～15 cm 过渡,确保种子发芽和幼苗成长。

6.2.7.3　码石扦插柳条(干)护坡

码石扦插柳条(干)护坡是在土质边坡上顺坡码放块石或卵石,石块缝隙扦插柳条进行植被恢复的一种护坡技术,该技术简单易行,柳条(干)来源丰富,易获得,易成活,复绿快,保土效果明显。

1. 材料选用

块石规格为 20～40 cm;护坡植物为较易扦插成活的柳条(干),柳条(干)顺直,直径不小于 2 cm;柳条(干)选取当地生长状况良好的品种,不宜从外地运苗,以确保出苗后适应当地生长环境;草种选择当地适生的乡土植物种。

2.施工要点

(1)坡脚设透水挡墙,坡顶设排水沟。用于河道护坡时,应设反滤层。自下而上码放块石。

(2)施工中可以用钢钎打孔后预留扦插孔或直接扦插,孔深大于1 m,间距为50 cm,柳条露出地面高度小于30 cm,顶端以油漆封口,减少水分蒸发。

(3)插条应选在春季柳树发芽前进行,若在生长期进行扦插,则因地上部分发芽后抽条过快,会消耗根系生长的养分,影响成活率。

(4)块石码放及柳条扦插完成后,用掺有经过催芽处理的植物种子的土壤填充块石间隙,每1 m^3 土壤掺干种子250～400 g。

(5)为草类生长而在码石表面进行的覆土,应使之完全进入码石间的缝隙,码石表面无浮土存在,以减少因浇水、降雨而可能产生的土壤流失。

3.养护管理

施工结束后及时浇水,以利于种子顺利发芽,确保苗齐苗壮;柳条(干)生命力旺盛,不需要特别养护,用于草种养护的浇灌可以有效增强柳条(干)的生根和发芽能力,只需要对发现枯死的柳条及时补换新柳条即可;用于草类生长的浇水不宜过勤,否则会冲刷柳条新发根系,致使根系过浅,不利于后期生长;护坡块石间隙的野草,应予以保留,以加快和增强坡面绿化效果。

4.适用范围

适用于郊野河道整治、库滨带等建设项目边坡;适用于土层厚度大于30 cm的土质边坡;适用于坡比缓于1∶1.5的边坡。

6.2.7.4　三维植被袋护坡

三维植被袋护坡是将三维金属网格的围固能力和植被袋植物培育能力相结合的一种植被护坡技术。该技术能为植物生长创造良好的环境条件,在绿化初期能有效地防止坡面土壤侵蚀,可实现坡面快速绿化。

1.材料选用

(1)三维金属网选用直径为5 mm的铁丝,高45 cm,围挡网格大小为1.0 m×1.0 m。三维网高度和围挡网格大小也可根据坡面实际情况进行调整。

(2)在网格交叉处,用直径为12 mm的螺纹钢进行固定,单根钢筋长不小于50 cm。金属网最好采用不锈钢材料,防止长期使用生锈。

(3)植被袋内填充土壤、肥料等混合物,按一定比例配制,植被袋填充后尺寸一般为55 cm×30 cm×20 cm。

(4)植物种选择适应性强的乡土物种,一般选乔木1～2种,灌木2～3种,草本2～3种。

2.施工要点

(1)放线:施工前平整坡面,按设计要求放线。

(2)钻孔:在边坡上用风钻钻孔,孔距为100 cm×100 cm,孔深为30 cm,孔径为15 mm,插入直径为12 mm的螺纹钢,用注浆机注入1∶1膨胀水泥砂浆固定锚杆。

(3)挂网:在锚杆上固定三维金属网,网高出地面不少于25 cm。

(4)植被袋码放:从下往上按顺序在网格内平铺码放植被袋,为了使坡面与植被袋不产生空隙,应用黏土填充。植被袋顶面低于三维金属网上沿。

(5)上层三维金属网铺设:植被袋码放完成后,其上再铺设一层三维金属网,并用火烧丝捆绑固定,防止植被袋滑落。

3.养护管理

(1)施工后立即浇水,使水均匀地润湿地面,保持坡面湿润直至种子发芽。

(2)根据植物生长情况和土壤水分条件,适时适度合理补充水分,养护 2 年左右,直至植被利用雨水能够实现自养。

(3)植被覆盖形成后,对灌草植被组成加以适当人工调控,使乔灌草保持合适比例,以利于向稳定的目标群落发展。

4.适用范围

适用于难以恢复植被且对生态景观要求较高的公路路堑、铁路路堑、城镇建设等开发建设项目开挖边坡;适用于土质、土石、岩石稳定边坡;适用于坡比为 1∶1.5～1∶1 的边坡。

6.2.7.5 框架植被护坡

框架植被护坡,是指在高速公路路基边坡上现场浇筑钢筋混凝土框架或将预制件铺设在坡面上形成框架,并在其内充填客土,然后在框架内植草以达到护坡绿化的目的。

框架植被护坡与浆砌片石骨架植草护坡的区别在于,它对边坡的加固作用更大。但由于造价高,多用于浅层稳定性差且难以植草绿化的高陡岩坡。采用此工艺时,框架内固土方法有填充空心六棱砖、铺设土工格室和加筋固土等。

现以框架内加筋固土植草护坡为例,介绍其施工方法:

(1)整理坡面:按一定的纵横间距固定锚杆框架梁(固定方法视边坡具体情况而定)。

(2)预埋用作加筋的土工格栅于横向框架梁中,然后浇注水泥混凝土,留在外部的用作填土加筋。

(3)自下而上地向框架内填土:根据填土厚度要求,可设 2 道或 3 道加筋格栅,以确保加筋固土效果。当斜坡率(坡度)陡于 1∶0.5 时,须挂三维植被网,要求网与坡面紧贴,不能悬空或褶皱。

(4)采用液压喷播机,将混有草种、肥料、土壤改良剂和水等的混合料均匀喷洒在坡面上(厚 1～3 cm)。此后视情况覆盖一层薄土,以覆盖三维网或土工格栅为宜。

(5)覆盖土工膜并及时洒水养护边坡,直到植草成坪为止。

6.2.7.6 坡改平生态砖护坡

坡改平生态砖护坡是通过新型护坡砖“下面斜,上面平”的特别结构设计,将坡面转换为若干小的水平面,从而实现整个坡面土体的稳定,并实现乔灌草综合护坡的一项新型护坡技术。护坡砖容积大、坡面土壤易于留存,更易于护坡植物生长,可有效增加护坡体系的蓄水保墒能力。景观效果好,后期管护成本低。

1.材料选用

(1)护坡砖可以现场预制,砖体为正六边形空心结构,边长 20 cm,壁厚 3 cm,砖下部倾角应与所护坡面坡度相匹配,加阻滑齿稳定性更好,齿深 1～3 cm。

(2)护坡植物以当地适宜的灌草或攀援植物为主,并可配置部分小乔木。

2. 施工要点

(1)坡脚应根据坡长设置趾墙,自下而上铺设护坡砖,相邻护坡砖挤紧,做到横、竖、斜线对齐。护坡砖规格为:砖外边长 20 cm,壁厚 3 cm;阻滑齿深 1～3 cm;砖下部倾角应与坡面坡度相匹配;砖内种植土平面距砖上沿 1～2 cm。

(2)护坡砖铺设完成后,砖内填充种植土,栽植灌木、小乔木或攀援植物,植株间距视所选植物冠幅而定。

(3)栽植乔灌、藤蔓植物后,将砖内土壤整平,使土壤上表面低于砖上沿 3～4 cm,再将草籽均匀撒播于砖内(每块砖内种子数为 50～100 粒),然后覆土 2 cm,轻轻拍压,砖内土壤上表面低于砖上沿 1～2 cm 为宜。草类种植以撒播草籽为宜。

3. 养护管理

施工后立即洒水,保持砖内土壤湿润直到草种发芽,一般 15 天后可适当减少洒水次数;施工后一个月内视天气和植物生长状况适当补充水分,注意保苗;如无特殊景观要求,砖内野生草本植物应予以保留,不必拔除,以增强复绿和防护效果。

4. 适用范围

适用于公路、景观河道整治以及公园等建设项目的边坡;适用于土质稳定边坡;适用于坡比范围为 1∶3～1∶1 的边坡。

6.2.7.7　土工格栅植灌草护坡

土工格栅植灌草护坡是利用土工格栅作为固土材料,并以灌木及草本植物为主,在坡面上构建植物群落,以利用坡面防护和绿化的一项技术措施。该技术具有较好的抗冲性以及成本低、施工方便等特点。

1. 材料选用

(1)选择方形孔状结构的双向拉伸土工格栅(GSL)作为护坡材料。土工格栅的网孔尺寸一般不小于 40 mm×40 mm,每延米极限抗拉强度不小于 30 kN/m,延伸率不大于 10%。

(2)根据项目区气候条件和土壤情况,选择抗性强、根系发达的植物种类。采用混播的方式,以利于形成坡面稳定的植物群落。

2. 施工要点

(1)施工应在春季、夏季或秋季进行,尽量避开雨天。

(2)土工格栅下承层平整度应小于 15 mm,表面严禁有可能损坏格栅的碎石、块石等坚硬凸出物。

(3)土工格栅铺设时应拉直、平顺、紧贴下承层,相邻两幅土工格栅叠合宽度不小于 10 cm,搭接位置用"U"形钉固定,间距为 1.0 m,坡顶固定间距为 50 cm。地形局部有变化的,应注意保持格栅平整,并增加"U"形钉密度。"U"形钉用直径为 8 mm 以上的钢筋制作。

(4)土工格栅在坡面铺设后,坡顶及坡脚必须锚固。坡顶锚固可采取挖槽嵌固或深埋的方式,坡脚锚固可采取压于护脚下或深埋的方式。

(5)为免受阳光长时间暴晒,土工格栅材料摊铺到位后应及时覆种植土,覆土厚度为8～10 cm。

(6)灌草种植时以播种为宜,播种后表面应加盖无纺布或稻草、草片等。

3.养护管理

(1)出苗管理

①浇水:播种后应及时浇水,浇水时间应选择早晚,次数和水量视天气状况而定,以保持土壤湿润为准。浇水时注意避免浇水量过大,防止土壤和种子流失。

②揭除覆盖物:当灌草基本出齐后,应及时揭去覆盖物,为防止烈日灼伤幼苗,应选择在阴天或傍晚进行。

(2)苗期管理

①浇水:生长期幼苗生命力已经比较旺盛,可不用每天浇水,浇水时间和浇水次数根据天气状况和土壤墒情而定,时间宜选择早晚。

②补苗:草本和灌木基本出苗稳定后,对出苗不均匀和稀疏部位,进行补播。

③间苗:注意观察灌木与草的分布情况,若分布情况与设计种植目标不一致,及时实施针对性间苗、移苗等人工调控。

(3)越冬管理

11 月中旬,视天气情况浇越冬水,做好灌草越冬防寒工作。

4.适用范围

适用于公路、城市河道常水位以上边坡;适用于各类稳定的土质边坡;适用于坡比缓于 1∶1.5 的边坡,每级坡长不超过 10 m。

第7章 环境污染的种类

7.1 废气污染

7.1.1 大气的结构和成分

大气成分为组成大气的各种气体和微粒，包括干洁空气、水蒸气、尘埃。

大气的物质组成：地球上的大气，有氮、氧、氩等常定的气体成分，有二氧化碳、一氧化二氮等含量大体上比较固定的气体成分，也有水汽、一氧化碳、二氧化硫和臭氧等变化很大的气体成分。其中还常悬浮有尘埃、烟粒、盐粒、水滴、冰晶、花粉、孢子、细菌等固体和液体的气溶胶粒子。大气的气体成分：氮(78.084%)、氧(20.946%)、氩(0.934%)、水汽(0.25%)、二氧化碳(0.032%)、氖(0.0018%)、氦(0.00052%)、甲烷(0.0002%)、氪(0.0001%)、氢(0.00005%)、氙(0.000008%)、臭氧(0.000001%)、其他(0.001421%)。

7.1.2 大气污染

关于大气的定义，根据不同的范围，有广义与狭义的区分。根据国际标准化组织的定义，广义大气是指地球环境周围所有空气的总和；狭义大气是环境空气，指暴露在人群、植物、动物和建筑物之外的室外空气。

大气由多种化学物质组成，大气中氮元素所占比例最高，其次是氧。自然活动(如火山喷发、沙尘暴等)和人类活动(指人类生活休闲和从事物质生产的各种活动)，通常使大气中含有一些污染物。这些污染物可分为污染气体和悬浮物。常见的污染气体包括：二氧化硫(SO_2)、氮氧化物(NO_x)、氯氟烃、碳氢化合物和光化学烟雾等；常见的悬浮物包括空气动力学直径小于2.5 μm和10 μm的颗粒物，即$PM_{2.5}$和PM_{10}。当大气中的污染物数量超过大气自身净化能力时，对人类和动植物会造成不良影响，就构成了大气污染。世界卫生组织认为大气污染的定义是指大气中污染物含量、浓度和持续时间使大多数人有不适感，并危害人体健康、动植物生长和正常的生活生产活动；维基百科对大气污染的定义是一些危害人体健康及周边环境的物质对大气环境所造成的污染。

综上所述，大气污染是指由于自然或人为原因使大气中含有的污染物浓度对人的身心健康、自然生态系统和正常社会生产生活造成危害的现象。按污染物的不同物质形态，可以分成物理性(如噪声、电磁辐射和电离子辐射)、生物性和化学性三种。物理形态下又包括气态和颗粒两种存在形式。

大气污染物由人为源或者天然源进入大气(输入),参与大气的循环过程,经过一定的滞留时间之后,又通过大气中的化学反应、生物活动和物理沉降从大气中去除(输出)。如果输出的速率小于输入的速率,就会在大气中相对集聚,造成大气中某种物质的浓度升高。当浓度升高到一定程度时,就会直接或间接地对人、生物或材料等造成急性、慢性危害,大气就被污染了。

1. 大气污染的天然源

(1)火山喷发:排放出硫化氢、二氧化碳、一氧化碳、氟化氢、二氧化硫及火山灰等颗粒物。

(2)森林火灾:排放出一氧化碳、二氧化碳、二氧化硫、二氧化氮、碳氢化合物等。

(3)自然尘:风沙、土壤尘等。

(4)森林植物释放:主要为萜烯类碳氢化合物。

(5)海浪飞沫颗粒物:主要为硫酸盐与亚硫酸盐。

在有些情况下,天然源比人为源更重要,据相关统计,全球氮排放的93%和硫氧化物排放中的60%来自于自然源。

2. 人为污染源

通常所说的大气污染源是指由人类活动向大气输送污染物的发生源。大气的人为污染源可以概括为以下四方面:

(1)燃料燃烧

燃料(煤、石油、天然气等)的燃烧过程是向大气输送污染物的重要发生源。煤炭的主要成分是碳,并含氢、氧、氮、硫及金属化合物。燃料燃烧时除产生大量烟尘外,在燃烧过程中还会形成一氧化碳、二氧化碳、二氧化硫、氮氧化物、有机化合物及烟尘等物质。

(2)工业生产过程的排放

如石化企业排放硫化氢、二氧化碳、二氧化硫、氮氧化物;有色金属冶炼工业排放的二氧化硫、氮氧化物及含重金属元素的烟尘;磷肥厂排放的氟化物;酸碱盐化工业排出的二氧化硫、氮氧化物、氯化氢及各种酸性气体;钢铁工业在炼铁、炼钢、炼焦过程中排出粉尘、硫氧化物、氰化物、一氧化碳、硫化氢、酚、苯类、烃类等。其污染物组成与工业企业性质密切相关。

(3)交通运输过程的排放

汽车、船舶、飞机等排放的尾气是造成大气污染的主要来源。内燃机燃烧排放的废气中含有一氧化碳、氮氧化物、碳氢化合物、含氧有机化合物、硫氧化物和铅的化合物等物质。

(4)农业活动排放

田间施用农药时,一部分农药会以粉尘等颗粒物形式逸散到大气中,残留在作物体上或黏附在作物表面的仍可挥发到大气中。进入大气的农药可以被悬浮的颗粒物吸收,并随气流向各地输送,造成大气农药污染。此外,还有秸秆焚烧等。

7.1.3 工业废气

工业废气指企业厂区内燃料燃烧和生产工艺过程中产生的各种排入空气的含有污染

物气体的总称。

7.1.3.1　主要工业废气

主要工业废气有：二氧化碳、二硫化碳、硫化氢、氟化物、氮氧化物、氯、氯化氢、一氧化碳、硫酸(雾)铅汞、铍化物、烟尘及生产性粉尘。这些废气排入大气中，会污染空气。这些物质通过不同的途径(呼吸道、消化道、皮肤)进入人的体内，有的直接产生危害，有的还有蓄积作用，会更加严重地危害人的健康。不同物质会有不同影响。

7.1.3.2　工业废气的危害

1. 对人体健康的危害

世界卫生组织称，2012 年空气污染造成约 700 万人死亡(部分人死亡原因与室内外空气污染均有关)，也就是全球每 8 位死者中就有 1 位。

大气污染物对人体的危害是多方面的，主要表现是呼吸道疾病与生理机能障碍，以及眼、鼻等黏膜组织受到刺激而患病。

2. 对植物的危害

大气污染物，尤其是二氧化硫、氟化物等对植物的危害是十分严重的。当污染物浓度很高时，会对植物产生急性危害，使植物叶表面产生伤斑，或者直接使叶枯萎脱落；当污染物浓度不高时，会对植物产生慢性危害，使植物叶片褪绿，或者表面上看不见什么危害症状，但植物的生理机能已受到了影响，造成植物产量下降，品质变坏。

3. 对天气和气候的影响

大气污染物对天气和气候的影响是十分显著的。

7.1.4　常规废气治理技术

7.1.4.1　除尘技术及设备

除尘是从废气中将尘粒分离收集的过程，将尘粒分离出来并加以捕集的装置称为除尘器。常用除尘器有以下四类：

1. 机械除尘器

它是利用质量力(重力、惯性力和离心力等)的作用使粉尘与气流分离沉降的装置，包括重力沉降室、惯性除尘器和旋风除尘器等。其特点是结构简单，造价低，维护方便，但效率低。

(1)重力沉降室

重力沉降室是利用气流中尘粒自身的重力作用使之沉降分离出来的装置。

(2)惯性(挡板)除尘器

惯性(挡板)除尘器是利用气流方向急剧改变时尘粒由于惯性作用撞击挡板而被收集下来的装置。

(3)离心力除尘装置

离心力除尘装置是使含尘气体进入装置后做旋转运动，利用离心力作用将尘粒分离出来的装置。

由于旋转气流中的尘粒受到的离心力比重力大得多，所以用离心力除尘器比用重力或惯性力除尘器除去的尘粒要小得多。

离心力除尘装置结构简单，所占空间比较小，造价低，使用维修方便。它可单独使用，也可与其他除尘装置串联使用。这种装置对大于 20 μm 的尘粒具有较好的捕集效果，效率可达 80％～95％。

2.湿式除尘器

它是利用某种液体(通常是水)来清除气流中尘粒的装置。按其作用原理一般可分两种：一种是含尘气流冲击水面(水膜)或直接冲入水中，利用尘粒的惯性力和水的洗涤作用将尘粒除去；另一种是将水喷成雾滴，使尘粒不断与雾滴碰撞，聚集成较大的颗粒，并由于重力、惯性力、离心力或静电力等作用而被除去。这种方法简单有效，在实际中得到广泛应用。

湿式除尘器种类较多，目前较常用的有以下几种：

(1)喷淋室

这是一种比较简单的湿式除尘装置。喷淋室内，由于水雾和水滴的碰撞、截拦作用，将气流中较大的尘粒捕集，落入沉淀池中。

(2)水浴室除尘器

它是将含尘气体导入水中进行洗涤的装置。其作用原理包括冲击水浴、泡沫水浴和降淋水浴三个阶段。

(3)冲激除尘器

含尘气流进入除尘器后即转弯向下冲击水面，部分较大的尘粒被水吸收，气流夹带大量水滴通过 S 形信道，充分接触混合，绝大部分细尘粒被水滴捕集，水滴由于气流方向改变，返回水体，使尘粒在水中沉降下来。

(4)旋风水膜除尘器

其作用原理与干式旋风除尘器基本相同，所不同的是利用喷雾或其他方式使器壁上形成一层水膜，尘粒达到器壁时随水膜流走，可避免二次扬尘，同时由于喷淋和水膜具有喷雾除尘和冲击水浴除尘的作用，使除尘效率显著提高。

(5)文丘里除尘器

其作用原理是利用高速气流将喷入的液体雾化，形成大量雾滴并与尘粒激烈碰撞，使尘粒凝聚于液滴上，然后经脱水器将含尘粒的液滴从气流中分离出来。

3.过滤式除尘器

常用的过滤式除尘器主要有以下两种：

(1)袋式除尘器

袋式除尘器是使含尘气流穿过纤维滤层而将尘粒收集下来的装置。纤维(如棉、毛或人造纤维等)织物，对含尘气流的过滤过程是筛滤、惯性分离、截获、扩散、静电作用和重力沉降联合作用的过程。

(2)颗粒除尘器

它的过滤介质是固体颗粒状物料，通常用石英砂。它具有除尘效率高，耐高温，耐腐蚀，磨损少，投资和运行费用较低等优点，适用于粉煤加热炉、烧结机尾、冲天炉、白云石竖窑等黏性不大的高温气体的除尘。

4.电除尘器

电除尘器是利用高压静电场使气体发生电离，使尘粒荷电而从气流中分离出来的装

置。其优点是除尘效率高，处理气流量大，适用温度高，对气流的适应性强。其缺点是投资费用高于其他任何一种除尘器，占地面积大，对粉尘有一定的选择性，不能处理可燃和易爆的气体。

7.1.4.2 气态污染物治理技术

1.一般气态污染物治理技术

(1)吸收法

吸收是利用气体混合物中不同组分在吸收剂中溶解度的不同，或者与吸收剂发生选择性化学反应，从而将有害组分从气体中分离出来的过程。吸收法治理气体污染物在技术上比较成熟，适用性强，各种气态污染物如 SO_2、H_2S、NO_x 等一般都可选择适宜的吸收剂和设备进行处理，并可回收有用产品。因此，该法在气态污染物治理方面得到广泛应用。

(2)吸附法

气体混合物与适当的多孔性固体接触，利用固体表面存在的未平衡的分子引力或化学键力，把混合物中某一组分或某些组分吸留在固体表面上，这种分离气体混合物的过程为气体吸附。利用这一原理的吸附法，由于具有分离效率高，能回收有效组分，设备简单，操作方便，易于实现自动控制等优点，已成治理环境污染物的主要方法之一。在大气污染控制中，吸附法可用于低浓度废气净化。例如，用吸附法既可回收或净化废气中的有机污染物，也可治理其中含有的低浓度的二氧化硫(烟气)和氮氧化物等。

(3)催化法

催化法净化气态污染物是利用催化剂的催化作用，将废气中的气体有害物质转变为无害物质或转化为易于去除的物质的一种废气治理技术。应用催化法治理污染物过程中，无须将污染物与主气流分离即可将有害物去除，不仅可避免产生二次污染，且可简化操作过程。例如，利用催化法使废气中的碳氢化合物转化为二氧化碳和水；氮氧化物转化成氮；二氧化硫转化成三氧化硫后加以回收利用；有机废物和臭气催化燃烧，以及汽车尾气的催化净化等。该法的缺点是催化剂价格较高，废气预热需要一定的能量。

(4)燃烧法

燃烧法是通过热氧化作用将废气中的可燃有害成分转化为无害物质的方法。

(5)冷凝法

冷凝法是利用物质在不同温度下具有不同饱和蒸气压的性质，采用降低系统温度或提高系统压力，使处于气态的污染物冷凝，从废气中分离出来的方法。

(6)生物处理法

废气的生物处理法是利用微生物的代谢活动过程把废气中的气体污染物转化为少害甚至无害的物质。生物处理不需要再生过程和其他高级处理，与其他净化法相比，其处理设备简单、费用也低，并可以达到无害化目的。因此，生物处理技术被广泛地应用于有机废气的净化，如屠宰厂、肉类加工厂、金属铸造厂、固体废物堆肥、化工厂的臭氧处理等。该法的局限性在于不能回收污染物质，只使用于处理浓度很低的污染物。

(7)膜分离法

混合气体在压力梯度作用下，透过特定薄膜时，由于不同气体具有不同的透过速度，从而可使不同组分达到分离的效果。根据构成膜物质的不同，分离膜有固体膜和液体膜两种，目前在一些工业部门实际应用的主要是固体膜。膜法气体分离技术的优点是过程简单，控制方便，操作弹性大，并能在常温下工作，能耗低(因不耗相变能)。该法已用于从合成氨气中回收氢，天然气净化，空气中氧的收集，以及二氧化碳的去除与回收等。

2. 脱硫技术

二氧化硫是一种危害严重的大气污染物，也是我国列为主要控制的污染物之一。其净化治理途径主要有以下几点：

(1)燃料脱硫，如煤炭洗选、煤炭转化(汽化或液化)、重油(催化剂)脱硫等。

(2)硫化床燃料脱硫。

(3)烟气脱硫，如石灰(石灰石)洗涤、氨吸收、喷雾干燥吸收等。

(4)活性炭吸附净化低浓度二氧化硫。

7.1.5　典型行业废气污染

7.1.5.1　石油化学工业废气特点

1. 装置废气排放量大

石化企业装置排气量较大。企业装置密集，占地面积较大，对所在地区环境影响较大。

2. 成分复杂，治理难度大

石油化学工业产品种类繁多，生产工艺各不相同，同一工艺又由于原料性质的差异排放的污染物质也不相同，废气中所含污染物各种各样，性质复杂。所以有些废气治理难度大，目前一般采用高空排放的方法。

3. 污染物质具有一定的毒性

在生产过程中，不仅原料中所含有害物质裂解后进入空气，而且在生产过程中添加的各种化学药剂、溶剂也有部分进入空气中，使得空气中含有各种有机、无机化合物。石油工业轻质产品本身挥发也会进入空气，污染环境。

7.1.5.2　化学工业废气污染

化学工业主要包括20多个行业的基本完整的生产体系，其中氮肥、磷肥、无机盐、氯碱、有机原料及合成材料、农药、染料、涂料、炼焦等行业的废气排放量大，组成复杂，对大气环境造成了较严重的污染。

化工废气，按所含污染物性质可分为三大类：第一类为含无机污染物的废气，主要来自氮肥、磷肥(含硫酸)、无机盐等行业；第二类为含有机污染物的废气，主要来自有机原料及合成材料、农药、染料、涂料等行业；第三类为既含无机污染物又含有机污染物的废气，主要来自氯碱、炼焦行业。化学工业废气的特点是：

1. 种类繁多

化学工业行业多，每个行业所用原料不同，工艺路线也有差异，生产过程化学反应繁杂。因此，造成化工废气种类繁多。

2. 组成复杂

化工废气中常含有多种有毒成分。例如，农药、染料、氯碱等行业废气中，既含有多种无机化合物，又含有多种有机化合物。此外，从原料到产品，由于经过许多复杂的化学反应，产生多种副产物，致使某些废气的组成非常复杂。

3. 污染物浓度高

不少企业工艺设备陈旧，原材料流失严重，因此废气排放量大，污染物浓度高。

4. 污染面广，危害性大

我国有6000多家化工企业，其中中、小型化工企业约占90%，遍布全国各地。这些中、小型企业大多工艺落后，设备陈旧，技术力量薄弱，防治所需要的技术、设备和资金难以解决。其单位产品的原材料和能源消耗都很高。

化工废气常含有致癌、致畸、致突变、恶臭、强腐蚀性及易燃、易爆性的组分，对生产装置、人身安全与健康及周围环境造成严重危害。

7.1.5.3　冶金工业废气污染

钢铁工业开发的主要对象，是多种黑色金属和非金属矿物。黑色金属包括铁、锰、铬。钢铁工业二氧化硫排放量仅次于电力工业。钢铁企业的烧结、球团、炼焦、化学副产品、炼铁、炼钢、轧钢、锻压、金属制品与铁合金、耐火材料、碳素制品以及动力等生产环节，拥有排放大量烟尘的各种窑炉。冶炼加工过程中，消耗大量的矿石、燃料和其他辅助原料。

钢铁工业废气的特点如下所述：

1. 废气排放量大，污染面广

在全国40个行业中，废气年排放量占全国总排放量的18%（1985年），居第二位。废气污染源集中在炼铁、炼钢、烧结、焦化等冶炼工业窑炉。钢铁工业设备集中，规模庞大。

2. 烟尘颗粒细，吸附力强

钢铁企业冶炼过程中排放的多为氧化铁烟尘，其粒径在1 μm以下的占多数。由于尘粒细，表面积大，吸附力强，易成为吸附有害气体的载体。

3. 废气温度高，治理难度大

冶金窑炉排出的废气一般为400～1000 ℃，最高可达1400～1600 ℃。在钢铁企业中，有1/3烟气净化系统处理高温烟气，处理烟气量占整个钢铁企业总烟气量的2/3。高温烟气的治理直接关系到钢铁企业烟尘控制的水平。

4. 烟气阵发性强，无组织排放多

钢铁企业中，高炉出铁、出渣、开堵铁口、转炉铁水、吹氧冶炼、出钢以及浇注钢锭等冶炼过程，其烟气的产生具有阵发性，而且随冶炼过程的不同，散发烟气量也不同，波动极大。一般净化系统主要是控制烟气最大的冶炼过程（即一次烟气），而对一次集尘系统未捕集到的和其他辅助工艺过程中所散发的烟气（即二次烟气），形成了无组织地通过厂房或天窗外逸。通常一次烟气中的烟尘占总烟尘量的90%～93%，而二次烟气中的烟尘仅占7%～10%。但其尘粒细、分散度高，对环境的污染影响更大。

5. 废气具有回收价值

钢铁生产排出的废气中，高温烟气的余热可以通过热能回收装置转换为蒸汽或电能；炼焦及炼铁、炼钢过程中产生的煤气，已成为钢铁企业的主要燃料，并可外供使用；各废气净化过程中所收集的尘泥，绝大部分含有氧化铁成分，可采用各种方式回收利用。

钢铁企业产生的废气直接危害人体的健康和农作物的生长，并腐蚀金属器材和建筑物。废气中除含有尘和二氧化硫外，还含有致癌物质，如多环芳烃和苯并(a)芘。游离二氧化硅粉尘使长期工作的人易患“矽肺”。氟的污染对附近地区植物的生长、牲畜和人体骨髓都会产生不良影响。

7.1.5.4 有色金属工业废气污染

有色金属是除铁、锰、铬以外的所有金属的总称。在我国,列入有色金属范围的有64种金属。按照它们的物理和化学性质的不同,又可分为重有色金属(指相对密度在4.5以上的有色金属,包括铜、铅、锌、镍、钴、锡、锑、汞、镉等)、轻有色金属(指相对密度在4.5以下的有色金属,包括铝、镁、钾、钠、钙等)、贵有色金属(包括金、银、铀、铑、钯等)、半有色金属(包括砷、硅、硒、碲等)和稀有金属(主要指在地壳上含量稀少,分散、不易富集成矿和难以冶炼提取的一类金属,包括钨、钼、钒、钛、铍、锂、镓、锗、铷、铯、铟等)五类。有色金属工业废气是指在有色金属采矿、选矿、冶炼和加工生产及其相关过程中,因凿岩、爆破、矿石破碎、筛分和运输,金属冶炼和加工,燃料燃烧等产生的含污染物质的有毒有害气体。

有色金属工业废气按其所含主要污染物的性质大体上可分为三大类:第一类为含工业粉尘为主的采矿和选矿工业废气;第二类为含有有害气体(含氟、硫、氯)与粉尘为主的有色金属冶炼废气;第三类为含酸、碱和油雾为主的有色金属工业废气。有色金属工业废气特点如下:

1.排放量较大,污染面较广

有色金属冶炼厂废气排放量占全国工业废气总排放量的11%(1990年)。另外,我国现有500多座有色金属矿山,在矿山的开发和生产中产生的各种含粉尘的废气对周围大气环境影响的范围也是相当广的。

2.废气成分复杂,治理难度较大

有色金属产品种类繁多,生产工艺各不相同,废气中所含污染物各种各样,性质非常复杂,因而给治理(技术上、资金投入上)带来许多困难。

3.废气中污染物以无机物为主,环境污染具有潜在的影响

有色金属生产是以矿石为原料(伴随汞、镉、铅、砷等金属或半金属)。冶炼工艺基本上以火法冶炼为主,能源以煤为主,添加的辅助材料以无机物为主。所有这些因素导致废气中所含污染物多是以无机物为主的形态排入大气。这类污染物颗粒细,能在空中飘浮较长时间,还可能成为吸附其他有害气体(如SO_2等)的载体,最终沉积到植物表面或土壤中,积累一定程度也会造成污染。

7.2 废水污染

7.2.1 水圈的组成与水资源

水圈,是指地壳表层、表面和围绕地球的大气层中存在着的各种形态的水,包括液态、气态和固态的水。它是地球外圈中作用最为活跃的一个圈层,也是一个连续不规则的圈层。水圈也是外动力地质作用的主要介质,是塑造地球表面最重要的角色。它与大气圈、生物圈和地球内圈的相互作用,直接关系到影响人类活动的表层系统的演化。

水资源是指可资利用或有可能被利用的水源，这个水源应具有足够的数量和合适的质量，并满足某一地方在一段时间内具体利用的需求。

水资源具有循环性，在开采利用后，能够得到大气降水的补给，处在不断地开采、补给和消耗、恢复的循环之中，可以不断地供给人类利用和满足生态平衡的需要。在不断的消耗和补充过程中，在某种意义上，水资源具有“取之不尽”的特点。可实际上全球淡水资源的蓄存量是十分有限的。全球的淡水资源仅占全球总水量的2.5%，且淡水资源的大部分储存在极地冰帽和冰川中，真正能够被人类直接利用的淡水资源仅占全球总水量的0.796%。从水量动态平衡的观点来看，某一期间的水量消耗量接近于该期间的水量补给量，否则将会破坏水平衡，造成一系列不良的环境问题。

7.2.2 水体污染

水体污染是工业废水、生活污水和其他废弃物进入江河湖海等水体，超过水体自净能力所造成的污染。这会导致水体的物理、化学、生物等方面特征的改变，从而影响到水的利用价值，危害人体健康或破坏生态环境，造成水质恶化的现象。

7.2.2.1 水体污染分类

自然界中的水体污染，从不同的角度可以划分为各种污染类别。

1.按污染源分布划分

按污染源分布划分，可分为点源污染和面源污染。点源污染是指污染物质从集中的地点（如工业废水及生活污水的排放口）排入水体，除此之外均为面源污染。

2.按污染的性质划分

按污染的性质划分，可分为物理性污染、化学性污染和生物性污染。物理性污染是指水的浑浊度、温度和水的颜色发生改变，水面的漂浮油膜、泡沫以及水中含有的放射性物质增加等；化学性污染包括有机化合物和无机化合物的污染，如水中溶解氧减少，溶解盐类增加，水的硬度变大，酸碱度发生变化或水中含有某种有毒化学物质等；生物性污染是指水体中进入了细菌和污水微生物等。

3.按污染成因划分

按污染成因划分，可以分为自然污染和人为污染。自然污染是指由于特殊的地质或自然条件，使一些化学元素大量富集，或天然植物腐烂中产生的某些有毒物质或生物病原体进入水体，从而污染了水质。人为污染则是指由于人类活动（包括生产性的和生活性的）引起地表水水体污染。

4.按污染源来源划分

按污染源来源划分，分为以下几种污染源：

（1）工业污染源

这是对水体产生污染的最主要污染源。它指的是工业企业排出的生产过程中使用过的废水。根据污染物的性质，工业废水可分为：①含有机物废水，如造纸、制糖、食品加工、染织工业等废水；②含无机物废水，如火力发电厂的水力冲灰废水、采矿工业的尾矿水以及采煤炼焦工业的洗煤水等；③含有毒的化学性物质废水，如化工、电镀、冶炼等工业废水；④含有病原体工业废水，如生物制品、制革、屠宰厂废水；⑤含有放射性物质废水，如原子能发电厂、放射性矿、核燃料加工厂废水；⑥生产用冷却水，如热电厂、钢厂废水。

(2)生活污染源

生活污染源主要来自城市，指居民在日常生活中排放的各种污水，如洗涤衣物、沐浴、烹调用水，冲洗大小便器等的污水，其数量、浓度与生活用水量有关。生活污水中的腐败有机物排入水体后，使污水呈灰色，透明度低，有特殊的臭味，含有有机物、洗涤剂的残留物、氯化物、磷、钾、硫酸盐等。

(3)农业污染源

农业污染源主要指的是农药和化肥的不正确使用所造成的污染。如长期滥用有机氯农药和有机汞农药，污染地表水，会使水生生物、鱼贝类有较高的农药残留，加上生物富集，如食用会危害人类的健康和生命。

(4)其他污染源

油轮漏油或者发生事故(或突发事件)引起石油对海洋的污染，因油膜覆盖水面使水生生物大量死亡，死亡的残体分解可造成水体污染。

7.2.2.2 水体污染物

造成水体水质、水中生物群落以及水体底泥质量恶化的各种有害物质(或能量)都可叫作水体污染物。

水体污染物从化学角度分为四大类：

1.水体污染物的分类

(1)无机无毒物：酸、碱、一般无机盐、氮、磷等植物营养物质。

(2)无机有毒物：重金属、砷、氰化物、氟化物等。

(3)有机无毒物：碳水化合物、脂肪、蛋白质等。

(4)有机有毒物：苯酚、多环芳烃、PCB、有机氯农药等。

2.不同的水体污染物对水的危害表现

(1)水体溶解氧

地表水的溶解氧含量一般不低于 4 mg/L。水体中所含的碳氢化合物、脂肪、蛋白质等有机化合物在水中微生物等作用下，最终分解为二氧化碳、水等简单的无机物，同时消耗大量的氧；而水体中的亚硫酸盐、硫化物、亚铁盐和氨类等还原性物质，在发生化学氧化时，也要消耗水中的溶解氧。这些物质就统称为需氧污染。水中溶解氧的下降，势必影响鱼类及其他水生生物的正常生活，使水质恶化。

(2)重金属

重金属，特别是汞、镉、铅、铬等具有显著的生物毒性。它们在水体中不能被微生物降解，而只能发生各种形态的相互转化和分散、富集(即迁移)。重金属污染的特点是：①除被悬浮物带走的外，会因吸附沉淀作用而富集于排污口附近的底泥中，成为长期的次生污染源；②水中各种无机配位体(氯离子、硫酸离子、氢氧离子等)和有机配位体(腐殖质等)会与其生成络合物或螯合物，导致重金属有更大的水溶解度而使已进入底泥的重金属又可能重新释放出来；③重金属的价态不同，其活性与毒性不同，其形态又随 pH 和氧化还原条件而转化。

(3)有机物

①油类：油类已成为水体，特别是海洋污染的主要物质。石油进入水体，除了挥发一部分外，在水面形成油膜(低分子烃类可溶于水)，由于风浪作用，又可生成乳化油(其油滴平均直径为 0.5～25 μm)。油能粘住鱼卵和鱼，降低孵化率并使鱼畸形、死亡。

②酚类：属于可被天然分解的有机物。其分解速度取决于其结构(单元酚分解较二元酚、三元酚易)、初始浓度、微生物条件、温度、曝气条件等因素。酚类生物分解最适宜的水温是 15～25 ℃。

③氰化物：天然水体对氰化物有较强的自净作用。中国各地有氰电镀废水含氰 30～35 mg/L；某些焦化厂粗苯和纯苯分离水含氰 1～96 mg/L；化肥厂煤气洗气水含氰 180 mg/L。

(4)酸碱及一般无机盐类

酸主要来自矿坑废水、工厂酸洗水、硫酸厂、黏胶纤维、酸法造纸等，酸雨也是某些地区水体酸化的主要来源。碱主要来自造纸、化纤、炼油等工业。酸碱污染不仅可腐蚀船舶和水上构筑物，改变水生生物的生活条件，还可大大增加水的硬度(生成无机盐类)，影响水的用途，增加工业用水处理费用等。

(5)水体污染植物营养物

植物营养物主要指氮、磷化合物，主要来源是化肥、农业废弃物、生活污水和造纸制革、印染、食品、洗毛等工业废水。植物营养物污染主要表现为水体富营养化。水体营养化程度与磷、氮含量有关，磷的作用大于氮。一般来说，总磷和无机氮分别超过 20 mg/m^3、300 mg/m^3，就可以认为水体处于富营养化。

7.2.3　工业废水的定义及分类

工业废水是指工业生产过程中产生的废水和废液，其中含有随水流失的工业生产用料、中间产物、副产品以及生产过程中产生的污染物，包括生产废水、生产污水及冷却水。随着工业的迅速发展，废水的种类和数量迅猛增加，对水体的污染也日趋广泛和严重，威胁人类的健康和安全。

工业废水的分类方法通常有以下三种：

第一种是按废水中所含污染物的主要成分，可分为酸性废水、碱性废水、含酚废水、含铬废水、含有机磷废水和放射性废水等。

第二种是按工业废水中所含主要污染物的化学性质分类，含无机污染物为主的为无机废水，含有机污染物为主的为有机废水。例如，电镀废水和矿物加工过程中的废水是无机废水，食品或石油加工过程中的废水是有机废水，印染行业生产过程中的是混合废水，不同的行业排出的废水含有的成分不一样。

第三种是按工业企业的产品和加工对象分类，如冶金废水、造纸废水、炼焦煤气废水、金属酸洗废水、化学肥料废水、纺织印染废水、染料废水、制革废水、农药废水、电站废水等。

7.2.4　工业废水的特点

工业废水是水体最重要的污染源。它量大、面广，在全国工业废水和生活废水总量中，工业废水占排放总量的70%以上，而且含有污染物多，成分复杂，含有大量的有毒有害物质，有些成分在水中不易净化，处理比较困难。工业废水具有以下特点：

(1)悬浮物含量高，最高可达几万毫克每升以上(生活污水一般为200～500 mg/L)。

(2)需氧量高，有机物一般难以降解，对微生物起毒害作用。BOD一般可达200～5000 mg/L，有时甚至高达几万毫克每升(生活污水一般为200～600 mg/L)。COD为400～10000 mg/L，有时甚至高达几十万毫克每升。

(3)酸、碱度变化幅度大，pH变化在2～13之间。

(4)温度高，可达40 ℃，易造成热污染。

(5)易燃、常含低沸点的挥发性液体，如汽油、苯、二硫化碳、丙酮、甲醇、酒精、石油等易燃污染物，易着火酿成水面火灾。

7.2.5 废水污染及治理技术

在工业生产的各个环节中，如原料储存、转运、破碎、制备过程中的除尘、洗涤、工艺生产、烟气和尾气洗涤、设备和产品的冷却、产品表面清洗、车间设备冲洗、冲渣等，都会产生废水污染。

废水中的污染物质是多种多样的，往往不可能用一种处理单元就能够把所有的污染物质去除殆尽。一般一种废水往往需要通过由几种方法和几个处理单元组成的处理系统处理后，才能达到要求。采用哪些方法或哪几种方法联合使用需根据废水的水质和水量、排放标准、处理方法的特点、处理成本和回收经济价值等，通过调查、分析、比较后决定，必要时，要进行试验研究。

针对不同污染物质的特性，发展了各种不同的废水处理方法，特别是对工业废水的处理。这些处理方法可按其作用原理划分为物理法、化学法、物理化学法和生物法。

7.2.5.1 物理法

物理法是利用物理作用分离废水中呈悬浮状态的污染物质，在处理过程中不改变污染物的化学性质。属物理法的有沉淀、浮选、离心、过滤、磁力、蒸发、结晶等。

1. 沉淀分离

沉淀分离是利用重力作用使密度大于1 kg/m^{3}的粗粒悬浮物质沉降分离出来，又称“自然沉淀分离”。当向废水中投入化学聚凝剂，使胶体和粒径与其接近的悬浮固体聚凝沉降时，称为“混凝沉淀分离”。

2. 浮选分离

对密度小于1 kg/m^{3}或接近1 kg/m^{3}的悬浮物质难以用沉淀分离处理，可采用浮选方法分离。如利用密度差进行上浮的自然浮选分离(去除浮油)；简单充入空气进行泡沫分离(去除表面活性剂)；加入药剂(浮选剂)并充入空气进行气浮分离(去除乳化油、金属离子等)。

3. 离心分离

高速旋转的物体会产生离心力，含悬浮物废水在高速旋转时，由于悬浮颗粒(或乳化油)的质量不同，因而所受离心力大小也不同，质量大的被甩到外围，质量小的则留在内圈，通过不同出口分别引导出来，从而回收废水中的悬浮物(或乳化油)。

4.过滤分离

过滤分离是让废水通过一层带孔眼的过滤装置或介质，尺寸大于孔眼尺寸的悬浮颗粒被截留，使用一定时间后，将截留物反洗除去。废水处理所用的介质有：格栅、滤网、石英砂、筛网纤维织物、微孔管、煤屑等。

5.磁力分离

磁力分离是利用磁场力的作用截留废水中的不溶性污染物质，磁性污染物可直接通过磁场去除。非磁性污染物需投加磁粉接种后，才能通过磁场予以去除。一般用于去除废水中的悬浮物及沉淀法难以分离的细小悬浮物和胶体，如色度、油、BOD、重金属离子、藻类、细菌、病毒等。

6.蒸发分离

蒸发分离是借加热作用使废水溶剂汽化和污染物质浓缩，多用于酸碱废液的浓缩回收及放射性废水处理。

7.结晶分离

结晶分离是从过饱和溶液中结晶析出具有结晶性能的固体污染物，从而达到分离的目的。如从硫酸废液中回收硫酸亚铁，从含氰废水中回收黄血盐钠，从染料废液中回收硫代硫酸钠。利用结晶析出，污染物有不移除溶剂和移除部分溶剂两种。不移除溶剂利用冷却降温产生过饱和溶液，故适用于溶解度随温度降低而显著降低的物质的结晶。而移除部分溶剂是溶液的过饱和借一部分溶剂在沸点时的蒸发或低于沸点时的汽化而获得，故适用于溶解度随温度降低而变化不大的物质结晶。

7.2.5.2　化学法

化学法是利用化学反应，去除污染物质或改变污染物质的性质，主要方法有中和、混凝、氧化还原和电解法。

1.中和法

对低浓度的酸、碱废水，在没有经济有效的回收利用价值时，应利用酸与碱中和以调整废水的pH，达到中性后排放。

酸碱废水的中和处理方法有：酸、碱废水互相中和，投药中和，过滤中和以及用烟道气中和。酸性废水中和剂有：石灰、电石渣、石灰石、苛性钠等；碱性废水中和剂有：硫酸、盐酸、硝酸以及烟道气（含 CO_2、SO_2 等）。

2.混凝法

混凝法是于废水中投入电解质作混凝剂，水解后在废水中形成胶团，产生电中和而凝聚成絮状颗粒，在沉降过程中，废水中的细小分散固体颗粒亦被吸附，形成絮状颗粒一起沉降。该方法常用于毛纺厂洗毛、煤气洗涤、印染和石油化工的有机废水等。

3.氧化还原法

氧化还原法是利用溶解于废水中的有毒物质在化学反应中能被氧化或还原的性质，将它们从废水中分离出来或转变为无毒（或微毒）物质，从而达到处理目的。

氧化包括空气氧化，即利用空气氧化废水中的有机物质和还原性物质，如炼油厂的含硫废水；氯氧化：利用氯（如漂白粉、次氯酸钠和液氯等）来消毒和处理废水中一些有机物和还原性质的有害物质，如酚类、醇类以及洗涤剂、油、氰化物等；臭氧氧化：臭氧是氧的同素异构体，是强氧化剂，在水处理中对除臭、脱色、杀菌、除酚、氧、铁、锰和降低COD、BOD等都具有显著的效果。

还原：常用还原剂有SO_2、H_2S、$NaHSO_3$、$FeSO_4$等。金属还原系用金属粉或金属屑将废水中的重金属离子还原成低价金属离子或金属。如用铜屑过滤汞(Hg^{2+})废水，可得金属汞(Hg)。

4.电解法

电解法是借助于电流进行化学反应的过程。废水在通以直流电时，废水中电解质的阴离子移向阳极，并在阳极失去电子而被氧化，阳离子移向阴极，并在阴极得到电子而被还原。利用电解法可以去除废水中的氨、酚、重金属离子、悬浮物等，还可进行脱色处理。

7.2.5.3 物理化学法

物理化学法是利用物理化学作用去除废水中的污染物质，主要有吸附法、离子交换法、膜分离法、萃取法、气提法和吹脱法等。

1.吸附法

该法是利用多孔性固体吸附剂(活性炭、沸石、硅藻土、焦炭、木炭及木屑等)，使废水中的溶质吸附在固体表面上，达到分离的目的。吸附分离技术已被广泛使用在含金属离子废水、含酚废水、城市污水及炼油、农药、石油、化工等工业废水的深度处理。

2.离子交换法

该法是利用离子交换剂等当量地交换离子的作用，处理、回收废水中的离子，多用于处理含重金属离子及放射性元素的废水。

离子交换剂有无机离子交换剂和有机离子交换剂(离子交换树脂)两类。无机离子交换剂有天然沸石、合成沸石、磺化煤等。离子交换树脂由空间网状结构的母体和附在其上的活性基因组成。活性基团的活动离子可和废水中的污染物离子进行等当量的交换。

3.膜分离(电渗析)法

该法是在离子交换法基础上发展起来的一项新分离技术。但与离子交换法的不同在于，它是采用离子交换膜，而不是离子变换树脂。工业废水中含有金属盐，无机酸、碱及有机电解质，废水中这些物质的阴、阳离子在(电渗析器中)直流电场的作用下，阳离子透过阳膜向阴极移动，阴离子透过阴膜向阳极移动(其推动力为电动势)，从而达到废液浓缩，清(淡)水回用。

4.萃取法

该法是利用溶质在水中和溶剂中溶解度的不同，使废水中的溶质转溶入另一与水不互溶的溶剂中，然后使溶剂与废水分层分离。若使溶质与溶剂分离，即可从溶剂中回收溶质，并使溶剂得以再生。在萃取过程中所用的溶剂称为萃取剂。

5.汽提法

该法是利用蒸汽蒸馏去除废水中的挥发性物质(如挥发酚、单元酚、苯酚、甲酚、甲醛、苯胺等)。汽提法主要设备为汽提塔，有填料塔、泡罩塔、筛板塔及浮阀塔等。

6.吹脱法

该法是让空气与水充分接触，使废水中的溶解气体(硫化氢、氰化氢、二氧化碳、二硫化碳、丙烯腈)随空气逸出。吹脱法主要设备有吹脱池及吹脱塔。

7.2.5.4 生物法(生物化学法)

生物法是处理废水中应用最久、最广泛和比较经济有效的一种方法。它是利用各种微生物,将废水中的有机物分解并向无机物转化,达到废水净化的目的,主要有活性污泥法、生物膜法、生物塘及土地处理系统等。

1. 活性污泥法

该法是在充分曝气供氧的条件下,使废水与絮凝状的生物污泥(即活性污泥)接触,以去除废水中的有机物或某些特定的无机物。其主要构筑物为曝气池及二次沉淀池。

2. 生物膜法

该法是利用附着在固体表面上的微生物膜,与废水进行固、液之间的物质交换,并在膜内进行生物氧化达到去除废水中有害物质的目的。根据废水与生物膜的接触形式不同,可分为生物滤池、生物转盘、接触氧化法等。

3. 生物塘法

该法是在自然条件下,依靠大量繁殖的微生物转化废水中的有机物。生物塘有氧化塘、兼性氧化塘、厌氧塘、曝气氧化塘等。

4. 土地处理系统

该系统是利用土壤及其中微生物和植物对污染物的综合净化能力来处理城市污水和某些工业废水;同时利用污水中的水分和肥分来促进农作物、草或树木生长并使其增产的一种工程设施。土地处理系统应包括污水的预处理设施(罐头化塘即生物塘等)、贮水湖(水库)、灌溉系统和地下排水系统等部分。在土地处理系统中,大都使用氧化塘或曝气湖进行二级预处理,贮水湖则是用于非灌溉期的污水贮存,以免污染承接的水体。

工业废水处理厂(站)的处理流程一般根据污水的性质而定,而有机性工业废水的处理方法与城市污水的处理方法基本相同。

城市污水处理厂分为一级污水处理厂、二级污水处理厂和三级污水处理厂三种。

一级污水处理厂一般采用格栅、沉沙和沉淀等物理处理(又称机械处理),能去除污水中的部分有机物(BOD 35%)和悬浮固体(60%),可去除80%~90%的寄生虫卵。一级处理后加氯消毒即排入水体。如果处理后的污水是排入海洋或有足够稀释水量的水体,而且没有使水体中溶解氧降低到危险的程度,这种处理是足够的。

当一级处理达不到排放要求的,往往应考虑采用二级处理,二级处理常用生物处理方法,主要处理对象是污水中的胶体状和溶解性有机物。通过二级处理一般能去除90%左右可生物降解的氮、磷等植物营养素。

三级处理,又称"深度处理",主要处理对象是氮、磷等营养物质,能有效地控制水体的富营养化,它不仅能净化除去植物营养分,而且还能提高对BOD和悬浮固体的去除率。

7.3 固体废物污染

7.3.1 固体废物的定义及分类

固体废物是指在生产、生活或其他活动过程中产生的丧失原有的利用价值或者虽未丧失利用价值但被抛弃或者放弃的固体、半固体和置于容器中的气态物品、物质以及法律、行政法规规定纳入废物管理的物品、物质。"固体废物"实际只是针对原所有者而言。在任何生产或生活过程中，所有者对原料、商品或消费品，往往仅利用了其中某些有效成分，而对于原所有者不再具有使用价值的大多数固体废物中仍含有其他生产行业中需要的成分，经过一定的技术环节，可以转变为有关部门行业中的生产原料，甚至可以直接使用。可见，固体废物的概念随时、空的变迁而具有相对性。

固体废物的分类方法有多种：按其形态可分为固态废物、半固态废物和液态(气态)废物；按其性质可分为有机废物和无机废物；按其污染特性可分为危险废物和一般废物等；按其来源可分为矿业的、工业的、城市生活的、农业的和放射性的。此外，固体废物还可分为有毒和无毒的两大类。有毒有害固体废物是指具有毒性、易燃性、腐蚀性、反应性、放射性和传染性的固体、半固体废物。

7.3.2 固体废物的污染

固体废物是环境的污染源，除了直接污染外，还经常以水、大气和土壤为媒介污染环境。固体废弃物对环境的污染主要表现为以下形式：

7.3.2.1 占用大量土地

固体废物不像废气、废水那样到处迁移和扩散，必须占有大量的土地。城市固体废物侵占土地的现象日趋严重，我国堆积的工业固体废物有60亿吨，生活垃圾有5亿吨，预计每年有1000万吨固体废物无法处理而堆积在城郊或公路两旁，几万公顷的土地被它们侵吞。

7.3.2.2 污染土壤

未经处理的有害废物在土壤中风化、淋溶后，就渗入土壤，杀死土壤微生物，破坏土壤的腐蚀分解能力，导致土壤质量下降；带有病菌、寄生虫卵的粪便施入农田，一些根茎类蔬菜、瓜果就把土壤中的病菌、寄生虫卵吸进或带入体内，人们食用后就会患病。

7.3.2.3 污染水体

不少沿江河湖海的企业把大量的固体废物直接向江河湖海倾倒，不仅减少了水域面积，淤塞航道，而且污染水体，使水质下降。固体废物对水体的污染，有的直接污染地表水，也有的下渗后污染了地下水。

7.3.2.4 污染大气

固体废物向大气飘散，固体废物在收运、堆放过程中未做密封处理，有的经日晒、风吹、雨淋、焚化等作用，挥发了大量废气、粉尘；有的发酵分解后产生了有毒气体，向大气中飘散，造成大气污染。

7.3.2.5 影响环境卫生，广泛传播疾病

影响市容、环境卫生。固体废物在城市里大量堆放而又处理不妥，不仅妨碍市容，而且有害城市卫生。城市堆放的生活垃圾，非常容易发酵腐化，产生恶臭，招引蚊蝇、老鼠等滋生繁衍，容易引起疾病传染；在城市下水道的污泥中，还含有几百种病菌和病毒。长期堆放的工业固体废物有毒物质潜伏期较长，会造成长期威胁。

城市的清洁卫生文明，很大程度同固体废物的收集、处理有关，尤其是作为国家卫生

城市和风景旅游城市，对固体废物不妥善处理，将会造成非常不良的影响。

7.3.3　主要工业固体废物污染

工业固体废物是工业生产、加工，燃料燃烧，矿物采、选，交通运输等行业，以及环境治理过程中所丢弃的固体、半固体物质的总称。

按照工业固体废物对人体和环境的危害性，通常又将工业固体废物分为一般工业固体废物和危险废物。一般工业固体废物常指对人体健康或环境危害性较小的废物，如硫铁矿烧渣、纯碱白灰渣、合成氨煤造气炉渣、化学矿山选矿过程中排出的尾矿等。危险废物则指具有毒性、腐蚀性、反应性、易燃性、浸出毒性等特性之一，由于其数量、浓度、物理化学性质或易传播性引起死亡率增加，无法治愈的疾病发病率增高或者对人体健康或环境造成危害的固体、半固体、液体废弃物等。

7.3.4　工业固体废物的主要特点

7.3.4.1　呆滞性大、扩散小

固体废物除直接占用土地和空间外，其对环境的影响需通过水、气或土壤进行，没有这些媒介，就不会对环境造成很大的污染。因此，固体废物既是污染水、大气、土壤的污染“源头”，又是废水，废气处理的“终态物”。

7.3.4.2　品种繁多、数量巨大

固体废物大都具有某些工业原材料所具有的一些化学、物理特性，比废水、废气更易于收集、运输、加工，大多可以进行再利用，具有巨大的资源潜力，可作为“二次资源”。

7.3.4.3　具有“固体”外形的危险性液体、气体废物

在现代化的环境管理中，不少国家将具有危险性的废液、废气从法律上的角度将它们定义为“固体废物”。这是因为，一方面，强调这些废物需用容器盛装，使其外形具有“固体”形状；另一方面，也是最重要的，是为了能更好地控制这类危险性的液体、气体废物，不允许像非危险性的废物那样向环境排放，以免造成严重的污染事故和破坏水体、大气和土地资源。规定这类废物不适用于有关水质和大气的法律，而是将其划入有关固体废物法律的范畴，对其从产生—收集—运输—储存—处理—利用或最终无害化处置后排入环境的全过程进行全面严格的管理。

7.3.5　控制固体废物污染的技术政策

工业固体废物产生量大，处理和处置水平低，综合利用少，占地多，危害严重，是我国的主要环境问题之一。将固体废物中可利用的那部分材料充分回收利用是控制固体废物污染的最佳途径，但它需要较大的资金投入，并需有先进的技术作先导。我国固体废物处理利用的发展趋势必然是从“无害化”走向“资源化”，“资源化”是以“无害化”为前提的，“无害化”和“减量化”则应以“资源化”为条件，这是毫无疑问的。

7.3.5.1　无害化

固体废物无害化处理的基本任务是将干扰废物通过工程处理，达到不损害人体健康，不污染周围的自然环境（包括原生环境与次生环境）程度。

目前，废物无害化处理工程已经发展成为一门崭新的工程技术。诸如，垃圾的焚烧、卫生填埋、堆肥、粪便的厌氧发酵，有害废物的热处理和解毒处理等。其中，“高温快速堆肥处理工艺”和“高温厌氧发酵处理工艺”在我国都已达到实用程度，“厌氧发酵工艺”用于废物无害化处理工程的理论也已经基本成熟，具有我国特点的“粪便高温厌氧发酵处理工艺”，在国际上一直处于领先地位。

在对废物进行无害化处理时，必须看到，各种无害化处理工程技术的通用性是有限的，它们的优劣程度，往往不是由技术、设备条件本身所决定。以生活垃圾为例，焚烧处理确实不失为一种先进的无害化处理方法，但它必须以垃圾含有高热值和可能的经济投入为条件，否则，便没有实用的意义。根据我国大多数城市垃圾平均可燃成分偏低的特点，早期内，着重发展卫生填埋和高温堆肥处理技术是适宜的。特别是卫生填埋，处理量大，投资少，见效快，可以迅速提高生活垃圾处理率，以解决当前带有“爆炸性”的垃圾出路问题。至于焚烧处理方法，只能有条件地采用。即使在将来，垃圾平均可燃成分提高了，卫生填埋也是必不可少的方法，故又具有一定的长远意义。

7.3.5.2　减量化

固体废物减量化的基本任务是通过适宜的手段减少固体废物的数量和体积。这一任务的实现，需从两个方面着手：一是对固体废物进行处理利用，二是减少固体废物的产生。

对固体废物进行处理利用，属于物质生产过程的末端，即通常人们所理解的“废弃物综合利用”，我们称之为“固体废物资源化”。例如，生活垃圾采用焚烧法处理后，体积可减少 80%～90%，余烬则便于运输和处置。固体废物采用压实、破碎等方法处理也可以达到减量并方便运输和处理处置的目的。

减少固体废物的产生，属于物质生产过程的前端，需从资源的综合开发和生产过程物质资料的综合利用着手。当今，从国际上资源开发利用与环境保护的发展趋势看，世界各国为解决人类面临的资源、人口、环境三大问题，越来越注意资源的合理利用。人们对综合利用范围的认识，已从物质生产过程的末端（废物利用）向前延伸了，即从物质生产过程的前端（自然资源开发）起，就考虑和规划如何全面合理地利用资源，把综合利用贯穿于自然资源的综合开发和生产过程中物质资料与废物综合利用的全程，亦即“废物最小化”与“清洁生产”。其工作重点包括采用经济合理的综合利用工艺和技术，制订科学的资源消耗定额等。

7.3.5.3　资源化

固体废物资源化的基本任务是采取工艺措施从固体废物中回收有用的物质和能源。固体废物资源化是固体废物主要归宿。

相对自然资源来说，固体废物属于二次资源或再生资源范畴，虽然它一般不具有原使用价值，但是通过回收、加工等途径，可以获得新的使用价值。

资源化应遵循的原则是：资源化技术是可行的；资源化的经济效益比较好，有较强的生命力；废物应尽可能在排放源就近利用，以节省废物在贮放、运输等过程的投资；资源化产品应当符合国家相应产品的质量标准，并具有与之相竞争的能力。

7.4 噪声污染

7.4.1 环境噪声的定义及特征

7.4.1.1 环境噪声的定义

声音由物体的振动产生，以波的形式在一定的介质（如固体、液体、气体）中进行传播。噪声是指发声体做无规则振动时发出的声音。

说到噪声，在现代人眼中，只要是干扰到自己思考、学习、交谈、休息等活动的，自己不喜欢、不爱听甚至厌烦的声音，都可称为“噪声”。其可依人们认识的角度不同，作出不同的解释，但其根源不会变。从现代声学的角度来说：噪声一指物理上间歇的、不规则的或随机的声振动；二指所有难听的、不和谐的声音或干扰，有时也指有用频带内所有不需要的干扰。但一种声音是否会成为“干扰”，并不单凭声音的物理性质来判断，其还与人们的心理素质有关。由于人们的主观感受不同及个体差异，对不同的人而言，同一种声音往往会带来不同的心灵感受。例如，对父母而言，婴儿的哭声兴许是有活力的表现，是令父母感到高兴的声音，但对更多的人来说是一种噪声。从物理学的角度分析：噪声没有固定的频率和波形，是杂乱无章的。它是物体做非周期性、无节奏的振动而产生的声音。它容易引起人们的烦躁，若其音量过强超过一定的限度，就会危及人体健康。从环境保护角度看：但凡人们不想要的，会引起人们反感并对人类各种活动产生妨碍的声音均可统称为噪声。

环境噪声的含义相较于噪声来说，主要区别在于其把噪声产生的环境限制在了某个特定区域里。我国《噪声法》的第二条对其定义及范围有明确的阐述，并在第三条中明确规定了该法的适用范围：本法适用于中华人民共和国领域内环境噪声污染的防治。因从事本职生产、经营工作受到环境噪声危害的防治，不适用本法。由此可见，我国环境法中所界定出的环境噪声是在各种人类活动中所产生的，干扰了周围人的正常生活的环境噪声，既非自然界的鸟叫虫鸣等声音，亦非在从事本职工作时对自己产生影响的声音。

7.4.1.2 环境噪声污染的主要特征

环境噪声污染与水污染、大气污染、固体废物污染并称“环境四害”。环境噪声污染与其他“三害”相比，又有其自身的特点。

1. 环境噪声污染具有感觉性

环境噪声对人的危害取决于噪声的强弱、环境以及人的生理、心理状况。如老人、儿童、病人、脑力劳动者等对噪声的承受能力较差。一般来讲，距噪声源越近，噪声污染造成的伤害程度会越大。但由于人们的身体条件、生理和心理状态以及所处的周围环境不同，对同一声级的噪声，反应也可能不一样。如夜深人静时对噪声会更加敏感，而白天人的承受能力可能会强些。又如，音响器材发出的音乐声，对于心情舒畅的收听者来讲是悦耳的享受，但对于周围正在学习、睡觉、心情烦躁以及生病的人来说，则可能成为噪声污染。

2. 环境噪声污染具有暂时性

由于环境噪声具有物理性，往往是发生在一定期间内，之后便消失了，或是断断续续的发生,当噪声发生后瞬间便没有任何残留的污染物。也就是说,环境噪声污染只有当噪声产生时才会发生,只要噪声源停止发出噪声,环境噪声污染就会立即消失,没有残留,它的能量最后转变为热能消失在环境中。环境噪声污染不像大气污染、水污染那样具有长期性、积累性,它不会在环境中积累,也不延时,同时,也不会像其他有形污染物那样可能会在环境中发生物理或化学等变化而形成二次污染。当然,这为环境行政执法部门执法时取证带来了相当的困难。

3. 环境噪声污染具有局部性

局部性是指环境噪声污染是一种能量型污染,环境噪声的能量在向四周传播的过程中会随着距离的加大以及树木或者建筑等障碍物的阻隔而大大减弱。也就是说,环境噪声污染只能污染噪声源附近的一定范围,很难蔓延到遥远的空间,具有局部的特性。环境噪声污染的这一特性使得对环境噪声污染防治比其他污染物防治相对容易,不会像大气污染、水污染、海洋污染等公害那样有着污染物迁移转化的大范围的广泛影响。只要远离噪声源或者把噪声限制在一定的范围内就可减轻或避免噪声污染的危害。

4. 环境噪声污染测定标准具有复杂性

前文提到,环境噪声对人的危害取决于噪声的强弱、环境以及人的生理、心理状况。所以,环境噪声是否构成污染取决于被噪声干扰者的心理和生理等诸多因素。对同样的噪声,不同的人群的反应可能不一样,有人认为已经构成噪声污染的噪声而其他人可能并不认为构成了污染。这就决定了环境噪声污染具有测定标准复杂性的特点。环境噪声污染并不能纯粹以一定的客观数值来衡量或评价。在国外,司法实践上通常是以人对噪声可以忍受的最大限度作为判断的标准。而在我国,则是在法律中规定的环境噪声排放标准,然后综合其他因素全面考虑进行噪声污染的认定。

5. 环境噪声污染具有分散性

分散性是指由于环境噪声的污染源相当多而且分散。因而噪声所造成的污染也是分散的,所以无法像控制大气污染等其他污染那样通过统一的安排工业区来进行集中的控制,这就给环境噪声污染的集中控制带来各种困难。

7.4.2 环境噪声源及危害

7.4.2.1 环境噪声源

1. 噪声源的分类

噪声源按其产生的机理可分为以下三种:

(1)气体动力噪声

叶片高速旋转或高速气流通过叶片,都会使叶片两侧的空气发生压力突变,激发声波,如通风机、鼓风机、压缩机、发动机通过进排气口传出的声音即为气体动力性噪声。

(2)机械噪声

机械噪声是由于固体振动产生的噪声。在撞击、摩擦、交变的机械力作用下,金属板、旋机件的动力失衡以及运转的机械零件、轴承、齿轮等都会产生机械噪声。如锻锤、织布机、机床等产生的噪声均属此类。

(3)电磁性噪声

电磁性噪声是指由于高次电磁场的相互作用,产生周期性的力,从而产生的噪声,如电动机、变压器等做功时产生的声音。

2. 人类活动噪声的来源

人类活动噪声的来源分为交通噪声、工厂噪声、施工噪声、社会噪声和家庭生活噪声等。

(1)交通噪声

交通工具(如汽车、火车、飞机等)是活动的噪声源,对环境影响比较广。我国城市交通噪声中,道路边的噪声白天大致为70～80 dB(分贝)。目前最严重的是鸣喇叭,电喇叭一般为90～95 dB,汽喇叭一般为105～110 dB(距行驶车辆5 m处)。

(2)工厂噪声

工厂噪声不仅直接对生产工人带来危害,而且对附近居民的影响也大,特别是城区的工厂,与居民住宅犬牙交错,甚至只有一板之隔,振动和噪声对居民的正常生活影响很大。

(3)施工噪声

施工噪声有打桩机、地螺钻、铆枪、压缩机、破路机等机械产生的噪声。虽然施工具有暂时性,但城建施工活动的总和很大。

(4)社会噪声和家庭生活噪声

社会噪声和家庭生活噪声也普遍存在,如高音喇叭、家庭收音机等对邻居干扰的噪声。

7.4.2.2 环境噪声的危害

环境噪声污染作为"环境四害"中的一种,其危害和影响是相当广泛的。噪声污染同大气污染、水体污染、固体废物污染一样,污染着城市的环境,影响着人们的身心健康。噪声不仅会影响听力,而且还会对人的心血管系统、神经系统、内分泌系统产生不利影响,所以有人称噪声为"致人死命的慢性毒药"。其危害归纳起来主要有以下几个方面:

1. 影响人的睡眠质量

人进入睡眠之后,即使是一分贝较轻的噪声干扰,也会使人从熟睡状态变成半熟睡状态。人在熟睡状态时,大脑活动是缓慢而有规律的,能够得到充分的休息;而在半熟睡状态时,大脑仍处于紧张、活跃的阶段,这就会使人得不到充分的休息和体力的恢复。人们正常生活、工作和学习比较适宜的环境声级为30～40 dB,超过50 dB的噪声则破坏安静,对人们学习、休息产生干扰。60 dB以上的噪声使人烦躁不安,会使大多数人难以入睡。70 dB以上的噪声使人精神不振,身体乏力,难以集中精神。90 dB以上的强声级噪声则会造成人们反应迟钝,导致生产和交通事故增多。

2. 损伤听觉及视觉器官

噪声对人体最直接的危害是造成听力损伤。强的噪声可以引起耳部的不适,如耳鸣、耳痛、听力损伤。据测定,超过115 dB的噪声还会造成耳聋。据临床医学统计,若在80 dB以上噪声环境中生活,造成耳聋者可达50%。人们在进入强噪声环境时,暴露一段时间,会感到双耳难受,甚至会出现头痛等感觉。离开噪声环境到安静的场所休息一段时间,听力就会逐渐恢复正常。这种现象叫作暂时性听闭偏移,又称"听觉疲劳"。但长期在噪声严重的环境中工作，则会产生听觉疲劳，听觉敏感性随之下降，听力功能不能完全恢复，使听觉器官发生器质性病变，造成永久性听力损失，即形成噪声性耳聋。假若人突然暴露于极其强烈的噪声环境中，听觉器官会发生急剧外伤，引起鼓膜破裂出血、迷路出血，螺旋器从基底膜急性剥离，可能使人耳完全失去听力，即出现爆震性耳聋。此外，噪声还影响视力。试验表明：当噪声强度达到 90 dB 时，人的视觉细胞敏感性下降，识别弱光反应时间延长；噪声达到 95 dB 时，有的人瞳孔放大，视模糊；而噪声达到 115 dB 时，多数人的眼球对光亮度的适应都有不同程度的减弱。所以长时间处于噪声环境中的人很容易发生眼疲劳、眼痛、眼花和视物流泪等眼损伤现象。噪声还会使色觉、视野发生异常。调查发现，噪声对红、蓝、白三色视野缩小 80%。

3. 影响人的生理健康

长时间接触噪声，对全身各系统如中枢神经系统、心血管系统、消化系统、内分泌系统等都会产生不同程度的影响。人的中枢神经系统受到噪声刺激，可使大脑皮质的兴奋和抑制失调，条件反射异常，出现头晕、头痛、耳鸣、多梦、失眠、心慌、记忆力减退、注意力不集中等症状，严重者可产生精神错乱。在日本，曾有过因为受不了火车噪声的刺激而精神错乱，最后自杀的例子。这种症状，药物治疗疗效很差，但当脱离噪声环境时，症状就会明显好转。噪声会使人唾液、胃液分泌减少，胃酸降低，胃蠕动减弱，食欲缺乏，引起胃溃疡。此外，噪声对人的内分泌机能也会产生影响。

4. 影响人的心理健康

噪声引起的心理影响主要是使人烦恼、激动、易怒甚至失去理智。在噪声环境下，过敏反应、紧张、神经质、焦虑会增强，休闲与放松会被扰乱，工作效率也会降低，也是导致人们烦躁、易怒的原因之一。噪声干扰引发民间纠纷的事件是常见的。另外，噪声又会经常使人们与一些不愉快的联想结合在一起。例如，救护车警报器的声音或飞机低空飞行的声音在多数人身上都会引起相当强烈的惊恐、忧虑的情绪。试验表明，当人受到突然而至的噪声一次干扰时，就要丧失四秒钟的思想集中。噪声会使劳动生产率降低 10%～15%，随着噪声的增加，会分散人的注意力，导致反应迟钝，容易疲劳，工作效率下降，差错率上升。噪声也容易使人疲劳，因此会影响精力集中和工作效率，尤其是对一些做非重复性动作的劳动者，影响更为明显。

此外，强噪声会对物质结构造成破坏，能造成机器设备疲劳、自动化仪器失灵等。试验证明，噪声对动物的听觉和内脏器官、中枢神经系统能够造成损伤，强烈的噪声会造成动物死亡。噪声也会使植物生长不良，产量下降，甚至死亡。噪声还会掩蔽安全信号，如报警信号和车辆行驶信号等，以致造成事故。

7.4.3 城市环境噪声污染

环境噪声污染与环境噪声不同，环境噪声是一种声音，一种对人类活动有干扰或妨碍的声音；而环境噪声污染则指某种可定义为“环境噪声”的声音，在某个区域类的数值已经高出了我国明文规定的环境噪声排放标准，并在事实上对他人的生活造成影响的现象。例如，汽车在高速公路上飞驰的声音，抑或是飞机起飞降落时的轰鸣声，会影响周围居民的正常生活，这种现象就称为“环境噪声污染”。城市环境噪声污染则特指该类噪声污染现象发生的区域是城市。我国的城市环境噪声污染源主要可分为以下四种：

7.4.3.1 工业噪声污染

工业噪声主要来源于工厂的各种机器和设备。人们在从事工厂工作时，往往会操作一些大型的机械，而且这些机械并不会有什么防噪措施，因此在生产过程中会因振动、摩擦、撞击等产生巨大声响。如纺织、锻压、粉碎等作业，其作业时间一般都是持续不间断的从早到晚，由此而产生的噪声简直会让人们的脑袋轰轰作响，分贝也一般都在70～80以上，有时还会更高。住在厂区附近的居民不免深受其害，精神常常处于紧绷状态，得不到片刻安宁。因此工业噪声与建筑施工噪声一样，常常是居民投诉的焦点。

7.4.3.2 交通噪声污染

交通噪声相较建筑施工噪声，其单项分贝略低。但由于城市车辆数量的猛增及公、铁路等交通干线的迅猛增加，使得机动车、火车、飞机等运行时产生的噪声占据了城市噪声的大半部分。其可细分为公路、铁路及飞机噪声。

公路噪声主要是指城市道路上各大大小小的机动车运行时产生的各种噪声。其主要由动力噪声、轮胎噪声、喇叭声三部分组成。铁路噪声主要指火车、地铁、轻轨等在铁路干线上运行的交通工具的运行、鸣笛以及轮轨撞击声。其主要受列车的类型、长度、行驶速度、制动器的形式及列车通过的频率等影响。列车运行时会发出流动噪声污染源，其具有规律性和间歇性，产生的噪声虽持续的时间较短，但频率及分贝都较高。尤其是修建高速铁路需采用的大量高架桥，高架线噪声源更因所处位置高而使得传播面更广。飞机噪声主要来源于起飞、降落及滑行。其主要有噪声声级高、影响范围广及短时间内持续发生的特点。其对人们的危害比其他的城市交通噪声更大，特别是对长期处在机场附近的工作人员或居民而言。

7.4.3.3 建筑施工噪声污染

随着我国城市建设的飞速发展，建筑施工业蓬勃兴起，各大大小小的建筑工地、装修市场如雨后春笋般自我们身边冒出，与之相伴而来的，是让人头疼万分的建筑施工噪声。道路建设、住房修建、城区改造、河道整治、管网修整、室内装修等都会带来不同程度的噪声影响。而且建筑施工因其本身的特殊性，总是会在一个相对较长的时间里持续。有时，施工单位为了抢进度，或是工程作业自身要求，甚至会在夜间施工。例如，交通部门在白天限制重型车辆入市，导致施工单位不得不在夜晚进行挖掘土方、运输沙石等工作。为此，建筑工地附近的居民总是不堪其扰，投诉也日渐增多。至于室内装修，施工时间虽相对略短，但因其声源过于靠近，钻孔声、敲打声等也总让左邻右舍苦不堪言。

建筑施工噪声的来源主要为施工机械噪声，多由打桩机、搅拌机、切割机、挖掘机、升降机等发出。在施工现场，钻孔灌注桩、混凝土浇捣等工程作业所产生的噪声普遍较高。其经常可达90 dB，最高时甚至超过130 dB。室内装修的噪声则主要由电锯、电刨、电钻等引起，即使其产生音量不如建筑地处，也一般在80 dB以上。

7.4.3.4 社会生活噪声污染

生活噪声一般指街道、建筑物内部各种生活设施以及人们活动时产生的各种声音。既包括家用电器、生活用具，如电视机、音响、电脑所产生的噪声，也包括餐饮娱乐及户外活动中的笑闹声、商业设施里人群的喧哗声、沿街宣传与叫卖声等。其一般在80 dB以下，对人没有直接的生理危害，但总会不同程度地干扰到人们的生活，使人心情烦躁。

而且近年来，低频噪声扰民的问题正日渐引发人们困扰。所谓低频噪声，应将其归属于生活噪声中。噪声源主要有水泵、电梯、变压器、中央空调（包括冷却塔）等。低频噪声的特点是穿透能力极强，而且长期持续。虽然从科学的角度讲，目前还没有任何证据证明它会对人体造成什么样的危害；但从物理学的角度来看，低频噪声是一种单频的声音，与人体的振动频率相近。长期处在低频噪声环境中会导致人们出现头痛、失眠等症状，会影响人们的生活及休息质量。因此，它对人的烦扰度在某种程度上来说还大于中、高频噪声。

7.4.4 噪声控制的基本方法

7.4.4.1 在声源处降低噪声

降低声源本身的噪声是治本的方法。比如，用液压代替冲压，用斜齿轮代替直齿轮，用焊接代替铆接。防止和降低由振动发出的噪声，可以用改变机组的结构或改变工艺过程的方法来解决。所谓改变工艺过程，即是用噪声小的设备代替噪声大的设备。

7.4.4.2 用隔声方法降低噪声

隔声即用构件将噪声源和接收者分开，隔离空气噪声的传播，从而降低噪声污染程度。采用适当隔声设施，能降低噪声级 20～50 dB。这些设施包括隔墙、隔声间、隔声罩、隔声幕和隔声屏障等。

7.4.4.3 用吸声方法降低噪声

利用吸声材料或吸声结构来吸收声能以降低噪声。某种材料或结构具有吸收声能的能力，则这种材料或结构就称为吸声材料或吸声结构。吸声材料和吸声结构的种类，主要有多孔材料、亥姆霍兹共振器、穿孔板吸声结构（包括微穿孔板吸声结构）、薄板共振吸声结构、柔顺材料等。

7.4.4.4 用消声器降低噪声

消声器是一种允许气流通过而使声能衰减的装置。通常用在气流噪声控制方面，如把消声器安装在空气动力设备气流通道上，可以降低该设备的噪声，如风机噪声、通风管道噪声和排气噪声等。消声器种类很多，主要有四种：阻性消声器、抗性消声器、阻抗复合消声器、微孔板消声器。

7.4.4.5 个人防护用具

在许多场合下，采取个人防护是最有效、最经济的办法。个人防护用具有耳塞、耳罩、耳棉等。耳塞一般平均隔声可达 20 dB 以上，性能良好的耳罩可达 30 dB。

除上述各种方法外，绿化对减少噪声也有一定的效果。

7.5 放射性污染

7.5.1 放射性的基本概念

7.5.1.1 放射性

有的物质能发光，眼睛看得见；有的物质能发热，皮肤能感觉到；还有的物质其原子核

能发生衰变，并放出我们既看不见，也感觉不到，只能用专门的仪器才能探测到的射线。物质的这种性质叫放射性，具有这种性质的物质叫放射性物质。

放射性物质是能够产生放射性以及辐射的元素及其化合物，这种放射性物质可以分为天然放射性物质和人工放射性物质。放射性污染是指在生产、生活等活动中排放了超过国家标准的放射性物质或者射线，改变了环境放射性水平，使环境质量恶化，影响环境安全，危害人体健康和破坏生态环境的现象，或者存在某种潜在的环境威胁。放射性污染与我们通常讲的核污染含义一致，放射性污染属于辐射污染的一部分。辐射污染包含两部分内容，即电离辐射污染和电磁辐射污染；而放射性污染仅指电离辐射污染，不涉及电磁辐射污染的问题。放射性污染源主要来自以下几个方面：①核利用过程中产生的核污染，包括核原料开采、冶炼、核设施运行、核废料处理、核试验等过程中产生的放射性污染，核试验沉降物和核动力舰船排放物。②放射性同位素和射线装置使用时产生的放射性污染。③伴生放射性矿物资源开发利用中产生的放射性污染，如花岗岩、铁矿石、稀土等矿石中铀等放射性元素含量较高，其尾矿、矿渣也会成为污染源。放射性物质的污染主要通过水体、空气及土壤，污染动植物、农作物、水产品、饲料等，经过生物圈进入食品，并且通过食物链转移到人体，或直接侵入人体，最终影响人类健康或造成其他的财产损失。

7.5.1.2　射线的性质

射线是放射性物质的原子核产生衰变时产生的。射线的种类很多，主要有下列三种：

1. α 射线

α 射线是高速运动的粒子流，α 粒子实际上是气体氦的原子核，所以，射线实质上也是氦核流。它在空气中所走的路程(射程)很短，天然放射性核素释放出的 α 粒子，在空气中的射程最远不超过 12 cm，一般只有 2～10 cm。在固体物质中的射程更短，在生物组织中是 30～130 mm，一张普通的纸就能把 α 粒子挡住。但是在它经过的路径上使物质产生电离作用的能力很强。

2. β 射线

β 射线是电子流，β 粒子的质量只有 α 粒子的万分之几，它的穿透能力比 α 粒子强，在空气中射程最大可达十几米，在生物软组织中可达十几米。但它的电离能力比 α 射线小得多。

3. γ 射线

γ 射线是波长在 10^{-8} cm 以下的电磁波，同我们所熟悉的 X 射线差不多。它不带电，但具有很强的穿透力。由于 γ 射线的穿透力强，所以外照射对人的危害最大，往往要用铁、铅、混凝土来屏蔽。

7.5.1.3　放射性衰变和半衰期

简单讲，一种原子核放出射线以后，变成了另一种原子核，这种变化过程称为原子核的放射性衰变。

半衰期是指某种放射性核素的质量在衰变过程中减少到原有质量一半所需的时间。例如，1 g ^{226}Ra 经过 1622 年就剩下 0.51 g，^{226}Ra 的半衰期则为 1622 年。

7.5.1.4　放射性和辐射量的基本单位

1. 放射性强度

放射性强度是指在单位时间内放射性核素衰变的多少。表示放射性强度的单位是

(Ci),1 Ci 等于每秒钟发生 3.7×10^{10} 次衰变。通常也用 mCi(10^{-3} Ci)、μCi(10^{-6} Ci)表示。单位质量固体物质,或单位体积液体,或气体中的放射性强度(mCi/cm^3,mCi/g)叫作比放射性或称放射性浓度。

2.辐射量

为了度量射线照射的量(剂量)、受照射物质所吸收的射线能量(吸收剂量)以及表征生物体受射线的照射的效应(剂量当量),采用的单位分别为:

伦琴(R):是度量 X 或 Y 射线照射量的专用单位。

拉德(rad):是吸收剂量的专用单位。

雷姆(rem):是剂量当量的专用单位,用来衡量各种辐射所产生的生物效应。

7.5.1.5 放射性污染

放射性的有害作用就在于当人体受到放射性核素释放出的射线照射时,射线可以通过电离和激发作用引起人体细胞组成分子的结构、性质的改变,进而造成机体的各种损伤。在遭到放射性污染的环境中,人们可能受到来自体外的射线照射,也叫能通过吸入污染的空气或摄入污染的食物和水而受到进入体内的放射性核素的射线照射,从而影响健康。

7.5.2 主要放射性物质的影响

7.5.2.1 铀矿粉尘

铀矿粉尘主要含二氧化硅和有毒杂质。一般的铀矿粉尘中含游离二氧化硅 30%～70%,甚至高达 90%以上。在正常情况下,人体的鼻、咽和气管具有防御机能。加之防护中罩的阻隔,绝大多数的粉尘不易吸入肺部内腔。但是在生产岗位周围的粉尘浓度过高,或者粉尘粒度很小,同时人体鼻、咽、气管防御机能又已损害时,那么经长时间接触粉尘作业就有可能发生硅肺病。

7.5.2.2 氡气

氡气是由镭衰变而成的惰性气体。氡的危害实际上是氡及其子体在衰变过程中放出来的射线对人体产生的危害。氡气对人体的危害是内照射,由于肺部受到放射性作用而增强呼吸活动,致使肺疲劳并积聚乳酸,从而破坏了酶的过程,为发生肺肿瘤及肺癌创造了条件。此外,氡气和石英粉尘的复合作用也会使发生硅肺病更为严重。

7.5.2.3 氡子体

氡子体是固体微粒,容易同空气中的各种尘粒结合成结合态。大于 2 μm 的结合态氡子体,被呼吸器官阻留。通常约有 60%的氡子体被阻留在上呼吸道内的支气管壁上,所以其遭受射线损伤要比其他部位大。沉积在人体内的氡子体,由于衰变而不断放出的 α、β、γ 射线,形成对机体的内照射而损害人体的健康。

7.5.2.4 镭

镭进入人体后,主要蓄积在骨骼中,约占体内总量的 95%。镭具有亲骨性,破坏造血功能,引起骨癌。人体内的镭主要由大便和尿排出体外,生物半衰期为 25 年。

7.5.2.5 铀

铀进入人体主要积累在肾脏,约占 20%,骨髓中占 10%～30%,肝脏积聚很少,大部分随尿排出体外，生物半衰期为300天。天然铀对人体的危害主要是化学毒性，进入体内的量越多，其化学毒性越明显，往往化学毒性掩盖了轻微的放射性毒性。

7.5.3 放射性污染的特点

放射性污染具有以下几个特点：①放射性核素多具有毒性，按致毒物的自身质量来计算，同质量的放射性物质的毒性远远高于一般化学毒物；②放射性污染的危害时间长，难以消除，放射性活度只能通过自然衰变而减弱，历史上发生的核泄漏事故导致的污染与危害至今还很严重；③只有辐射探测仪可以探测放射性剂量的大小，人类的感觉器官无法知晓，具有极强的隐蔽性；④对人身和环境的危害严重，辐射损伤可以影响动植物的遗传，从而给后代的健康造成一定的隐患，会给人类的遗传和动植物的基因造成不良影响；⑤射线的辐照具有穿透性，特别是射线可穿过一定厚度的障碍层；⑥放射性核素具有蜕变能力，当形态变化时会扩散污染范围，容易在空气中形成气溶胶，进入人体后会在肺中沉积；⑦放射性污染的影响面广，危害大，这种影响面和危害程度难以确定。

7.5.4 放射性“三废”处理及防护技术

7.5.4.1 放射性“三废”处理方法

1. 废气(包括粉尘、烟、雾、蒸气等)处理

净化工艺取决于放射性废气的理化性质和排放条件。常用旋风分离器、静电除尘器、湿式净气器和高效特种过滤器等处理。一般低水平的废气可采取稀释高空排放。一些放射性惰性气体(如氙、氪、氙等)半衰期较短，也可用活性炭吸附后，放置一段时间任其衰变。高水平废气经过过滤收集处理。

2. 废水处理

放射性废水按其所含的放射性一般可分为两类：高水平放射性废液和低水平放射性废水。高水平放射性废液主要是核燃料后处理第一循环产生的废液；低水平放射性废水产生于核燃料前处理(包括铀矿开采、水冶、精炼、核燃料制造等过程中产生的含铀、镭等的废水)，核燃料后处理的其他工序，以及原子能发电站，应用放射性同位素的研究机构、医院、工厂等排出的废水。

放射性废水所含的放射性核素用任何水处理方法均不能改变其固有的放射性衰变特性，其处理一般按下述两个基本原则：一是将放射性废水排入水域(如海洋、湖泊、河流、地下水)，通过稀释和扩散达到无害水平，这一原则主要适用于极低水平的放射性废水的处理。二是将放射性废水或其浓缩产物与人类的生活环境长期隔离，任其自然衰变，这一原则对高、中、低水平放射性废水都适用。

放射性废水浓缩处理有化学沉淀、离子交换、蒸发、生物化学、膜分离等方法。化学沉淀污泥、离子交换树脂再生废液、失效的离子交换剂和蒸发浓缩残液等放射性浓缩产物，需要固化处理。对固化产物的要求是：放射性核素的浸出率小、耐久、耐撞击，在辐射以及温度、湿度等变化的情况下不变质。通常有水泥和沥青两种固化法。

高水平放射性废液大都贮存于地下池中，用不锈钢池外加钢筋混凝土池贮存酸性废液，贮池中设有冷却盘管或冷凝装置以导出贮存废液释出的衰变热。另外，还装有液温、

液位、渗漏等监测装置以及废液循环、通气净化装置等。这类废液的固化处理是采用流化床煅烧法、喷雾煅烧法、罐内煅烧法和转窑煅烧法，将废液转变成氧化物固体；或者采用玻璃固化法将废液烧制成磷酸盐玻璃、硼硅酸盐玻璃、霞石正长岩玻璃、玄武岩玻璃等。

3.废渣处理

含放射性废渣一般可采用深埋法或燃烧法、再溶化法处理。

7.5.4.2　放射性表面污染的去除

放射性表面污染是造成内照射危害的途径。空气中放射性气溶胶沉降，造成地面设备等表面沾污。由于通风和人员走动，这些沾污物质可以再悬浮到空气中去，通过呼吸道进入体内，造成内照射危害。所以必须对地面、设备、壁等表面污染加以控制。一般采用酸碱溶解、络合、离子交换、氧化与吸附等方法。

第8章　建设项目环境保护管理指南

8.1　建设项目环境保护审批管理

依据《建设项目环境保护管理条例》的有关规定，国家对建设项目的环境保护实行分类管理、分级审批。

8.1.1　分类管理

依据《建设项目环境保护分类管理名录》，将环境影响划分为以下三类：

(1)建设项目对环境可能造成重大影响的，应当编制环境影响报告书。

(2)建设项目对环境可能造成轻度影响的，应当编制环境影响报告表。

(3)建设项目对环境影响很小，不需进行环境影响评价，应当填报环境影响登记表。

注：环境影响报告书、环境影响报告表必须委托有环评资质证书的单位编制。

8.1.2　分级审批

省级环保局审批管理权限如下：

(1)国家计委批准立项的项目和省计委批准立项的基本建设项目(由国家环保总局审批的项目除外)。

(2)总投资额在2000万元(含2000万元)人民币以上、国家环保总局审批的项目以外的技术改造项目。

(3)在省工商局注册登记的餐饮、娱乐、服务项目。

(4)制浆，造纸，有色金属采、选，冶炼，电磁辐射及有毒有害废物的处理加工项目(不分投资额大小)。

(5)农药、电镀、制革、漂染、印染、染料行业的建设项目(不分投资额大小)。

(6)放射性同位素应用、伴生放射性矿物资源利用及含放射源的放射装置和电磁辐射项目(不分投资额大小)。

8.1.3　建设项目环境影响审批程序

建设项目环境影响审批程序如图8-1所示。

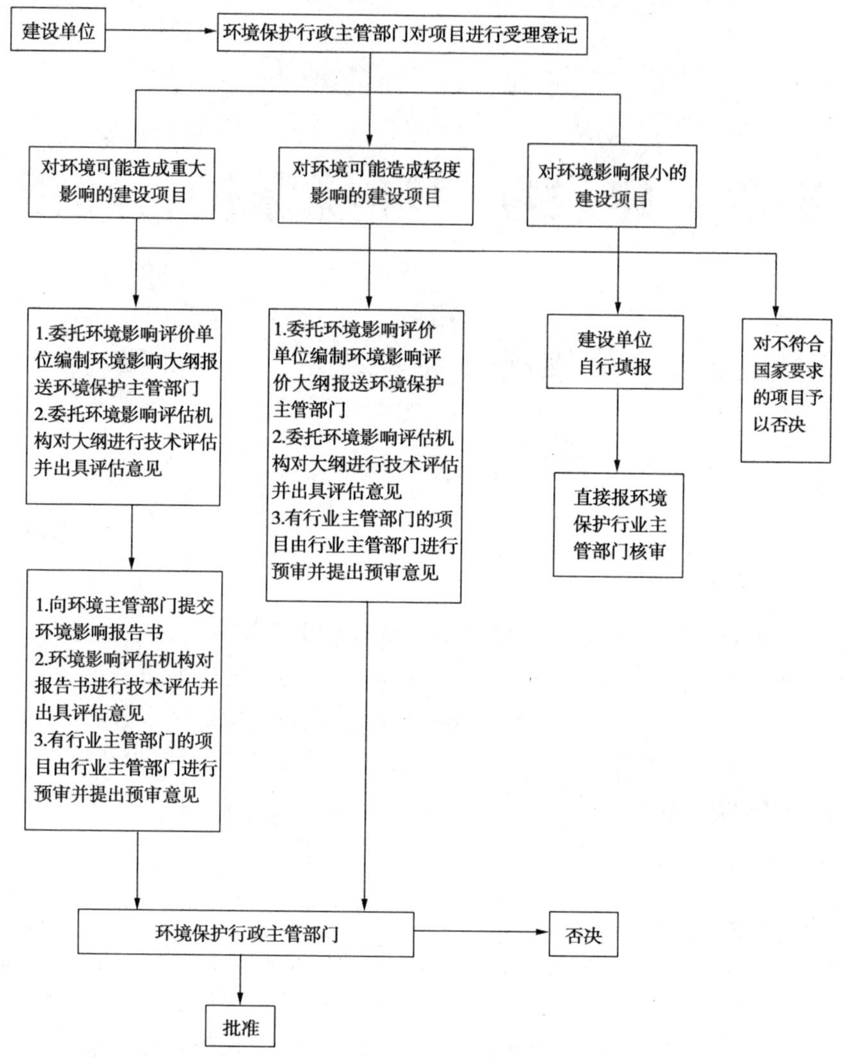

图 8-1　建设项目环境影响审批程序示意图

8.1.3.1　受理登记阶段

(1)建设单位携带建设项目有关材料(含项目计划书或可研报告、立项批复、项目地理位置图等)在省环保局进行登记。

(2)省环保局根据《建设项目环境保护分类管理名录》对建设项目进行受理、登记和分类,明确建设项目的评价形式,对污染特别严重、不符合区域发展规划和环保规划要求的建设项目予以否决。

8.1.3.2　委托阶段

建设单位根据国家有关规定委托有资质的环评单位和技术评估机构开展环境影响评价和技术评估工作。

8.1.3.3 技术评估阶段

1. 对编制环境影响报告书的建设项目

(1)评价单位按规定编制环境影响评价大纲。

(2)建设单位向省环保局书面行文报送环境影响评价大纲2本。

(3)省环保局根据项目污染大小、环境敏感程度，明确大纲评估有关要求并抄告环境影响评估机构和建设单位。

(4)评估机构根据省环保局的要求对大纲进行技术评估并出具评估意见(省环保局对大纲不再出具审查意见)。

(5)评价单位根据大纲评估意见编制环境影响报告书。

(6)建设单位向省环保局书面行文报送环境影响报告书(送审稿)2本。

(7)省环保局根据项目情况确定报告书评估有关要求并抄告环境影响评估机构，评估机构根据省环保局要求对报告书进行技术评估并出具评估意见(注:有行业主管部门的项目由行业主管部门进行预审并提出预审意见)。

(8)评价单位根据行业主管部门预审和评估意见对报告书进行修改。

2. 对编制环境影响报告表的建设项目

(1)评价单位按规定编制环境影响报告表。

(2)建设单位向省环保局书面行文报送环境影响报告表2本。

(3)省环保局根据项目污染程度和环境敏感情况确定报告表审批形式(对需进行评估的建设项目，省环保局明确有关评估要求并抄告环境影响评估机构)。

(4)评价单位根据行业主管部门预审和评估意见对报告表进行修改。

3. 需填报环境影响登记表的建设项目

该项目可由建设单位自行填报。

8.1.3.4 行政审批阶段

(1)建设单位向省环保局报送环境影响报告书(表)或环境影响登记表2份(注:对编制环境影响报告书的项目，同时需报送行业主管部门预审意见或评估中心技术评估意见1份、环境影响报告书修改清单2份、专家审查意见及签字表1份)。

(2)省环保局根据国家有关规定对环境影响报告书(表)和登记表进行审批。项目建设地址、生产规模、生产工艺、生产内容等发生变化的，建设单位必须重新向省环保局申请办理环保审批手续。

(3)对未按要求办理建设项目环境影响审批或未通过审批擅自开工建设的建设项目，将依法进行处理。

8.1.4 建设单位需携带的资料

8.1.4.1 计委、经贸委立项的建设项目

(1)项目建议书及其批复。

(2)项目可行性研究报告。

(3)项目所在地区域地理位置图(比例尺为1：10000～1：50000)和总平面布置图。

8.1.4.2 自主立项的建设项目

(1)项目的计划书,包括项目名称、建设地点、占地面积、总投资、环保投资、生产工艺、主要生产设备、主要原辅材料、给排水情况、能源消耗、供气、配套设施等。

(2)项目所在地区域地理位置图(比例尺为1∶10000～1∶50000)和总平面布置图。

8.1.4.3 饮食、娱乐、服务业项目

(1)项目概况,包括项目名称、建设地点、营业面积、总投资、环保投资、给排水情况、能源消耗、供热、配套设施、各层使用功能等。

(2)项目所在地区域地理位置图(比例尺为1∶10000～1∶50000)和总平面布置图。

8.1.5 审批时限

对资料齐全,具备审批条件并经技术评估后的建设项目,审批时限如下:

(1)环境影响报告书,自收到之日起3个工作日内批复。

(2)环境影响报告表,自收到之日起3个工作日内批复。

(3)环境影响登记表,自收到之日起1个工作日内批复。

注:对不符合要求的申报材料,建设单位修改、完善的时间不计入审批时限。

8.2 建设项目环境保护"三同时"管理

8.2.1 环境保护"三同时"的定义

《中华人民共和国环境保护法》规定,建设项目的污染防治设施的建设必须与主体工程同时设计、同时施工、同时投产使用。《建设项目环境保护管理条例》第十六条中规定"建设项目需要配套建设环境保护设施,必须与主体工程同时设计、同时施工、同时投产使用",这就是建设项目的环境保护"三同时"制度。凡对环境有影响的建设项目必须按照环境保护行政主管部门对环境影响报告的批复要求,落实污染防治措施,并做到"三同时"。

"三同时"制度与环境影响评价制度构成了建设项目环境保护管理的两项基本制度。

为保证经审查批准的环境影响报告书(表)中所确定的环境保护措施予以落实,必须实行"三同时"制度,也就是说,环境影响评价制度的最终落实要依赖"三同时"制度的实施。

8.2.1.1 同时设计

同时设计是指建设单位在委托设计单位进行项目设计时,应将环境保护设施一并委托设计。承担设计任务的单位必须依照《建设项目环境保护设计规定》[该规定对建设项目设计阶段、项目选址与总图布置等提出了环境保护要求;对建设项目污染防治的设计,除规定一般原则外,还对废气、粉尘、废水、废渣(液)、噪声控制等污染防治的设计作出了专门规定;对环境保护设施及投资、设计管理也作出了规定]的有关规定,将环境保护设施与主体工程同时设计,并在设计过程中充分考虑建设项目对周围环境的保护。对未同时委托设计环境保护设施的建设项目,设计单位应予拒绝。同时,建设项目的设计任务书

(可行性研究报告)中应有环境保护的内容,初步设计中应有环境保护篇章。

8.2.1.2 同时施工

同时施工是指建设单位在委托施工任务时,应同时委托环境保护设施的施工任务;施工单位在接受建设项目的施工任务时,应同时承担相应的环境保护责任和义务,否则不得承担施工任务。按照《建设项目环境保护管理程序》规定,在施工阶段,建设单位和施工单位必须将环保工程的施工纳入项目的施工计划,保证其建设进度和资金的落实;做好环保工作设施的施工建设、资金使用等资料文件的整理建档工作;并以季报的形式将环保工程进展情况报告环境保护行政主管部门。环境保护行政主管部门在该阶段中,应检查该建设项目的环保报批手续是否完备、环保工程是否纳入施工计划及建设进度和资金落实情况。建设单位与施工单位负责落实环境保护行政主管部门对施工阶段的环保要求以及施工过程中的环境保护措施。

8.2.1.3 同时投产使用

同时投产使用是指建设单位必须把环境保护设施与主体工程同时投入运转。它不仅是指建设项目建成竣工验收后正式投产使用,还包括建设项目试生产和试运行过程中的环境保护设施的同时投产使用,也包括需要执行的环境保护管理制度。

8.2.2 环境保护“三同时”验收程序

建设项目环境保护“三同时”验收程序如下所述,图 8-2 为其程序示意图。

8.2.2.1 申请验收

建设单位在建设项目投入试生产或运营 3 个月内向环境保护行政主管部门申请竣工环境保护验收,同时提交项目的设计文件及批复。

8.2.2.2 委托监测或调查

建设单位委托有环境监测资质的环境监测站或放射性监测站进行监测,按国家环保总局的规定,同级验收,同级监测。环境保护验收调查由建设单位委托有相应资质的环境监测站或放射性监测站,或者具有相应资质的环境影响评价单位开展。

8.2.2.3 方案报审

受委托单位根据环境影响评价及批复要求,按照竣工环境保护验收的规定,编制监测或调查方案,建设单位将方案报环保行政主管部门审批。

8.2.2.4 验收监测或调查

受委托单位根据方案及审批意见开展监测工作,监测报告(表)或调查报告(表)完成后,建设单位向环境保护行政主管部门提交一套完整的验收材料(含《建设项目环境保护设施竣工验收申请报告(表)》《建设项目环境保护设施竣工验收监测报告(表)》或《环境保护验收调查报告(表)》、“三同时”执行情况报告各 5 份)。

8.2.2.5 完成验收

环境保护行政主管部门自收到建设单位环境保护竣工验收申请报告及相关材料之日起 30 日内完成验收,并将结果公示 15 天(需核实)后出具验收意见。验收合格后建设单位方可正式投入生产和使用。

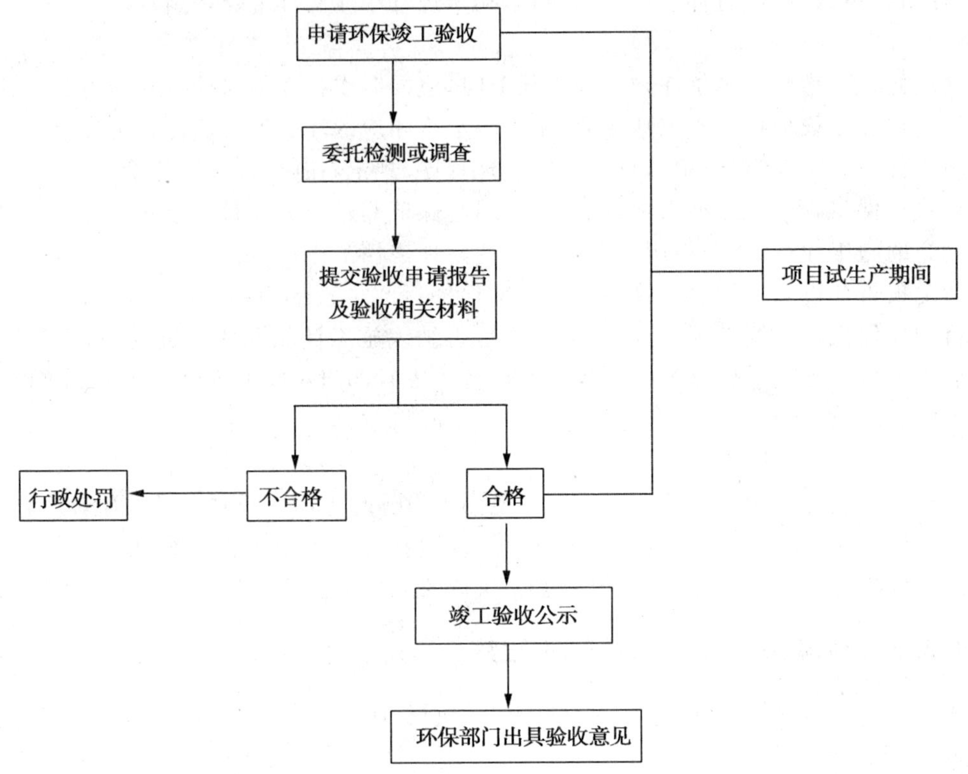

图 8-2 建设项目污染防治设施“三同时”验收程序示意图

8.3 建设项目环境保护对策措施的实施

《中华人民共和国环境影响评价法》第二十六条规定：

“建设项目建设过程中，建设单位应当同时实施环境影响报告书、环境影响报告表以及环境影响评价文件审批部门审批意见中提出的环境保护对策措施。”

《建设项目环境保护管理条例》中有以下规定：

“第十六条 建设项目需要配套建设项目的环境保护设施，必须与主体工程同时设计、同时施工、同时投产使用。

“第十七条 建设项目的初步设计，应当按照环境保护设计规范的要求，编制环境保护篇章，并依据经批准的建设项目环境影响报告书或者环境影响报告表，在环境保护篇章中落实防治环境污染和生态破坏的措施以及环境保护设施投资预算。”

提出预防或者减轻不良环境影响的对策和措施，是实施环境影响评价制度的一项重要内容，将预防或者减轻不良环境影响的对策和措施应用到项目建设和运行中，以预防或者减轻建设项目对环境的不良影响，将环境影响评价落实到实处。环境影响评价制度与“三同时”制度是紧密结合的，对建设项目需要配套建设的环境保护设施未经环境保护行政主管部门验收合格的，该项目不得投入生产或者使用。

8.4　建设项目环境影响的法律责任

8.4.1　建设单位及其工作人员的法律责任

《中华人民共和国环境影响评价法》第三十一条规定：

“建设单位未依法报批建设项目环境影响评价文件，或者未依照本法第二十四条规定重新报批或者报请重新审核环境影响评价文件，擅自开工建设的，由有权审批该项目环境影响评价文件的环境保护行政主管部门责令停止建设，限期补办手续；逾期不办手续的，可以处五万元以上二十万元以下的罚款，对建设单位直接负责的主管人员和其他直接责任人员，依法给予行政处分。

“建设项目环境影响评价文件未经批准或者未经原审批部门重新审核同意，建设单位擅自开工建设的，由有权审批该项目环境影响评价文件的环境保护行政主管部门责令停止建设，可以处五万元以上二十万元以下的罚款，对建设单位直接负责的主管人员和其他直接责任人员，依法给予行政处分。”

该条明确了建设单位的违法行为和处罚。对建设单位的违法行为包括两个层次：一是建设单位未依法报批、重新报批或者报请重新审核建设项目环境影响评价，擅自开工建设的；二是建设项目环境影响评价文件未得到批准或者未得到原审批部门重新审核同意，擅自开工建设的。建设项目环境影响评价文件完成并上报审批部门、重新报批或者重新报请审核部门后，尚未审核批准，擅自开工建设的，属于第一层次的违法行为。

对于两个层次的违法行为的处罚，首先都是由有权审批该项目环境影响评价文件的环境保护行政主管部门责令停止建设。对第一层次的违法行为，在责令停止建设的前提下，要求限期补办环境影响评价审批手续，此时不能对其处以罚款和追究责任人员的行政责任；只有逾期不补办手续的，才可以处以5万元以上20万元以下的罚款，对建设单位直接负责的主管人员和其他负责的直接责任人员，依法给予行政处分。但补办手续的具体时限没有明确规定，可视情况由有审批权的环境保护行政主管部门决定。对第二层次的违法行为，在责令停止建设的同时，可以处以5万元以上20万元以下的罚款，对建设单位直接负责的主管人员和其他负责的直接责任人员，依法给予行政处分。处以罚款和追究责任人员的行政责任是停止建设的辅助处罚，不能单独实施，也可以只实施停止建设的处罚，不实施罚款和追究责任人员的行政责任的处罚。

8.4.2　预审、审核、审批部门及其工作人员的法律责任

《中华人民共和国环境影响评价法》规定：

“第三十二条　建设项目依法应进行环境影响评价而未评价，或者环境影响评价文件未经依法批准，审批部门擅自批准该项目建设的，对直接负责的主管人员和其他直接责任人员，由上级机关或者监察机关依法给予行政处分；构成犯罪的，依法追究刑事责任。

“第三十四条　负责预审、审核、审批建设项目环境影响评价文件的主管部门在审批

中收取费用的，由上级机关或者监察机关责令退还；情节严重的，对直接负责的主管人员和其他直接责任人员依法给予行政处分。

“第三十五条　环境保护行政主管部门或者其他部门的工作人员徇私舞弊，滥用职权，玩忽职守，违法批准建设项目环境影响评价文件的，依法给予行政处分；构成犯罪的，依法追究刑事责任。”

《建设项目环境保护管理条例》第三十条规定：

“环境保护行政主管部门的工作人员徇私舞弊、滥用职权、玩忽职守，构成犯罪的，依法追究刑事责任；尚不构成犯罪的，依法给予行政处分。”

《中华人民共和国环境影响评价法》第二十五条、第二十二条第四款和第二十八条分别规定：

“建设项目的环境影响评价文件未经法律规定的审批部门审查或者审查后未予批准的，该项目批准部门不得批准其建设，建设单位不得开工建设。

“预审、审核、审批建设项目环境影响评价文件，不得收取任何费用。

“环境保护行政主管部门应当对建设项目投入生产或者使用后所产生的环境影响进行跟踪检查，对造成严重环境污染或者生态破坏的，应当查清原因、查明责任。对属于为建设项目环境影响评价提供技术服务的机构编制不实的环境影响评价文件的，依照本法第三十三条的规定追究其法律责任；属于审批部门工作人员失职、渎职，对依法不应批准的建设项目环境影响评价文件予以批准的，依照本法第三十五条的规定追究其法律责任。”

因此，第三十二条、第二十四条、第三十五条是对以上规定相应的违规处罚规定。

负责审批建设项目环境影响评价文件的部门是指：有审批权的环境保护行政主管部门。负责审核建设项目环境影响评价文件的部门是指：对建设项目环境影响评价文件负责重新审核的原审批部门。负责预审的部门是指：依法有审批权的建设项目的行业主管部门，如交通、水利、铁道等行业行政主管部门。

违法批准建设项目环境影响评价文件包括：未按分类管理规定编报环境影响评价文件而受到批准的；环境影响评价文件有严重漏项或错误，批准后建设项目实施造成重大环境影响和经济损失的；应征求公众意见而未征求，造成环境影响和不良社会影响的；越权受理和批准的建设项目环境影响评价文件等。

8.4.3　刑事责任的有关处罚规定

《中华人民共和国环境影响评价法》第二十五条、第二十二条和《建设项目环境保护管理条例》第三十条都对审批部门工作人员的犯罪行为作出的处罚规定：构成犯罪的，依法追究刑事责任。

《中华人民共和国刑法》第三百九十七条第一款和第二款对此类犯罪行为的处罚有所规定：“国家机关工作人员滥用职权或者玩忽职守，致使公共财产、国家和人民利益遭受重大损失的，处三年以下有期徒刑或者拘役；情节特别严重的，处三年以上七年以下有期徒刑。”

第9章 建设工程绿色施工与环境管理

9.1 建设工程施工环境管理和绿色施工概要

建筑施工作为基础建设的一个环节，环境管理极为重要，工程建设项目的实现会对周围的各种环境产生影响，引起环境条件的改变。在工程的建设过程中会产生噪声、粉尘、施工渣土、有毒有害物质，消耗大量的能源等，对周边环境造成破坏。

实施建筑工程环境管理，意义重大，对建筑业可持续发展具有重要的作用，落实节地、节能、节水、节材和保护环境的技术经济政策，建设资源节约型、环境友好型社会，通过采用先进的技术措施和管理，最大程度地节约资源，提高能源利用率，减少施工活动对环境造成的不利影响，促进行业和社会健康有序的发展。

绿色施工是可持续发展思想在工程施工中的应用体现，是绿色施工技术的综合应用，是建筑环境管理的重要内容和具体的环保施工的具体措施。绿色施工技术并不是独立于传统施工技术的全新技术，而是用“可持续”的眼光对传统施工技术的重新审视，是符合可持续发展战略的施工技术。

建筑工程施工环境管理应符合国家的法律、法规及相关的标准规范，实现经济效益、社会效益和环境效益的统一。实施环境管理和绿色施工，应依据因地制宜的原则，贯彻执行国家、行业和地方相关的技术经济政策。

环境管理和绿色施工应坚持可持续发展价值观，这是落实社会责任的体现。

建筑工程施工环境管理和绿色施工，应对施工策划、材料采购、现场施工、工程验收等各阶段进行控制，加强对整个施工过程的管理和监督。

建筑工程环境管理的内容主要有：

(1)建筑工程施工环境管理体系策划。

(2)建筑工程施工环境管理和绿色施工的环境责任。

(3)环境因素识别与评价。

(4)环境目标指标与管理方案。

(5)环境管理方案实施及效果验证。

(6)环境管理预案与应急响应。

(7)环境管理和绿色施工的持续改进。

9.2 基本术语和概念

9.2.1 环境

环境的概念分为广义的和狭义的两种。

各类辞典中给出的“环境”的广义定义是:围绕着人群的空间及其中可以直接、间接影响人类生活和发展的各种自然因素的总体。但也有些人认为,环境除自然因素外,还应包括某些社会因素。它既包括未经人类改造过的众多自然要素,如阳光、空气、陆地、天然水体、天然森林和草原、野生生物等;也包括经过人类改造过和创造出的事物,如水库、农田、园林、村落、城市、工厂、港口、公路、铁路等。即广义的环境概念是从地表、地下、空气乃至宇宙。

狭义的环境概念,在我国主要指各级环境保护行政主管所具有的职能。

ISO14001 认证中环境的概念是:组织运行活动的外部存在,包括自然资源、植物、动物、空气、水、土地、人,以及它们之间的相互关系。从这一意义上,外部存在从组织内延伸到全球系统。

组织的概念是指具有自身职能和行政管理的公司、集团公司、商行、企事业单位或社会团体,或是上述单位的部分或结合体,不论其是否是法人团体、公营或私营、独资或合资。

“外部存在”是指从组织内一直延伸到全球系统,在考虑环境时不仅应用于组织内部的、组织外部周边的事物,还应将思路扩展到全球系统。

环境不仅是指水、土壤、空气、自然资源、植物、动物和人类、气候、自然景观等一切客观存在,还包含这些物质之间的相互作用、相互依存和相互转换。

就一个建立 ISO14001 环境管理体系的组织来讲,如某建筑公司,其环境的概念,既包括公司所在地及项目所在地,其中包括其办公区、生活区等,也可以包括其所在地周围的大气环境、海、河、地下水,甚至还可包含比较远的南极、北极等。

环境还应包括产品以及产品生产活动和相关的服务活动的外部存在。

9.2.2 环境影响

环境影响是指全部或部分地由组织的活动、产品或服务给环境造成的任何有害或有益变化的变化。

组织的活动是指组织产品的设计、生产、服务,如某建筑公司,其房屋建筑工程中分部分项工程的施工、材料的采购及存储、工序检验等。

组织的产品是指活动或过程的结果。产品可以是有形的,如房屋、厂房、设备(也可以是其一部分)、钢材、水泥,也可以是无形的,如知识、信息、概念、服务等。

组织的服务,既可以是供方与顾客之间,也可以是供方内部活动生产的结果,服务的提供者可以是人员，也可以是设备或设施。例如，工程的回访保修，公司的后勤（如食堂、娱乐、供暖、交通，以及其他服务等）。

影响可能是有害的，也可能是有益的。如污水的排放、化学品的泄漏等活动对水体、大气和土壤等环境造成的影响，是有害的影响；而使用可回收的包装材料、绿化、安装节能灯，以及使用电、天然气、风能等清洁能源替代燃煤，都是有益的影响或变化。

9.2.3　环境因素

环境因素是指一个组织的活动、产品或服务中能与环境发生相互作用的要素。

注：重要环境因素是指具有或能够产生重大环境影响的环境因素；重大环境因素是指具有或可能具有重大环境影响的环境因素。

在组织的活动、产品或服务中包含着许多的基本要素，每一个基本要素都有可能与环境发生作用，作用的结果即产生有益或有害的影响。我们把这些对环境产生正负影响的基本要素，称为环境因素。例如，工程施工混凝土的浇筑过程的环境因素一般有：①噪声的排放；②原材料拌和粉尘的排放；③水泥、砂、石、水、电等能源消耗；④污水的排放；⑤垃圾的排放；⑥有毒、有害物的排放等。

由于因素对环境的影响大小、程度各不相同，通过评价可以得出组织相对影响大的环境因素，即重大环境因素；对于产生环境影响相对较大的环境因素，即为主要环境因素。主要环境因素可能是重大环境因素，也可能不是。对于工程建设企业而言，常见的主要环境因素有城市噪声、施工扬尘、建筑垃圾、能源的消耗等。对于不同的组织或同一组织的不同时段，重大环境因素都可能不同，但主要环境因素一般不会变化。

9.2.4　环境方针

环境方针是组织对其全部环境表现（行为）的意图与原则的声明，为环境目标和指标的建立提供了一个框架。

环境方针是一个组织建立并实施环境管理体系的最高管理者承诺，是展开环境管理工作的指导思想和行为准则。

环境方针是组织建立环境目标和指标的基础，它应阐明组织在环境管理方面所追求的目标，以及为达到这一目标所遵循的方向。

环境方针是组织总体经营方针的一个非常重要的组成部分，它与组织的总方针，以及并行的方针（如质量、职业健康安全等）应协调一致。

在制定目标、指标的框架时应该是原则性的、长期的。

9.2.5　环境目标

环境目标是组织依据其环境方针规定自己所要实现的总体环境目的，如可行应予以量化。

组织应根据其确定的环境方针明确其环境目标，并使之文件化。

环境目标的制定应尽可能量化，并考虑相关方的观点。通过环境表现参数测量实现目标和进展情况，并定期对环境目标予以评审和修订。

可测量包括定性和定量两种情况，如定性的，某公司排污三年内达标；定量的，某公司的污水排放量三年内逐年减少上年的 20％。

9.2.6 环境指标

环境指标直接来自环境目标，或为实现环境目标所须规定并满足的具体的环境表现（行为）要求，它们可适用于组织或其局部，如可行应予以量化。

为了保证组织环境目标的实现，就应针对组织内部的每一层次和职能，制定更为具体的环境表现需求，以便在某一规定时间内确保环境目标的实现。

各环境指标，既可以是组织总目标的分解，也可以是某一部门、某一现场的独立目标。

环境指标应符合环境方针，对应于组织的环境目标，尽可能地量化。

9.2.7 环境管理体系

环境管理体系是整个管理体系的一个组成部分，包括为制定、实施、实现、评审和保持环境方针所需的组织结构、计划活动、职责、惯例、程序、过程和资源。

一个组织的管理涉及方方面面的内容，包括生产管理、质量管理、物流管理、人事管理、财务管理、健康与安全的管理、计量管理及环境管理等，所以，环境管理只是其中的一个组成部分。

一般情况下，组织本身就客观地存在相应的组织机构、管理办法、活动、产品、过程、职责和资源。这些都可为环境管理体系的建立、实施和保持提供各种帮助，但有必要充实、完善。

环境管理体系的实施是以实现环境表现的持续、有效改进为目的的，它的内容应以实现环境方针满足环境目标为依据；同时，也应充分考虑其有效性和经济技术可行性。

建立并实施一个有效的环境管理体系，可以给组织带来巨大的社会和环境效益。

环境管理体系是由诸多相互关联、相互作用的要素（环节）组成，由五个一级要素组成，它们是环境方针、规划（策划）、实施与运行、检查与措施、管理评审。各一级要素下又分成若干二级要素。

9.2.8 污染预防

污染预防旨在避免、减少或控制污染而对各种过程、惯例、材料或产品的采用，可包括再循环、处理、过程更改、控制机制、资源的有效利用和材料替代等。

注：污染预防的潜在利益包括减少有害的环境影响，提高效益和降低成本。

污染预防概念的建立是对传统的侧重于污染末端控制思想的根本变革，它对改变传统粗放经营的生产发展模式和调整末端治理的环保工作方式，实现可持续发展战略，具有重要的推动作用和指导意义。

遵循污染预防的原则，进行环境管理的优先顺序是：

(1)首先，采用先进工艺、设备等在生产全过程中消除或减少废物或污染的产生。

(2)对可能消减的废物，以环境安全的方式循环回用，综合利用。

(3)对残余的废弃污染物，进行妥善处理、处置，尽可能降低对人类健康和环境影响的风险。

9.2.9 持续改进

持续改进是强化环境管理体系的过程，目的是根据组织的环境方针，实现对整体环境表现(行为)的改进。

注：该过程不必同时发生于活动的所有方面。

一个组织的持续改进包括以下两个方面的内容：

9.2.9.1 环境管理体系的改进

这里指组织通过日常监督检查、内部审核、管理评审等方式不断根据组织内外部要求和变化条件，对包括环境方针、目标、指标等17个体系要素的环境管理体系不断调整和完善的过程。

9.2.9.2 组织环境表现(行为)的改进

这里指伴随着环境管理体系的改进，按照组织的环境方针、目标去实现环境表现(行为)的改进。这种改进具体是指：水、电、煤等资源的节约；二氧化硫、烟尘等污染物质排放的减少；化学物质、钢材、氟利昂等原材料消耗的减少；设计时采用节能、降耗减少排污工艺的程度。

体系的改进是手段，环境表现(行为)的改进才是建立环境管理体系的最终目的。

持续改进的思想应贯穿于环境管理体系建立、实施和运行的全过程。同时，改进所有的方方面面是不可能的，因此，应根据组织的经济、技术可行性和组织的环境方针、目标和指标来选择改进的方向、内容和程度。

9.2.10 环境表现(行为)

环境表现(行为)是组织基于其环境方针、目标和指标，对其环境因素进行控制所取得的可测量的环境管理体系结果。

环境表现(行为)是可测量的，组织应定期予以测量，从中获得证据，证明所建立的环境管理体系是合理有效的，其环境方针、目标和指标是切实可行的。

环境表现(行为)是对其环境因素，特别是重大环境因素控制的结果，这种结果可能是正的，也可能是负的。例如，对于用电这个环境因素的控制结果可能是节约了电能，减少了发电厂对环境的污染，以及对于煤炭资源的消耗，其结果是正面的；如果污水排放这个环境因素失控的话，则水中排放的一氧化碳、重金属、农药就有可能污染下游水体，甚至农田，其结果是负面的。

9.2.11 绿色施工

建设工程施工阶段严格按照建设工程规划、设计要求，通过建立管理体系和管理制度，采取有效的技术措施，全面贯彻落实国家关于资源节约和环境保护的政策，最大限度地节约资源，减少能源消耗，减少施工活动对环境造成的不利影响，提高施工人员的职业健康安全水平，保护施工人员的安全与健康。

绿色施工是指工程建设中，在保证质量、安全等基本要求的前提下，通过科学管理和技术进步，最大限度地节约资源与减少对环境负面影响的施工活动，实现“四节一环保”(节能、节地、节水、节材和环境保护)。

绿色施工也有这样的定义“通过切实、有效的管理制度和绿色技术，最大限度地减少施工活动对环境的不利影响，减少资源与能源的消耗，实现可持续发展的施工”。

9.3 建设工程环境管理内容

施工企业应根据本标准的要求建立实施、保持和持续改进环境管理体系，确定如何实现这些要求，并形成文件。企业应界定环境管理体系的范围，并形成文件。

9.3.1 环境方针

环境方针确定了实施与改进组织环境管理体系的方向，具有保持和改进环境绩效的作用。因此，环境方针应当反映最高管理者对遵守适用的环境法律法规和其他环境要求、进行污染预防和持续改进的承诺。环境方针是组织建立目标和指标的基础。环境方针的内容应当清晰明确，使内、外相关方能够理解。应当对方针进行定期评审与修订，以反映不断变化的条件和信息。方针的应用范围应当是可以明确的，并反映环境管理体系覆盖范围内活动、新产品和服务的特有性质、规模和环境影响。

应当就环境方针和所有为组织工作，或代表它工作的人员进行沟通，包括和为它工作的合同方进行沟通。对合同方，不必拘泥于传达方针条文，而可采取其他形式，如规则、指令、程序等，或仅传达方针中和它有关的部分。如果该组织是一个更大组织的一部分，组织的最高管理者应当在后者环境方针的框架内规定自己的环境方针，将其形成文件，并得到上级组织的认可。

9.3.2 环境因素识别与评价

环境因素在ISO14001:2004中的定义是：一个组织的活动、产品或服务中能与环境发生相互作用的要素。简言之，就是一个组织(企业、事业以及其他单位，包括法人、非法人单位)日常生产、工作、经营等活动提供的产品，以及在服务过程中那些对环境有益或者有害的影响因素。

环境因素识别与评价是一个基本过程,企业对环境因素进行识别,并从中确定环境管理体系应当优先考虑的那些重要环境因素。企业应通过考虑和它当前及过去的有关活动、产品和服务、纳入计划的或新开发的项目、新的或修改的活动以及产品和服务所伴随的投入和产出(无论是期望还是非期望的),以识别其环境管理体系范围内的环境因素。这一过程中应考虑正常和异常的运行条件、关闭与启动时的条件,以及可合理预见的紧急情况。企业不必对每一种具体产品、部件和输入的原材料进行分析,而可以按活动、产品和服务的类别识别环境因素。

环境影响评价简称"环评",英文缩写为 EIA,即 Environmental Impact Assessment,是指对规划和建设项目实施后可能造成的环境影响进行分析、预测和评估,提出预防或者减轻不良环境影响的对策和措施,进行跟踪监测的方法与制度。通俗地说,就是分析项目建成投产后可能对环境产生的影响,并提出污染防止对策和措施。

9.3.3 环境目标和指标

企业应确定环境管理和绿色施工的方针。

最高管理者应确定本企业的环境管理和绿色施工方针,并在界定的环境管理和绿色施工体系范围内,确保该方针:

①适合于组织活动、产品和服务的性质、规模和环境影响。

②包括对持续改进和污染预防的承诺。

③包括对遵守与其环境因素有关的适用法律法规要求和其他要求的承诺。

④提供建立和评审环境目标和指标的框架。

⑤形成文件,付诸实施,并予以保持。

⑥传达到所有为组织或代表组织工作的人员。

⑦可为公众所获取。

企业应对其内部有关职能和层次,建立、实施并保持形成文件的环境目标和指标。如可行,目标和指标应可予以量化。目标和指标应符合环境方针,并包括对污染预防、持续改进和遵守适用的法律法规及其他要求的承诺。企业在建立和评审目标和指标时,应考虑法律法规和其他要求,以及自身的重要环境因素。此外,还应考虑可选的技术方案,财务、运行和经营要求,以及相关方的观点。

企业应制定、实施并保持一个或多个用于实现其目标和指标的方案,其中应包括:

①规定组织内各有关职能和层次实现目标和指标的职责。

②实现目标和指标的方法和时间表。

9.3.3.1 环境管理目标

针对节能减排、施工噪声、扬尘、污水、废气排放、建筑垃圾处置、防火防爆炸等设立管理目标和指标。具体如表 9-1 所示。

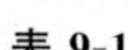
表 9-1 环境管理目标和指标

<table>
<tr><th>序号</th><th>环境因素</th><th>目标</th><th>指标</th></tr>
<tr><td>1</td><td>施工噪声排放</td><td>确保施工现场场界噪声达标</td><td><table>
<tr><td rowspan="2">施工内容</td><td colspan="2">场界噪声限值</td></tr>
<tr><td>昼间</td><td>夜间</td></tr>
<tr><td>土石方</td><td>≤75</td><td>≤55</td></tr>
<tr><td>打桩</td><td>≤85</td><td>禁止施工</td></tr>
<tr><td>结构施工</td><td>≤70</td><td>≤55</td></tr>
<tr><td>装修施工</td><td>≤65</td><td>≤55</td></tr>
</table></td></tr>
<tr><td rowspan="6">2</td><td rowspan="6">施工现场扬尘排放</td><td rowspan="6">减少施工现场粉尘排放</td><td>施工现场主要道路硬化率 100%</td></tr>
<tr><td>出场车轮清洗或清扫率 100%</td></tr>
<tr><td>四级风禁止土方作用</td></tr>
<tr><td>运输车辆覆盖或封闭率 100%</td></tr>
<tr><td>搅拌站封闭率 100%</td></tr>
<tr><td>水泥等易飞扬材料入库率 100%</td></tr>
<tr><td>3</td><td>有毒、有害气体排放</td><td>住宅工程室内空气质量检测达标
运输机械尾气达标</td><td>室内空气质量检测合格率 100%
运输机械尾气达标率 100%</td></tr>
<tr><td rowspan="2">4</td><td rowspan="2">施工污水排放</td><td>主要污染物排入 GB 3838—2002 中Ⅲ类水域与 GB 3097—1997 中二类海域，达到一级排放标准。
主要污染物排入 GB 3838—2002 中Ⅳ、Ⅴ类水域和 GB 3097—1997 中三类海域，达到二级排放标准。
主要污染物排入城市污水管网，达到三级排放标准</td><td><table>
<tr><td>污染物</td><td>一级</td><td>二级</td><td>三级</td></tr>
<tr><td>pH</td><td>6～9</td><td>6～9</td><td>6～9</td></tr>
<tr><td>COD(mg/L)</td><td>100</td><td>150</td><td>500</td></tr>
<tr><td>SS(mg/L)</td><td>70</td><td>200</td><td>400</td></tr>
<tr><td>油类(mg/L)</td><td>20</td><td>20</td><td>100</td></tr>
<tr><td>浴厕、食堂、现场污水</td><td colspan="3">100%经化粪池或沉淀池或隔油池沉淀过滤后排入城市污水管网</td></tr>
</table></td></tr>
<tr><td>GB 3838—2002 中Ⅰ、Ⅱ类水域和Ⅲ类水域中划定的保护区与 GB 3097 中一类海域，施工污水处置达标</td><td>禁止排放施工污水</td></tr>
</table>

续表

序号	环境因素	目标	指标
5	废弃物排放	建筑垃圾及废弃物实行分类管理达标 可回收废物合规回收处置达标	分类管理达标率100%。废充电电池、胶合类模板、硒鼓、墨盒等有毒、有害废弃物处置100%,符合当地政府对环保的要求,可回收废物回收合规处置率100%
6	道路遗撒	杜绝物料灰土遗撒	各项目经理部不发生任何物料的道路遗撒
7	节能减排	降低综合能源消耗[标准吨煤/企业产值增加值(万元)] 减少三大材料消耗	综合能源消耗[标准吨煤/企业产值增加值(万元)]比去年降低5% 三大材料消耗降低率按计划完成
8	火灾爆炸	控制达到国家或地方规定要求	重大火灾、爆炸事故为0 一般火灾,每亿元产值0.15次以内

9.3.3.2　环境管理目标策划

应围绕环境管理目标,策划分解年度目标。目标包括工程环境目标和指标、合同及中标目标、顾客满意目标等。

分支机构、项目经理部应根据企业的安全目标、环境目标和指标以及合同要求,策划并分解本项目的环境目标和指标。

各项目应按照"项目→单项工程→单位工程→分部工程→分项工程"的顺序逐次进行分解,通过分项工序目标的实施,逐次上升,最终保证项目目标的实现。

企业总的环境目标,要逐年不断完善和改进。各级安全目标、环境目标和指标,必须与企业的环境方针保持一致,并且必须满足产品、适用法律法规和相关方要求的各项内容。目标和指标必须形成文件,作出具体规定。

9.3.4　环境管理方案

工程开工前,企业或项目经理部应编制旨在实现环境目标指标的管理方案/管理计划。

管理方案/管理计划的主要内容包括:本项目(部门)评价出的重大环境因素或不可接受风险;环境目标、指标;各岗位的职责;控制重大环境因素或不可接受风险方法及时间安排;监视和测量;预算费用等。管理方案/管理计划由各单位编制,授权人员审批。各级管理者应为保证管理方案/管理计划的实施提供必需的资源。

企业内部各单位应对自身管理方案/管理计划的完成情况进行日常监控;在组织环境、安全检查时,应对环境管理方案的完成情况进行抽查。在环境管理体系审核及不定期监测时,对各单位管理方案/管理计划的执行情况进行检查。

当施工内容、外界条件或施工方法发生变化时,项目(部门)应重新识别环境因素、评价重大环境因素,并修订管理方案/管理计划。管理方案/管理计划修改时,执行《文件管理程序》的有关规定。

9.3.5 实施与运行

9.3.5.1 资源、作用、职责和权限

管理者应确保为环境管理体系的建立、实施、保持和改进提供必要的资源。资源包括人力资源专项技能、组织的基础设施，以及技术和财力资源。

为便于环境管理工作的有效开展，应对作用、职责和权限作出明确规定，形成文件，并予以传达。

企业的最高管理者应任命专门的管理者代表，无论他们是否还负有其他方面的责任，应明确规定其作用、职责和权限，以便确保按照本标准的要求建立、实施和保持环境管理体系；向最高管理者报告环境管理体系的运行情况以供评审，并提出改进建议。

环境管理体系的成功实施需要为组织或代表组织工作的所有人员的承诺。因此，不能认为只有环境管理部门才承担环境方面的作用和职责，事实上，企业内的其他部门，如运行管理部门、人事部门等，也不能例外。这一承诺应当始于最高管理者，他们应当建立组织的环境方针，并确保环境管理体系得到实施。作为上述承诺的一部分，是指定专门的管理者代表，规定他们对实施环境管理体系的职责和权限。对于大型或复杂的组织，可以有不止一个管理者代表。对于中、小型企业，可由一个人承担这些职责。最高管理者还应当确保提供建立、实施和保持环境管理体系所需的适当资源，包括企业的基础设施，如建筑物、通信网络、地下储罐、下水管道等。另一重要事项是，妥善规定环境管理体系中的关键作用和职责，并传达到为组织或代表组织工作的所有人员。

9.3.5.2 能力、培训和意识

企业应确保所有为它或代表它从事被确定为可能具有重大环境影响的工作的人员，都具备相应的能力。该能力基于必要的教育、培训或经历。组织应保存相关的记录。

企业应确定与其环境因素和环境管理体系有关的培训需求并提供培训，或采取其他措施来满足这些需求。组织应保存相关的记录。

企业应建立、实施并保持一个或多个程序，使为它或代表它工作的人员都意识到：

(1)符合环境方针与程序和符合环境管理体系要求的重要性。

(2)他们工作中的重要环境因素和实际的或潜在的环境影响，以及个人工作的改进所能带来的环境效益。

(3)他们在实现与环境管理体系要求符合性方面的作用与职责。

(4)偏离规定的运行程序的潜在后果。

企业应当确定负有职责和权限代表其执行任务的所有人员所需的意识、知识、理解和技能。要求：

(1)其工作可能产生重大环境影响的人员，能够胜任所承担的工作。

(2)确定培训需求，并采取相应措施加以落实。

(3)所有人员了解组织的环境方针和环境管理体系，以及与他们工作有关的组织活动、产品和服务中的环境因素。

可通过培训、教育或工作经历，获得或提高所需的意识、知识、理解和技能。

企业应当要求代表它工作的合同方能够证实他们的员工具有必要的能力和(或)接受

了适当的培训。

企业管理者应当确定为保障人员(特别是行使环境管理职能的人员)胜任所需的经验、能力和培训的程度。

9.3.5.3　信息交流

企业应建立、实施并保持一个或多个程序,用于有关其环境因素和环境管理体系的:

(1)组织内部各层次和职能间的信息交流。

(2)与外部相关方联络的接收、形成文件和回应。

企业应决定是否就其重要环境因素与外界进行信息交流,并将决定形成文件。如决定进行外部交流,就应规定交流的方式并予以实施。

内部交流对于确保环境管理体系的有效实施至关重要。内部交流可通过例行的工作组会议、通信简报、公告板、内联网等手段或方法进行。

企业应当按照程序,对来自相关方的沟通信息进行接收、形成文件并作出响应。程序可包含与相关方交流的内容,以及对他们所关注问题的考虑。在某些情况下,对相关方关注的响应,可包含组织运行中的环境因素及其环境影响方面的内容。这些程序中,还应当包含就应急计划和其他问题与有关公共机构的联络事宜。

企业在对信息交流进行策划时,一般还要考虑进行交流的对象、交流的主题和内容、可采用的交流方式等方面问题。

在考虑就环境因素进行外部信息交流时,企业应当考虑所有相关方的观点和信息需求。

如果企业决定就环境因素进行外部信息交流,可以制定一个这方面的程序。程序可因所交流的信息类型、交流的对象及企业的个体条件等具体情况的不同而有所差别。进行外部交流的手段可包括年度报告、通信简报、互联网和社区会议等。

9.3.5.4　文件

环境管理体系文件应包括:

(1)环境方针、目标和指标。

(2)对环境管理体系的覆盖范围的描述。

(3)对环境管理体系主要要素及其相互作用的描述,以及相关文件的查询途径。

(4)ISO14001 要求的文件,包括记录。

(5)企业为确保对涉及重要环境因素的过程进行有效策划、运行和控制所需的文件和记录。

文件的详尽程度,应当足以描述环境管理体系及其各部分协同运作的情况,并指示获取环境管理体系某一部分运行的更详细信息的途径。可将环境文件纳入组织所实施的其他体系文件,而不强求采取手册的形式。对于不同的企业,环境管理体系文件的规模可能由于它们在以下方面的差别而各不相同:

(1)组织及其活动、产品或服务的规模和类型。

(2)过程及其相互作用的复杂程度。

(3)人员的能力。

文件可包括环境方针、目标和指标;重要环境因素信息;程序;过程信息;组织机构图;

内、外部标准;现场应急计划;记录。

对于程序是否形成文件,应当从下列方面考虑:①不形成文件可能产生的后果,包括环境方面的后果。②用来证实遵守法律法规和其他要求的需要。③保证活动一致性的需要。④形成文件的益处。例如,易于交流和培训,从而加以实施;易于维护和修订,避免含混和偏离,提供证实功能和直观性等。⑤出于 ISO14001 的要求。

不是为环境管理体系所制定的文件,也可用于本体系。此时应当指明其出处。

文件控制:应对环境管理体系所要求的文件进行控制。记录是一种特殊的文件,应该按要求进行控制。企业应建立、实施并保持一个或多个程序,作出以下规定:

(1)在文件发布前进行审批,确保其充分性和适宜性。

(2)必要时对文件进行评审和更新,并重新审批。

(3)确保对文件的更改和现行修订状态做出标识。

(4)确保在使用处能得到适用文件的有关版本。

(5)确保文件字迹清楚,标识明确。

(6)确保对策划和运行环境管理体系所需的外部文件做出标识,并对其发放予以控制。

(7)防止对过期文件的非预期使用。如需将其保留,要做出适当的标识。

文件控制旨在确保企业对文件的建立和保持能够充分适应实施环境管理体系的需要。但企业应当把主要注意力放在对环境管理体系的有效实施及其环境绩效上,而不是放在建立一个繁琐的文件控制系统上。

9.3.5.5　运行控制(绿色施工)

企业应根据其方针、目标和指标,识别和策划与所确定的重要环境因素有关的运行,以确保它们通过下列方式在规定的条件下进行:

(1)建立、实施并保持一个或多个形成文件的程序,以控制因缺乏程序文件而导致偏离环境方针、目标和指标的情况。

(2)在程序中规定运行准则。

(3)对于企业使用的产品和服务中所确定的重要环境因素,应建立、实施并保持程序,并将适用的程序和要求通报供方及合同方。

企业应当评价与所确定的重要环境因素有关的运行,并确保在运行中能够控制或减少有害的环境影响,以满足环境方针的要求、实现环境目标和指标。所有的运行,包括维护活动,都应当做到这一点。

9.3.5.6　应急准备和响应

企业应建立、实施并保持一个或多个程序,用于识别可能对环境造成影响的潜在的紧急情况和事故,并规定响应措施。

企业应对实际发生的紧急情况和事故作出响应,并预防或减少随之产生的有害环境影响。

企业应定期评审其应急准备和响应程序。必要时对其进行修订,特别是当事故或紧急情况发生后。可行时,企业还应定期试验上述程序。

每个企业都有责任制定适合它自身情况的一个或多个应急准备和响应程序。组织在

制定这类程序时，应当考虑现场危险品的类型，如存在易燃液体、储罐、压缩气体等，以及发生溅洒或意外泄漏时的应对措施；对紧急情况或事故类型和规模的预测；处理紧急情况或事故的最适当方法；内、外部联络计划；把环境损害降到最低的措施；针对不同类型的紧急情况或事故的补救和响应措施；事故后考虑制定和实施纠正和预防措施的需要；定期试验应急响应程序；对实施应急响应程序人员的培训；关键人员和救援机构（如消防、泄漏清理等部门）名单，包括详细联络信息；疏散路线和集合地点；周边设施（如工厂、道路、铁路等）可能发生的紧急情况和事故；邻近单位相互支援的可能性。

9.3.6　检查及效果验证

9.3.6.1　监测和测量

企业应建立、实施并保持一个或多个程序，对可能具有重大环境影响的运行的关键特性进行例行监测和测量。程序中应规定将监测环境绩效、适用的运行控制、目标和指标符合情况的信息形成文件。

企业应确保所使用的监测和测量设备经过校准或验证，并予以妥善维护，且应保存相关的记录。

一个企业的运行可能包括多种特性。例如，在对废水排放进行监测和测量时，值得关注的特点可包括生物需氧量、化学需氧量、温度和酸碱度。

对监测和测量取得的数据进行分析，能够识别类型并获取信息。这些信息可用于实施纠正和预防措施。

关键特性是指组织在决定如何管理重要环境因素、实现环境目标和指标、改进环境绩效时需要考虑的那些特性。

为了保证测量结果的有效性，应当定期，或在使用前，根据测量标准对测量器具进行校准或检验。测量标准要以国家标准或国际标准为依据。如果不存在国家或国际标准，则应当对校验所使用的依据作出记录。

9.3.6.2　合规性评价

为了履行遵守法律法规要求的承诺，企业应建立、实施并保持一个或多个程序，以定期评价对适用法律法规的遵守情况。企业应保存对上述定期评价结果的记录。

企业应评价对其他要求的遵守情况。企业应保存上述定期评价结果的记录。

企业应当能证实它已对遵守法律法规要求（包括有关许可和执照的要求）的情况进行了评价。企业应当能证实它已对遵守其他要求的情况进行了评价。

9.3.6.3　持续改进

企业应建立、实施并保持一个或多个程序，用来处理实际或潜在的不符合，采取纠正措施和预防措施。程序中应规定以下方面的要求：

(1)识别和纠正不符合，并采取措施以减少所造成的环境影响。

(2)对不符合进行调查，确定其产生原因，并采取措施避免再度发生。

(3)评价采取措施以预防不符合的需求；实施所制定的适当措施，以避免不符合的发生。

(4)记录采取纠正措施和预防措施的结果。

(5)评审所采取的纠正措施和预防措施的有效性。所采取的措施应与问题和环境影响的严重程度相符。企业应确保对环境管理文件进行必要的更改。

企业在制定程序以执行本节的要求时,根据不符合的性质,有时可能只需制定少量的正式计划,即能达到目的,有时则有赖于更复杂、更长期的活动。文件的制定应当和这些措施的规模相适配。

9.3.6.4 记录控制

企业应根据需要,建立并保持必要的记录,用来证实对环境管理体系和本标准要求的符合,以及所实现的结果。

企业应建立、实施并保持一个或多个程序,用于记录的标识、存放、保护、检索、留存和处置。

环境记录可包括:抱怨记录;培训记录;过程监测记录;检查、维护和校准记录;有关的供方与承包方记录;偶发事件报告;应急准备试验记录;审核结果;管理评审结果;和外部进行信息交流的决定;适用的环境法律法规要求记录;重要环境因素记录;环境会议记录;环境绩效信息;对法律法规符合性的记录;和相关方的交流。

应当对保守机密信息加以考虑。环境记录应字迹清楚,标识明确,并具有可追溯性。

9.3.6.5 内部审核

企业应确保按照计划的时间间隔对管理体系进行内部审核。其目的是:

(1)判定环境管理体系是否符合组织对环境管理工作的预定安排和ISO14001的要求;是否得到了恰当的实施和保持。

(2)向管理者报告审核结果。

企业应策划、制定、实施和保持一个或多个审核方案,此时,应考虑相关运行的环境重要性和以前的审核结果。应建立、实施和保持一个或多个审核程序,用来规定:策划和实施审核及报告审核结果、保存相关记录的职责和要求;审核准则、范围、频次和方法。

对环境管理体系的内部审核,可由组织内部人员或组织聘请的外部人员承担,无论哪种情况,从事审核的人员都应当具备必要的能力,并处在独立的地位,从而能够公正、客观地实施审核。对于小型组织,只要审核员与所审核的活动无责任关系,就可以认为审核员是独立的。

9.4 建设工程绿色施工

9.4.1 绿色施工的内涵

(1)绿色施工以可持续发展为指导思想。绿色施工正是在人类日益重视可持续发展的基础上提出的,无论节约资源还是保护环境都是以实现可持续发展为根本目的,因此绿色施工的根本指导思想就是可持续发展。

(2)绿色施工的实现途径是绿色施工技术的应用和绿色施工管理的升华。绿色施工必须依托相应的技术和组织管理手段来实现。与传统施工技术相比,绿色施工技术有利

于节约资源和环境保护的技术改进，是实现绿色施工的技术保障。而绿色施工的组织、策划、实施、评价及控制等管理活动，是绿色施工的管理保障。

(3)绿色施工是追求尽可能减少资源消耗和保护环境的工程建设生产活动，这是绿色施工区别于传统施工的根本特征。绿色施工倡导施工活动以节约资源和保护环境为前提，要求施工活动有利于经济社会可持续发展，体现了绿色施工的本质特征与核心内容。

(4)绿色施工强调的重点是使施工作业对现场周边环境的负面影响最小，污染物和废弃物排放(如扬尘、噪声等)最小，对有限资源的保护和利用最有效，它是实现工程施工行业升级和更新换代的更优方法与模式。

总之，绿色施工并非一项具体技术，而是对整个施工行业提出的一个革命性的变革要求，其影响范围之大、覆盖范围之广是空前的。尽管绿色施工的推进会面临很多困难和障碍，但代表了施工行业的未来发展方向，其推广和发展势在必行。

9.4.2　绿色施工的原则

基于可持续发展理念，绿色施工必须奉行如下原则：

9.4.2.1　以人为本的原则

人类生产活动的最终目标是创造更加美好的生存条件和发展环境。所以，这些生产活动必须以顺应自然、保护自然为目标，以物质财富的增长为动力，实现人类的可持续发展。绿色施工把关注资源节约和保护人类的生存环境作为基本要求，把人的因素摆在核心位置，关注施工活动对生产生活的负面影响(既包括对施工现场内的相关人员，也包括对周边人群和全社会的负面影响)，把尊重人、保护人作为主旨，以充分体现以人为本的根本原则，实现施工活动与人和自然和谐发展。

9.4.2.2　环保优先的原则

自然生态环境质量直接关乎人类的健康，影响着人类的生存与发展，保护生态环境就是保护人类的生存和发展。工程施工活动对环境有较大的负面影响，因此，绿色施工应秉承“环保有限”的原则，把施工过程中的烟尘、粉尘、固体废弃物等污染物，振动、噪声和强光直接刺激感官的污染物控制在允许范围内。这也是绿色施工中“绿色”内涵的直接体现。

9.4.2.3　资源高效利用的原则

资源的可持续性是人类发展可持续性的主要保障。建筑施工行业是典型的资源消耗型产业。我国作为一个发展中的人口大国，在未来相当长的时期内建筑业还将保持较大规模的需求，这必将消耗数量巨大的资源。绿色施工要把改变传统粗放的生产方式作为基本目标，把高效利用资源作为重点，坚持在施工活动中节约资源、高效利用资源、开发利用可再生资源，推动我国工程建设水平持续提高。

9.4.2.4　精细施工的原则

精细施工可以有效减少施工过程中的失误，减少返工，从而也可以减少资源浪费。因此，绿色施工还应坚持精细施工的原则，将精细化理念融入施工过程中；通过精细策划、精细管理、严格规范标准、优化施工流程、提升施工技术水平、强化施工动态监控等方式方法促使施工方式由传统高消耗的粗放型、劳动密集型向资源集约型和智力、管理、技术密集型的方向转变，逐步践行精细施工。

9.4.3 绿色施工的管理方针

(1)绿色施工应遵守现行法律、法规和合同承诺，满足顾客及其他相关方的要求，持续改进，实现绿色施工承诺。

(2)绿色施工的管理方针应适合施工的特点和本单位的实际情况。

(3)绿色施工管理方针能为制定管理目标和指标提供总体要求。

(4)方针的制定过程中应以文件、会议、网络等方式与员工协商，形成正式文件并予以发布。

(5)通过网站、墙报、会议等多种形式进行广泛宣传，传达到全体员工，并可为关联方所知晓。

(6)付诸实施，并根据情况的变化进行评审与更新。

9.4.4 绿色施工的主要任务

《绿色施工导则》中构建的绿色施工总体框架阐明了绿色施工的主要任务，即由施工管理、环境保护、节材与材料资源利用、节水与水资源利用、节能与能源利用、节地与施工用地保护六个方面组成，如图 9-1 所示。

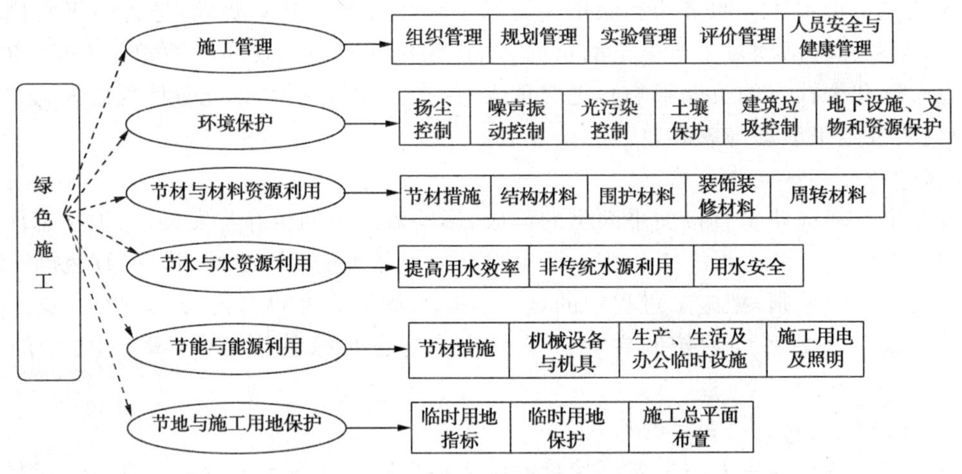

图 9-1 绿色施工总体框架

这六个方面涵盖了绿色施工的基本内容，同时包含了施工策划、材料采购、现场施工、工程验收等各阶段指标的子集。绿色施工管理运行体系包括绿色施工策划、绿色施工实施、绿色施工评价等环节，其内容涵盖绿色施工的组织管理、规划管理、实施管理、评价管理和人员安全与健康管理等多个方面。

9.4.5 绿色施工实施

绿色施工实施是在施工过程中，依据绿色施工策划的要求，组织实施绿色施工的相应工作内容。绿色施工的实施要关注以下三个方面：

(1)应对整个施工过程实施动态管理，强化绿色施工的施工准备、过程控制、资源、采购和绿色施工评价管理。绿色施工应贯穿整个工程施工的全过程，其任务要在各施工阶段中严格落实工程项目绿色施工策划书的要求。因此，绿色施工需要在施工过程的各主要环节中进行动态管理和控制，要充分利用绿色施工评价环节，建立持续改进机制，通过绿色施工评价促进绿色施工各阶段、各批次、各要素检查质量的提高，形成下批次防止再发生的改进意见，指导工程项目绿色施工的持续改进，引导施工人员在施工过程中控制污染排放，保护资源，合理节材，培养良好的绿色施工行为。

(2)应结合工程项目的特点，重视与工程项目建设相关方的沟通，营造绿色施工的氛围。工程项目绿色施工涉及建设单位、设计、施工、监理等相关方，能否得到相关方支持关乎绿色施工的成败。因此，工程项目绿色施工要加强各相关方的交流，充分利用文件、网站、宣传栏等载体强化绿色施工沟通是至关重要的。工程项目管理人员应特别重视以下三个方面的沟通：一是强化员工绿色施工意识的沟通，使员工把保护环境和节约资源与国家发展大局联系起来，把实施绿色施工与生态文明建设结合起来，提高绿色施工的自觉性；二是强化岗位沟通，使员工拥有保护环境的强烈责任感和使命感，认识到推进绿色施工与每个人的健康和生活质量息息相关，以出色完成绿色施工的岗位责任、强化岗位沟通，做到绿色施工横向搭边、纵向到底，积极参与，协同配合，做好绿色施工；三是强化绿色施工投入的沟通，打通制约绿色施工的瓶颈。

(3)定期对相关人员进行绿色施工培训，提高绿色施工知识和技能。绿色施工的贯彻落实，依赖于相关人员的专业知识和素质。因此，绿色施工实施过程中要把培训列为工作重点，通过专业教育与培训，培育绿色施工操作与管理的人才队伍，为推动绿色施工提供支撑。

9.5 绿色施工和施工过程的环境控制

绿色施工过程应注意以下要点：

9.5.1 场地环境

9.5.1.1 施工场地

通过合理布置，减少施工对场地及场地周边环境的扰动和破坏；设置专门场地堆置弃土，土方尽量原地回填利用，并采取防止土壤流失的措施；采取保护表层土壤、稳定斜坡、植被覆盖等措施；使用淤泥栅栏、沉淀池等措施控制沉淀物。

9.5.1.2 降低环境负荷

施工废弃物应分类处理，且符合国家及地方法律法规的要求；避免或减少排放污染物对土壤的污染，如仓库、油库、化粪池、垃圾站等处应采取防漏防渗措施，防止危险品、化学品、污染物、固体废物中有害物质的泄漏；施工结束后应恢复施工活动中被破坏的植被(一般指临时占地内)，补偿施工活动中人为破坏植被和地貌造成的土壤侵蚀等损失。

9.5.1.3 保护水文环境

岩土工程勘察和基础工程施工前应采取避免对地下水污染的对策；保护场地内及周围的地下水与自然水体，减少施工活动对其水质、水量的负面影响；优化施工降水方案，减少地下水抽取，且保证回灌水水质。

9.5.2 节能

9.5.2.1 降低能耗

通过改善能源使用结构，有效地控制施工过程中的能耗；根据具体情况合理组织施工、积极推广节能新技术、新工艺。

9.5.2.2 提高用能效率

制定合理的施工能耗指标，提高施工能源利用率；确保施工设备满负荷运转，减少无用功，禁止不合格临时设施用电，以免造成损失。

9.5.3 节水

提高用水效率：采用施工节水工艺、节水设备和设施；加强节水管理，施工用水进行定额计量。

9.5.4 节材与材料资源

9.5.4.1 节材

临时设施充分利用旧料和现场拆迁回收材料，使用装配方便、可循环利用的材料；周转材料、循环使用材料和机具应耐用、维护与拆卸方便且易于回收和再利用；采用工业化的成品，减少现场作业与废料；减少建筑垃圾，充分利用废弃物。

9.5.4.2 使用绿色建材

施工单位应按照国家、行业或地方管理部门对绿色建材作出的法律、法规及评价方法，选择建筑材料；就地取材，充分利用本地资源进行施工，减少运输对环境造成的影响。

9.6 绿色施工和环境控制的途径与方法

绿色施工的实施主体是施工单位，因此一般应在投标报价中体现绿色施工内容。施工活动是一种经济技术活动，只有经过全面策划、系统运作，绿色施工推进才有保障。

绿色施工措施应突出强调以下主要内容：①明确和细化绿色施工目标，并将目标量化表达，如材料的节约比例、能耗降低比例等。②在工程施工过程中突出绿色施工控制要点。③明确实现绿色施工专项技术与管理内容具体保障措施，并应完整体现环境保护、节材、节水、节能、节地等专项内容的具体措施。

9.6.1 环境保护措施

工程施工过程会对场地和周围环境造成影响，其主要影响类型有：植被破坏及水土流失，对水环境的影响，施工噪声的影响，施工扬尘和粉尘，机械车辆排放的有害气体和固体废弃物排放等。施工过程对环境的其他影响还包括泥浆污染、破坏物种多样性等。因此，绿色施工策划就需要针对各种环境污染制定施工各阶段的专项环境保护措施。

此处仅以某工程结构施工、安装及装饰装修阶段的施工现场扬尘控制为例来说明具体绿色施工方案的策划。该工程制定的扬尘控制措施有：

(1)作业区目测扬尘高度小于0.5 m。

(2)主体及装修阶段对存放在现场的砂、石等易产生扬尘的材料设专用场区堆放，密目网覆盖，对水泥等材料在现场设置仓库存放并加以覆盖。水泥、砂石等可能引起扬尘的材料及建筑垃圾，清运时应洒水并及时清扫现场。

(3)混凝土泵、砂浆搅拌机等设备搭设机篷。

(4)浇筑混凝土前清理模板内灰尘及垃圾时，每栋楼配备一台吸尘器，不能用吹风机吹扫木屑。楼层结构内清理时，严禁从窗口向外抛扔垃圾，所有建筑垃圾用麻袋装好，再整袋运送下楼至指定地点。装饰装修阶段楼内建筑垃圾清运时用水泥袋装运，严禁从楼内直接将建筑垃圾抛撒到楼外。

(5)外墙脚手架、施工电梯等设备材料拆除前，将脚手板、电梯通道处的垃圾清扫干净，并用水湿润各层脚手板、密目网、安全网，防止在拆卸过程中残留的建筑垃圾、粉尘坠落并扩散。

(6)外墙脚手架密目网密封严密，特别是密目接缝处不得留有明显空隙；施工通道每周洒水清理。

(7)安装作业时，对需要切割埋线管的砌体墙，在施工前先要洒水润湿表面，再用切割机切缝，避免室内扬尘。

9.6.2　节材与材料资源保护措施

9.6.2.1　绿色建材的使用

国内外许多研究发现，建筑材料物化阶段在建筑工程全生命周期环境影响中占据很大比例，选用对环境影响小的建筑材料是绿色施工的重要内容。

绿色建材是指采用清洁生产技术、少用天然资源和能源、大量使用工业或城市固态废物生产的无毒害、无污染、无放射性、有利于环境保护和人体健康的建筑材料。它是具有消磁、消声、调光、调温、隔热、防火、抗静电的性能，并具有调节人体机能的特种新型功能建筑材料。在国外，绿色建材早已在建筑、装饰施工中广泛应用，在国内它只作为一个概念刚开始为大众所认识。

绿色建材的基本特征包括：①其生产所用原料尽可能少用天然资源，大量使用尾渣、垃圾、废液等废弃物。②采用低能耗制造工艺和无污染环境的生产技术。③在产品配制或生产过程中不得使用甲醛、卤化物溶剂或芳香族碳氢化合物，产品中不得含有汞及其化合物的颜料和添加剂。④产品的设计是以改善生产环境、提高生活质量为宗旨，即产品不仅不损害人体健康，而应有益于人体健康，产品具有多功能化，如抗菌、灭菌、防霉、除臭、隔热、阻燃、调温、调湿、消磁、防射线、抗静电等。⑤产品可循环或回收利用，无污染环境的废弃物。总之，绿色建材是一种无污染、不会对人体造成伤害的建筑材料。

施工单位要按照国家、行业或地方对绿色建材的法律、法规和评价方法来选择建筑材料，以确保建筑材料的质量。即选用物化能耗低、高性能、高耐性的建筑材料，选用可降解、对环境污染小的建材，选用可循环利用、可回收利用和可再生的建材，选择利用废弃物生产的建材，尽量选择运输距离小的建材，降低运输能耗。

9.6.2.2 节材措施

节材措施主要是根据循环经济和精益施工思想来组织施工活动。也就是按照减少资源浪费的思想，坚持资源减量化、无害化、再循环、再利用的原则精心组织施工。在施工中，应根据地质、气候、居民生活习惯等提出各种优化方案，在保证建筑物各部分使用功能的情况下，尽量采用工程量较小、速度快、对原地表地貌破坏较小、施工简易的施工方案，尽量选用能够就地取材、环保低廉、寿命较长的材料。

施工中，要准确提供出用材计划，并根据施工进度确定进场时间。按计划分批进场材料，现场所进的各种材料总量如无特殊情况不能超过材料计划量。加强施工现场的管理，杜绝施工过程中的浪费，减小材料损耗率。还要控制好主要耗材施工阶段的材料消耗，控制好周转性材料的使用和处理。

绿色施工策划中制定节材措施，要以突出主要材料的节约和有效利用为原则。此处，仅以某工程主体结构施工中对钢筋消耗量的控制措施为例，说明如何制定节材措施。在该工程主体结构施工中，钢筋消耗量的控制措施主要有：①钢筋下料前，绘制详细的下料清单，清单内除标明钢筋长度、支数等外，还需要将同直径钢筋的下料长度在不同构件中比较，在保证质量、满足规范及图集要求的前提下，将某种构件钢筋下料后的边角料用到其他构件中，避免过多废料出现。②根据钢筋计算下料的长度情况，合理选用 12 m 钢筋，减小钢筋配料的损耗；钢筋直径大于等于 16 mm 的应采用机械连接，避免钢筋绑扎搭接而额外多用材料。③将直径为 6 mm、8 mm、10 mm、12 mm 钢筋边角料中长度大于 850 mm 的筛选出来，单独存放，用于填充墙拉结筋、构造柱纵筋及箍筋、过梁钢筋等，变废为宝，以减小损耗。④加强质量控制，所有料单必须经审核后方能使用，避免错误下料；现场绑扎时严格按照设计要求，加强过程巡查，发现有误立即整改，避免返工费料。

9.6.3 节水与水资源保护措施

水资源是影响我国可持续发展的关键资源。据调查，建筑施工用水的成本约占整个建筑成本的 0.2%，因此在施工过程中减少水资源浪费能够有效提升项目的经济和环境效益。

建筑施工过程中的节水与水资源保护措施主要有：①采用基坑施工封闭降水措施。②合理规划施工现场及生活办公区临时用水布置。③实行用水计量管理，严格控制施工阶段的用水量。④提高施工现场水源循环利用效率。⑤施工现场生产实施施工工艺节水措施，生活用水使用节水型器具。⑥加强施工现场用水安全管理，不污染地下水资源。

9.6.4 节能与清洁能源利用措施

关于施工节能的研究很多，但许多研究仍然在概念上不够清晰，如一些对施工节能的研究主要突出保温墙板、屋面的施工等，还有许多研究把节能降耗与节材等混为一谈。尽管从大的概念上讲,节约材料等确实是有助于整个建筑生命周期节能的,但这样的概念界定显然使得节能与节材这两个绿色施工内容重叠。因此,本书认为施工节能就是指在建筑施工过程中,通过合理的使用、控制施工机械设备、机具、照明设备等,减少施工活动对电、油等能源的消耗,提高能源利用效率。建筑施工过程中的节能与能源利用措施主要有:

(1)优先使用国家、行业推荐的节能、高效、环保的施工设备和机具,如选用变频技术的节能施工设备等。

(2)强化对施工环境中空调、采暖、照明等耗能设备的使用与管理。如规定合理的温、湿度标准和使用时间,提高空调和采暖装置的运行效率,室外照明宜采用高强度气体放电灯等。

(3)合理安排工序,提高各种机械的使用率和满载率。

(4)实行用电计量管理,严格控制施工阶段的用电量。必须装设电表,生活区与施工区应分别计量,用电电源处应设置明显的节约用电标志,同时施工现场应建立照明运行维护和管理制度,及时收集用电资料,建立用电节电统计台账,提高节电率。施工现场分别设定生产、生活、办公和施工设备的用电控制指标,定期进行计量、核算、对比分析,并有预防与纠正措施。

(5)建立施工机械设备管理制度,开展用电、用油计量,完善设备档案,及时做好维修保养工作,使机械设备保持低耗、高效的状态。选择功率与负载相匹配的施工机械设备,避免大功率施工机械设备低负载长时间运行。机电安装可采用节电型机械设备,如逆变式电焊机和能耗低、效率高的手持电动工具等,以利节电。机械设备宜使用节能型油料添加剂,在可能的情况下,考虑回收利用,节约油量。

(6)加强用电管理,做到人走灯灭。宿舍区根据时间进行拉闸限电,在确保参建人员休息、生活所用电源外,尽可能减少不必要的消耗。办公区严禁长明灯,空调、电暖器在临走前要关闭,使用时实行分段分时使用,节约用电。

(7)充分利用太阳能或地热,现场淋浴可设置太阳能淋浴或地热,减少用电量。

9.6.5　节地与施工用地保护措施

土地资源短缺问题越来越引起世人关注,我国土地资源紧缺的压力尤为突出。在建筑施工过程中,强化节地与用地保护已经势在必行,其主要措施有:①施工现场的临时设施建设禁止使用黏土砖。②土方开挖施工采取先进的技术措施,减少土方的开挖量,最大限度地减少对土地的扰动。③加强施工总平面合理布置。④最大限度地减少现场临时用地,避免对土地的人为扰动。⑤采取切实措施,尊重地基环境,避免造成临时场地污染。

第10章　建设工程水土保持与环境保护案例

10.1　建设工程水土保持措施案例

案例1　南水北调东线第一期工程三阳河、潼河、宝应站工程

1.项目实施地点

江苏省扬州市江都市、高邮市和宝应县。

2.项目概况

三阳河、潼河、宝应站工程是南水北调东线第一期工程的重要组成部分。工程由三阳河、潼河、宝应站三个部分组成，宝应站与江都水利枢纽共同组成南水北调东线工程第一级抽江泵站。工程新建、扩建三阳河 29.95 km，新建潼河 15.5 km，设计规模底宽 30 m，底高程－3.5 m，按输水能力 100 m^3/s 平地开挖，宝应站设计规模 100 m^3/s。

3.项目区概况

项目区属亚热带季风气候区，年平均气温为 14～16 ℃，多年平均年日照时数为 2239 h，多年平均年降雨量为 1036.7 mm，多年平均年蒸发量为 1060 mm，降雨年际差异较大，且受海洋性季风影响，梅雨、台风等自然灾害频发。工程区植被资源丰富，林木植被类型属落叶与常绿阔叶混交林类型，草类以自然生长的茅草为主。工程区垦殖系数高，主要为农业植被。

4.设计理念及措施设计

(1)合理布设排水设施，主体工程设计体现防治水土流失理念。主体工程在河道断面设计时，将青坎地面做成“倒流水”坡(河口高于堤脚，比降 1%，见图 10-1)，有效避免泥沙直接进入河道造成水土流失。内堤脚外设置与大堤轴线平行的纵向截水沟，用于汇集青坎及堤坡雨水；同时每隔 100 m 设置一道垂直河道轴线的横向导流沟及河坡导流槽，将水排入河道，减少水土流失。

主体工程沿河道设置弃土区若干，弃土区顶面做成比降 1%的坡(迎水侧低于背水侧)。弃土区迎水侧设置截水沟(见图 10-2)，且迎水坡面每隔 100 m 设置与河线垂直的横向导流沟，将水排入青坎上的截水沟。

(2)因地制宜，选择适宜的乔、灌木品种，建设清水廊道，提高河道景观效果。工程地处亚热带季风气候区，植被类型以落叶与常绿阔叶混交林为主。水土保持措施设计在植

物种类配置上，本着“因地制宜”的原则，选择当地常见的乔、灌木品种，如意杨、鸢尾、垂柳、紫薇、丝兰、碧桃、夹竹桃、木槿等，分别种植于河堤坡顶、河坡、青坎等部位，达到水土保持、美化景观的目的(见图 10-3)。

图 10-1 青坎地面“倒流水”坡

图 10-2 弃土区设置的截(排)水沟

图 10-3 圩堤美化

(3)考虑后期林草管理养护,优化林木、草皮种类及栽种方式。水土保持植物配置应注重防护的长效性,结合实际将后期林草管理养护作为设计应考虑的问题之一。在草籽、草皮选择方面,应考虑常绿、蔓延快、耐贫瘠、后期管理养护费用较低的品种,如白三叶。在林木种植方面,应考虑种类选择和栽种方式的多样化,避免单一品种大量种植造成的病虫害问题。以该工程为例,河道弃土区坡面撒播白三叶草籽,坡顶、坡腰和坡脚各种植一排云南黄馨,顶面栽种意杨、合欢、千头椿、宋树等经济速生树种,实现“以绿养绿”(见图 10-4)。同时每隔 800 m 左右种植 100 m 的银杏进行隔离,形成防护林,有利于防止虫害的传播。

图 10-4　河道弃土区林草混交绿化

(4)河道绿化结合沿线小城镇建设规划,充分体现“以人为本”的设计理念。河道沿线穿过三垛、司徒和临泽三个小城镇,水土保持措施设计结合小城镇建设规划,将河道的绿化适当向外延伸(见图 10-5),不仅增加了镇区的景观绿化,对拉动小城镇的经济发展也起了一定的作用。

图 10-5　河道绿化外延至小城镇规划区

案例 2　长江干流堤防工程

长江中下游堤防,包括长江干堤、主要支流堤防,以及洞庭湖区、鄱阳湖区等堤防,是长江防洪的基础。长江中下游 3900 km 干堤已全部完成达标建设。下面选取汉口边滩防洪及环境综合治理工程、宜昌城区防洪护岸工程、九江城市防洪工程长江干堤加固整治工程，对长江干流堤防的一些水土保持措施进行介绍。

1.项目实施地点

汉口边滩防洪及环境综合治理工程位于湖北省武汉市汉口区，宜昌城区防洪护岸工程位于湖北省宜昌市城区，九江城市防洪工程长江干堤加固整治工程位于江西省九江市城区。

2.项目概况

汉口边滩防洪及环境综合治理工程位于长江武汉河段左岸边滩，工程范围从武汉客运港下端至后湖船厂，全长 7007 m，主要工程项目为边滩清障工程、河道疏浚工程、岸线守护工程等。

宜昌城区防洪护岸工程一期工程包括：新建 6.8 km、加固 1.62 km 的宜昌城区段长江干流护岸工程，新建 0.49 km 的太平桥溪岸坡防护工程。

九江城市防洪工程长江干堤加固整治工程建设主要是：大堤加固 17.46 km；河岸整治 4855 m；加固、新建、改造涵闸 16 座；封堵通道闸 40 座，重建、加固 44 座。

3.项目区概况

汉口边滩防洪及环境综合治理工程地处长江中游和江汉平原东部，属典型的亚热带湿润季风气候，多年平均年降水量为 1284 mm，年平均气温为 15.8～17.5 ℃，年无霜期一般为 211～272 d，年日照总时数为 1810～2100 h，年平均风速为 2.8 m/s。项目区土壤类型主要有水稻土、黄棕壤、潮土、红壤等。项目区属中亚热带常绿阔叶林向北亚热带阔叶林过渡的地带。水土流失以微度～轻度水力侵蚀为主。

宜昌城区防洪护岸工程区属亚热带季风气候区，多年平均年降水量为 1147 mm，年平均气温为 16.9 ℃，年平均风速为 0.8～1.2 m/s，多年平均无霜期为 273 d。区内多年平均年日照时数为 1698.4 h。土壤类型主要有黄壤和水稻土。项目区植被属常绿阔叶与针叶混交林区，现有的森林多为人工林或次生林。水土流失以轻度～中度水力侵蚀为主。

九江城市防洪工程长江干堤加固整治工程地处中亚热带向北亚热带过渡区，多年平均年降水量为 1430 mm，年平均气温为 16～17 ℃，年平均风速为 2.9 m/s。土壤类型主要有黄壤和水稻土。植被属常绿与落叶阔叶混交林区，现有的森林多为人工林或次生林。水土流失以微度～轻度水力侵蚀为主。

4.设计理念

长江干流堤防工程水土保持设计过程中，首先要满足防洪护岸需求，同时在近城区段结合改善城市景观，特别是岸坡的防护措施，除采用工程护坡措施外，尽可能结合植物护坡、边滩的景观要求，增加水土保持效果和景观效果。

对工程开挖方尽可能加以利用，无法利用的弃渣用于堤防两侧填塘或者周边料场开挖区回填，回填区后期进行复垦，可提高项目区土地利用率和植被覆盖率。

5.措施设计

(1)护坡措施设计

岸坡的水土流失防治是堤防工程水土流失防治措施布设的重点。

汉口边滩防洪及环境综合治理工程岸坡采用工程护坡和植物护坡、植被绿化措施相结合，增加了水土保持和景观效果(见图 10-6)。工程护坡主要采用浆砌石护坡和混凝土预制块护坡模式，边坡为 1：2.5～1：3，混凝土预制块护坡中心撒播草籽。植物护坡主要结合景观绿化栽植防护林、绿篱等，防护林树种主要为垂柳，植株行距为 2 m×2 m，绿篱为冬青和黄杨等。

图 10-6　汉口边滩岸坡整治工程实施效果(实施 10 年后)

宜昌城区防洪护岸工程水土保持措施主要为护坡工程，由脚槽、坡身、岸顶、挡土墙工程等部分组成，如图 10-7 和图 10-8 所示。脚槽位于护坡底部，枯水平台内侧，断面形式为长方形，尺寸为 0.8 m×1 m(宽×高)，用浆砌石砌筑。脚槽下铺设 0.1 m 厚碎石垫层。齿槽位于每层(高差较高的护坡段)护坡底部，断面形式为正方形，尺寸为 0.5 m×0.5 m(宽×高)，用浆砌石砌筑。脚槽下铺设 0.1 m 厚碎石垫层。坡身根据岸坡土质与地形情况，护坡坡度不陡于 1：2.5。护坡顶部设置混凝土预制块封顶。防洪设计水位以上部分撒播狗牙根进行防护，播种量为 100 kg/hm^2。

九江城市防洪岸坡整治工程护坡(见图 10-9)多采用生态型工程护坡和植物护坡措施，堤防两侧种植防护(浪)林，不仅可保证堤防边坡稳定，而且提高了景观效果(见图 10-10)。堤防边坡防护采用六边形混凝土预制块，背水坡及迎水坡防洪水位以上部分撒播草籽，堤防两侧种植防护林及防浪林，栽植株行距为 3 m×3 m。水闸、涵闸等建筑物管理范围内种植绿化树种，树种主要选择香棒、垂柳等。

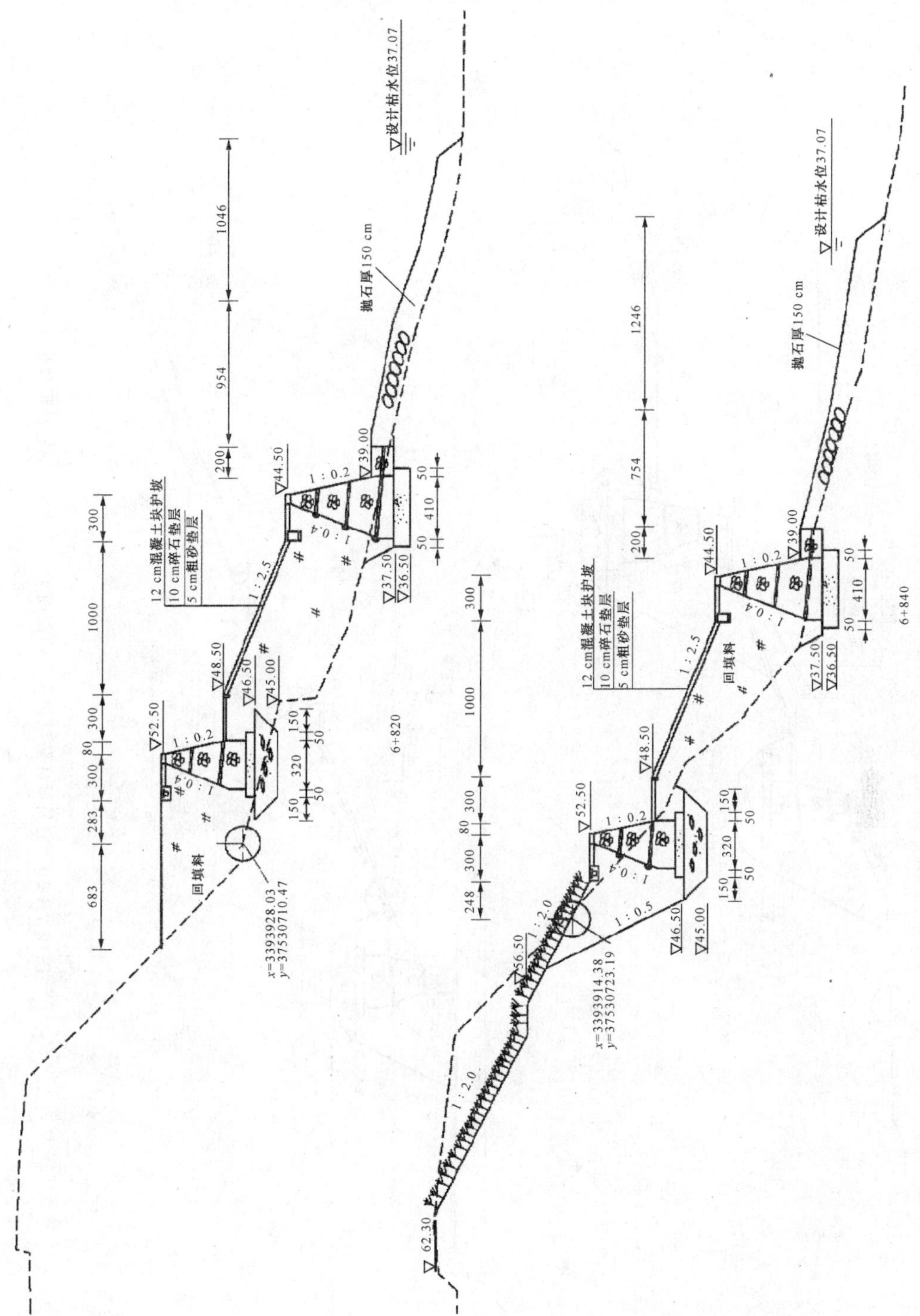

图10-7（1）　宜昌城区防洪护岸工程剖面（尺寸单位：cm；高程单位：m）

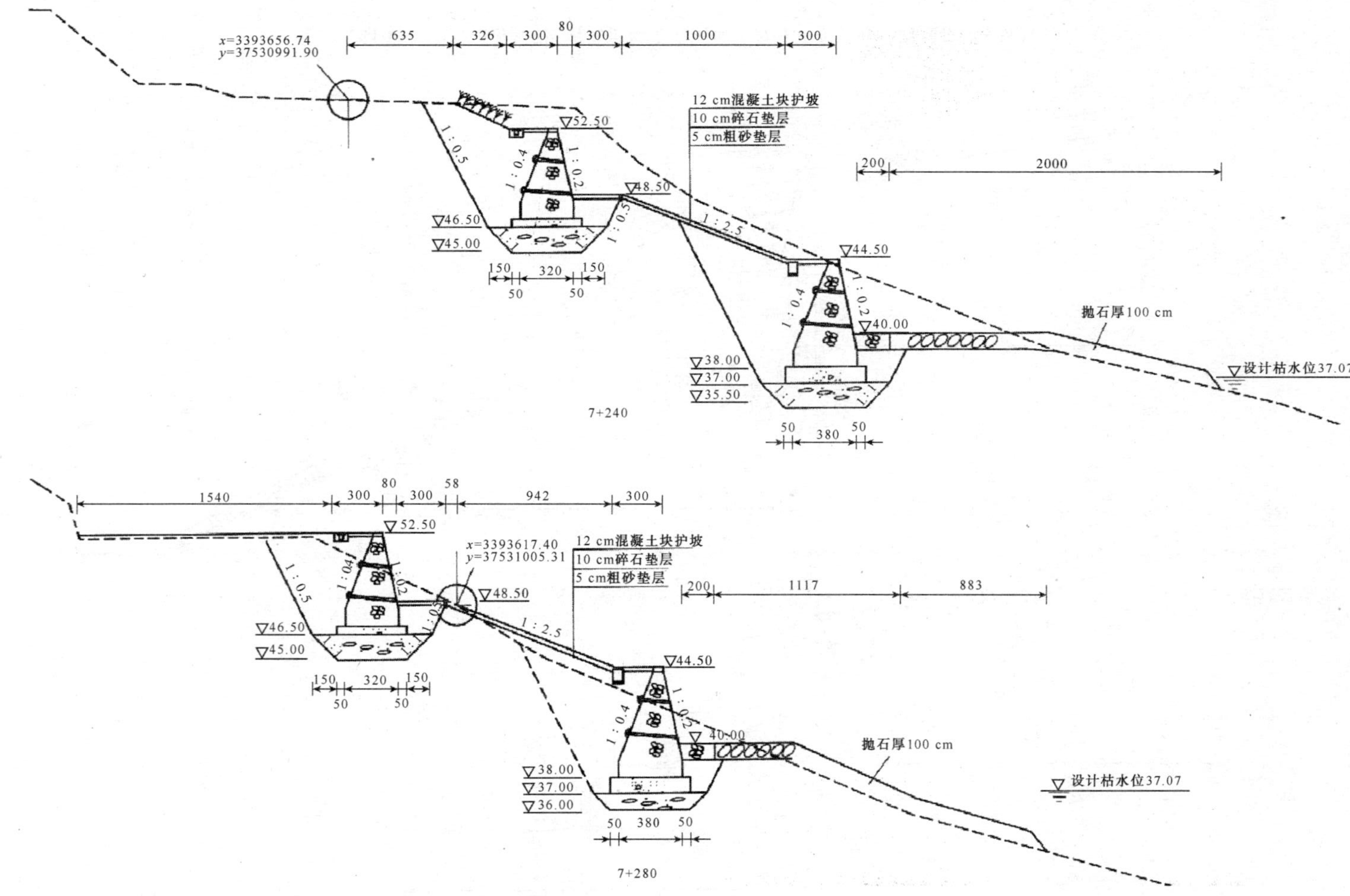

图10-7（2） 宜昌城区防洪护岸工程剖面（尺寸单位：cm；高程单位：m）

图 10-8　宜昌城区防洪护岸工程岸坡整治效果(实施 2 年后)

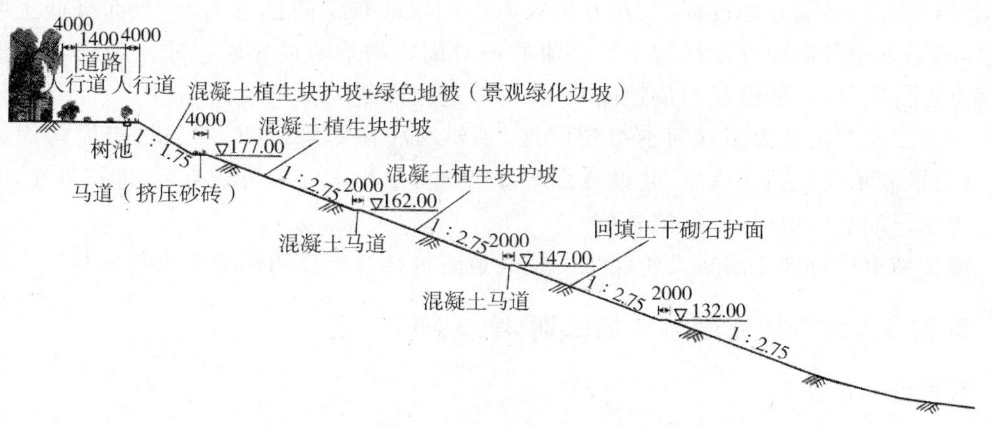

图 10-9　九江城市防洪工程岸坡整治工程实施剖面(尺寸单位:mm;高程单位:m)

图 10-10 九江城市防洪工程岸坡整治工程实施效果

(2)其他水土保持措施

长江堤防工程建设需布置土料场、弃渣场、施工附属企业及施工道路等临时设施。长江堤防类工程建设工程量大,临时占地面积也较大,是水土流失防治的重点。

土料场开采过程中,主要做好表土堆放场和开挖料堆放场临时防护措施,一般采取袋装土进行拦挡;料场开采过程中,在开采区周边及内部布设截排水沟,一方面降低土壤含水量,另一方面可避免开采松散土受径流冲刷对周边耕地造成影响。施工结束后根据开采特点进行恢复,一般恢复为耕地或水塘,部分边坡恢复为林草地。

弃渣主要为清基表土和河道疏浚淤泥,主要堆放在堤防两侧,部分用于堤防周边填塘,淤泥堆放场设置拦挡措施,并设置排水口以便排出集水。堆渣结束后,进行复垦,一般恢复为水田或者旱地,边坡种植林草。

施工结束后对施工附属设施及施工临时道路均结合周边用地类型进行恢复。

案例 3 大唐托克逊风电场二期 49.5 MW 工程

1.项目实施地点

新疆维吾尔自治区吐鲁番地区托克逊县。

2.项目概况

大唐托克逊风电场二期 49.5 MW 工程建设内容主要包括安装 33 台风力发电机组及配套箱式变压器、集电线路。其他部分如 220 kV 升压变电所(由变电所所在地一期工程规划实施,本期安装 1 台 180 MVA 变压器,新建 2 回 220 kV 线路)、场内检修道路、施工生产生

活区等与一期、三期共用。本期风电场工程规模为Ⅱ等大(2)型，机组塔架地基基础建筑物设计级别为2级，建筑物结构安全等级为2级。工程占地面积合计为23.34 hm^2，其中永久占地面积为5.68 hm^2，临时占地面积为17.66 hm^2，工程占地均为荒漠戈壁，无拆迁及移民安置问题。工程土石方挖方合计为5.86×10^4 m^3，填方合计为5.86×10^4 m^3。

3.项目区概况

项目区属天山山脉博格达山南麓的山前冲洪积平原，地貌单一，地形较平坦，地势西北高东南低，海拔高度为390～510 m。项目区气候类型属于极端干旱的温带大陆性干旱气候，其主要特征是：光热充足，热量丰富，极端干燥，高温多风，降雨稀少，蒸发强烈，无霜期长，风大风多，夏季炎热，冬季严寒。项目区多年平均气温为13.8 ℃，极端最高气温为48 ℃，极端最低气温为9.3 ℃，多年平均年降水量为8.8 mm，多年平均年蒸发量为3744 mm，多年平均风速为2.43 m/s，多年平均年大风日数为108 d。项目区土壤主要为棕漠土，为砾石覆盖，寸草不生，无植被覆盖。项目区为中度风蚀区，原生土壤侵蚀模数为3000 t/(km^2·a)，容许土壤流失量为2000 t/(km^2·a)。

4.设计理念

(1)从水土保持角度优化施工总体布置，充分利用现有的地形和交通运输条件，最大幅度减少土地的占用和破坏，从而减少了施工建设中的水土流失。

(2)严格控制临时占地面积，从而减少挖、填土石方量，既经济又便于控制工程建设中的水土流失。

(3)水土保持措施因地制宜。由于当地水源缺乏，降水稀少，风力强劲，水土保持措施以工程措施和临时措施为主，并充分利用当地地表的砾石资源。

5.措施设计

(1)风电机组区

为便于风机基础的施工，主体设计考虑施工前对整个风机施工场地进行场地平整，风机及配套设施安装结束之后，由施工单位对施工场地进行清理。

在主体设计防护措施的基础上，对该区开挖的临时弃料布设防尘网覆盖措施；对永久建筑物以外的施工扰动区域施工，在完毕后增加砾石压盖措施。压盖的砾石主要利用风机基础、箱式变压器基础原有地表所覆盖的砾石层。主要采用74 kW推土机将需剥离区域表层砾石铲除并集中堆放，剥离厚度为20 cm，施工结束后用于扰动区域砾石压盖，效果如图10-11和图10-12所示。

图10-11 风电机组施工作业区砾石压盖

图10-12 箱式变压器施工作业区砾石压盖

(2)吊装场地区

施工扰动区域施工完毕后采取土地平整和砾石压盖措施。吊装场地施工区域内地表砾幕破坏区域利用风机基础、箱式变压器基础区剥离的砾石压盖,压盖厚度为 20 cm,如图 10-13 所示。

图 10-13　吊装场地区砾石压盖

(3)集电线路区

集电线路区直埋电缆沟施工中,对施工作业带内及周边地区造成的地表破坏比较严重,且在大风天气下引起扬尘,产生水土流失。要求集电线路区电缆沟开挖的临时弃渣及地表砾石剥离等临时堆渣堆放在施工作业带下风向侧,并采取防尘网覆盖临时防护措施;施工完毕后,对施工扰动区域采取土地平整和砾石压盖措施。

(4)道路区

虽然目前施工道路地表在自然状态下覆盖有一层沙砾,但车辆的碾压很容易使下层粉土上翻,再加上项目区平均风速较大,极易引起扬尘,影响施工,产生水土流失。因此,要求应在施工期采取洒水措施,抑制扬尘,以减少施工期该部位的水土流失。同时要求施工期间应限定施工车辆的行驶范围,在道路征地边界处布设彩条旗拦挡措施(见图 10-14),以减少车辆对征地范围外地表砾幕的碾压扰动。施工结束,后对废弃的施工道路应进行土地平整,并洒水以促进地表结皮。

(a)远景

(b)近景

图 10-14　施工道路边界采取彩条旗拦挡

(5)施工生产生活区

主体工程完工后,临时建筑设施区的施工迹地主要是施工形成的坑道、临时建筑及裸露的地表。对此采取填埋坑道,对扰动区域进行土地整治措施。施工期,在施工生产生活区材料堆放场地的上风向布设防风网(见图 10-15),起到挡风作用,对抑制扬尘也有一定的功效,并对施工生产生活区周边采用彩旗围栏限定边界,避免对征地范围以外的区域产生新的扰动。

(a)远景

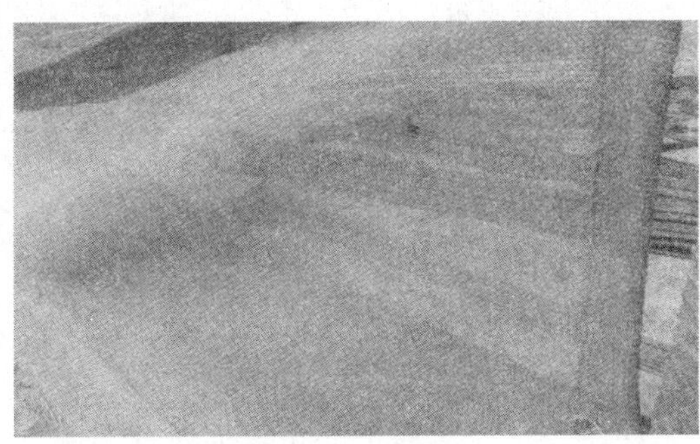

(b)近景

图 10-15 施工生产生活区采取防风网

案例 4 玉溪矿业有限公司大红山铜矿工程

1.项目实施地点

云南省玉溪市新平县。

2.项目概况

工程建设规模为井下 6000 t/d 的采矿能力,矿山服务年限为 22 年,达产年限为 15 年。采用地下开采方式,设计采用箕斗竖井、盲箕斗斜井、辅助斜坡道联合开拓方案,采用先进高效的无轨采掘工艺,选择铲运机出矿的房柱法、分段空场法以及电耙出矿的普通全面法进行开采,采后用尾砂及井下废石充填处理采空区。

3.项目区概况

项目区属中山河谷地貌,地形高程为 670～1850 m,切割深、起伏大、沟谷发育,具有山高、谷深、顶平、坡陡的地形特点。项目区属中亚热带季风气候区,多年平均年降水量为 930 mm,60%以上的降雨量集中在 6～9 月,多年平均气温为 23.5 ℃。常年主导风向为西北风,多年平均风速为 1.4 m/s,多年平均年日照时数为 2230 h。项目区属红河流域。土壤类型主要为燥红土和赤红壤。地带性植被类型为干热河谷稀树灌木草丛植被型和暖热性针叶森林植被型两种,地表多为低矮的灌木丛和杂草,植被良好,但没有成片森林,林草覆盖率为 68.45%。

4.设计理念及措施设计

(1)减少原生地貌与植被的破坏

根据工程在建设过程中对环境的影响以及工程征地情况,经过认真比较,辅助设施区及第二充填制备站在二选厂预留用地处进行建设,新增设施分别设于二选厂东侧,紧挨着建设，如图 10-16 所示。这样可使工程占用面积小，尽量减少工程损坏水土保持设施的面积和对地表的扰动面积，并较好地控制水土流失。

图 10-16　辅助设施利用预留用地建设

(2)严格控制地下采空区对地表的影响

由于该矿体上部地表有约 5000 人的集镇，存在大量的建筑物，如图 10-17 所示。要求在采矿过程中不能造成地表沉降变形，这对主体工程的设计提出了较高要求。经多方案比选，采用先进高效的无轨采掘工艺，选择铲运机出矿的房柱法、分段空场法以及电耙出矿的普通全面法进行开采，采后用尾砂及井下废石充填处理采空区。这些技术的采用，有效地控制了地下采矿对地表的影响。经多年观测，从 1997 年至今，地表没有出现沉降及变形。

图 10-17　矿体地表建筑物

(3)弃土弃渣综合利用

生产过程中产生的部分废石用于充填采空区，部分废石加工成建筑材料(见图 10-18)，其他多余的废石，主体工程规划了弃渣场进行堆存。

(4)生态优先

①工业场地施工结束后形成部分空置场地，为减少水土流失，改善工业场地生产环境，采用植物措施进行防护。植物措施选择的树种为树形优美、生长迅速、适应性较强的

乡土树种，不仅能发挥很好的水土保持作用，还能有效改善项目区的环境。绿化效果如图10-19 所示。

图 10-18　废石加工成建筑材料

图 10-19　空置场地园林式绿化

②在运输道路两侧布设行道树、路肩墙及排水工程，对剥离的表土进行临时堆存，并采用编织袋装土进行挡护并做临时覆盖。道路绿化效果如图 10-20 所示。

③弃土弃渣就势置景。对选矿厂场地开挖产生的土石方在场地周围就势造景，进行微地形改造，采用乔灌草结合进行绿化。绿化效果如图 10-21 所示。

图 10-20　道路两侧绿化

图 10-21　弃渣场就势造景

④植物景观和感官效果结合。主体工程在规划设计过程中对工程区开挖形成的边坡进行拦挡和护坡处理，采用园林绿化手段和景观设计方法营造与周边环境相协调的景观，如图 10-22 所示。

图 10-22　项目区景观设计

案例 5　济南奥体边坡立面喷播治理绿化工程

1. 项目实施地点

山东省济南市。

2. 项目概况

项目位于济南奥体中心东西两侧的体育东路和体育西路。其中，体育西路北段 0.70 hm^2，南端 0.20 hm^2；体育东路上部第一层平台以上 0.31 hm^2，下部第一层平台与第二层平台之间 0.20 hm^2，合计 1.41 hm^2。

3. 项目区概况

济南市气候属于暖温带季风大陆性气候，其特点是季风明显，四季分明，春季干旱少雨，夏季炎热多雨，秋季较为干燥，冬季气温低。年平均气温为 14.3 ℃，极端气温最高为 40.5 ℃，最低为−14.9 ℃。多年平均年降水量为 660.7 mm。

4. 设计理念

设计措施不仅要适合地质条件恶劣的岩石坡面，还要抗侵蚀性和抗水土流失性强，并需保障植被快速成型及生态稳定性，因此，设计采用综合措施。

5. 措施设计

(1)采用植被混凝土生态护坡技术。基材的主要材料配比如表 10-1 所示。

(2)坡顶植生袋绿化采用铺、叠方式在垂直或接近垂直的陡峭岩石坡面、排水沟、堤坝及框格梁边坡上实施生态修复，有效防止坡顶形成的径流对坡面边缘的侵蚀。

表 10-1　　防冲刷基材配比表

配比(质量比)	沙壤土	水泥	有机质	植被混凝土添加剂
基材基层	100	7.4	5	4.7
基材表层	100	7.8	5	4.6

(3)岩壁上砌筑毛石种植穴绿化法,包括鱼鳞坑、燕窝穴、种植槽(板槽)、飘台等,主要针对在十分陡峭的岩壁上实施绿化。由于这些陡峭岩壁基本不具备植物生长基材附着或存蓄的条件,因此采取或在岩壁上开凿坑穴;或在岩壁上砌筑或浇筑小型围挡结构,如坑、槽、台,状如燕窝、鱼鳞。然后在这些坑穴、槽台内填充基材,种植特别耐干旱、耐贫瘠的小型灌木或藤蔓,在边坡上形成点状式绿化。

(4)钢筋笼穴+植生袋综合绿化法。该法与毛石种植穴绿化法类似,不同的是,采用的是钢筋焊铸笼框,然后用植生袋装入种植土将底部封闭,侧面用植生袋包裹形成一个框状种植穴,内部添入土壤,可栽植小型乔灌木并修剪造型,形成绿化景观小品(油松、紫薇、红叶李、银杏、竹子、大叶黄杨等)。该法可作为对景观要求较高的坡面绿化。

(5)坡脚叠石挡土墙绿化法,在挡土墙下栽植爬藤进行绿化。

(6)植物选用,草种以冷季型草种为主(草种配比见表10-2),爬藤主要采用爬山虎、常青藤,灌木采用迎春。

表10-2　　灌草种配比表

序号	名称	每平方米用量(g)
1	黑麦草	10
2	狗芽根	3
3	百克星	10
4	胡枝子	5
合计		28

本项目采用植被混凝土生态护坡技术修复前和修复后的对比如图10-23和图10-24所示。

图10-23　采用植被混凝土生态护坡技术修复前效果图

图10-24　采用植被混凝土生态护坡技术修复后效果

10.2 建设工程环境保护案例

案例1 黄河沙坡头水利枢纽工程

沙坡头水利枢纽工程是一项以灌溉、发电为主的综合利用水利工程，对环境的影响较小，不存在制约工程建设的重大环境问题，从环境角度考虑，工程建设是可行的。在环境保护设计中，非常重视沙坡头国家级自然保护区的保护，虽然沙坡头水利枢纽位于沙坡头国家级自然保护区的边缘，枢纽建设对其基本无影响，但水库移民安置区位于保护区缓冲区内，因此在碱碱湖灌区与保护区核心区之间设计了隔离网，使碱碱湖灌区与保护区核心区之间留有1 km以上宽度的沙漠作为隔离带。工程建设对水土流失的影响较大，在水土流失的防治设计中，划分了水利枢纽区、施工生产生活及弃渣场区、天然建筑材料开采区及施工影响区和移民区4个防治分区。针对不同的分区提出了具体的可行设计。在水土流失措施设计中，对移民安置区予以了特别关注，提出了植树种草的措施，使规划林地面积达到30%以上，并结合当地治沙经验，设置沙障和沙栏等措施。具体措施如下：

1.环境保护设计

(1)环境影响评价结论

沙坡头水利枢纽的兴建，使宁夏卫宁灌区无坝引水变为有坝引水，提高了引水保证率，改善了灌溉条件，使项目区的水土资源得到合理利用，使新灌区的生态环境从脆弱的荒漠生态系统改变为优质的农业生态系统。工程作为一项以灌溉、发电为主的综合利用水利工程，属非污染生态影响项目，不存在重大制约项目建设的环境问题，从环境角度衡量，项目建设是可行的。

工程的不利影响主要有以下因素：

①不可逆转的水库淹没及工程占地，改变了当地居民原有的生产生活条件环境，因此必须妥善安置。

②库区淹没将造成移民搬迁，在移民安置过程中，迁入区和迁出区的植被将受到一定程度的破坏，会造成新的水土流失，必须采取水土流失防治措施。

③水库淹没及移民安置将对沙坡头自然保护区和旅游区产生一定的影响和负面生态效应。

④施工期间将产生一定的废气、废水、噪声及弃渣，对地表水、大气、附近居民等产生不同程度和性质的影响，应采取防治措施。

(2)环境保护设计

①库区水污染防治：工程建设对库区及坝下水质基本没有影响，为了使水质维持现状水平或达到一类水质，应严格控制施工废、污水排放，同时，做好库底清理工作。

②自然保护区的保护：碱碱湖移民安置区位于1994年4月5日发布的沙坡头国家级自然保护区的缓冲区，而且紧邻保护区的核心区。根据国家环保总局《关于涉及自然保护区的开发建设项目环境管理工作有关问题的通知》，自然保护区界限的调整或改变，应由

原批准建立自然保护区的人民政府批准。目前，宁夏回族自治区有关部门已按通知规定办理了申报手续。

根据《中华人民共和国自然保护区管理条例》和水利部对环评报告书的预审意见，移民安置区及自然保护区环境保护设计具体如下：

为保护沙坡头自然保护区，在三干渠与包兰铁路之间规划1条沙漠隔离带，其宽度为1.0～1.2 km，沿铁路长度约4.5 km。沿隔离带边界布铁丝网1道，混凝土桩，间距为5 m，高1.2 m；在铁丝网内侧，平行铁丝网布置草方格，长4.5 km，宽100 m，面积为4.5×10^5 m^2，草方格规格为1.0 m×1.0 m；在铁丝网外侧，与扬水干渠左堤之间，布置乔灌混交林带，宽15 m(含渠堤)，长度同扬水干渠，为4.0 km。

③文物古迹及景观保护：库区左岸的沙坡头旅游区和沙漠研究所、治沙站等，规划临河修筑1条混凝土防护墙，对该地区予以防护。防护墙东起治沙站，西抵游泳池，总长为990 m。

沙坡鸣钟作为旅游区的主要景点之一，保证该地面的排水畅通是保护措施的重点。为此，沿沙坡坡脚布置排水暗管，长450 m，管径为300 m，PVC波纹管，埋深1.2 m。暗管将水汇入集水井，与排水沟相连，平时自流排，洪水时黄河顶托，则抽排，配250QW600型潜水泵2台。

旅游区临河岸坡现有百年以上的古树114棵，主要为枣树，既是黄河护岸林，也是风景区的重要景观，采取移栽的方式尽量予以保护和恢复。

中卫县少年宫位于黄河右岸，占地面积为17325 m^2，规划沿少年宫东、西、北三面围墙修筑混凝土防护墙，墙顶高程为1243.50 m，防护墙总长为405 m。

坝上美利渠及进水闸位于库区之中，水库建成后将被淹没，采取立纪念性建筑物形式予以铭记。通过雕刻等建筑美观设计，以再现“白马拉缰”的美丽传说。

④施工期环境保护：施工区生产废水设计采用二级沉降处理方案，设置1处弃渣容量为200 m^3 的干化场，废泥干化后运至弃渣场；生活废(污)水处理设备采用WCB综合污水处理设备，选用2台WCB-1型(设计处理能力为10 m^3/h)；施工区医务室污水采用“液氮法”进行消毒处理后排放。

施工废气主要由施工运输车辆、挖掘机、装载机、空压机等燃油设备产生。

对施工场地、道路，要经常洒水压尘，运输车辆要安装催化净化器。

施工噪声防治选用噪声强度小的施工机械；在居民区限制车速，并禁鸣喇叭；基坑开挖爆破等噪声强度大的作业尽量安排在白天；对现场施工人员做好个人防护，如佩带耳罩、耳塞等。

施工人群健康防护措施包括卫生清理和卫生防疫。施工前对工区范围内原有厕所、粪坑、畜圈(栏)、垃圾堆、仓库、食堂等地，用苯酚机动喷雾消毒；生活区定期杀虫、灭鼠；生活垃圾要求及时清理，集中送往指定地点分类堆放；对新进入工区的人员定期进行卫生检疫，检疫项目主要包括疟疾、传染性肝炎、流脑等；在生活区设疫情监控点，设专职人员统一管理；开展人群健康教育，加强卫生管理。

2.水土保持设计

(1)水土流失特点及治理现状

枢纽工程地处干旱草原区与冲积平原区交汇地带，其水土流失可分为干旱风沙区、土石山区和冲积平原区等3个类型区。项目区水力侵蚀与风力侵蚀并存，以风力侵蚀为主。风力侵蚀强度从轻度到剧烈侵蚀不等，侵蚀模数为1000～18000 t/(km^2·a)；水力侵蚀为轻度以下，侵蚀模数为1000 t/(km^2·a)左右。

针对本区自然条件恶劣，生态系统脆弱，水土保持工作以预防保护为主，开展了以防沙治沙为主的治理工作，创建了沙坡头自然保护区。为保障穿越沙漠的包兰铁路的安全运行，创造出了一套“以植物固沙与机械固沙(草沙障)相结合的草障植物带为主”的治沙防护体系，成功地阻止了风沙对铁路的危害。

(2)水土保持布局及设计

工程划分为水利枢纽区、施工生产生活及弃渣场区、天然建筑材料开采区及施工影响区和移民区4个防治分区，包括主体工程设计中已有防治措施及评价和本次方案新增水土保持设计。

主体工程设计中已有的防治措施主要有包括集中堆放枢纽工程建设过程中产生的弃渣；最大限度地利用弃渣回填(回填率为18%)，减少堆放量；主坝右坝肩等石方开挖处设置浆砌石护坡，有效地稳固了开挖边坡；在主体工程上下游河岸附近，采取了浆砌石护岸工程和抛石护底工程，防治因施工改变原黄河水流状态引起的河岸、河底冲刷造成的水土流失。

方案新增水土保持设计包括对水利枢纽区、施工生产生活及弃渣场区、天然建筑材料开采区及施工影响区和移民区4个防治分区的设计。

①水利枢纽区：水利枢纽区包括主、副坝工程和上、下游围堰工程区，面积约12 hm^2。主坝基坑开挖与上、下游围堰的填筑和拆除都在黄河河道通水前实施，施工时要求合理安排各项工程的施工顺序和工艺，尽可能减少泥沙直接入黄，将废弃物全部堆放到弃渣场。副坝工程位于左岸台地上，完工后场地被混凝土和浆砌石硬覆盖代替，不产生水土流失。

②施工生产生活及弃渣场区：施工生产区包括导流明渠、筛分及混凝土拌和区和附属企业区，工程完工后将场地整平，沿水库左岸布设护岸林措施。林带宽24 m，树种选择新疆杨、垂柳和刺槐，以隔带方式混交，每带2行，株行距为3 m×4 m，带宽为8 m，造林面积为1.2 hm^2。

施工临时生活区位于副坝下游北干渠北侧，面积约13.4 hm^2，工程结束后拆除地表建筑物，场地平整，实施园林式绿化工程，树种选择云杉、桧柏、新疆杨、垂柳、火炬树、碧桃、刺玫和连翘，草种选择早熟禾，均匀撒播；生产管理区紧靠副坝下游，面积约2.3 hm^2，工程结束后将作为沙坡头水利枢纽的生产管理区，主要采取庭院绿化和园林小品。

弃渣场区共设置3处，总面积为70 hm^2。其中，1号、2号弃渣场位于施工生产生活区以北的进场公路两侧，平均堆渣高度为5 m，面积为63 hm^2；3号弃渣场布置在右岸坝址上游，羚羊角渠左侧区内，主要用于堆放南干渠电站开挖的土石方弃渣，面积约7 hm^2。

1号、2号渣场弃渣结束后，边坡实施混凝土植草方格网护坡，3号弃渣场边坡实施干砌卵石方网格护坡。渣场表面整平，覆土厚0.5 m，然后上面种树种草。

③天然建筑材料场区及施工影响区：工程所需天然建筑材料中的石料和少部分沙砾石料采用外购方式，不属于工程防治责任范围。工程所需大部分沙砾石来自马坊滩料场，开采结束后将场地整平，北侧库岸采取护岸林措施。

土料场位于坝址下游黄河右岸下河沿南侧瓷厂附近，距坝址 3.41 km。土料场地面高程为 1240～1265 m，地形平坦开阔，局部有起伏，面积约 7.6 hm^2。主体及临时工程所需土料数量较少，约 3.0×10^4 m^3。大部分土料用于弃渣场覆土，共需土方 3.94×10^5 m^3，基本将土料场储量开采完毕。取土结束后，要求将场地整平，将四周取土后形成的陡坝实施削坡，以防止滑塌和扩张，边坡为 1∶1.5。采取造林种草措施恢复植被。树种选择灌木柠条，株行距为 1 m×1 m。草种选择沙蒿，均匀撒播。造林面积为 7.6 hm^2，种草面积为 7.6 hm^2。

施工影响区指弃渣场四周和进场公路两侧一定范围内的流动沙丘，总面积为 22.86 hm^2。先实施工程治沙措施，再采取草方格措施，规格为 0.5 m×0.5 m，上风向宽度为 50 m，下风向为 30 m。扎制草方格后，草方格内实施造林种草措施。树种选择柠条、沙柳，以隔行方式混交，株行距为 1 m×2 m。草种选择沙苔草，均匀撒播。造林面积为 22.86 hm^2，种草面积为 22.86 hm^2。进行公路两侧布设护路林，树种选择刺槐、新疆杨，采取单行株间混交方式，株距为 3 m。共植树 1000 株，造林面积为 1.2 hm^2。此外，在枢纽工程下游河段，施工将影响黄河水流，造成河岸冲刷，布设铅丝笼块石 4000 m^3，以护岸护底。

④移民安置区：移民安置区为荒漠、半荒漠植被区，紧邻沙坡头自然保护区和三北防护林体系以及铁路治沙林场。因此，为了有效保护该地区生态环境不受破坏，应制定环境保护条例，并通过植树造林、人工种草，加强生态环境建设。同时，移民安置区规划林地面积按总土地面积的 30%控制，并针对沙坡头自然保护区隔离带，以维护沙坡头自然保护区的生态平衡。

案例 2 重庆云阳至湖北利川山区二级公路建设工程

随着西部大开发的逐步推进，国家在西部公路尤其在二级公路的建设方面加大了投资。以重庆市为例，计划完成 2000 km 县际联网公路投资总额达 100 多亿元人民币。重庆云阳至湖北利川二级公路所处位置为三峡库区，地形、地貌复杂，地灾频发，生态环境极其脆弱。因此，如何在重庆市县际联网公路建设中借鉴“川九路”的生态公路建设理念，落实关于“安全、舒适、环保、示范”的公路建设要求，成为县际联网公路建设中面临的一个重要课题。

1. 工程概况

重庆云阳至湖北利川二级公路全长 82.203 km，起于云阳长江大桥南引道，途经盘石镇、风鸣镇、龙角镇、票草乡、云峰乡、清水乡，止于云阳清水乡与湖北利川交界处。工程设计车速为 40 km/h，路基宽度为 8.5 m，车辆设计荷载汽—20，挂—100 级。工程土石方挖方 2.94×10^6 m^3，填方 1.25×10^6 m^3，弃方 1.69×10^6 m^3，涵洞 218 道，大中桥 10 座，隧道 2 座，沥青路面 3.53×10^5 m^2 时。工程共征用土地 1.66×10^6 m^2。

2. 沿线生态环境状况

公路生态环境是指公路建设中心线各 200 m 范围内的生态环境，是自然环境和社会环境的综合(见图 10-25)。

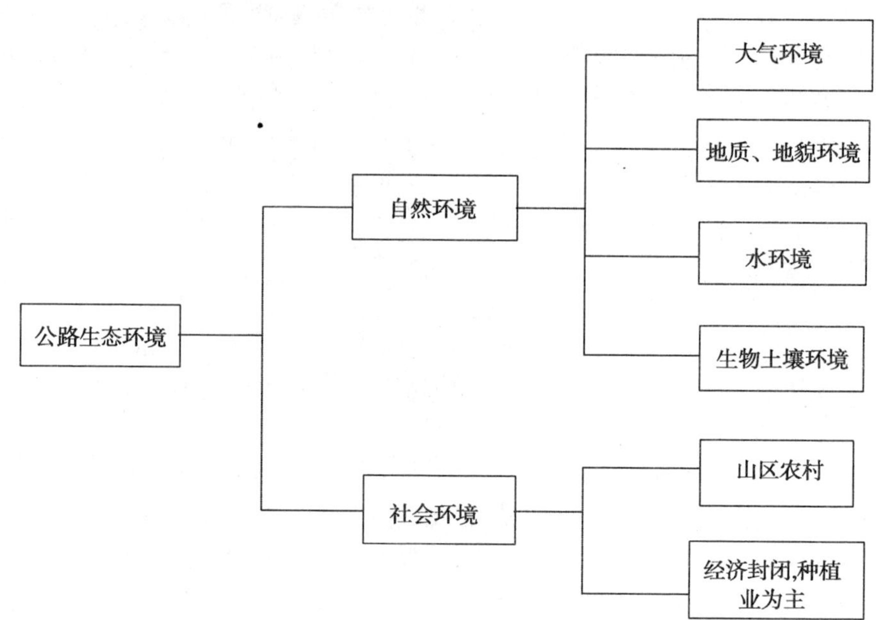

图 10-25　公路生态环境系统

(1)地质、地貌环境

沿线位于长江以南,齐耀山山脉以北,区内分布有大量的泥岩、砂岩、碳酸岩,受地表水的强烈侵蚀和剥蚀,使本区形成了垄岗谷地中低山貌。主要地质构造线由北向东逐渐转为近东西向,裙皱呈雁行排列,其形态为宽阔平缓的屉形向斜和梳状高背斜相间排列,组成隔挡式构造。

(2)气象、水文环境

工程全线气候属亚热带湿润气候,具有春旱、夏热、秋雨绵、冬暖而多雾、无霜期长、雨量充沛的特点。河谷和低山区每年平均气温为 15～18 ℃,年降水量一般为 1000～1400 mm,霜冻期为 10～20 d,雾日多为 20～35 d,日照数达 1300～1500 h,相对湿度为 80%。本路段干流为长江,常年性河流为磨刀溪、泥溪河,属长江水系。

(3)生物、土壤环境

路线经过水田、耕地、荒山、树林等山区农村耕作区,一方面,长期粗放型的耕作方式忽视水土保持,土壤肥力有下降趋势;另一方面,由于林木覆盖率较低,山形陡峭,土层薄弱,涵养水源能力不足,人畜饮水较为困难。

(4)社会经济环境

本项目所处区域为典型的山区农村,经济活动较为封闭,以种植业为主,人均耕地面积少,沿线农民生活条件较差。沿路线走向,地势逐渐增高(高差达 1000 余米),经济越不发达,地理位置更加偏僻,生态环境越发脆弱。

3. 工程建设对生态环境的影响

(1)自然地形、地貌的影响

由于公路建设的平、纵、横技术标准要求,必然造成自然地形、地貌的开挖、回填。在本工程中，为了满足设计纵坡要求，多处路线沿同一坡面回头展线，对自然山体破坏较为严重。高填方路段形成人为屏障，影响自然景观环境的协调性。

(2)水土流失的影响

随着工程的开展，施工期将不可避免地产生水土流失。一是植被破坏，大量土体和岩石被剥离、扰动和堆积，土体原状结构被破坏，强度降低，抗蚀指数降低，土壤侵蚀加剧；二是大量挖余弃方的堆积，造成土壤流失隐患；三是运输过程中各种渣、料撒落，桥梁修建过程中土、石、水泥浆难以避免落入江河中，都会产生水土流失。公路建设对水土流失的影响如图10-26所示。

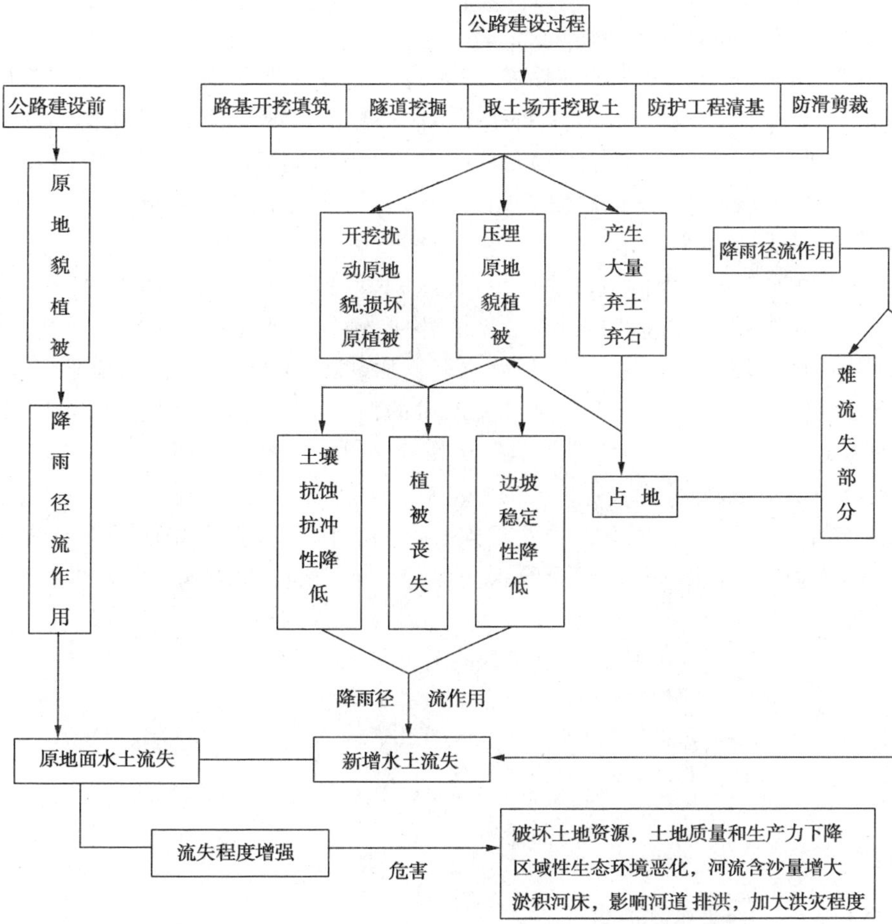

图10-26　公路建设过程中产生的水土流失

(3)自然水流及水利设施影响

公路建设中将改变地表径流。可能会使原有河流、沟渠的过水断面改变其水文特征，造成壅水、冲刷，形成新的水害。公路建设将对公路通过区域内原有天然水系和农田排灌体系造成破坏，改变原有水系平衡，使部分农灌沟渠失去水利功能。

(4)耕地占用的影响

土地是人类生存的基础,是不可再生资源。公路路基需永久占用大量的土地。另外,取土、弃土用地以及施工便道占地征用,都需侵占土地资源。尤其是公路建设占用耕地,造成人均耕地面积减少,对农业生产发展极为不利。

4.生态环境保护措施

公路建设是由项目业主、设计单位、监理单位、施工单位及当地政府共同参与的一项系统工程。道路的修建不仅对自然环境造成破坏,而且对社会区域环境造成重大影响。生态环境保护应建立以项目业主为核心,设计单位为先导,监理单位为督促,施工单位为关键,当地政府为支持的组织体系。生态环境保护的技术措施为:

(1)优化线形设计,保护生态环境

设计是公路建设的灵魂,在施工过程中,应积极提倡设计优化,配合自然地理条件,灵活运用技术指标,最大限度地保护环境,尤其在山区公路的线形设计上,更应遵循“随弯就势、指标灵活、合理优化、保护环境”的原则,根据现场地形,灵活设置多圆卵形曲线,选择S形曲线,避免大挖大填,确保公路走向柔顺、自然,与周边景观协调一致,使公路成为山景的点缀,路与山和谐地融为一体。

例如,本工程B4合同段内的K36+560～K38+600段线路,原设计从关山南坡沿猴子岩通过,存在地形陡峭,开挖边坡高,弃方无法处理,线外占地及拆迁量大的问题。通过设计优化,改从关山北坡展线,虽然路线长度有所增加,技术指标有所降低,但是可少占耕地,减少弃方,降低拆迁量,同时解决了沿线大木村的出行问题,体现了“以人为本”和“可持续发展”的方针。

(2)水土流失防治措施

水土流失防治是公路生态环境保护的重点。在施工区及直接影响区采取系统、全面的防治工程,实施护坡、排水、防洪、绿化等水土保持措施,形成完整的水土保持体系,如图10-27所示。

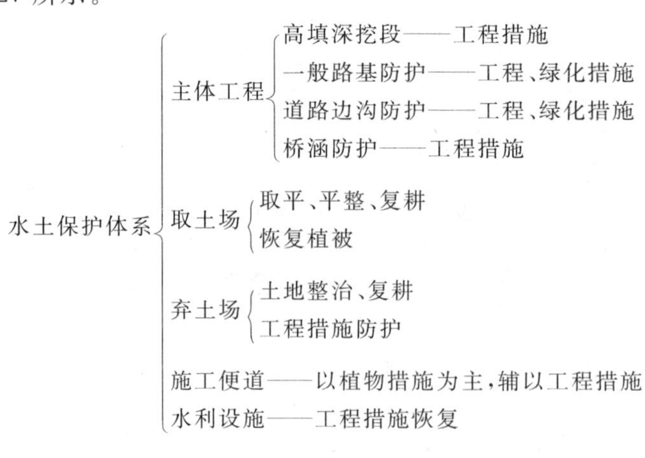

图10-27　水土保持体系

①水土流失防治分区:公路建设水土保持根据其工程建设特点采取分区分期防治,工程建设前期以水土保持工程措施为主,因地制宜,辅以生物措施相结合,快速有效地遏制

水土流失；后期主要以植物措施为主，防止水土流失，改善生态环境。公路建设水土流失可分为三个区域，分别为：主体工程防治区、取土场、弃土场。

②主体工程水土保持措施：主体工程水土保持措施主要包括路基排水、路面排水、路基防护、公路绿化美化工程以及桥涵所跨河道的防洪工程。

a. 路基、路面排水：本工程地表排水采用了边沟、截水沟、排水沟等设施，水流通过陡坡段时设置了跌水或急流槽。本工程共设置边沟、截水沟、排水沟 1.62×10^5 m，跌水、急流槽 830 处。路基范围内出露地下水或地下水位较高时，设置了盲沟和渗沟，共计 8000 m。这些措施保证了路基、路面的稳定，防止路面积水影响行车安全。

b. 路基防护：本工程高路堤、深路堑边坡依据地质条件，分别采取了挡土墙、护面墙、锚喷护面等工程措施。为避免侵占附近河道或构筑物，部分路堤边坡采用挡墙收坡，该方案既保证了路基的稳定性，又减少了工程占地，从而避免了因多占用地而造成水土流失。在易产生滑坡路段以及边坡陡峻的深挖路段，还采用了抗滑桩、抗滑挡墙等加固措施。全线共采取圬工防护工程 3.69×10^5 m^3，有效地防止了三峡库区原建道路“逢大雨，路中断”的现象。

c. 桥涵工程：在本工程中，为保护沿线河流及排灌沟渠等水利设施，确保其泄洪能力和过水顺畅，使农田水利设施不受影响，采取多种措施。一是桥梁、涵洞采用合理设计洪水频率，尽量做到不压缩河流、沟渠的过水断面；二是涵洞出口与附近沟道、河流顺连，防止洪水冲刷农田、民房、农业设施等；三是考虑三峡工程蓄水至 175 m 水位，对将被淹没的墩台均做了防护处理。

d. 绿化美化工程：为使行车舒适、视觉上有美感，全线路肩均采用浆砌块石块硬路肩，并在公路两侧用地界内种植常绿树木。

③取土场水土保持措施：本工程取土场较少，主要用于局部换填软基处理。位置选择在远离民房、杆线等设施的荒山、荒坡，结合当地土地利用规划，采取坡地取平措施，避免形成高陡边坡，以利于工程后的复耕还田或地方利用。根据开挖边坡是否稳定，采取相应的工程或植物防护措施。

④弃土场水土保持措施：由于本工程弃土量大，达 1.68×10^6 m^3，因此弃土场设置较多，对水土保持影响最大。采取了以下三方面措施防止弃土场水土流失。

a. 挡渣及护坡措施：本工程所处区域为山岭重丘区，受地形限制，弃土场位置选择十分困难，大部分弃土场选择在地形坡度较大的山谷之间。为防止水土流失，在弃土场底部均修筑了挡渣墙，并对局部不稳定边坡进行了工程防护。

b. 排水措施：对于沟谷中的弃土墙，为了确保排水畅通，在底部设置了管涵排水。为防止降雨直接冲刷弃土坡面，坡面设置放坡导流。

c. 弃土场改造：在弃土场堆置达到设计标高后，应对其进行整治利用。整治后的土地可通过种植树木和播种草籽，改良土壤。该措施既有利于水土保持，又缓解了公路建设与当地工农业生产之间的矛盾，使当地有限的土地资源得到充分合理的利用。

(3)公路空气环境及噪声污染防治措施

①环境空气污染防治应结合景观绿化设计，选择有吸附或净化能力，适合当地气候、土壤条件的草、灌木和乔木。

②石灰、粉煤灰等路用粉状材料运输和堆放应有遮盖，混合料应集中拌和，减轻对空气、农田的污染。

③沥青混合料采取集中场站搅拌，其设备污染物排放应符合《沥青工业污染物排放标准》。搅拌场站距敏感点距离不宜小于 300 m，并应设在当地主导风向的下风向一侧。

④在施工组织设计中，明确对施工路段及便道适时洒水，减轻扬尘污染。

⑤利用绿化林带降低噪声。道路路线尽量利用原有林带的环保作用，并加强道路周围绿化，改善环境质量。

⑥利用土丘、山冈自然降低噪声。在路线布设时，尽可能利用地貌地物作声屏障，比如，将路线布设在土丘外侧，使村舍处于声影区。

⑦合理利用路堑边坡降低噪声。对环境敏感路段，采用路堑形式起到噪声防治效果。在生态环境较为脆弱的西部，对公路路网规划、建设规模和建设标准进行合理的环境评估，有效保护公路沿线的环境质量、水土资源、路域生态环境以及生物多样性、沿线居民的生活质量和人文景观价值，是实现公路可持续发展的前提条件。只有科学评价道路对生态环境的影响，充分利用组织措施和工程措施，将道路交通的建设与保护生态环境密切结合起来，才能使道路交通与区域环境可持续协调发展。

案例 3　新乡市骆驼湾污水处理厂工程

1. 工程概况

工程为河南省新乡市骆驼湾污水处理厂工程，位于河南省新乡市骆驼湾村东。日处理城市污水 1.5×10^5 t，是河南省重点建设项目，工程总投资 24738 万元人民币。

2. 施工原则

在本工程施工中，为保证工程质量，根据建筑施工的客观规律制定以下施工程序：先地下，后地上；先主体，后围护；先结构，后装修；先土建，后设备；先干线，后支线。这是最基本的施工原则。

3. 分项工程施工总体思路

(1)混凝土工程

根据本工程结构特点以及施工流水段划分后，二沉池底板和污泥泵房地下室一次浇筑混凝土量比较大，每施工段浇筑混凝土量约 60 m^3/次，其他各施工段一次浇筑混凝土数量都在 20 m^3/次以内。基于以上情况，进行以下安排：

①工程各项目混凝土，均由现场自备搅拌站统一供应，并由混凝土运输车运至各项目所在地。

②工程二沉池底板及污泥泵房地下部分一次浇筑混凝土用量大，此部分全部采用自拌混凝土，用汽车泵送至工作面。

③其余均采用混凝土输送车运输到浇筑工作面，履带吊车吊运入模的方法。

(2)模板工程

结构工程质量要求很高，而结构外观质量取决于模板的质量；模板的设计体现大型化、系列化、通用性、整体刚度大、易操作、施工方便快捷的特点，能保证混凝土具有较高的外观质量。为此，除二沉池池内外模板采用全钢大模板外，其余构筑物基础、池(墙)壁、柱

梁以 600 系列新型组合钢模板为主，局部配少量的小钢模和木模板，所有顶(底)板模板选用竹胶模板，碗扣式脚手架支承体系。

工程所用大模板由金属结构厂设计加工，现场安装调试。小异形木模板均现场制作。

(3)钢筋工程

根据钢筋工程总用量不大，但规格比较多，施工现场比较小的特点，钢筋的供应按计划分批进场，钢筋加工机械的选择体现快捷、高效原则。例如，钢筋冷拉机械选用钢筋冷拉调直机，它集冷拉、调直、下料于一体，具有精度高、降低人工、无废料、用本机加工钢筋占地面积小等优点。为最大限度降低半成品在现场积压，钢筋的进场速度、钢筋加工速度与施工速度保持同步。

所有各项目用钢筋均由加工厂统一加工。二沉池池壁及底板环形钢筋现场连接采用钢套筒连接。

为保证异形钢筋的加工精确度，在加工厂放 1∶1 大样确定。

(4)脚手架工程

由于工程结构空间构件体积比较大，室内脚手架选用结构刚度比较大、施工快捷的碗扣式支承体系。外脚手架选用钢管双排脚手架，外围用密目安全网封闭。

(5)基坑排水工程

地下水储藏形式为潜水，根据地下水的储藏特点及工程基础底标高确定基坑排水方法：

①污泥泵房、二沉池中心筒及其管基、配水集泥井及其管基坑采用管井降水的方法。

②细格栅间、涡流沉砂池、二沉池、配水集泥井底板以上部分，底板较高，预计基坑涌水量很小，可采用基坑明排水。

4.施工机械的选择

(1)二沉池起重机的选择

根据本工程的结构特点、各单位工程的布局和施工要求，二沉池在基础、主体阶段布置一台 QUY50 履带起重机，起重机 24 小时运转，昼间安排支拆模板，绑扎钢筋，夜间辅助浇筑池墙混凝土。底板一次浇筑混凝土约 400 m^3，采用汽车泵送混凝土。

(2)污泥泵房

选用龙门架一座完成基础、主体阶段钢筋、模板等材料的垂直运输。

搅拌站的配置要体现自动化，计量精度高，机械性能、产量相匹配，混凝土的生产均应满足绿色环保施工要求为原则。为此，混凝土搅拌站选用散装水泥，砂、石、水泥、水均能自动计量。混凝土搅拌站的设计生产能力为 30 m^3/h。

5.施工中环境保护措施

(1)为确保施工现场干净整洁，用细石混凝土浇筑半久性施工道路，施工现场设两名执勤人员，每日对施工现场内外做彻底清扫，各施工段划分责任区，各段负责人对各自的环境卫生负责。

(2)项目部协调管理部门与建设单位、周围村委会、机关单位建立联系，并不断走访听取各方的意见和建议，对各方意见虚心听取并加以改正，创造良好的社会氛围，取得良好社会关系。

(3)在施工现场西侧主要出入口设立便民服务标志牌，并公布联系人及服务电话，以便发生问题时，及时取得联系，方便群众。

(4)现场噪声的控制

①所有施工机械优先选用低噪声的施工机械，对工人做好教育，杜绝人为环境噪声污染，装卸模板及拆除架管时轻拿轻放，浇筑混凝土时，混凝土振捣器严禁贴靠模板和钢筋振捣，当晚22时至次日凌晨6时严禁进行高噪声的施工作业。

②现场木工棚、搅拌站采取全封闭措施屏蔽噪声。

③本工程二沉池池壁使用全钢大模板，其污泥泵房顶板使用竹胶板模板，模板安装和拆除时可降低噪声。

④信号工指挥吊车作业时，不能仅吹哨控制，要同时使用专业旗语指挥。

(5)施工现场粉尘控制

①现场道路硬化处理，利用设计正式道路的同时，其他临时道路做半永久性混凝土路面。

②施工现场内实施适度绿化，施工现场每日派专人洒水降尘。

③装修工程采用外脚手架密目安全网封闭，防止施工粉尘外扬，污染环境。

④施工现场的垃圾集中存放，不能任意抛撒垃圾，垃圾存放堆表面需加以覆盖，防止风吹扬尘污染环境。

⑤设专人定时对施工现场进行水力降尘。

(6)污水的控制

①生产污水：主体施工阶段，生产污水主要是由混凝土运输车辆、混凝土输送泵管道冲洗产生的；在装修施工阶段，也产生一定的污水。污水排入市政管网前经过沉淀处理，在现场西侧出入口设立三级沉淀池，所有生产污水经处理后，才能排入市政管网，或者现场回收，可以用于降尘等工作。

②生活污水：临时厕所污水全部排入现场化粪池，并经化粪池处理后，排入市政污水管道。食堂污水要经过简易有效隔油池过滤后，再排入市政污水管道，现场设置临时隔油池，隔油池要定期、定人掏油，保证下水管道疏通，以免造成水污染。

案例4　崇阳露天石煤钒矿矿山开发工程

湖北省崇阳县钒矿矿区位于崇阳县城南西(245°方向)22.50 km处，石煤钒矿矿石平均品位(V_2O_5)0.79%，品位属中等偏高、品位变化稳定的均匀类矿石。矿区目前尚保有的钒矿石储量4.47×10^6 t，V_2O_5储量3.53×10^4 t矿石除含钒、碳外，还伴生有磷(P)、钼(Mo)、银(Ag)、铀(U)、钇(Y)、硫(S)、镍(Ni)等有益组分。该地区20世纪80年代后期开始出现小规模民采活动，开采过程中采掘砍伐林木，剥离表土，但未实行表土覆盖及植被恢复等生态修复措施，导致大面积岩石裸露。虽然目前已停止民采，但植被至今无法恢复。

1.开采工艺简介

本项目为露天开采，掘进方式为爆破、装载加汽车运输。建设内容包括：采矿区的基建采矿工作面、剥离工作面、开采及开拓运输系统的建设和简易公路的建设等。其生产工艺为：在采矿工作面上经过打眼、装药、爆破、剥离、铲装、运石、倾倒、堆石等生产工序，将剥离的废石运往废石场，矿石运往冶炼厂，工艺流程图如图10-28所示。

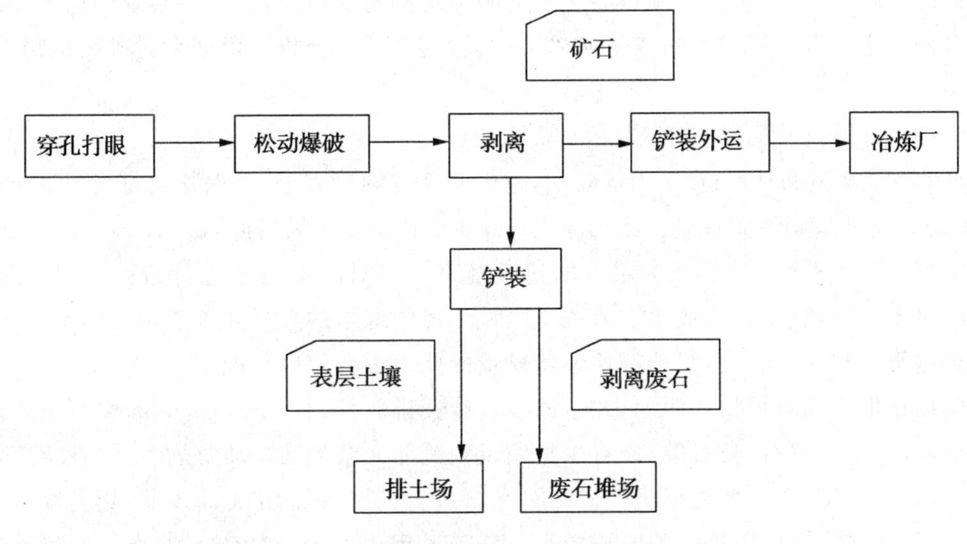

图10-28 工艺流程图

2.矾矿露天开采生态环境影响因子分析

矿山开采对生态环境的影响可分为建设期、运营期和退役期三个阶段。建设期包括采矿区地表剥离，开采及开拓运输、工业场地的地面平整、道路建设及建筑物的构建；运营期包括矿石爆破、破碎、采装、运输和废石堆置；退役期包括矿山废石、冶炼矿渣回填采空区和对回填后的矿山采空区以及废石堆场进行生态恢复。因此，矿山开采对环境产生的不良影响主要集中在建设期和运营期，这两个阶段的开采施工活动可能会对地形地貌、土壤侵蚀、野生动植物、土地利用结构和景观格局产生影响。钒矿矿山开采对生态环境影响的环境因素主要体现在地形地貌、土地占用、土壤侵蚀；生物要素主要体现在野生动植物及植被两方面；社会因素主要体现在土地利用格局和景观格局两方面。

(1)地形地貌的破坏

矿山开采过程中对地表形态的破坏主要发生在露天开采的剥离工程和排土、排石工程以及配套设施建设等环节。开挖、剥离，将造成地表形态的改变。矿山建设期对地形的影响主要是地面平整、地表剥离、道路修建、运输系统建设。运营期产生的大量废石堆置，对废石场地形的影响较大。

(2)土壤占用、侵蚀

在采矿活动中，开采和基础设施建设需要开挖，占用一定的土地，大面积的地表植被剥离、地形改变、矿石抛撒、废土(石)堆积等,都会扩大和增强土壤侵蚀的范围和强度,引起水土流失,造成严重的生态破坏。如果矿体倾角较小,剥离工作也有减轻水土流失作用。从抗蚀性因素来看,所有清除及压占地表植被的过程,均严重破坏原有地表植被,增大了地表的松散程度,降低了地表的抗蚀性。

(3)矿区建设、运营期对动植物的影响

矿区在建设和运营期间,不可避免地会破坏动植物的生境,使生态系统的组成和结构发生改变。下面以崇阳露天石煤钒矿矿山建设运营为例,分析矿山开采对矿区植物、动物的影响。

①露天开采施工及施工布置对植物资源的影响:在施工期,松动爆破、开挖动土等施工活动将破坏灌草丛和林地;在矿山运营期,露天开采需剥离表土,工程开挖对当地主要植物物种的繁衍和保存有一定影响。崇阳露天石煤钒矿矿山露天采场面积约 7.8×10^4 m^2,该处植被主要以灌草丛和马尾松林为主。如施工结束后不对施工场地进行植被恢复及绿化,裸露的表土极易被侵蚀,造成水土流失。区域环境中绿地的数量较施工前相对减少,其植被局部空间分布有所改变,绿地调控环境质量的能力也会相应地改变。

②废石堆放场对植物资源的影响:该项目废石排放量约 4.3×10^4 t/a,废石主要成分是石英,其次是方解石、长石等,伴有少量钼、铀、镝等元素的炭矿质板岩。按《危险废物鉴别标准浸出毒性鉴别》,并根据类似矿山对废石进行的毒性浸出试验结果,此类废石属一般固体废物一类,对周围环境的影响较小。施工过程中所剥离的废石选择在地形坡度宽缓的低洼处堆放,废石堆放场所占用的都是林地,这一带植被主要是灌草丛以及马尾松林。废石堆放场布置将对林业生态有一定影响,堆渣结束后,要进行渣场改造,坑凹填平后,植树造林,恢复植被。

③施工场内交通用地对植物资源的影响:石门村现有公路宽 3~4 m,长 1.3 km,部分地方需要平整,矿区公路主要在该道路基础上进行拓宽,以满足每天矿石运输需要。由于道路建设较短,且需要的土石填方主要来源于矿区剥离的废石,因此开挖面积小,对林业生态影响较小。

④施工场建设对动物资源的影响:工程开工后,动物的生境将被占用。对于爬行动物和小型兽类而言,在低海拔分布的蜥蜴类及蛇类等爬行动物,由于原分布区被部分破坏,导致这些动物的生活区向上迁移。对于部分低海拔灌丛、草丛中栖息的鸟、兽,其栖息地将会被小部分破坏,同时,运营期的爆破声可能会影响保护区的动物,但施工期毕竟持续时间短,因此影响也是局部的和暂时的。

(4)矿山开采对水质的影响

工程对地表水的影响主要包括矿坑排水进入自然水体对其水质的影响。矿坑排水主要是围岩地下水,监测结果如表 10-3 所示。

表 10-3　　地下水水质情况

水质指标	数值	水质指标	数值	水质指标	数值
pH	6.68 mg/L	铜	0.01 mg/L	铁	0.025 mg/L
总硬度(以 $CaCO_3$ 计)	184.2 mg/L	锌	7.10 mg/L	钼	8.08 mg/L
高锰酸盐指数	2.12 mg/L	钴	0.61 mg/L	砷	11.6 mg/L
F^-	0.005 mg/L	镉	0.56 mg/L	铬	3.62 mg/L
Cl^-	3.55 mg/L	铅	0.01 mg/L		
SO_4^{2-}	5.76 mg/L	镍	5.91 mg/L		

矿坑涌水排出后，由于环境条件改变，地下水氧化形成酸性矿坑水，在硫的参与下形成含有害元素的酸性水渗入地下或汇入地表水体，可能构成对水体的污染，使水体质量下降而影响水资源的利用。根据表 10-3，地下水 pH 接近 7，在标准范围之内，说明矿坑涌水酸化作用较弱。另外，根据我国固体废物分类及《危险废物鉴别标准》，该项目采矿石无腐蚀性、急性毒性、浸出毒性、反应性、传染性、放射性，属于一般工业固体废物，采场范围内和排土场接受降水淋滤，根据矿石的化学成分分析，淋溶水不含有毒物质，经沉淀池后，不会对地表水和地下水产生污染。

(5)矿山开采对景观生态的影响

矿山开采导致矿区景观结构与功能的整体改变，对景观的影响主要是地形的改变和生态系统改变所造成原有景观的破坏和新的自然景观格局的形成。采矿活动清除地表植被、新建人工生产设施、挖毁原地貌、废石堆场的修建等，改变了采矿区的地形、地貌，降低了矿区原有自然景观美学价值。尤其在矿区服务期满后，采矿区形成的相对低洼的矿坑，废石填满的山坳，由于新的生态系统难以形成，景象荒凉，视觉效果较差。

3.露天钒矿开采生态重建技术

目前我国复垦恢复使用的土地还不到被破坏土地的 22%，复垦率极低；在欧洲、北美等发达国家，复垦率超过 50%，前苏联、捷克、美国等国家复垦率高达 75%。土地复垦的意义不仅仅在于解决土地紧张问题，而更重要的是保护环境，恢复生态平衡，促进生态良性循环，根据《矿山生态环境保护与污染防治技术政策》相关规定，矿山生产过程中应采取种植植物和覆盖等复垦措施，对露天坑、废石场、尾矿等永久性坡面进行稳定化处理，防止水土流失和滑坡。废石场等固废堆场服务期满后，应及时封场和复垦，防止水土流失及风蚀扬尘等，因此，本书根据项目特点提出相应的优化施工方案、闭坑露天矿山土地及植被恢复方案。

(1)生产过程中的优化施工方案

通过优化矿山开采程序及“采—运—排”生产工艺，尽量减少土地占用，在生产过程中通过合理配置排弃物料的立体堆置顺序，为土地复垦创造有利条件。

该矿区主要开采地点在山区丘陵地带，在施工中，尽量减少扰动地面，平衡挖填方量，挖方量要及时运至填方地点，并及时铺平压实，减少风蚀、水蚀。另外，尽可能避免在雨季进行开挖施工、取土。废石堆场必须及时平整压实，并植草覆盖。确定施工顺序，以先地下后地面，先深后浅，先干线的原则，尽量做到一次到位，避免重复。对沟渠填土，除应填好压实外，其表面层应设置防水层，对一时无用弃土应妥善堆存，设置围栏，不能随意丢弃。

(2)临近闭坑露天矿山土地复垦方案

废弃或临近闭坑露天矿山的土地复垦主要包括露天采场和排土场的复垦技术、生态农业复垦技术。

①采场的土地复垦技术：露天采场的复垦主要指矿坑内回填后，再覆盖一定厚度表土，形成供农业或林业发展用的梯田。

②排土场的土地复垦技术：排土场复垦主要包括排弃物料的分采分堆和土场的整治。分采分堆是根据土壤和围岩的物理化学性质，实现排弃物料的合理立体分布，形成适合农业或林业的土层。

弃土、石应在废石场集中处理。该项目废石堆场尽量减少压占地表植被，在废石场底部先以大块废石垫底，厚度约 1 m，以利于疏导废石场内的雨水，采取从上而下分段水平堆积，再用压路机碾压，把松散的土压实，废石场上部设截洪沟，避免废石场受洪水冲刷。

(3)临近闭坑露天矿山植被恢复方案

矿山复垦地与附近农田和绿地相比，环境因子变化很大，其土层薄、土质差、微生物活性差，因此，抗逆性强和速生是矿山复垦地植被品种筛选的首要原则，而根系发达、培肥矿土和保持水土效果好也是十分重要的。本矿山恢复拟以沙打旺、草木栖、苜蓿和红豆草等作为先锋植物进行土壤改良。生态恢复第二年起，应以草、灌、乔相结合，以发展人工马尾松—杂木林为主，适当配种牧草，在边坡以豆科牧草、禾本科牧草和柠条相配合种植，以乔、灌、草构成立体保护生态的模式，并渐次加大本地物种的比例。由于废石场坡面较陡，陡坡覆土可能加剧水土流失，采用坡脚爬山虎类藤蔓植物进行坡面攀援绿化。

10.3 建设工程绿色施工案例

案例 1 青岛市奥帆赛场馆和配套基础设施绿色施工

1. 工程概况

青岛市奥帆赛场馆和配套基础设施工程(以下简称“奥帆工程”)是指在青岛市七区行政区域内，为奥运服务的场馆和相关设施以及配套的市政基础设施工程。

2. 制定绿色施工实施意见

为规范奥帆赛场馆和配套基础设施的施工和管理工作，贯彻第 29 届奥林匹克运动会组委会印发实施的《奥运工程绿色施工指南》(以下简称《指南》)，结合青岛市的实际情况，制定了《青岛市奥帆赛场馆和配套基础设施绿色施工实施意见》(以下简称《意见》)。

绿色施工是指遵守国家和地方相关法律、法规，符合《意见》各项要求的施工活动；在施工过程中体现保护环境、节约资源、维护生态平衡的可持续发展思想，建立完善的环境管理体系，落实工地环境保护的措施，保证将工程施工对环境的负面影响减小到最低程度。

《意见》为“奥帆工程”绿色施工管理与技术准则的指导性要求，“奥帆工程”的建设单位(业主)与施工单位应严格遵守。“奥帆工程”的建设行政主管部门履行工地环境保护的监管职责，认真进行监督检查，并定期向奥帆委通报“奥帆工程”工地的有关环保情况。

3.绿色施工管理

(1)市建委、市环保局、市规划局、市城管局、市园林环卫办、市国土局、市海洋局等部门要按照职责分工，根据国家、地方有关法律、法规和《意见》的要求，加强对各类工地的监督和管理。

(2)市海洋局和市气象局要按照任务分工，加强对奥帆赛赛区环境自动监测站及海洋水文气象监测预报系统项目建设的管理，尽量减少对环境的不利影响，并及时将有关情况通报奥帆委。

(3)建设单位(业主)应依据设计文件中的环境保护要求，在施工招标文件和施工合同中明确施工单位的环境保护责任。施工单位在建设项目施工阶段，应严格按照环境保护的法律、法规、政策和项目工程设计文件的环境保护要求，以及与建设单位签订的承包合同中的环境保护条款，做好污染防治和生态保护措施的实施工作。

(4)施工现场应设置连续、通畅的排水设施、合理的沉淀池及其他应急设施，防止泥浆、污水、废水外流，需要接入市政排水管网、河道和海域的，建设单位(业主)应会同施工单位，向有关部门办理临时排水手续。

(5)建设单位(业主)指定的现场总代表与施工单位指定的项目经理为“奥帆工程”绿色施工直接责任人。建设单位(业主)、施工单位应建立施工现场环境保护管理体系，责任落实到人，形成从项目经理到施工操作人员的环保网络。施工现场设立环境监督员，具体负责环境保护和文明施工工作，积极与居民代表和有关部门环境监管人员沟通。

(6)建设单位(业主)与施工单位应积极运用ISO14000环境管理体系，提高施工环保水平，把“绿色施工”的理念分解到环境管理体系目标中去，认真实施。

“奥帆工程”项目的建设、施工单位招标应优先考虑通过ISO14000环境管理体系认证的企业。

(7)建设单位(业主)、施工企业应加强施工现场文明施工管理，认真开展检查和自查，主动接受社会监督，及时整改。施工现场提倡安装使用摄像监控系统，对文明施工、环境卫生等进行监控。

(8)建设单位必须充分保证环保措施的资金投入，需提前投入的要及时到位。施工单位必须确保环保措施资金的专款专用。工程批准开工后，建设项目所列建设投资年度计划，应包括相应的环境保护投资。建设单位(业主)应会同施工单位做好环保工程设施施工建设、资金使用情况等资料的整理建档工作。

需建档的内业资料如下：

①施工现场环境保护管理组织机构及责任划分，工地的环境保护制度和规章。

②施工现场防治废气污染、粉尘污染、污水污染、固体废物以及施工噪声、振动污染的措施。

③夜间施工的审批手续。

④环保工作台账、环保工作日记和考核记录。

(9)因施工工序要求必须连续作业,或者有特殊情况确需夜间施工,建设单位及施工单位必须向工程所在地的区环保部门提出申请,经批准后方可进行夜间施工。经批准的夜间施工申请应报市建委备案。

建设单位应会同施工单位,做好周边居民的宣传、解释工作,并公示环保部门批准的夜间施工申请。

(10)拆迁管理部门审批后方能进行拆除。拆除工程环境保护方案内容应包括拆除过程中防治粉尘污染和拆除后渣土清运的措施,以及防止拆除工地影响市容环境和拆除后进行简易绿化等措施。

(11)建设单位(业主)与施工单位签订的施工合同中,要明确要求施工单位选用符合国家标准的节能、节水、无毒害等有利于环境与资源保护的建筑和装修材料、建筑构配件及设备。

(12)建设单位(业主)、施工单位必须参加由市建委和环保局等部门举办的工程环保业务培训与考核。施工单位要定期对职工进行环保法规知识培训,通过各种形式的环保宣传活动,营造浓厚的环保氛围,增强职工的环保意识。

(13)建设单位(业主)、施工单位必须接受环保部门的监督检查,积极探索制定各类可行、有效的施工环保管理措施。

鼓励聘请专业工程环保人员,按照施工管理环保方案、各类文件中的环境保护条款,对施工环境管理工作进行独立监督,防止施工过程中发生环境污染事件和各类扰民事件。

发生突发性环境污染事件,对环境造成影响的,应及时采用措施,并向环保部门报告。

4.绿色施工技术

(1)“奥帆工程”必须严格遵守国家、山东省及青岛市关于环境保护的法律、法规,积极落实有关法律、法规和规章中关于建设工程工地环境管理的各项措施和具体要求。

(2)施工现场的临建设施宜使用符合规定要求的钢结构、彩钢活动房,并应满足牢固、美观、保温、防火、通风、疏散等要求。温暖季节应安装纱门、纱窗。

(3)施工现场的新建围挡墙应使用符合规定的彩色喷塑压型钢板,围挡墙应砌筑基座,基座应高出地面 0.2 m,宽度不小于 0.24 m,墙体安装应牢固稳定。围挡墙应采用彩绘等形式进行美化,并采用灯箱等多种形式进行亮化。

施工区域与非施工区域间要按标准设置分隔装置,做到连续、稳固、整洁、美观。

工程建筑物四周须使用合格的绿色安全密目网进行围挡,达到严密、牢固、平整、美观,不得有破损和污染。

(4)施工现场的道路、生活区和物料加工区,必须进行硬化。

施工现场出口处需设置车辆清洗设施,对出入车辆进行冲洗,防止造成污染。

下风向处应选用先进的全封闭式沥青熬化设备,以满足卫生防疫要求;尽快压实新建路基,减少粉尘来源,同时为施工人员分发口罩并在提高工作效率的基础上适当缩短工作时间,保证施工人员健康;强化材料运输车辆的控制和疏导,使施工现场的车流尽可能地保持均匀畅通,减少因高速、减速、刹车、启动等带起粉尘。

(5)堆放、装卸、运输等易产生扬尘污染的物料,应当采取遮盖物或喷洒覆盖剂等降尘

处理措施。施工中使用风钻、电锯、电磨、砂浆搅拌等可能造成粉尘污染的工序，必须采取喷水、隔离等措施。

建筑工程一律使用商砼，不得现场浇拌砼。风速4级以上天气应停止易产生扬尘的作业。严禁从建筑物内向外抛扬垃圾。

(6)为减少施工对环境的污染，建设和施工单位应尽量选用高性能、低噪声、少污染的设备，采用机械化程度高的施工方式，减少使用污染排放高的各类设备、车辆。

施工使用的机械设备可能产生噪声污染的，施工单位应按有关规定采用封闭作业，减少噪声污染。

(7)施工现场使用的热水锅炉、炊事炉灶和冬季取暖锅炉等必须使用油、电、气等清洁燃料，禁止燃用散煤、型煤、焦炭、木料等高污染燃料。施工单位不得在施工现场熔融沥青或焚烧油毡、油漆以及其他产生有毒、有害烟尘和恶臭气体的物质。

(8)禁止将有毒、有害废弃物用作土方回填或排入河道、下水道和海域中。

(9)施工单位须落实现场环境卫生责任制，并指定专人负责日常管理，要加强围挡墙外5 m内的卫生管理。

施工现场应设密闭式垃圾站，建筑垃圾、生活垃圾应分类存放。鼓励采用垃圾压缩式收集和运输方式。生活区应设置封闭式垃圾容器，施工现场生活垃圾应实行袋装化，并委托专业部门统一清运，做到日产日清。

(10)施工现场要设置厕所，并设专人管理，及时冲刷、清理及喷洒药物消毒。无法接入市政管网的，每天由抽粪车清洁便池，并委托环卫部门统一清运。

施工现场应按规定在边角等处每隔15 m设“灭鼠屋”，温暖季节设置“捕蝇笼”，并设专人负责投放药品、诱饵。

(11)鼓励建筑废料、渣土的综合利用。在处理或综合利用过程中，还应采取防止二次污染的措施。

(12)建设单位(业主)和施工单位应遵守有害废物、危险废物污染防治的规定，对危险废弃物必须设置统一的标识分类存放，收集到一定量后，交有资质的单位统一处置。

施工单位应遵守有关化学危险品安全管理的规定。对氧气瓶等危险物品的储存，须保持一定间距，并设置固定装置。油桶存放点必须远离下水道，并设有防渗漏装置，各类油桶要有明显的标识。

(13)施工现场应合理节约使用水、电等能源，采用节能灯具、低压安全装置。大型照明灯须采用俯视角，避免光污染和影响居民正常生活。

(14)建设单位(业主)和施工单位应加强绿化工作，增强生态环境意识。温暖季节，施工现场应种植花草进行绿化，绿化面积应不小于生活区面积的5%，努力创建花园式工地。

严禁随意损毁绿化，砍伐迁移树木需按有关规定办理手续，对因施工造成的生态和绿化损坏，要及时恢复、补种或赔偿。在绿化施工中使用农药，应符合国家有关农药安全使用的规定和标准，科学、合理地使用与处置，尽量减少农药对环境的污染。

案例2　某隧道工程环境管理方案

1.场景

(1)工程概况

该隧道是某高速公路的重要工程之一，分为左、右两线，长度分别为1836 m和1940 m。地质主要为灰岩和砂岩，其中灰岩占40%左右，有少量的泥岩和页岩，隧道通过1个断层、1个煤矿采空区，在此段落存在一定浓度的瓦斯，有较大的涌水，最大涌水量为200～350 m^3/d，灰岩和砂岩的强度分别为80～120 MPa和50～90 MPa，洞身围岩类别以Ⅳ类为主，洞口为Ⅱ、Ⅲ类，围岩稳定性较差，易坍塌、掉块。

该隧道自西向东穿过南北走向的某山脉南部，该山体表面绿树、灌木丛覆盖，并有高压电缆、通信电网通过。通过地区受第四纪冰川运动主压应力作用，形成复式背斜，隧道中部540 m地段位于背斜轴部的T3L＋T3J地层上，隧道两端240～365 m位于该山背斜两翼的T3XL地层上，最大埋身280 m。洞口地表有小溪流分布，常年流水不断。距洞口50 m处有一条3 m多宽的小河，雨季时山上的水全部流入该河流中，而且该隧道所处地区经常受到台风袭击，有时还会引起房倒屋塌、洪涝等灾害。

隧道断面最大净高7.17 m，净宽11.74 m。隧道左、右洞各设置两个洞内紧急停车带，左右洞之间设置一个汽车横通道，四个人行横通道。

(2)技术工艺特点

①洞口开挖：洞口开挖采用弱爆破配合挖掘机施工。

洞口段地质条件较差，地表水和地下水较丰富，易塌方，安全风险及施工难度较大。为此，在洞口开挖过程中先修建洞口环形截水天沟、边沟等防排水工程和边仰坡土石方、路堑挡墙，为开挖创造条件。

在边仰坡开挖过程中，因土质松软、石质破碎，稳定性比较差，采用临时支护措施，以确保施工安全。

洞口岩石开挖，拟采用光面爆破。在开挖施工前，首先进行爆破设计，报请监理工程师审批，并严格按已经批准的爆破设计方案进行爆破开挖作业。

②洞身开挖：采用新奥法施工。

洞内开挖，根据本工程的地质条件、岩石性质和围岩类别及隧道开挖断面尺寸，拟采用全断面开挖法。这是因为采用全断面开挖法施工，可减少、减弱对围岩的扰动次数，避免工序间隔，使围岩长期暴露而产生危险。另外，全断面开挖法给运输机具创造了回转余地，从而提高了生产率。

③锚喷支护：为了有效地控制粉尘和限制回弹量，本工程拟采用湿喷施工工艺。

爆破后应立即喷射混凝土，尽快封闭岩面，才能有效控制围岩松动变形。喷射作业应分段进行，岩面初喷一层混凝土后再进行钢筋网的铺设，并在锚杆安设后进行。

④结构防排水：该隧道防排水贯彻了“以排为主，防、排、堵相结合”的综合治理原则。一般地段以排为主，防堵结合；在断层破碎带、涌水地段以堵为主，防、排、堵相结合。

a.柔性防水层：暗洞在衬砌背后设置隧道专用防水卷材，土工布设置在防水卷材与喷混凝土层之间，其作用兼作衬背排水层及缓冲层。明洞背部防水层采用2.5 mm厚的SBS型

改性沥青防水卷材，均选择晴朗干燥天气施工，防水层外部应先作 2～3 cm 水泥砂浆保护再作填土。在二次衬砌施工缝处设置 BF 遇水膨胀橡胶止水条(20 mm×15 mm)，在设置沉降缝处设置 E5 型桥式橡胶止水带(规格为 290 mm×ø 25 mm×R25 mm×10 mm)。

b. 疏排管道：在防水层与喷混凝土之间设置 400 g/m^2 土工布，使漏水能从衬砌背面通过排水滤层排至墙角，再由墙角处衬背纵向盲沟集水，通过直径为 100 mm 的 UPVC 引水管引至中央排水沟排出洞外。衬背纵向盲沟采用直径为 100 mm 的 HDPE 波纹管外裹200 g/m^2 土工布，盲沟应设置在防排水层外面，固定在混凝土面上，且要求防水板"U"形包裹纵向排水管。

对于Ⅱ类、Ⅲ类围岩区段及富水区段和拱部局部渗水较大，形成径流区段，在衬背土工布排水层与喷混凝土之间加设环向盲沟，环向盲沟采用直径为 50 mm 的软式透水管。Ⅱ类、Ⅲ类洞口及富水区段纵向间距为 1.5～3.0～5.0 m，具体视富水情况，按(涌水、滴水)、(滴水、渗水)、(渗水、滴水)三种形态而定；Ⅲ～Ⅳ类围岩区段如有少量渗水、滴水地段，环向盲管应视情况按纵向间距 10～15 m 铺设。

c. 刚性防水：为了防止柔性防水层由于施工原因而可能出现局部地方防水失败，故二次衬砌做成自防水混凝土结构，采用低碱性膨胀水泥混凝土，自防水结构抗渗等级要求达 P10。

⑤二次衬砌：二次衬砌的施作在围岩和锚杆支护变形基本稳定后进行。模注混凝土衬砌配备全液压衬砌台车、HB-60 混凝土输送泵、自制混凝土拌和输送车输送、插入式振动棒振捣。

(3)各项工序质量要求

为了减少由工序质量的不合格，而造成后续工作的安全风险加大，在施工中应对各工序进行严格检查验收。

①开挖断面平顺，无欠挖，无超挖。

②对围岩扰动小，不发生坍塌、裂缝等。

③防水材料无破损、焊接紧密。

④喷层与围岩黏结紧密，无空洞，表面无裂缝、脱落、漏筋、渗漏水等情况。

⑤混凝土强度、防渗性能等满足设计要求。

⑥二衬混凝土蜂窝、麻面情况符合设计要求。

(4)设备

根据洞身所处地质条件不同，拟分别采用台阶分布法、半断面法、全断面法钻进。采用风钻钻孔，塑料导爆管光面爆破；无轨运输，装载机装碴，汽车出碴；喷混凝土采用混凝土湿喷机，模注混凝土采用衬砌台车和混凝土输送泵结合，一次浇筑成型 10 m；风机安装于洞外，用双抗(抗静电、阻燃)风筒送入新鲜空气，平导和正洞回风。施工测量采用全站仪，设三角网络控制隧道的方向和高程。

(5)现场安排及组织

隧道工区一队、二队设在隧道进洞口处，隧道三队、四队设在隧道出洞口左右两侧(租用当地民房)，隧道工区高峰期施工人员将达到 570 人，办公和生活用房计划建造(或租用)75 间。隧道一队、二队驻扎在进洞口，修筑材料仓库 2 间，炸药库 1 间(隔离修建)，混凝土搅拌站及砂石料场 500 m^2，钢筋加工车间 200 m^2，钢模板及型钢构件加工场地 300 m^2；隧道三队、四队驻扎在出洞口，计划修筑材料仓库 2 间，钢筋加工车间 200 m^2，钢模板及型钢构件加工场地 300 m^2。

隧道进洞口处设置 1 座 40 m^3/h 混凝土搅拌站，负责供应隧道一队、二队所用的混凝土。搅拌站及砂石料场占地 500 m^2，配备 2 台 JS500 型强制式混凝土搅拌机、1 台 PLD1000 型电脑计量自动配料机、2 只 25 t 散装水泥罐、1 台 ZL50 装载机，并砌筑一座 20 m^3 贮水池。

隧道出洞口处设置 1 座 40 m^3/h 混凝土搅拌站，负责供应隧道三队、四队所用的混凝土。搅拌站及砂石料场占地 500 m^2，配备 2 台 JS500 型强制式混凝土搅拌机、1 台 PLD800 型电脑计量自动配料机、2 只 25 t 散装水泥罐、1 台 ZL50 装载机，并砌筑一座 20 m^3 贮水池。

(6)合作方和相关方情况

①项目部与市气象局签订气象观测通报和恶劣天气预报协议，并通过电话、网络等方式，每日向项目部发布气象信息，若遇恶劣天气及时通报。

②武警部队、消防队以及医院位于距项目部 8 km 的市区处，通过业主协调，委托武警部队参加抗台、山体滑坡、泥石流以及隧道塌方、瓦斯爆炸等多种紧急情况的抢险救援。

③现场 4 支劳务分包队，均成立义务消防队、工程抢险队，应急情况时接受项目部统一调动和指挥，以保证各项应急准备和响应工作到位。

(7)文化背景情况

项目部施工及生活区域内及其周边地区均无少数民族居住和活动，亦无其他宗教信仰或特殊习俗。

2.环境因素识别

(1)开挖施工中环境因素

①凿岩机钻孔产生扬尘、振动、噪声排放、废水流淌污染土地；废弃物遗弃；装渣倒渣中遗撒、扬尘、设备噪声排放、破坏植被、侵占农田。

②炸药爆炸产生噪声、振动和大量废气污染空气，产生大量废弃物污染土地、污染地下水、破坏自然生态环境。

(2)锚喷支护施工中环境因素和危险源

喷浆机发出的噪声，喷射过程中产生的粉尘，锚杆钻孔产生的噪声，打眼产生的废浆的排放。

(3)二衬施工中环境因素

来往车辆产生的粉尘，清洗模板台车产生的含油废水。

3.目标、指标

(1)开挖施工环境目标、指标

①有害气体浓度：空气中一氧化碳浓度不得超过 24 ppm(30 mg/m^3)。施工人员进入开挖工作面时，浓度可允许到 80 ppm(100 mg/m^3)，但必须在 30 min 内降至 30 mg/m^3。

②粉尘浓度允许值：每立方米空气含有 10%以上游离二氧化硅的粉尘为 2 mg；含游离二氧化硅在 10%以下时，不含有害物质的矿物性和动物性的粉尘为 10 mg；含游离二氧化硅在 10%以下的水泥粉尘为 6 mg。

③洞内风量：每人每分钟供给新鲜空气不少于 3 m^3，内燃机械每千瓦供风量不小于3 m^3/min。

④洞内风速：钻爆法施工，全断面开挖时应不小于 0.15 m/s，坑道内不小于 0.25 m/s，均不大于 6 m/s。

⑤洞内温度不能超过 28 ℃。

⑥装渣倒渣中不遗撒，不破坏植被，不侵占农田；振动、噪声排放不超过 75 dB。

⑦杜绝炸药意外爆炸事故、杜绝人为的山体滑坡事故；避免暴雨、大风、泥石流冲坏设备和设施的事故。

(2)锚喷施工环境及安全目标、指标

①钻孔产生振动、噪声排放不超过 75 dB；钻孔加水不流淌，不污染土地。

②喷浆中不遗洒，清洗设备废水经两级沉淀，沉淀率达到 100%，沉淀池不溢流，废水二次利用率达 50%，废水回收率达 100%，运输废水不遗洒，100%废水排入指定污水处理厂。

(3)二衬施工环境目标、指标

①拌制的混凝土不对河水造成污染。

②混凝土运输与浇筑中不遗洒，清洗设备废水经两级沉淀，沉淀率达到 100%，沉淀池不溢流，废水二次利用率达 50%，废水回收率达 100%，运输废水不遗洒，100%废水排入指定污水处理厂。

4.工作准备

(1)施工组织

①按照施工组织设计要求，组建土石方施工处、混凝土施工处和后勤供应处，分别承担开挖、锚喷和混凝土工程的施工和工程所需的机械设备、材料物资的供应等工作。

②项目部根据现场管理需要成立施工管理部、合约部、人力资源部、财务部、项目办公室等部室，负责工程项目的管理工作。

③为满足工程检测、环境监视等要求，项目部成立国家认可的一级试验室一个。

④为方便职工看病就医、工伤救治，公司职工医院派出主治医师、主管护师等医护人员，成立项目部医疗救助站。

(2)现场人员情况

施工高峰期施工人员达 570 人，其中高级工程师 4 人，中级以上职称 6 人。持证专职质检员 2 人(总公司发证)，持证专职环保员 1 人(省厅发证)，环境监测巡视人员 1 人(公司培训)以及各分项工程、机械设备所需的专业技术(作业)操作人员。

(3)特殊设备和物资准备情况

①该工程共投入 15 t 以上自卸汽车 10 辆，3 m^3 装载机 4 台，1 m^3 以上挖土机 2 台，手持凿岩机 20 台，2 m^3 混凝土输送罐车 6 台，90 kW 发电机 2 部，JS750-1 混凝土搅拌站两座，20 m^3 电动空压机 6 台，大功率水泵 4 台以及其他相关施工和辅助、维修设备。

②项目部投入洒水车 1 部用于施工现场和生活区降尘，编织布和塑料布 600 m^2 用于遮盖防尘。

(4)文件要求

《中华人民共和国环境保护法》等。

5. 管理措施

(1)环境管理措施

①洞渣的堆置场地,应根据环评报告书的结论进行认定,明确弃渣场的范围。弃渣应在指定范围内严格按照设计要求进行堆置,并采取防护措施,可设置隔离墙,避免其流入水体。

②现场排水区域属于Ⅱ类水域,按照施工期污水不得排入《地面水环境质量标准》(GB 3838—2002)中所规定的Ⅱ类水域的规定,现场设置污水处理池进行水质处理。

③除抢修、抢险作业外,禁止夜间产生噪声污染、影响居民休息的作业。项目部已经报环保局批准,进行夜间作业,但正常施工仍安排在白天进行。

④水泥混凝土拌和站搅拌的排水、混凝土养生水等含有害物质的废水不能不经过沉淀后排入污水处理池。

⑤对废料的处理与利用。隧道施工时难免产生许多废渣,应妥善放置,不能随便堆放,以免阻塞河道,造成水土流失或占用当地农田。对优质石碴可加以利用,如防护用的片石、路面骨料和混凝土集料可分类堆放,以便充分利用,有条件时也可利用荒沟,在其中筑坝填入废渣,变荒沟成良田,增加耕地。路边临时堆放的零星废渣,在公路封闭前应全部清理完毕,以免公路全封闭后难以清理。

⑥隧道建设中所需的石材,在选择料场时应远离隧位,采取集中料场取料,切忌随意布置小料场,使山坡形成遍体鳞伤。对山坡及其植被肆意破坏,既影响环境面貌,也容易产生塌方滑坡。若采用商品石料,应在采购合同中提出对临时料场的环保要求。

⑦严格控制影响范围,不应仅考虑方便施工而任意破坏场地以外的植被。

⑧表土流失:由于坑道口的开挖和施工便道的开挖形成表土流失,开挖形成了较多的临空面,使原本比较松散的表层土,极易产生坍滑,并一级一级地逐步牵引,造成植被破坏,从而使环境受到影响,因此必须对以上情况出现的边坡进行必要的加固防护,以减小对环境的破坏。

⑨施工中产生废气、废水是必然的,施工中各工区领导应引起足够重视,对废水应妥善处理,采用过滤、沉淀、稀释等手段,满足国家的排放标准后,方可汇入自然沟槽内。可在洞口设置水净化设施。

⑩区内生活污染:关键是增强工作人员的环保意识,提高员工的自身素质,采取集中堆放、集中处理。注意工区内的环境卫生,保护工作人员的身体健康。

⑪洞身弃碴场应统一设计,避免发生弃碴场容量不够等问题。隧道进口出碴有部分在河流附近,对该处水系宜作环保设计。另外,设计中碴顶考虑了设水沟排水的工程措施,但因弃碴随时间发生沉降引起水沟断裂,水沟起不到引流地表水的作用。可在弃碴场底清除表土后埋设透水管引流,弃碴场外缘适当位置设截水沟排截地表水。

⑫洞内通风机的噪声会给作业人员以不舒适感,从而降低作业效率及涣散注意力、诱发车辆事故等。因此,在通风机上要安放消声器,以降低噪声的影响。此外,设在隧道洞口附近的通风机,应设在消声箱内或隧道洞内。

⑬对于隧道施工工程中产生的有害气体,应不定时地进行检测,当确认为危险或有害状态时,应立即请作业人员退避并排除有害气体。重新开始作业时,要由测定结果确认安

全后方可进行。为了防止测定人员在检测时受到伤害，要注意以下几点：

a. 熟知有害气体的性质和危险性。

b. 预计有甲烷等可燃性气体涌出时，绝对禁止携带火柴、打火机等引火工具。

c. 预计有硫化氢等有害气体涌出时，要使用硫化氢防毒口罩或空气呼吸器。

d. 缺氧时要使用空气呼吸器，同时要派两人以上作业，一人负责监视。

6. 监视和测量

(1)对爆破震动的监视测量

①应考虑爆破方法、药量、距离、地质状况等因素，确定爆破最大振幅、频率。

②爆破震动对地面的震动影响，宜在铅垂方向及正交的两个水平方向(其中一方向为爆破点方向)上同时测定。

③爆破震动值的空间衰减情况，监视点至少设3个。

(2)对塌方的监视测量

①断层带及其楔形部位。

②正洞与辅助坑道或避难坑道连接处。

③地层覆盖过薄地段塌方，其中主要发生在沿河傍山浅埋、偏压地段、沟谷凹地浅埋地段和丘陵浅埋地段等。

④开挖方法和爆破药量不当，以及工序不紧凑等引起塌方。

⑤洞口地段支撑不当。

⑥洞口刷方过高以及地表水处理不当。

⑦瓦斯地层。

⑧富水地段。

(3)对瓦斯的监视测量

①开挖面及其附近20 m的范围内。

②断面变化交界处上部、导坑上部、衬砌与未衬砌交界处上部以及衬砌台车内部等容易积聚瓦斯的地方。

③局扇20 m范围内的风流中以及总风流中。

④各洞室和通道。

⑤机械、电气设备及其开关附近20 m范围内。

⑥岩石裂隙、溶洞和采空区瓦斯溢出口。

⑦局部通风不良地段。

⑧技术负责人指定的检测地点。

⑨导坑内瓦斯含量在0.5%以下时，每隔0.5～1 h检查一次；在0.5%以上时，应随时检查，不得离开开挖面，发现异常应及时报告。

⑩当发现瓦斯含量在2%时，应加强通风稀释，在瓦斯含量降到允许值后，才可进入检查。

⑪瓦斯检查人员工作时应有安全防护装备。

案例3 某大坝工程施工环境管理方案

1. 场景

(1)工程概况

①某水电站是一项“以发电为主，兼顾航运”的中型水电站枢纽工程，工程总造价约4.2亿元。主体工程包括拦河坝、发电厂、航运三项工程。工程施工周期为3个枯水期。

②工程共开挖土石方1000多万立方米，其中包括高边坡开挖；混凝土浇筑40多万立方米，钢筋、钢结构制作与安装6000多吨，砌石4万多立方米。

③拦河坝由非溢流坝、泄洪冲砂闸、溢流坝、副坝及土坝，从左至右五部分组成，全长近1000 m。

④生活区、混凝土搅拌站等生活、生产设施，均在右岸靠近山林处布置，施工道路沿江边穿过右坝肩开挖区通往大坝基坑。

(2)技术工艺特点

①围堰施工

a. 本工程围堰为土石建筑物，按五级设计，其洪水设计标准 $P=10\%$，$Q_P=2390\ m^3/s$。

b. 一期围堰全长1400 m，其中上游横向围堰长580 m，下游横向围堰为610 m，纵向围堰长210 m，围堰顶宽16 m。

c. 纵向围堰为过水围堰，采用卵石竹笼结构，黏土芯墙防渗，沙砾石基础透水层采用高喷灌浆垂直防渗；横向围堰为斜墙铺盖型土石体结构。

②拦河坝施工

a. 泄洪冲沙闸共9孔，长148 m，包括闸坝及坝后消能设施两部分，闸坝由底板、防渗帷幕灌浆廊道、闸墩、闸房、闸门及其启闭控制系统等组成。

b. 闸坝底板宽28 m，建基面高程为268 m，顶部高程为283 m，溢流面为宽顶堰型，坝体采用碾压混凝土“金包银”结构模式：临水面为2 m厚C20常态防渗混凝土防渗层，内部为C10碾压混凝土，上部为1 m厚C25常规混凝土；闸墩为梭形，高22 m，边墩厚5 m，中墩厚3 m。

c. 坝后消能设施由护坦和海漫两部分组成，护坦宽48 m，钢筋混凝土厚度为1.5～2.5 m；海漫宽42 m，厚90 cm，钢筋混凝土框格结构，框格内为M7.5水泥砂浆砌条石；在第一个汛期到来前，必须将坝体完成到高程为283 m。

d. 溢流坝为WES型，长316 m，底宽23 m，建基面高程为281～283 m，坝顶高程为294 m；坝后护坦宽85 m，双层钢筋混凝土板厚1～2 m。

e. 副坝长350 m，断面与溢流坝相似，底宽11 m，坝高5 m(高程为281～294 m)，坝体为浆砌条石结构，溢流面为1 m厚C20混凝土；坝后为消力池和海漫。

f. 副坝的左端为35 m长的黏土坝；非溢流坝为重力式，连通闸坝检修平台和上坝公路。

③右坝肩施工

a. 右坝肩开挖高50 m，覆盖层下基岩为紫红色或棕紫色砂质黏土岩，黏土岩间夹不稳定的泥质强风化粉砂岩，还有零星分布的残坡积岩黏土夹砾石堆积层，边坡不稳定。

b. 右坝肩开挖采用小孔径造孔，光面爆破施工工艺，应防止爆破裂隙，山体滑坡，减少噪声、振动和扬尘污染。

(3)质量要求

①围堰施工后渗漏量应符合设计要求，不发生坍塌，不裂缝等。

②混凝土强度、防渗性能等满足设计要求。

③右坝肩高边坡开挖要求断面平整如刀切，防止引发山体滑坡。

(4)资金情况

①不管是导流工程还是堰内工程，一旦开工就不允许停工，因此在开工前必须资金到位，充分保证每一枯水期的施工。该工程虽为地方自筹资金，但在开工前资金已到位。

②施工单位从工程进度款中拿出 0.5% 作为安全与环境方面投入，能保证管理方案所需资金、物资、器材和人员到位，使影响环境的各个环节处于受控状态，预防或减少对环境方面的污染。

(5)周边环境

①地形地质情况

a. 该电站位于嘉陵江下游，所在河段平面上呈马蹄形，坝北段河道开阔，河坝内有大片良田，两岸为高约 500 m 以下的山峦，植被为片状原生态林，多为油松等针叶林，夹杂落叶乔木和灌木。

b. 电站所处河道河宽近 1000 m，两岸不对称，右岸较陡，右坝肩开挖量大，对施工布置很不利；基岩为侏罗系、遂宁组紫红或棕紫色砂质黏土岩，黏土岩间夹不稳定的泥质强风化粉砂岩，约 3 m 厚。

c. 坝址地段第四系松散覆盖层分布较广泛，除右岸有零星分布厚度不大的残坡积岩黏土夹砾石堆积层外，主要为河流冲积层，卵砾石夹砂一般厚 5～7 m，局部达 12 m 以上，左岸局部有 0.3～2.2 m 的粉细砂覆盖层。

②现场交通情况

a. 施工现场对外交通十分不便，下游 7 km 处有一简易码头，陆路只有一条 13 km 的公路(路面为 3 级)须通过轮渡过江后通向外地，距最近的县城 50 km，汛期经常因洪水封渡。若遇紧急情况或突发事件，会直接影响外部救援。

b. 项目经理部到医院的陆路有 1 条，从现场西南角出入口出入，经轮渡过江，沿江边 3 级公路，经某某路到医院，整个线路狭窄，人流、车流量较多，白天高峰期经常堵车，夜间交通较为畅通。距离 54 km，白天行车时间约 80 min，夜间行车时间约 50 min；晚上 10 时后轮渡停运。外部报警和支援时，应考虑轮渡工作时间，以防止延误抢救时机。

③合作方和相关方情况

a. 某一水文站位于拦河坝上游 2 km 处，在业主的协调下，项目部与水文站签订水文观测通报预报协议，委托水文站负责水位、洪峰流量等观测和洪峰预报等工作。

b. 项目部与县气象局签订气象观测通报和恶劣天气预报协议，每天早晨 8 时通过现场电话及时通报当天及预报明后两天的天气情况；在每周一预测本周天气；在重大天气变化来临前，提前 24 h 通知现场负责人，以便根据天气变化及时采取相关措施，防范天气变化带来的风险。

c. 武警舟桥部队位于拦河坝上游 10 km 处，通过业主协调，委托武警舟桥部队参加围堰垮塌、围堰不能顺利合龙、车辆和人员坠江等多种紧急情况的抢险救援。

d. 现场 3 支劳务分包队，均成立义务消防队、工程抢险队，发生应急情况时接受项目部统一调动和指挥，以保证各项应急准备和响应工作到位。

(6)设备情况

①该工程共投入 15 t 以上自卸汽车 120 辆，3 m^3 装载机 17 台，1 m^3 以上液压挖掘机 12 台，180 hp 推土机 16 台，碾压设备 8 台，潜孔钻机 10 台，25～50 t 吊车 5 台等施工设备。

②该工程共投入 5～10 t 油罐车 4 台，90 kW 发电机 4 部，60 m^3 混凝土搅拌站 2 座，20 m^3 电动空压机 6 台，大功率水泵 30 台以及其他相关施工和辅助、维修设备。

(7)现场人员情况

施工高峰期参战人员达 1200 人，其中高级工程师 10 人，中级以上职称 45 人；项目部设安全监督管理部，具体负责安全与环境监督、检查、巡视、处置等安全环境事务，配备持证专职质检员 8 人(省安全生产监督管理局发证)。

(8)施工季节情况

①该工程所处的气象环境是冬暖春旱，夏热秋雨，阴多晴少；年最高气温为 41 ℃，最低气温为 3 ℃，最大风力 5 级，无台风预报。

②年最大降雨量为 1300 mm，年降雨天数可达 140 天以上。暴雨多发生在 6～9 月，洪水与暴雨同步，江水暴涨暴落，洪峰时最大流量为 23800 m^3/s。

(9)文化背景情况

项目部施工及生活区域内及其周边地区均无少数民族居住和活动，亦无其他宗教信仰或特殊习俗。

(10)施工组织

①按照施工现场管理和工期要求，组建土石方施工队、混凝土施工队、机械加工队和混凝土搅拌站，分别承担围堰填筑、基础开挖、土石施工、机械加工修理、混凝土施工。

②项目部根据现场管理需要成立施工技术管理部、合约部、人力资源部、财务部、项目办公室等部室，负责工程项目的管理工作。

③项目部使用 3 支劳务队，每支 300 人。

2. 环境因素识别

(1)围堰施工中环境因素

①临时道路施工中环境因素：修路中破坏植被、占用农田，扬尘、设备噪声排放；装、运、卸土中土遗撒、扬尘、设备噪声排放；车辆行驶时的扬尘；植被、农田恢复中扬尘、设备噪声排放。

②临时围堰施工中环境因素

a. 围堰施工中取土破坏植被、占用农田，扬尘、设备噪声排放；装、运、卸土中遗撒、扬尘、设备噪声排放、对河水污染。

b. 合龙中编竹笼废料遗弃；装笼中噪声排放；投料中对河水污染，多余竹笼遗弃，河水冲坏设施。

c. 围堰加高中扬尘、土遗撒、噪声排放；闭气中黄土扬尘，对河水污染；喷浆中拌制材料扬尘、废弃物遗弃、噪声排放，清洗搅拌机水排放污染土体、地下水，运输中遗洒，喷浆时遗洒、废弃物遗弃，清洗设备水的排放污染土体、地下水。

d. 挖沟做芯墙时噪声排放，装、运、弃土中扬尘、遗撒，弃渣破坏植被、侵占农田。

③设备使用中环境因素

a. 设备加油时滴漏、遗洒污染土体、地下水；使用过程中油料、电消耗，油意外遗洒污染土地、地下水；设备维修中油遗洒、废配件遗弃。

b. 油罐车事故燃烧污染空气，产生大量废弃物污染土地、污染地下水、破坏自然生态环境；油罐车翻倒在水中溢油，污染水体。

(2)大坝施工中环境因素

①基坑排水过程中的环境因素：排水中电的消耗；水的浪费、遗洒，冲坏设施，污染水体；抽水中噪声排放、废渣遗弃。

②围堰发生管涌、裂缝处理过程中的环境因素：围堰发生管涌、裂缝水遗洒，坍塌破坏设施、浪费资源；管涌、裂缝处理中拌制材料扬尘、废弃物遗弃、噪声排放，清洗搅拌机水排放污染土体、地下水，运输中遗洒，堵漏时遗洒、废弃物遗弃，清洗设备水排放污染土体、地下水。

③基坑开挖中环境因素：挖土中噪声排放；装、运、弃土中扬尘、遗撒；弃渣破坏植被、侵占农田。

④坝体、闸墩、海漫、护坦施工中的环境因素

a. 拌制混凝土扬尘、废弃物遗弃、噪声排放，清洗搅拌机水排放污染土体、地下水，运输中遗洒；施工碾压时遗撒、废弃物遗弃、对河水污染，清洗设备水排放污染土体、地下水。

b. 钢筋除锈中油、浮锈遗洒污染土体、地下水，加工噪声排放，安装中噪声排放，焊接中电弧光污染、废气污染，废焊条头、焊渣、报废电焊条遗弃污染土体、地下水。

c. 支模拆模中噪声排放，刷隔离剂流淌遗洒污染土地，废隔离剂、刷子遗弃污染土地。

(3)右坝肩施工中环境因素

①植被剥离施工中环境因素：植被剥离施工中破坏植被、侵占农田，扬尘、设备噪声排放；装、运、卸土中遗撒、扬尘、设备噪声排放、破坏植被、侵占农田。

②爆破施工中环境因素

a. 钻孔产生扬尘、振动、噪声排放、废水流淌污染土地；爆破中产生扬尘、振动、噪声排放、废弃物遗弃；装渣倒渣时遗撒、扬尘、设备噪声排放、破坏植被、侵占农田。

b. 炸药意外爆炸产生噪声、振动和大量废气污染空气，产生大量废弃物污染土地、污染地下水、破坏自然生态环境。

c. 爆破失控发生山体滑坡或塌方破坏植被，造成大量岩石堵塞道路、涌入江中阻断航道、填塞河床影响泄洪；暴雨带来泥石流，冲坏设施、房屋，污染河水，破坏生态环境。

(4)设备使用中环境因素

①设备加柴油和汽油遗洒，污染土地、地下水；使用过程中油料、电消耗，油意外遗洒，污染土地、地下水；设备维修中油遗洒、废配件遗弃。

②吊装中废钢丝绳废弃、噪声排放，吊装时意外损坏设备或设施、浪费资源。

3. 环境目标和指标

(1)围堰施工环境目标和指标

①修路中不破坏植被、不侵占农田；设备噪声排放不超过 75 dB。汽车行驶时一级风扬尘高度不超过 0.3～0.4 m、二级风扬尘高度不超过 0.5～0.6 m、三级风扬尘高度不超过 1 m、四级风停止作业。

②围堰取土不对河水造成污染；取土和弃渣不破坏植被、不侵占农田；设备噪声排放不超过 75 dB。一级风扬尘高度不超过 0.3～0.4 m、二级风扬尘高度不超过 0.5～0.6 m、三级风扬尘高度不超过 1 m、四级风停止作业。

③合龙中废竹笼、编龙废料、石块、废喷浆材料、废配件分类回收、处理率达 60%以上，杜绝合龙冲坏设施事故。

(2)大坝施工环境目标和指标

①基坑清理的废渣按指定地点堆放，按规定要求分类回收，处理率达 60%以上。施工中杜绝坍塌破坏设施事故。

②设备噪声排放不超过 75 dB；喷浆中不遗洒，堵漏废料、拌和物等分类回收、处理率达 60%以上。

③混凝土拌制中一级风扬尘高度不超过 0.3～0.4 m、二级风扬尘高度不超过 0.5～0.6 m、三级风扬尘高度不超过 1 m、四级风停止作业；混凝土骨料及添加剂不污染河水。

④运输、堵漏中不遗撒，清洗设备废水经两级沉淀，沉淀率达到 100%，沉淀池不溢流，废水二次利用率达 80%，废水回收率达 100%，运输废水不遗洒，废水排放合格率为 100%。

⑤挖、运土不遗撒，不污染河水；弃渣不破坏植被、不侵占农田；杜绝基坑被淹事故。

⑥拌制的混凝土不对河水造成污染；拌制时设备噪声排放不超过 75 dB；一级风扬尘高度不超过 0.3～0.4 m、二级风扬尘高度不超过 0.5～0.6 m、三级风扬尘高度不超过 1 m、四级风停止作业。

⑦混凝土运输与浇筑中不遗撒，清洗设备废水经两级沉淀，沉淀率达到 100%，沉淀池不溢流，废水二次利用率达 80%，废水回收率达 100%，运输废水不遗洒，废水 100%排入指定污水处理厂。

⑧作业中废焊条头、焊渣、报废电焊条、废混凝土、报废水泥、油污、浮锈等分类回收、处理率达 60%以上。刷隔离剂不流淌，不造成遗洒污染土地；不发生电弧光污染；杜绝火灾事故。

(3)右坝肩开挖环境目标和指标

①植被剥离施工中不遗撒；弃渣不破坏植被、不侵占农田；设备噪声排放不超过 75 dB；一级风扬尘高度不超过 0.3～0.4 m、二级风扬尘高度不超过 0.4～0.5 m、三级风扬尘高度不超过 0.5～0.6 m、四级风停止作业。

②钻孔加水不流淌污染土地；爆破时振动、噪声排放不超过 90 dB；装渣倒渣时不遗撒，不破坏植被，不侵占农田；杜绝炸药意外爆炸事故、杜绝人为的山体滑坡事故；避免暴雨、大风、泥石流冲坏设备和设施的事故。

(4)设备使用中环境目标和指标

设备加油时不发生油遗洒污染;使用过程中油不遗漏污染土地、地下水;设备维修中不漏油、不遗洒,废配件、油手套等分类回收,处理率达60%以上。吊装时不损坏设备或设施。

4. 工作准备

(1)对人员、设备设施和监测装置的要求

①对人员的要求

a. 环境巡视人员应视力好(1.2以上)、善观察,掌握本项目部重要环境因素控制要求和处理方法,具有识别和判断造成环境污染险情的能力。

b. 消防人员应身体健壮,身高1.7 m以上,组织纪律性强,服从命令听指挥,会正确使用现场各种灭火器材,具有较强的应变能力和责任心。

c. 现场救护人员应具有资格,有丰富的抢救能力、强责任心、较高职业道德,对抢救或救护过程产生的废弃物,能按环境规定进行有效处理,预防或减少环境污染。

d. 抢险队员应身体健壮,组织纪律性强,服从命令听指挥,了解和掌握环境污染事故的现场抢险方法,并正确使用现场各种抢险工具,应变能力和责任心强。

e. 炮工(哑炮排除人员)应身体健壮,具有炮工资格证,责任心强,有较高职业道德和丰富排哑炮经验和应变能力,并掌握爆破中产生的噪声、振动、扬尘、有毒有害气体排放的控制和减轻其环境污染的方法。

f. 混凝土工应身体健壮,责任心强,有较高职业道德,并掌握混凝土施工中产生的噪声、扬尘、废弃物排放的控制和减轻其环境污染的方法和能力。

g. 架子工应身体健壮,适合高空作业,持有架子工资格证,责任心强,有较高职业道德,并掌握脚手架搭设中产生的噪声、油渗漏遗洒的控制和减轻其环境污染的方法和能力。

h. 中小型机械操作工应身体健壮,持有中小型机械操作资格证,责任心强,有较高职业道德,并掌握中小型机械操作中产生的噪声、油遗洒、废弃物排放的控制和减轻其环境污染的方法和能力。

i. 自卸汽车驾驶员应身体健壮,持有驾驶员资格证,责任心强,有较高职业道德,并掌握运输中产生的噪声、扬尘、油遗洒、废弃物排放的控制和减轻其环境污染的方法。

j. 挖掘机驾驶员应身体健壮,持有资格证,责任心强,有较高职业道德,并掌握挖掘中产生的噪声、扬尘、油遗洒、废弃物排放的控制和减轻其环境污染的方法。

k. 推土机驾驶员应身体健壮,持有资格证,责任心强,有较高职业道德,并掌握推土碾压中产生的噪声、扬尘、油遗洒、废弃物排放的控制和减轻其环境污染的方法。

l. 装载机驾驶员应身体健壮,持有资格证,责任心强,有较高职业道德,并掌握装运中产生的噪声、扬尘、油遗洒、废弃物排放的控制和减轻其环境污染的方法。

m. 吊车司机应身体健壮,持有驾驶员资格证,责任心强,有较高职业道德,并掌握吊装中产生的噪声、扬尘、油遗洒、废弃物排放的控制和减轻其环境污染的方法。

n. 油车司机应身体健壮,持有驾驶员资格证,责任心强,有较高职业道德,并掌握油车装、运、卸料中产生的油遗洒,防止火灾对河水污染的控制和减轻其环境污染的方法。

o. 救护车司机应身体健壮,持有驾驶员资格证,责任心强,有较高职业道德,并掌握相应救护知识及救护车使用、维护过程中产生的油遗撒、噪声、有毒有害气体排放的控制和减轻其环境污染的方法。

②对监测装置的要求:水质化验设备 1 套;声级计 1 支。

③专业配合

a. 正常情况下,各作业队长负责该作业区范围施工、质量、工期、安全、环境的综合管理;当某个作业班组施工环境管理需其他作业班组协调配合时,涉及的作业班组应服从作业队长的综合协调、指挥和管理。

b. 正常情况下,项目经理或项目值班负责人负责项目所属作业区内全部施工、质量、工期、安全、环境的综合管理;当某个作业队范围内施工环境管理需项目其他作业队协调配合时,涉及的作业队应服从项目经理或项目值班负责人的统一协调、指挥和管理。

④施工组织

a. 按照施工组织设计要求,组建土石方施工队、混凝土施工队和后勤供应处,分别承担土石方挖运、围堰填筑、基础开挖、混凝土工程的施工和工程所需的机械设备、材料物资的供应等工作。

b. 项目部应根据现场管理需要成立施工管理部、合约部、人力资源部、财务部、项目办公室等部室,负责工程项目的管理工作。

c. 为满足工程检测、环境监视等要求,项目部应成立国家认可的二级资质的试验室 1 个。

d. 为方便职工看病就医、工伤救治,公司职工医院派出主治医师、主管护师等医护人员,成立项目部医疗救助站。

e. 施工现场应建立 3 支义务抢险队(义务消防队),围堰施工区 50 人,大坝施工区 150 人,右坝肩施工区 50 人;各分队由该区主管施工队长或安全环境值班人员负责;3 个分队的统一协调管理由该项目值班领导负责。

f. 抢险队员在日常工作中分散在各作业队组中正常工作,突发紧急情况时集中待令,随时准备应对各种紧急情况,消除或减小突发事故对环境的不利影响。

(2)现场人员情况

施工高峰期参战人员达 1200 人,其中高级工程师 10 人,中级职称 45 人。持证专职质检员 8 人(总公司发证),持证专职质检员 8 人(省厅发证),环境监测巡视人员 2 人(公司培训)以及各分项工程、机械设备所需的专业技术(作业)操作人员。

(3)主要特殊设备和物资准备情况

该工程除施工设备外,另投入 8 t 洒水车 3 部,用于施工现场和生活区降尘,救生船 1 艘,救护车 1 辆;其他消防、救护等设施设备以及编织布和塑料布 600 m^2,用于遮盖防尘。

5. 管理措施

在施工中,应遵循“预防和减少对环境的污染,节能降耗”的方针,项目部应自觉宣传、贯彻、执行作业活动中涉及的国家和地方法律法规要求和其他要求、企业的环境管理程序、项目编制的施工环境保护专项方案或作业指导书。

在作业全过程中,项目部应强化对全体施工人员的环境方面教育,不断提高全员环境意识,切实做到环境措施未审批不施工、作业前未进行环境交底不施工、环境设施未规定验收合格不施工、作业人员未按规定持有效操作证不施工、发现环境隐患未消除不施工、出现事故未按“四不放过”处理不施工。

(1)围堰施工

围堰采用分段、分期施工的方法，第一段一、二枯水期围右岸的泄洪冲砂闸和150 m的溢流坝，渡过一个汛期后二期恢复围堰继续施工。导流时由左岸束窄河床(束窄度为70%)泄洪通航。第二段围堰(三期)围左岸余下的溢流坝段和副坝，由泄洪冲砂闸导流。施工方案参照第一段。

①填筑料运输及设备要求

a.设备的选择要求如下：

·施工时选用技术先进、性能优良、安全可靠、能耗低、效能高的设备，以保证自卸汽车、挖掘机、装载机等施工设备产生的噪声及废气低于国家和当地有关标准要求。

·严禁使用国家明令限制使用的设备和淘汰的产品；在进行工艺和设备选型时，应优先采用技术成熟、能耗低、效能高、无污染或环境参数达标的设备。

·所有机械设备上坝时必须对各项指标(如噪声、废气、油污泄漏等)进行检测，符合要求方可进场。

b.设备的使用要求如下：

·施工中定期进行机械设备技术状况检查，及时消除隐患，发现设备有异响时应立即停机，查明原因，排除故障后方可继续进行施工。严禁设备带病作业，作业中不得渗漏油。

·设备操作人员在每班工作前应对其要操作的设备进行例行保养，检查机械和部件的完整情况、油水数量、仪表指示值、操纵和安全装置(转向、制动等)的工作情况、关键部位的紧固情况，以及有无漏油、水、气、电等不正常情况。必要时要添加燃油、润滑油和冷却水，以确保机械正常运转，减少机械噪声和废气的污染。

·使用柴油机械时应设置尾气吸收罩，减少尾气排放对环境的污染。

·用密封车运输填筑料，装载高度低于槽帮100 mm，出场前车轮应清扫，避免或减少噪声排放、扬尘、遗撒对环境的污染。

·挖芯墙沟槽和拆除围堰时要仔细检查挖掘设备，除作业中不得渗漏油外，还要将挖掘机斗和臂清洗干净，擦净油污；在自卸汽车的后挡板与大箱底板接缝处铺一条约50 cm宽的塑料布，然后装渣，防止沿途渗漏水，污染路面。

②过程控制要求

a.围堰施工和合龙中对资源和废弃物控制要求如下：

·围堰施工和合龙时，要及时、准确掌握天气、水文情况，随时监测天气、水文变化，避免由自然因素给施工带来不利影响，导致延误工期，浪费资源。

·测量仪器在使用前应进行检验、校正，保证满足精度要求，避免因测量偏差而造成桩位、标高、放线等失误返工浪费和废弃物的产生。

·施工全过程中应按规范要求，及时对围堰位置、取方量、填方量进行精确测量和计算，保证围堰位置准确，取方量、填方量计算科学、合理并实施准确到位，防止出现超挖、超填而导致材料浪费和废弃物的产生。

·围堰合龙所需竹笼委托当地村民编制，编竹笼的剩余碎料由村民自己每天带回家烧柴或作为沼气池用料，并将地面拣拾和清扫干净；编竹笼所需竹子应用多少砍多少，避免浪费，砍竹子时不得砍未成材的竹子，防止破坏生态环境。

· 临时道路洒水降尘应尽量利用基坑排水和沉淀池回收水，节约水资源。

· 围堰施工和合龙时，必须设专人负责对车辆的行驶、调头、倒车、卸料、推料进行指挥；车辆指挥人员应用小旗指挥，举红旗时禁止通行，举绿旗时车辆才准通行；避免空车和重车无序行驶，造成堵车，浪费时间，延误工期，降低工效。

· 拆除围堰时，应画出弃渣范围和运渣行驶路线，按指定地点运输和弃渣，专人指挥卸车，不得越界行驶，以免破坏和侵占农田。

· 装有拆除围堰填充料的自卸汽车卸车后，将塑料布收起来，未破损的循环使用，不能再用的统一回收处理，防止污染环境。

· 喷涂警示桩；废弃的油桶应交供应商处理，并在采购合同中明示；废油漆、油手套、油刷、废塑料布统一回收，集成一个运输单位后，用封闭运输工具运输，交有资质单位处理，保存有毒有害废弃物移交、处置记录；避免乱扔，污染土地、污染河水。

b. 围堰施工和合龙中防止扬尘污染的控制要求如下：

· 用密封车运输围堰填筑料，装载高度低于槽帮 50 mm，出场前车轮应清扫，避免或减少扬尘、遗撒对环境的污染。

· 施工路段及围堰入口处应设立明显的车辆限速标志，车辆进入围堰后，最高时速不得大于 10 km/h，避免超速行驶，产生扬尘污染。

· 临时道路应安排专车每天洒水降尘，其要求如下：

夏季和风季在无雨天气时，正常情况下每 1 小时洒水 1 次；并安排专人随时目测路面扬尘状况，发现路面洒水已干时，根据洒水时间间隔增加洒水次数，以保持路面湿润，防止扬尘。

其他季节在无雨天气时，正常情况下每 2 小时洒水 1 次；并安排专人随时目测路面扬尘状况，发现路面洒水已干时，根据洒水时间间隔增加或减少洒水次数，以保持路面湿润，防止扬尘。

每次洒水时，应覆盖所有路面和全部临时道路，洒水喷头应根据喷出的水量大小调整，以保证洒水量适中，路面湿润、不流淌，防止洒水量不足产生扬尘或过剩污染土地。

洒水用水应尽量使用经沉淀池沉淀后回收的水，以减少水资源的消耗。

c. 围堰施工中防止对河水污染的控制要求如下：

· 对填筑料的要求：

施工前与业主一起根据地质报告、填筑量、运料线路等选择取料场，在取料场对所用蒙古土、石渣等进行化学成分检测；若检出含有毒有害物质氡、重金属汞、铅、砷等或酸碱度超过允许值以及含有垃圾时不得使用，另选取料场。

施工期间每周一次对所用土、石渣等进行化学成分检测；若检出含有毒有害物质氡、重金属铅、汞、砷等或酸碱度超过允许值以及含有垃圾时需立即停止填筑，并将自上次检测后一周内所施工部分拆除，填筑料运回原地，按照上述要求重新选择取料场。

· 围堰施工过程控制要求：

在围堰施工和合龙时，应设置作业警戒区，在距围堰两侧边缘各 1.5m 处应作为施工危险区域，以防止自卸汽车在围堰边缘行驶时，因围堰边缘垮塌而导致设备坠江，污染河水。

危险区域应设立牢固的警示桩，警示桩用红、白荧光漆分段喷涂，桩与桩之间用警示条带连接；警示桩喷涂红、白荧光漆时，应远离河面，在专门的加工厂实施；喷涂时下垫塑料布，避免喷涂时污染土地、河水。

涉及的作业区域应设置重车行驶路线、空车行驶路线，进入作业区域内所有施工车辆必须严格按规定的空车、重车行车路线行驶，避免空车和重车无序行驶造成撞车，损坏车辆，浪费资源，污染土地和河水。

应设置卸料区，卸料区距围堰边缘 1.5 m、围堰端头 0.5 m 处；所有载料重车必须严格按现场指挥人员的指挥驶入卸料区停车后卸料，再由推土机直接推入江中或龙口；严禁自卸汽车不按现场指挥人员指挥自行卸料，防止自卸重车在卸料时因车辆对地面的压力变化而导致围堰边缘、端头拥塌，造成坠江，污染河水，浪费资源。

相邻两辆重车之间的距离不应小于 20 m，待第一辆重车卸料调头并由推土机推入江中或围堰合龙处后，第二辆重车才准按现场指挥人员的统一指挥进入卸料区卸料；避免相邻两辆重车距离太近互撞，造成车辆损坏，浪费资源。

在距围堰合龙处 4 m 处设置施工车辆调头区，施工车辆卸料后在现场指挥人员的指挥下倒车、调头，进入空车路线；当第一自卸车进入空车路线已行驶出卸料区 10 m 后，第二辆自卸车才准在现场指挥人员指挥下进入调头区，避免驾驶员自行其是，造成两车相撞事故或掉入江中污染河水，浪费资源。

重车卸料时，指挥人员应站在重车卸料范围以外，距围堰边缘、围堰端头不小于 0.3 m，便于安全指挥重车卸料处，以防止驾驶员自行其是，将料乱倒在围堰上或靠近围堰端头滑入江中，污染江水，浪费资源。

纵向围堰用的竹笼直径为 80 cm，网孔直径为 10～15 cm，委托当地村民小组在岸边人工编制，编制时应在硬地上进行，其加工场地上应无油污等污染物；在运输、储存期间，其周围 10 m 范围内不准进行油漆、加油等活动，以防止竹笼被污染；被污染的竹笼（水深小于 1 m 时）不得直接铺放或（水深大于 1 m 时）在船上装好卵石，直接滚放进站。

(2)大坝施工

①基坑排水：基坑排水包括初期排水和经常性排水。初期排水总量由围堰闭合后的基坑积水、抽水过程中围堰及基础渗水量以及可能的降水量四部分组成。围堰闭合后的基坑积水量为围堰内面积×水深（平均水深 3 m），约为 3.6×10^5 m^3；围堰及基础每日渗水量按基坑积水量的 20%计算，计划 4 天完成初期排水，约为 2.88×10^5 m^3。则初期排水量约为 6.5×10^5 m^3。

a. 初期排水控制要求：围堰闭合后即可开始初期排水。

· 按照排水方案要求，将排水设备布置在下游围堰内侧的特制浮船上，并将浮船固定、连接牢固，防止失稳发生倾覆事故，污染河水，造成财产损失。

· 管路应按管理方案确定的位置、管径（200）、连接方法（卡接）、加固方式（每隔 2 m 固定一处）、排水口地点等由有经验的人员负责实施，安装完毕后经现场质检员逐一检查验收合格才准使用，防止未连接好漏水，浪费水资源。

·排水管应越过下游围堰,出水口超过围堰底宽 1.5 m,避免出水口离围堰过近冲坏围堰;出水口附近 5 m 范围内应无油污等污染物,防止水被污染;排水时,排水口不准对着人员、设备、设施、临时施工道路而直接排入江中,避免乱铺、乱排水冲坏设备、设施,浪费水资源。

·放入河中的排水管应采用对河水无污染的软橡胶管,安放前应将附着在胶管的油污和残留物清理干净,以防止对河水的污染;排水中发现水中有油污、杂物时,项目值班负责人应安排人员先清理干净后再排水,避免对河水的污染。

·初期排水共安排 20 台 30 kW 离心泵抽排,第一天可先启动 8～10 台水泵,排水量控制为$(5\sim8)\times10^4\ m^3$,一边排水一边注意观察围堰渗漏量是否增大、是否出现裂缝等情况,避免因基坑内水位下降过快造成堰内外侧压差过大,而导致管涌围堰坍塌,浪费资源、污染河水;同时,继续在围堰迎水面抛撒黏土防渗。

·第一天排水不正常,应一边堵漏,继续在围堰迎水面抛撒黏土防渗,仍按第一天排水量控制排水,防止坍塌;排水处于正常后,可启动 15～18 台水泵,排水量控制在$(1.0\sim1.5)\times10^5\ m^3$,一边排水一边继续观察围堰渗漏量是否增大、是否出现裂缝等情况,同时继续在围堰迎水面抛撒黏土防渗,避免因排水量控制不当而导致围堰坍塌,浪费资源、污染河水。

·在施工期间,除努力保证基坑供电外,要自备发电设备 1 台。一旦停电,马上启动自备电源,保证排水设备能正常运转。

·施工期间每天安排专人每隔 2 小时对基坑水位监测一次,一旦发现基坑水位未能正常下降或上涨时,应向值班负责人报告,以便组织人员对围堰两侧进行严密检查,查找管涌、漏洞进水口、裂缝等渗漏处,及时堵漏,控制水位继续上涨。

·在正常排水的情况下,每班至少 6 人值班,每天排水前应对设备、管路、排水口、水位等情况检查 1 次,确保处于正常状态开始排水。

·根据第一天水位下降情况和围堰稳定情况,第二天可适当调整排水量;若围堰无异常状况,可适当增加水泵排水,直到基坑积水抽干;避免水泵开启数量不合适,造成局部围堰坍塌,污染河水、浪费资源。

b. 经常性排水控制要求如下:

·初期排水完成后,进入经常性排水,水泵移至集水井处排水;排水量包括围堰和基础的渗流量、排水时降水量及施工弃水量;经常性排水需布置排水系统,离心泵和潜水泵配套布置。

·基坑开挖过程中将排水平沟布置在基坑中部,排水沟宽度不小于 300 mm,随基坑开挖的进展,逐渐加深排水沟和支沟,避免排水沟宽度不足造成基坑被淹,浪费资源;排水沟应加预制的混凝土盖,其周围 2 m 范围内不得有油污等污染物,避免水被污染。

·排集水井布置在建筑物轮廓线外侧 1 m 处,砌筑坝体时的排水系统,布置在基坑的四周,距坡脚不小于 500 mm;避免集水井设置不当,影响排水效果。

·在水泵安装以及排水全过程中,应保持设备、所用工具干净,无油污,对水质无污染;水泵、电机应固定牢固,设备应密封,无渗漏油,防止污染河水;每天开始排水前,应对抽水设施和抽水口、排水口等处检查一次,发现杂物及时清理,以免污染,影响排水效果。

·排水过程中应安排专人观察水位变化情况。当发现水位上升时，应及时增加排水泵抽水，并及时堵漏消除险情，避免水泵开启数量不合适，造成基坑被淹，污染河水。

·当发现排水设备故障时，值班人员应立即更换备用排水设备，并报告值班负责人，以便及时安排维修车间进行针对性抢修或更换，确保所有排水设备都处于完好状态，避免设备损坏未及时修理或更换，影响排水效果。

·在排水泵房维修时，应在作业面下垫可降解的塑料布，以防止对河水的污染；修理的废弃物应分类装袋，带回指定地点存放，防止乱扔，污染河水。

②坝体、闸墩施工废水控制：坝体、闸墩施工的模板、钢筋、混凝土、脚手架等工程按环境控制规程和施工方案执行，但本工程混凝土拌和用水采用江水。在首次使用前按照有关标准进行检验，水质符合国家现行标准《混凝土用水标准》的规定。

为最大限度节约水资源，同时将对环境的污染降低到最小，项目部在搅拌站旁边修建简易污水处理循环利用系统：洗刷污水收集→一级沉淀→二级沉淀→装置净化→再利用→固体废弃物处理等。

a.洗刷污水收集沉淀控制要求如下：

·在现场搅拌站出料平台附近修建洗车池，长宽尺寸应各超过混凝土运输车500 mm以上，深度不少于150 mm。洗车池应采用砖砌筑后抹两层防水砂浆，防止污水渗入土壤中。

·车辆上洗车池前要擦净油污，确保无渗漏油；洗车水和洗混凝土搅拌罐水通过排水沟排入一级沉淀池；排水沟规格应满足污水排放要求。

·排水沟深度不小于250 mm，宽度不小于300 mm，可用砌块砌筑，水泥砂浆抹面，确保污水可顺畅地排入沉淀池内，在排水过程中不会溢流；在排水沟表面可加盖铁筐子(用直径为12 mm钢筋焊接而成或专用铁筐子)，便于车辆通行，同时防止杂物进入排水沟。

·洗刷水经一级沉淀后流入二级沉淀池，沉淀池设置的位置与搅拌机不宜过远，过远可能导致污水不能迅速排入沉淀池，一般以5 m以内为宜。一、二级沉淀池之间的水沟上加盖铁篦子和密网，防止杂物掉入。

·沉淀池可采用砌块，表面抹灰；一般上口与地面齐平或稍低于地面；沉淀池内壁应抹灰刮平，防止污水渗入土壤中；表面应加盖，防止固体杂物进入沉淀池，影响沉淀池的使用。

·巡视人员应每天巡视水处理循环利用系统，当发现池底的沉淀物达到1/3时，通知有关人员清淘，保证沉淀池的正常使用；避免未及时清掏，使沉淀池沉淀物过多，影响沉淀效果。

·排水沟每周应安排人员清掏一次，避免排水沟未及时清掏，使其堵塞溢流，污染土地和地下水。

·清淘出的废渣装入密封车，用于施工道路硬化，达到废物利用或运到指定地点存放，避免乱扔，污染土地、地下水。

b.现场简易净化装置控制要求如下：

·本工程处于嘉陵江边，附近无城市管网和污水处理厂，为了减少施工过程中的污水排放量，防止污水对土地和河水的污染，提高水的综合利用效果，项目部在二级沉淀后布置一套简易水处理装置，经过装置净化过滤的水质符合混凝土拌和用水水质，即可用于混凝土拌和用水，以节约水资源。

·为保证混凝土质量，避免水资源的浪费，每次混凝土拌和前，应对混凝土的拌和用水所含物质进行检测，符合要求才准使用；避免使用不合格的水影响混凝土、钢筋混凝土和预应力混凝土凝结，有损于混凝土的强度发展及降低混凝土的耐久性。

·在高于沉淀池 5 m 以上的坡上，修建净水池，储存经过净化和检测合格的水，用于混凝土拌和、养护、洗车和降尘等，减少水资源的消耗；储水池用 4 mm 钢板焊制而成 20 m^3水箱，水箱在加工场内完成并经灌水试验合格，涂刷对水无污染的防锈漆后，再拉到指定位置上固定牢固后才准使用，避免水箱未验收或未刷防锈漆或未固定牢就使用，浪费水资源。

·经简易水处理装置净化过滤后的水的控制要求如下：

安排专人每天对经过简易水处理装置净化过滤后的水质进行检测，达到混凝土拌和用水标准的水抽到水箱内用于混凝土拌和用水，减少水资源消耗。

经水质检测，达不到混凝土拌和用水标准但能利用的废水，应作为混凝土养护和降沉、降温用水，节约水资源。

经水质检测，不能利用的污水用密封罐将污水拉到附近污水处理厂指定位置排放，避免污水乱排，污染河水、地下水和土地。

(3)右坝肩施工控制要求

①土石方开挖总体要求

a. 施工前，编制土石方开挖施工计划和技术措施，经业主和监理批准后方能实施。

b. 使用挖掘机配合推土机清理表面的树木和杂草，人工配合，用自卸汽车运往业主指定的地点栽种或堆放中的环境措施：

·机械作业人员持有效上岗证操作，作业前由技术人员对所有作业人员进行书面环境交底，使作业人员都掌握机械作业、杂草清除、树木移栽等环境控制要求，保证环境控制措施实施到位。

·作业前，设备管理人员应对所有作业设备逐一检查一次，发现有故障应及时排除或修理；设备作业中应按“十字作业法”加强设备的日常维护与保养(润滑、紧固、清洁、调整、防腐)，使作业设备都保持完好，防止设备带病作业，致使作业过程中设备漏油、加大噪声污染、增大能源消耗。

·表面的大树应人工移栽时，当树木人工挖松开始晃动、松动后，运输途中和移栽全过程都应用木杆从三个方向对树木加固，使树木保持稳定或成活后才准进入下一步作业或拆除固定架，以防止树木转移中折断或不能正常成活。

·表面杂草清除时，应委托当地村民人工割草，割下的草由其作为肥料或沼气池用料，严禁焚烧树木与杂草，防止引发火灾。

·耕植土采用液压挖掘机挖装、自卸汽车运输至业主或工程师指定的地点临时存放，待完工再将耕植土拉回恢复原貌，避免侵占的耕地不能按要求恢复使用。

·挖方区修整出工作面，清理的树木、杂草及草皮土堆放到业主指定地点存放或交当

地农民作沼气池用料，严禁焚烧树木与杂草，以防污染空气、破坏植被。

·自卸汽车运输土方到回填区时，时速控制在 15 km/h，以防止超速扬尘和撞车，造成人员伤害和设备损坏。

c. 临时道路防止扬尘措施：临时道路应安排专车每天洒水降尘，其要求如下：

·夏季和风季在无雨天气时，正常情况下每 1 小时洒水 1 次；并安排专人随时目测路面扬尘状况，发现路面洒水已干时，根据洒水时间间隔增加洒水次数，以保持路面湿润，防止扬尘。

·其他季节在无雨天气时，正常情况下每 2 小时洒水 1 次；并安排专人随时目测路面扬尘状况，发现路面洒水已干时，根据洒水时间间隔增加或减少洒水次数，以保持路面湿润，防止扬尘。

·每次洒水时，应覆盖所有路面和全部临时道路，洒水喷头应根据喷出的水量大小调整，以保证洒水量适中，路面湿润、不流淌，防止洒水量不足产生扬尘或过剩污染土地。

·洒水时应尽量用经沉淀池沉淀后的水，以减少水资源的消耗和浪费。

d. 在现场修建临时排水系统。为防止暴雨发生时地面雨水泻入开挖面、填方面，造成山体滑坡，破坏生态环境，其要求如下：

·修筑临时排水系统，在满足业主要求的前提下，以方便现场施工为准。

·土石方开挖的排水措施，根据现场渗透水量情况，采用明沟导流，明沟应离本次作业区域 5 m 以外，上部自上而下修筑，排水沟的宽度和深度都不应小于 800 mm。

·在雨期施工期间，应安排专人每天对排水沟进行检查清掏 1 次，以防止排水沟堵塞流入作业面，山体滑坡，破坏生态环境。

e. 台阶开挖，平行交叉作业环境控制措施如下：

·土层、全风化层、强风化层的土方包括不用钻孔爆破的小孤石，采用推土机、液压挖掘机按设计坡度比直接进行台阶开挖，平行交叉作业，避免施工方法选择不当，造成扬尘、振动、噪声污染。

·挖方边坡应符合设计要求，当工程地质与设计资料不符，需修改边坡坡度时，应向业主有关部门提交有关资料或建议，由业主和设计部门确定；作业时应遵守指明的高程和坡度，挖方边坡应符合设计要求，避免挖方边坡设计不合理造成超挖，浪费资源。

·开挖顺序是从上到下、分区分层依次进行，随时做成一定的坡势，以利于排水，不得在影响边坡稳定的范围内积水。随时注意边坡的稳定情况并采取相应措施，以防边坡局部坍塌伤人，浪费资源。

·液压挖掘机的工作平台必须安全稳定，不能发生倾斜或倾倒，工作平台还必须有一定的高度，与挖装面之间有一定的距离并挖成防护沟状，确保土层中所夹带的大块石能被安全放下来，防止砸伤设备或设备倾翻，增大修车频次，浪费资源。

f. 爆破通用环境控制措施如下：

·根据设计要求，为了保护边坡，实施深孔预裂（光面）爆破；中等风化、微风化及新鲜岩层采用多排微差挤压深孔爆破，防止爆破方法选择不当造成滑坡，污染环境。

·爆破后再用液压挖掘机选料装车，自卸汽车运输至指定的区域，并按回填要求所标识的厚度和区域进行回填或储存，防止铺填厚度每层超过 300 mm，造成返工，浪费资源，以减少扬尘、振动、噪声污染。

·石方爆破结合开挖深度，采用分台阶梯段爆破；对于低挖方区，采用多钻孔、少装药的控制爆破，控制好飞石影响；高挖方区要控制最大一段装药量，控制好爆破地震效应的影响，以确保爆破安全，减少振动、噪声、有害气体排放对环境的污染。

·根据《爆破安全规程》的规定，应对爆破作业人员、设备、器材进行登记管理。所有爆破作业人员、爆破器材管理人员等必须持证上岗，爆破工程师、测量工程师负责爆破药量的计算、布孔、验孔、起爆网路连接指导、地形测量等；避免爆破作业人员、爆破器材管理人员资格及能力不足造成意外爆炸，加大振动、噪声、有害气体排放对环境的污染。

·每台钻机为一个作业组，3～4 人，机长对钻孔作业活动全权负责，并对施工的原始数据负责和记录；组内其他人员与机长能互补，工作相协调，避免机长能力不足或责任不清，致使孔钻偏、钻深，造成返工，资源浪费。

·每次爆破作业时，不管炮孔有多少，爆破工作面必须保证有 2 名或以上爆破员，随着爆破工作量的增加，爆破作业人员也随之增加，具体承担加工、装药、堵塞、连接网路、起爆及爆后检查等工作，并做好相应原始数据的记录；避免因炮工配备不够或能力不足，加大振动、噪声、有害气体排放对环境的污染。

·安检人员负责爆破物品到工地后的安全保卫以及爆破时的安全警戒任务，并做好相应原始数据的记录；在钻孔、爆破班分设专(兼)职爆破环保员，负责施工安全、环境的监督，避免监督不到位，致使环境隐患未及时消除，造成意外爆炸，加大振动、噪声、有害气体排放对环境的污染。

②边坡预裂(光面)爆破施工控制要求

a. 为了保证开挖坡面的完整性，减少爆破裂隙，满足设计边坡要求，在主体爆破施工前，采用深孔预裂爆破工艺，在保留岩体与待开挖岩体之间爆出一条裂缝，预裂爆破分层选行，每次均在该层岩石爆破前进行，测量人员准确放出钻孔边线和预留平台位置，采用高压潜孔钻凿岩造孔，炮孔直径为 100 mm。

b. 确定深孔预裂爆破参数，避免钻孔直径、深度、炮孔间距、装药量等深孔预裂爆破参数选择不当，加剧扬尘、振动、噪声污染。

c. 深孔预裂爆破施工工艺流程要准确，避免工艺流程不清或不按流程作业，加大扬尘、震动、噪声污染。

d. 场地平整。确保爆破施工场地的平整度和钻机施工的安全场地面积，每座钻孔平台面积不小于 2 m×2 m，避免计算不准或控制不到位造成面积过大，浪费资源。

e. 测量放样。首先进行测量布点，孔位应符合设计要求并做好布孔记录，避免布点不合理，加大扬尘、振动、噪声污染。

f. 钻孔。

·采用 CM351 型高风压潜孔钻钻孔，钻机开孔后，用坡度尺进行校核，确保钻孔和过渡坡度面一致，并且保持炮孔相互平行。

·钻孔过程中，应进行过程跟踪坡度检查，若有偏差应及时纠正并做好钻孔记录，避免跟踪检查不到位造成钻孔偏差，返工浪费资源。

g."药串"加工。

·严格按爆破设计图的线装药密度A线进行"药串"加工,加工过程中,用塑料绑扎带将药卷与导爆索、竹片绑扎牢固,防止药卷脱落并做好"药串"加工记录。

·药串加工时,周围30 m范围内应无其他易燃易爆物品,且远离居住区和办公区,周围50 m范围内应无其他人员;加工区设立警示标志,并用砖墙围挡。

·"药串"加工时安排专人值班,非施工作业人员不准进入;作业人员不准携带烟火进入作业区,严禁任何动火作业,确保"药串"加工安全,避免发生意外爆炸污染环境事故。

·严禁穿钉鞋和化纤衣服进入炸药加工场地,加工好的"药串"应编号,依次放置,要做好防雨、防潮、防丢失等措施。

h.装药。

·装药前,专职质检员应对炮孔的位置、坡度进行验收检查,验收合格后方可装药。

·装药时,竹片应紧靠在被保留的岩石一侧并做好装药记录;专职质检员对每个炮孔的装药量逐一进行验收检查,验收合格后方可堵塞,避免检查或控制不到位造成返工,浪费资源。

i.堵塞。

·堵塞长度必须满足设计要求。先用草团堵塞至下部位置,然后再用钻孔石渣回填,并做好堵塞记录。

·专职质检员对每个炮孔的堵塞长度逐一进行验收检查,验收合格后方可连接网路,避免检查或控制不到位造成爆破失控,加大扬尘、振动、噪声污染。

j.起爆网路。

·网路连接时,导爆索搭接长度不小于15 cm,连接拐弯处的夹角应大于90°;技术人员在书面交底时明确其控制参数,以防止操作人员不能保证其搭接长度、拐弯处的夹角满足规范要求,造成导爆索折断,引起拒爆返工。

·若用非电毫秒延期雷管来进行分段时,一定要按照非电毫秒延期雷管的连接方式进行并做好网路连接记录,技术人员在书面交底时明确网路连接方法,以防止操作人员的随意性造成网路连接错误,导致爆破失控,加大对环境的污染。

·专职质检员对每次放炮的网路连接、导爆索搭接长度、连接拐弯处的夹角等控制参数逐一进行验收检查,验收合格后方可进入引爆准备,避免返工,浪费资源,发生意外爆炸,污染环境。

k.安全警戒。爆破物品运到工作面时就应设置警戒,警戒人员应封锁爆区,检查进出施工现场人员的标志和随身携带的物品,防止将其他易燃易爆物品私自带入,发生意外爆炸污染事故。

l.爆破环境检查。爆破员应确认该批炮孔全部按规定时间引爆后,在全部起爆完后10~15 min或烟尘散开后,环境管理人员随爆破员进入爆破场地进行有害气体检查或监测,监测结果符合控制标准且安全隐患消除后,才能解除警戒,以防止作业人员进入过早,发生中毒。

m.多排微差挤压深孔爆破施工。深孔爆破施工在地表清理、风化岩剥离完成后进行。

6. 监视和测量

(1)实施前监视和测量

①围堰施工前监视和测量

a. 每次作业前，责任工长应对围堰施工防止对河水污染的环境控制措施的可操作性、有效性检查 1 次；对取土点、废弃物储存地点状况察看 1 次；对作业人员环境教育情况检查考核 1 次；对搅拌站封闭状况、洗车用的两级沉淀池的规格尺寸（长、宽、高）、冲洗管路和装置的完好状况检查 1 次。

b. 设备管理员应对挖掘机、装载机、自卸车、发电机、搅拌机、洒水设备等作业设备的完好状态、尾气排放达标情况、能耗状况等内容检查 1 次。

c. 材料人员应对作业所需油料准备情况、竹笼收集、卵石采集情况、合龙材料准备情况等内容检查 1 次；对围堰土质对环境的要求检测 1 次。检查中发现的不足，责任人员应在施工前举一反三纠正或制定、实施、验证纠正措施，保证各项环境管理准备工作到位。

②大坝施工前监视和测量：每次作业前，责任工长应对基坑排水、废水处理方法等环境管理措施的可操作性、有效性检查 1 次；对排水设备数量完好状态，管路位置、连接状况，对水有无污染，排水口位置检查 1 次；对简易水处理设备完好状态、处理效果，对洗车用沉淀池尺寸、数量等情况检查 1 次。检查中发现的不足，责任人员应在开工前举一反三纠正或制定、实施、验证纠正措施，保证各项环境管理准备工作到位。

③右坝肩施工监视和测量

a. 每次作业前，责任工长应对爆破，防滑坡、泥石流等施工环境控制措施的可操作性、有效性检查 1 次；对弃点、废弃物储存地点状况察看 1 次；对作业人员环境教育情况检查考核 1 次；对安全警戒距离、钻孔深度、装药量、引爆装置等情况检查 1 次。

b. 设备管理员应对钻机、挖掘机、装载机、自卸车、发电机、洒水设备等作业设备的完好状态、尾气排放达标情况、能耗状况等内容检查 1 次。

c. 材料人员应对作业所需油料，爆破，防滑坡、泥石流材料准备情况等内容检查 1 次。

d. 检查中发现的不足，责任人员应在开工前举一反三纠正或制定、实施验证、纠正措施，保证各项环境管理准备工作到位。

(2)实施中监视和测量

①围堰施工中监视和测量

a. 围堰施工作业中，责任工长应进行的监视和测量如下：

· 每天设备工作时，应对设备振动、噪声排放值（不超过 75 dB）监听 1 次，每半个月检测 1 次。

· 每次土方装卸时，应对扬尘控制高度（一级风扬尘高度不超过 0.3～0.4 m、二级风扬尘高度不超过 0.5～0.6 m、三级风扬尘高度不超过 1 m、四级风停止作业）观察 1 次，每半个月目测 1 次。

· 每天作业结束前，应对取土点、倒渣点情况（不破坏植被、不侵占农田）观察 1 次，每半个月检查 1 次。

· 每月对洗车用水二次利用情况（50%）检查统计 1 次，对沉淀池清掏情况每半个月检查 1 次，对废水用封闭车回收送当地污水处理厂数量和状况（装、运、卸全程不遗洒）检查统计1次。

b.围堰施工作业中,其他责任人员应进行的监视和测量如下:

·每次加油时,设备管理员应对挖掘机、装载机、自卸车、发电机等作业设备油遗洒情况观察1次,每半个月检查1次。

·每年设备管理员应委托环保部门对汽车尾气排放达标情况检测1次,对每台能耗状况每个月检查统计1次。

·每半个月,材料人员应对喷浆、编竹笼、设备维修等作业中形成的废弃物分类处置(60%)情况检查统计1次。

c.对检查中发现的不足的处置:

·检查中发现的不足,责任人员应在10天内举一反三纠正或制定、实施、验证纠正措施,保证各项环境管理措施执行到位。

·对噪声超标,应选择噪声低的设备或增设隔声墙或改变隔声材料或调整作业时间或加强设备维修等措施。

·扬尘超标时,应采取控制装卸速度或对施工道路混凝土硬化或裸露地面覆盖塑料布或增加洒水频次等措施。

·对遗洒污染,应采取降低装车高度或控制行车速度或作业时下垫塑料布或加强设备维修等措施。

②大坝施工中的监视和测量

a.大坝施工作业中,责任工长应进行的监视和测量如下:

·排水作业中,每1小时对排水管道运行状况(不遗流)、排水口排放情况(不污染、不乱排、不冲坏设施)、水位变化情况观察1次,每周检查记录1次;每半天对排水量变化情况检查1次。

·每次装卸土和混凝土拌制时,应对扬尘控制高度(一级风扬尘高度不超过0.3~0.4 m、二级风扬尘高度不超过0.5~0.6 m、三级风扬尘高度不超过1 m、四级风停止作业)观察1次,每半个月目测1次。

·每天作业结束前,应对倒渣点情况(不破坏植被、不侵占农田)观察1次,每半个月检查1次。

·每天作业结束前,应对简易水处理设备工作状况、运输设备冲洗用水经两级沉淀前沉淀效果(不溢流、不堵塞)、废水pH值观察1次,每半个月检查1次。

·每月对洗车用水二次利用情况(50%)检查统计1次,对沉淀池清掏情况每半个月检查1次,对废水用封闭车回收送当地污水处理厂数量和状况(装、运、卸全程不遗洒)检查统计1次。

b.大坝施工作业中,其他责任人员应进行的监视和测量:每次加油时,设备管理员应对挖掘机、装载机、自卸车、发电机等作业设备油遗洒情况观察1次,每半个月检查1次;每年设备管理员应委托环保部门对汽车尾气排放达标情况检测1次,对每台能耗状况每个月检查统计1次。

c.对检查中发现的不足的处置：

·检查中发现的不足，责任人员应在10天内举一反三纠正或制订、实施、验证纠正措施，保证各项环境管理措施执行到位。

·扬尘超标时，应采取控制装卸速度或对场区道路混凝土硬化或裸露地面覆盖塑料布或增加洒水频次等措施。

·对遗洒污染，应采取降低装车高度或控制行车速度或作业时下垫塑料布或加强设备维修等措施或涂刷时沾量不能过多。

·对废水不达标，应采取改善水处理方法，增加对沉淀池清掏频次等措施。

③右坝肩施工中监视和测量

a.右坝肩施工作业中，责任工长应进行的监视和测量如下：

·每次放炮时，应对放炮产生的振动、噪声排放值(不超过75 dB)监听1次，每周检测1次；应对扬尘控制高度(一级风扬尘高度不超过1.5 m、二级风扬尘高度不超过2 m、三级风停止作业)观察1次，每周目测1次。

·每天设备工作时，应对设备产生的振动、噪声排放值(不超过75 dB)监听1次，每半个月检测1次；每次装卸渣料时，应对扬尘控制高度(一级风扬尘高度不超过0.3～0.4 m、二级风扬尘高度不超过0.5～0.6 m、三级风扬尘高度不超过1 m、四级风停止作业)观察1次，每周目测1次。

·每天作业结束前，应对倒渣点情况(不破坏植被、不侵占农田)观察1次，每半个月检查1次。

·每天作业结束前，应对拌制设备、运输设备冲洗用水经两级沉淀池沉淀效果(不溢流、不堵塞)观察1次，每半个月检查1次。

·每次施工过程中，应对施工产生的废弃物处置情况(不污染)观察1次，每次作业结束后记录1次。

b.右坝肩施工作业中，其他责任人员应进行的监视和测量如下：

·每次加油时，设备管理员应对挖掘机、装载机、自卸车、发电机等作业设备油遗洒情况观察1次，每半个月检查1次；每年设备管理员应委托环保部门对汽车尾气排放达标情况检测1次，对每台能耗状况每个月检查统计1次。

·每半个月，材料人员应对爆破、设备维修等作业中产生的废弃物分类处置(60%)情况检查统计1次；对滑坡、大风、暴雨产生的废弃物分类处置(60%)情况应在处置完成后检查统计1次。

c.对检查中发现的不足的处置如下：

·检查中发现的不足，责任人员应在10天内举一反三纠正或制定、实施、验证纠正措施，保证各项环境管理措施执行到位。

·对噪声超标，应采取改变爆破方法或调整装药量或选择噪声低的设备或增设隔声墙或改变隔声材料或调整作业时间或加强设备维修等措施。

·扬尘超标时，应采取改变爆破方法或对控制装卸速度或对裸露灰渣覆盖塑料布或增加洒水频次等措施。

·对遗洒污染，应采取降低装车高度或控制行车速度或作业时下垫塑料布或加强设备维修等措施。

(3)实施后监视和测量

①围堰施工结束后的监视和测量

a.围堰施工结束后，责任工长应对围堰作业、加高、防渗作业中总体环境管理绩效检查统计1次；对噪声排放控制总体效果(不超过75 dB)检查评价1次；对扬尘控制总体效果(一级风扬尘高度不超过0.3～0.4 m，二级风扬尘高度不超过0.5～0.6 m、三级风扬尘高度不超过1 m、四级风停止作业)检查评价1次；对洗车用水二次利用情况(50%)、对施工废水回收送当地污水处理厂总体状况检查评价1次。

b.设备管理员应对参加取土、合龙、加高、防渗、发电等作业设备中环境管理绩效(平均能耗量、控制油遗洒)、设备环境事故统计1次。

c.现场材料负责人应对取土、合龙、加高、防渗、发电作业所产生的废弃物分类回收处理情况的环境管理绩效检查统计1次。

d.检查中发现与环境目标、指标的差距或环境管理中的薄弱环节，由检查评价人负责在以后的管理工作中完善和改进，以便在其他分项工程中借鉴，以提高整个项目的环境管理绩效。

②大坝施工结束后的监视和测量

a.大坝施工结束后，责任工长应对简易污水处理系统、基坑排水效果，预防和减少对河水污染的环境管理绩效检查统计1次；对设备噪声排放控制总体效果(不超过75 dB)检查评价1次；对混凝土拌制、装土、弃土中扬尘控制总体效果(一级风扬尘高度不超过0.3～0.4 m、二级风扬尘高度不超过0.5～0.6 m、三级风扬尘高度不超过1 m、四级风停止作业)检查评价1次；对洗车用水二次利用情况(50%)、对施工废水回收送当地污水处理厂总体状况检查评价1次。

b.设备管理员应对参加排水、管涌裂缝处理、发电等作业设备中的环境管理绩效(平均能耗、控制油遗洒)、设备环境事故检查统计1次。

c.检查中发现与环境目标、指标的差距或环境管理中的薄弱环节，由检查评价人负责在以后的管理工作中完善和改进，以便在其他分项工程中借鉴，以提高整个项目的环境管理绩效。

③右坝肩施工结束后的监视和测量

a.右坝肩施工结束后，责任工长应对植被剥离、爆破施工、防滑坡施工中环境管理绩效检查统计1次；对噪声排放控制总体效果(不超过75 dB)检查评价1次；对放炮扬尘控制总体效果(一级风扬尘高度不超过1.5 m、二级风扬尘高度不超过2 m、三级风停止作业)、装渣卸渣扬尘控制总体效果(一级风扬尘高度不超过0.3～0.4 m、二级风扬尘高度不超过0.5～0.6 m、三级风扬尘高度不超过1 m、四级风停止作业)检查评价1次。

b.设备管理员应每天对参加植被剥离、爆破施工、防滑坡施工、发电等作业设备中的环境管理绩效(平均能耗、控制油遗洒)、设备环境事故检查统计1次。

c.检查中发现与环境目标、指标的差距或环境管理中的薄弱环节,由检查评价人负责在以后的管理工作中完善和改进,以便在其他分项工程中借鉴,以提高整个项目的环境管理绩效。

10.4 水土保持及环境保护管理体系与措施案例

案例1 某高速公路合同段项目部施工水土保持及环境保护管理体系与措施

1.总则

依照“预防为主、综合防治”的环境保护、水土保持工作方针,与主体工程相结合,按照环境保护、水土保持设施建设应与主体工程同时设计、同时施工、同时投产使用的“三同时”防治原则,制定切实可行的环境保护、水土保持方案,目的是控制和减免因公路建设引起的环境污染及水土流失。同时,编制环境保护、水土保持方案,有利于执法部门实施监督,对于防治工程建设可能造成的环境污染及水土流失具有重要意义。

2.环境保护、水土保持工作制度

为预防和治理环境污染及水土流失,保护和合理利用水土资源,减轻水、旱、风、沙灾害,改善生态环境,发挥水土资源效益,促进经济发展,根据《中华人民共和国环境保护法》《中华人民共和国水土保持法》和项目区所在省相关法律、法规的规定,结合某市实际,制定以下工作制度:

(1)本工作制度所称环境保护及水土保持是指在该项目建设时对造成的人为环境污染及水土流失所采取的预防和治理措施。

本工作制度所称环境污染及水土流失是指在该项目建设时人为因素造成的水土资源、地表植被的破坏、损失及环境污染。

(2)凡该项目部的环境保护及水土保持工作,均适用该工作制度。任何单位和个人,必须遵守该工作制度。

(3)环境保护及水土保持工作实行预防为主,全面规划,综合治理,因地制宜,加强管理,注重效益的方针。

(4)环境保护及水土保持工作坚持统一管理、共同防治和谁造成水土流失谁负责治理的原则。

(5)应加强环境保护及水土保持工作的领导,建立项目领导责任制的环境保护及水土保持目标考核办法。

(6)宣传和贯彻执行环境保护及水土保持的法律、法规、规章及方针、政策。

(7)进行环境保护及水土保持查勘,组织环境保护及水土保持规划的实施。

(8)组织开展环境污染及水土流失综合治理,进行工程的检查、验收。

(9)对环境污染及水土流失动态进行监测、预报。

(10)审核环境保护及水土保持方案。

(11)负责水土流失补偿费的收缴、具体管理使用和水土保持有关资金和物资。

(12)监督检查环境保护及水土保持法律、法规和规章的实施,查处违法行为。

(13)参加建设项目水土保持设施的验收。

(14)协调与环境保护及水土保持有关的各项工作。

3.环境保护及水土保持工作内容

(1)成立环境保护及水土保持管理领导小组,具体负责整个施工阶段的环境保护及水土保持工作。明确各级、各部门在施工期间环境保护及水土保持工作中的职责分工。环境保护及水土保持管理体系如图10-29所示。建立、健全施工期环境保护及水土保持工作管理体系和相关管理规章制度,如图10-30所示。项目部应成立环境保护与水土保持领导小组:

组　长:项目经理。

副组长:项目总工。

组　员:党支部书记、项目安全员、各部门负责人、各分队长等。

(2)核实、确定施工影响范围内的敏感点和环境的现状与特点,施工过程的重大水土保持因素。

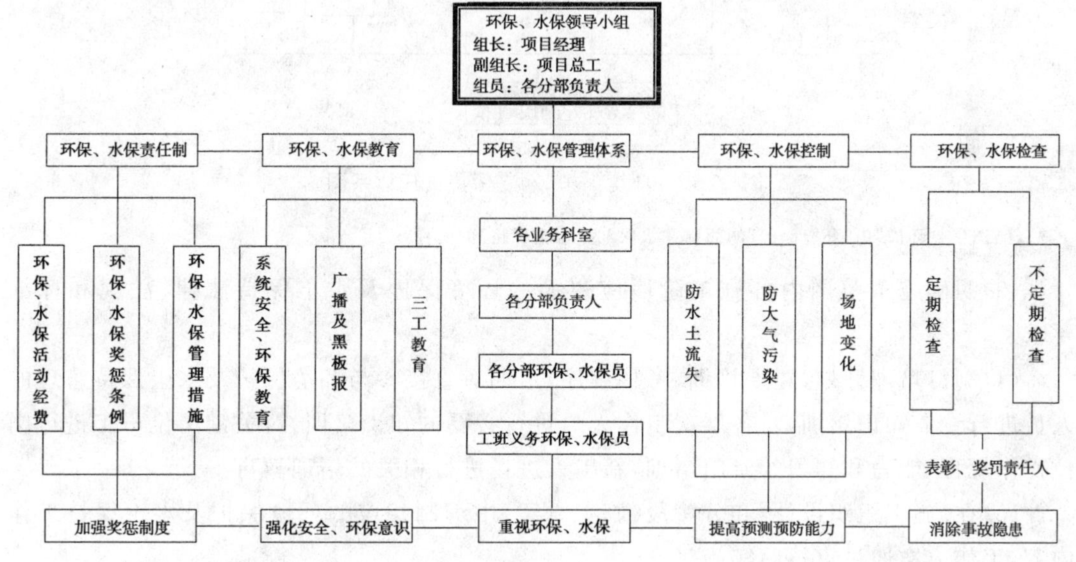

图10-29　环境保护、水土保持管理体系框图

注:图中,"环护"为"环境保护"的简称,"水保"为"水土保持"的简称。

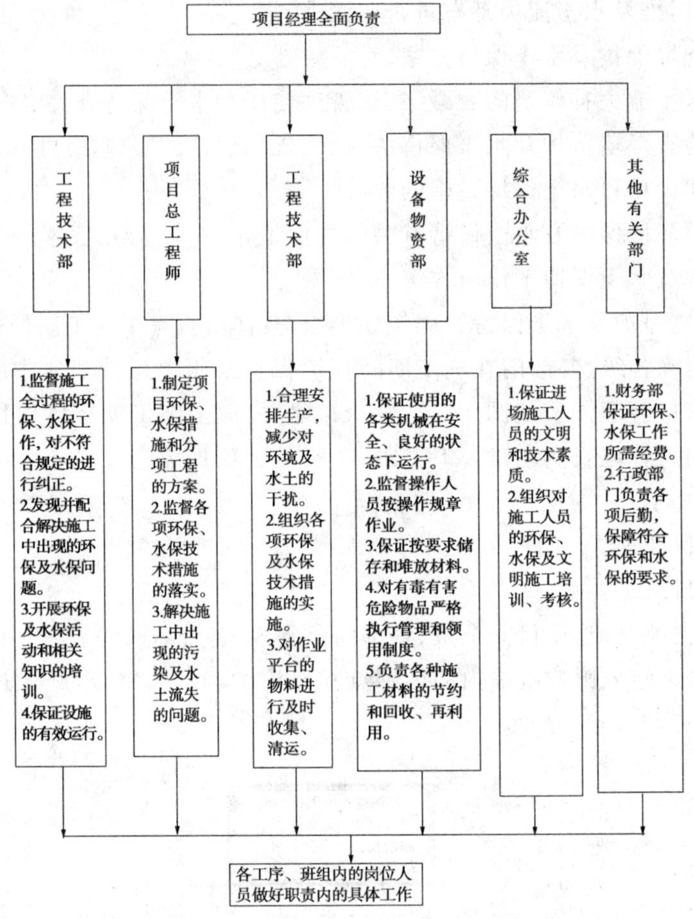

图 10-30　环境保护、水土保持责任体系图

注：图中，“环护”为“环境保护”的简称，“水保”为“水土保持”的简称。

(3)明确施工范围内各施工阶段应遵循的环境保护及水土保持法律、法规和标准要求。

(4)制订培训计划，建立培训、考核程序，定期对直接参与环境保护及水土保持管理的人员进行专业知识培训，对各层次工作人员进行必要的知识培训，对关键岗位员工进行岗位操作规程、能力和知识的专门培训，新工人进场进行相关的培训教育。

(5)在《施工组织设计》和分阶段《施工方案》中编制相应的环境保护及水土保持工作内容，工作方案通过审核后实施。

(6)在《施工组织设计》中安排具体的工作任务，包括方案、措施、设施、工艺、设计、培训、监测、检查等。

(7)做好施工现场开工前、施工中及竣工后的环境保护及水土保持工作，对必须完成的环境保护及水土保持工作列出明细表，明确要求，逐项完成。

4.环境保护措施

(1)生活区的生活用水和生活污处理措施

①建设、运行和维护工地的生活污水收集系统、污水处理系统(包括排污口接入),处理后的废水水质符合受纳水体环境功能区规划规定的排放要求,严禁将未处理的生活污水直接或间接排入河流水体中,或造成生活供水系统的污染。

②食堂设隔油池、沉淀池,食堂污水经隔油池、沉淀池处理后输送至生活废水处理系统处理;定期对排水沟、隔油池、沉淀池进行维护和清理,将清理的污物运至指定地方集中处理。

③厕所设专用的污水收集管道,厕所污水先经过化粪池处理后再输送至生活废水处理系统处理;定期对化粪池进行维护和清理,将清理的污物运至指定地方集中处理。

(2)施工生产废水处理措施

①基坑排水的排放口位置尽可能设置在靠近河流中的流速较大处,以尽量满足水质保护要求。基坑的经常性排水,应在基坑排水末端设沉淀池,排水量视沉淀池水的浑浊程度而定,做到蓄浑排清。尽量控制水体 pH 值接近中性时排放。

②混凝土生产及其他辅助生产系统等的废水处理,实行雨污分流,建立完善的废水处理系统,将各生产系统经常性排放的废水统一收集处理。

③废水处理系统排出的污泥需进行必要的脱水(或沉淀)处理后,运至指定的弃渣场堆存。防止污泥进入排水系统或排入河道。

④机修及汽修系统的废水收集、处理系统应建立专用的废水收集管道,对含油较高的机修废水应选用成套油水分离设备进行油水分离,不得任意设置未经处理的废水排污口。

⑤混凝土浇筑面的冲洗废水,以及灌浆工作面冲洗岩粉的污水和废弃浆液应由专设的沟道集中排放,严禁污水漫流。

(3)施工区粉尘、废气的处理措施

①根据施工设备类型和施工方法制定除尘实施细则,提交监理人批准。

②施工过程中,会同监理人根据批准的除尘实施细则,随时进行除尘措施的检查和检测。检查和检测记录应提交监理人。

③施工期间,根据工程所在区域环境空气功能区划要求,保证施工场界及敏感受体附近空气中允许粉尘浓度限值控制在规定范围内。

④制定的除尘措施,除应遵守有关规定外,还应做到:施工期间,除尘设备应与生产设备同时运行,并保持良好运行状态;选用低尘工艺,钻孔要安装除尘装置;混凝土系统配置除尘装置,及时更换和修理无法运行的除尘设备;不得任意安装和使用对空气可能产生污染的锅炉、炉具,以及使用易产生烟尘或其他空气污染物的燃料;散装水泥、粉煤灰、磷矿渣粉应由封闭系统从罐车卸载到储存罐,所有出口应配有袋式过滤器;经常清扫施工场地和道路,向多尘工地和路面充分洒水;施工场地内应限制卡车、推土机等的车速以减少扬尘;运输可能产生粉尘物料的敞篷运输车,其车厢两侧及尾部均应配备挡板,运输粉尘物料应用干净的雨布加以遮盖。

⑤为保证施工场界和敏感受体附近的二氧化氮、二氧化硫、铅化物浓度达到控制标准,应确保下列措施的实施:排气量大的车辆及燃油机械设备需配置尾气净化装置;做好本合同场内使用道路的洒水降尘工作;执行汽车报废标准,推行强制更新报废制度。

(4)施工区噪声控制措施

①降低噪声措施报告:工程开工前,针对其用于工程的施工和运输的机械设备类型以及施工工艺和方法,编制降低噪声措施报告,提交监理人批准。

②噪声的检查和监测:在施工过程中,会同监理人根据批准的降低噪声的措施,对施工场地进行噪声的检查和监测,检查和监测记录提交监理人。

③噪声限值:施工期间,按规定控制生产车间和作业场所地点噪声级卫生限值。生活区噪声声级的限值应遵守规定。

④限制高强噪声:施工期间,限制高强噪声的操作。

⑤保护敏感受体:在制定施工方法及降噪措施时,充分考虑噪声对周边环境敏感点的影响;施工期间,在施工场地与其敏感受体以及在周边地区之间合理安装声障设施,以有效阻隔噪声传播,采用的声障设施要因地制宜、声障效果良好;加强设备的维护和保养。各种动力机械设备暂时不用时应关机;各施工工地的空压机应设置消声,振动大的机械设备使用减振机座降低噪声;严禁在施工场地内使用气喇叭;采取必要的预防措施保障职工的听力健康,对施工人员采取可靠的防护措施,佩戴耳塞或耳罩、耳棉,注意施工人员的合理作息,增强身体对环境污染的抵抗力,加强对施工人员的操作培训,减少突发噪声的发生。

(5)固体废弃物处理措施

①固体废弃物处理措施:负责对其施工场地以及生活区范围内的生产和生活垃圾进行清运填埋,并应设置必要的生活卫生设施,及时清扫生活垃圾,统一运至指定地点;负责回收利用生产垃圾中的金属类废品;按指定的渣场弃渣,弃渣场应采取碾压、挡护或绿化等措施进行处理;对施工中难以避免滑入河道的渣土、因施工造成的场地塌滑与泥沙漫流等问题,应根据监理人指示和地方环境保护部门要求,采取合理措施进行处理;废弃混凝土应运至专设的弃料场,不得在施工场地内任意弃置。

②有毒有害物质和危险品的管理:有毒有害物质和危险品的管理应遵守相关规定。

(6)人群健康保护措施

在施工现场设置医疗卫生机构,负责施工人员的伤病防治和卫生保健工作;施工人员进入生活区和作业面前,应对环境进行卫生清理,以及采取消毒、灭鼠等卫生措施,并对饮用水进行消毒;及时做好病源和疫情监测,一旦发现疫情,应立即采取措施控制感染源和感染者;职工食堂应严格执行《中华人民共和国食品卫生法》的有关规定;所有传染病人、病原携带者和疑似病人一律不得从事易于使该病传播的工作。

(7)生态环境保护

①陆生动植物及资源保护:因工程施工需要在施工场地范围内进行砍树、清除表土和草皮时,必须按环境保护主管部门和监理人批准的环境保护规划要求进行;在施工场地内发现国家保护级的鸟巢、受保护动物和巢穴,应按国家的有关规定妥善保护;在施工区附

近的水域，发现受保护的鱼类应立即报告监理人，并按国家有关规定处理，严禁在施工区以外的保护林区捕猎野生动物。

②景观保护：施工期间，负责保护好施工场地附近的风景区、自然保护区及温泉等的景观免受工程施工的影响；做好生活营地周围的绿化和美化工作，保护生态，改善生活环境，修建的各项临时设施应尽可能与周围环境协调。

(8)存料场、弃渣场的挡护工程、坡面保护工程和排水工程

①开挖出渣严格按施工设计及料(渣)堆放和利用规划指定的渣场集中堆放，禁止沿途、沿河及沿沟随意倾倒。运渣过程中散落在路面的渣土，应安排专人及时清理。

②渣料堆放过程中，按施工设计及料(渣)堆放和利用规划的稳定边坡堆放，倾倒过程中，注意对挡渣墙的保护，避免弃渣翻出挡渣墙。

③施工期间始终保持工地的良好排水状态，做好场地的排水工作，防止降雨对施工场地地表的冲刷，包括事先设置排水沟、涵洞(管)等。

④开挖料如临时堆放，选择不易受径流冲刷侵蚀的场地，并在其周边修建临时排水沟引排周边汇水，必要时选择土工布遮盖。

(9)场地周边的截、排水措施，开挖边坡支护措施，挡护建筑物的排水措施

①对开挖边坡应采取及时、有效支护，保证边坡稳定，防止边坡垮塌造成的水土流失。

②在施工、生活区设置完善的排水系统，防止因降水引发水土流失。

③在施工期间始终保持工地的良好排水状态，修建必要的临时排水渠道，并与永久性排水设施相连接，且不得引起淤积和冲刷。

④采取有效预防措施，防止施工场所占用的土地或临时使用的土地受到冲刷；采取有效预防措施，防止从本工程施工中开挖的土石材料，对河流、水道、灌溉或排水系统产生淤积或堵塞。

⑤施工中的临时排水系统，应能最大限度地减少水土流失及对水文状态的改变。

(10)施工区边坡工程的水土保护措施

①边坡开挖自上至下分层分段依次进行，严禁自下而上或采取倒悬的开挖方法，开挖坡度控制在稳定坡度范围内，对边坡开挖软弱面及时进行工程防护。

②为防止修整后的开挖边坡遭受雨水冲刷，边坡的护面和加固工作在雨季前按施工图纸要求完成。冬季施工的开挖边坡修整及其护面和加固工作，在解冻后进行。

③在每项开挖工程开始前，尽可能结合永久性排水设施的布置，规划好开挖区域内外的临时性排水措施，并在向监理人报送的施工措施计划中详细说明临时性排水措施的内容，提交相应的图纸和资料。

④在开挖边坡两侧设置临时排水沟，将施工期间的降水排至下游，防止边坡坍塌，引起水土流失。

⑤为防止施工期降水及地面径流给工程建设带来影响，设置排水沟拦截并排走施工生产区场内及周边降水和地表径流，在排水沟出口处设置蓄水兼沉沙的沉沙池淤积施工区产生的泥沙，并及时对其进行清淤，避免泥沙进入下游河道。

⑥在雨季施工前,提前做好排水设施;在雨季施工中,采取临时排水措施,保护附近其他建筑物及其基础免受冲刷和侵蚀破坏。在开挖边坡遇有地下水渗流/涌时,采取有效的引、排、截、堵措施。

(11)完工后场地清理措施

①清理措施计划:按监理人指示,在工程基本完工后,制定一份环境清理措施计划,提交监理人批准,其内容包括:环境清理范围(包括本合同施工场地及施工场地以外遭受施工损坏的地区);环境保护辅助工程设施;植被种植措施。

②清理措施:在每一施工作业区施工结束后,及时拆除各种临时建筑结构和各种临时设施(包括已废弃的沉淀池和临时挡洪设施等);完工后,按计划将所有材料和设备撤离现场,工地范围内废弃的材料、设备及其他生产垃圾按环境规划要求和(或)监理人指示的方式处理;对防治范围内的排水沟道、挡护措施等永久性水土保持设施,在撤离前进行疏通和修整,按合同要求拆除和撤离的其他设施和结构应及时清理出场。

5.水土保持措施

(1)水土保持方案

本合同段工程进场后,对水土保持工作将作全面规划,综合治理。会同监理工程师及时与当地水土保持机构及既有线运营部门取得联系,遵守有关水土保持的法规,从组织管理、水土保持等多方面采取一切合理措施,做好水土保持工作。

(2)水土保持措施

①尽可能做到路基土石方基本平衡,尽量减少取弃土占地及污染周边环境。

②路基工程尽可能以挡护工程收坡,避免破坏天然植被,防止水土流失。

③路基排水设施应设置于地质稳定、地形平缓地段,并以最短路径排至天然沟槽,避免造成人为冲刷而破坏天然平衡。

④充分考虑集中取弃土,取土场在施工结束后应进行绿化或返还地方用地;弃土不占压天然沟槽,避免引起不良冲刷和水土流失。

⑤路基开挖地段,选择对地形、地貌和植被影响小的施工方法。边坡挖成后,及时做好防护工程,防止水土流失,减少植被破坏。

⑥山地、台塬切坡时尽量采用机械作业;筑好挡土墙后再切坡,防止弃渣毁坏河道、农田和造成水土流失。

⑦弃土本着高土高弃、低土低弃、劣土废弃、优土还田的原则。合理确定弃土堆位置与高度,尽量考虑移挖作填,防止水土流失、淤塞排灌沟渠。

⑧取土场取土后恢复植被,弃渣场设置挡墙、护坡等适宜的防护工程,防止雨水冲刷,给当地环境造成影响。

⑨为防止水土流失,对路基边坡均根据不同情况采取相应的防护措施。

⑩对桥涵基础的开挖土方按规定弃置,并采取必要的措施防止弃土流失。

⑪保证其种植的林草在《水土保持监测技术规程》规定的“林草恢复期”内成活;占用耕地的料场,在开采前将剥离的耕植土妥善堆存保管,完工后将其返还摊铺,还田复耕。

⑫根据工程水土流失的特点、危害程度和防治目标，水土保持设计采取分区分期防治，工程建设前期以水土保持工程措施为主，因地制宜，辅以生物措施相结合，快速有效地遏制水土流失；后期主要以植物措施为主，防止水土流失，改善生态环境。做到水土保持、文明施工。根据水土保持科学领域进行多年流失治理的经验，结合当地的地形、气候等因子，水土保持方案实施后，防治责任范围内的水土流失将得到有效治理，因工程建设而产生的弃渣、可能新增的土壤流失量也得到有效防治，同时，责任范围区内原有水土流失程度得到有效控制，公路沿线的森林覆盖率也将大大增加，保水保土能力明显增强，小气候条件明显改善，促进环境向良性循环方向发展。水土流失治理程度应达到100%，水土流失量有效控制率应达90%，水土流失模数控制比应为100%，拦渣率应达到95%以上。

案例2　千岛湖配水工程Ⅱ标施工水土保持及环境保护管理体系与措施

1.工程概况

杭州市第二水源千岛湖配水工程从千岛湖淳安县境内取水，通过输水隧洞将水引至杭州市余杭区闲林水库，为下游原水输水工程提供优质千岛湖水，同时在输水线路途中向建德市、桐庐县及富阳市部分区域供水。

本标段施工范围为桩号K56＋850.00 m～K63＋480.00 m段的施工总承包(见图10-31)。其位于桐庐县境内，工作内容主要包含有输水隧洞、施工支洞、渣场边坡防护、施工过程中涉及的道路、渠道、管道等专项设施拆除及恢复建设工作等。

本标段涉及的主要建筑物有：

沈家支洞长599 m，开挖呈“城门洞”形，支洞净宽为5.5 m×6.0 m(宽×高)。

井湾里支洞长760 m，开挖呈“城门洞”形，支洞净宽为5.5 m×6.0 m(宽×高)。支洞由其他承包商完成，本合同完成支洞的维护和封堵等。

输水隧洞长6630 m，桩号为K56＋850.00 m～K63＋480.00 m，标准衬砌段开挖呈“平底马蹄”形，一衬后底宽4.8 m，按不同的围岩类别采取不同的支护方式。

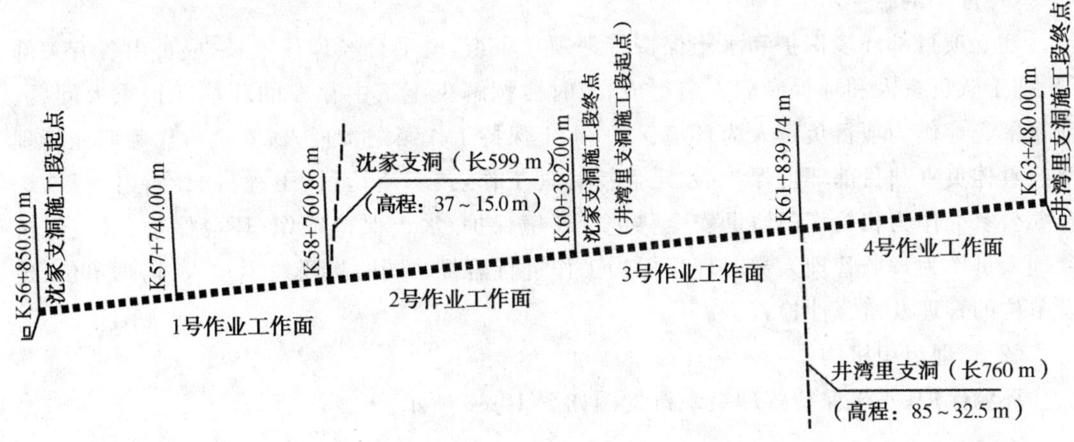

图10-31　输水隧洞各工作面布置示意图

沈家支洞施工段桩号为 K56＋850.00 m～K60＋382.00 m 段，长 3532 m；井湾里支洞施工段桩号为 K60＋382.00 m～K63＋480.00 m 段，长 3098 m。根据现场实际条件，本标段施工共分四个作业面展开，沈家支洞施工段为 1 号、2 号作业面，长度分别为 1911 m、1621 m，井湾里支洞施工段为 3 号、4 号作业面，长度分别为 1458 m、1640 m。

本合同的开工时间为 2015 年 2 月 1 日（以总监理工程师的开工令为准），合同完工日期为 2017 年 11 月 30 日，总工期为 34 个月。

2. 环境保护和水土保持目标

本工程环境保护和水土保持目标为：保持工程施工过程按照《环境管理体系要求及使用指南》（GB/T 24001—2004）的程序和标准持续、高效运行。工程施工过程中强化环境保护措施，按照本合同技术条款有关规定严格遵守国家有关环境保护及水土保持法律、法规，编制好环境保护计划；防止生产废水、生活污水污染水源，做好噪声、粉尘的防治工作，保持施工区、生活区的卫生清洁，确保开挖边坡和渣场边坡稳定，防止水土流失，保证施工人员和附近群众的安全健康。

主体工程施工过程中，强化环境保护措施，以满足国家和地方的环境保护法规以及招投标文件的环保规定。

施工弃渣：施工弃渣场位于支洞口附近，按总承包单位、监理单位、建设单位的要求规划，有序堆放，不造成污染及水土流失。

开挖边坡按设计要求进行，开挖完成后，及时进行支护；生产、生活污水处理达标后排放；钻孔过程中使用湿法降尘，道路上配置洒水车洒水，防止道路粉尘飞扬；施工机械尾气排放满足标准；对各类噪声源，配置消音装置，合理安排工作时间，控制噪声分贝值在允许范围内；成立道路维护班，配置 5 人左右维护本标规定的施工路面（包括庙小线进口至工地施工现场公共道路）和排水设施；车库、车间、设备停放场等，设置废油收集池；收集到的废油，进行专门处理，不随意排放。

3. 环境保护和水土保持管理体系

（1）健全网络

建立项目部环境保护和水土保持管理领导小组，由项目经理任组长，成员由各有关部门、施工队负责人和环保专职人员组成，及时协调解决施工中存在的环境保护重大问题。项目部经理作为项目负责人为环境保护、水土保持工作第一责任人；安全科作为职能管理部门具体负责项目部环境保护、水土保持管理工作，技术质检科、工程科、经营财务科、综合办公室等作为相关部门协助安全科进行环境保护、水土保持工作；环境保护、水土保持管理人员作为现场管理人员对环境保护工作进行监督。同时接受总承包人、监理单位、建设单位的管理及监督性检查。

（2）管理组织机构

环境保护、水土保持管理组织机构图如图 10-32 所示。

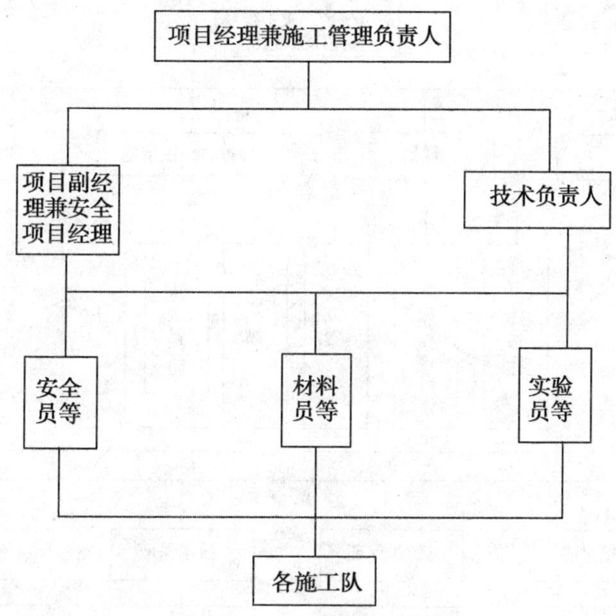

图 10-32　环境保护、水土保持管理组织机构图

环境保护和水土保持管理领导小组职责：

①落实国家和行业颁布的相关强制性标准、规范、规程和规定。

②建立健全项目经理部环境保护和水土保持工作体系。

③制定项目经理部环境保护和水土保持管理及奖惩办法。

④安排相关部门对一线施工人员进行环境保护培训工作。

⑤组织相关部门对施工现场的作业环境状况进行检查和评比，并按照环境保护和水土保持奖惩办法进行奖惩。

⑥及时向总承包单位、监理单位及建设单位反映施工过程中出现的环境保护问题，并提出解决方案与建议。

⑦依据有关法律、法规及合同文件，及时处理各种环境保护纠纷。

⑧配合环境监测单位、水土保持监测单位工作并落实监测报告意见。

(3)环境保护、水土保持保证体系(见图 10-33)

(4)措施到位

按照“谁主管、谁负责”的原则，在制定施工技术措施和组织施工的同时，制定有针对性的环境保护和水土保持措施，并经审查批准后贯彻落实。

(5)落实责任

实施环境保护目标管理，层层签订“环境保护责任书”，将环境保护责任落实到个人。

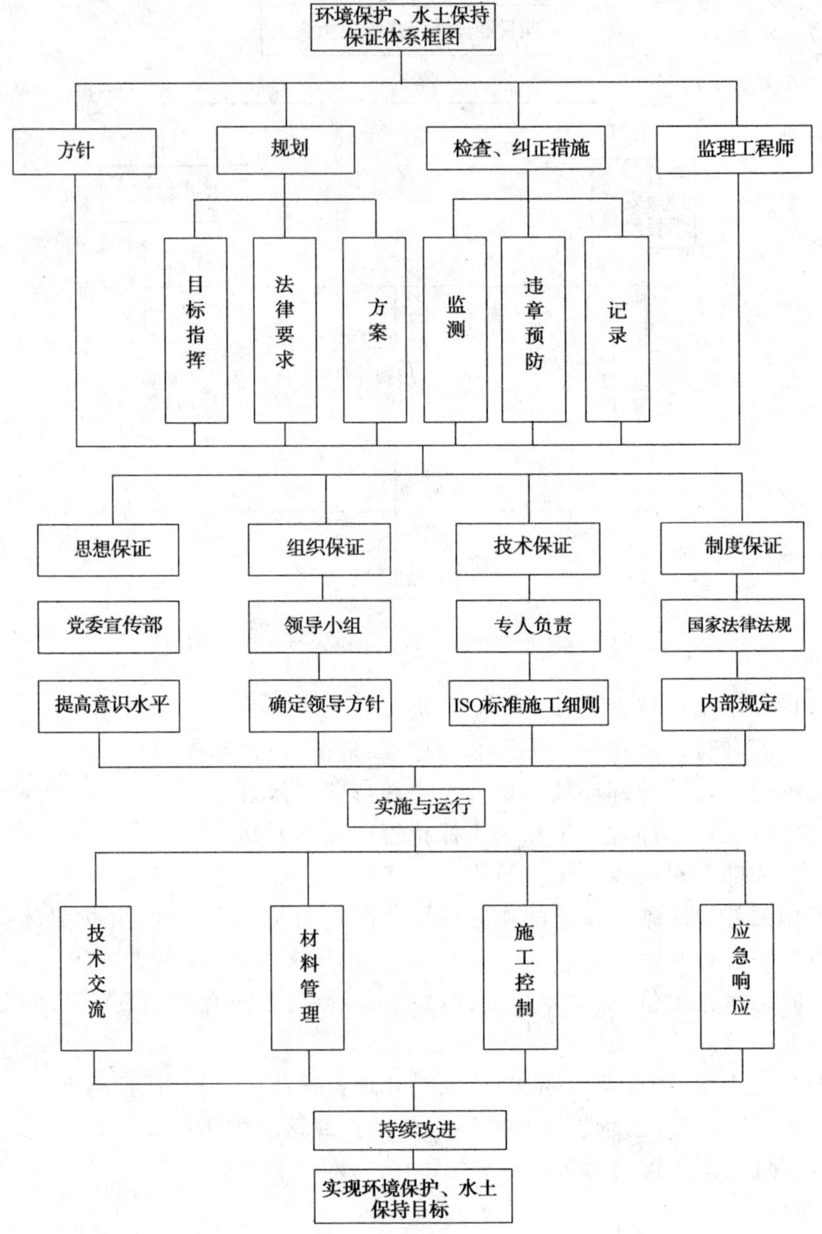

图 10-33　环境保护、水土保持保证体系

(6)完善制度

制定项目部《环境卫生管理规定》《水土保持管理规定》等环境保护和水土保持相关规定,保护和改善施工现场的生产、生活环境,防止由于工程施工造成的水土流失、水源污染及大气污染,保障施工期间附近居民和施工人员的身体健康。

(7)检查考核

施工现场的环境保护和水土保持工作实行定期和不定期检查考核制度,检查各施工

生产场所落实环境保护措施的情况，检查结果与考核挂钩。

(8)教育培训

将环境保护教育纳入教育培训计划，在组织安全教育培训时，针对工程实际，将环境保护的要求以及环境保护的法律、法规知识作为教育培训的重要内容，对职工进行培训教育。

4.环境保护、水土保持主要措施

本工程环境保护、水土保持相关措施按照分阶段、分步骤实施。

现场机械设备、材料进入施工现场时，需经过当地村庄道路庙小线，运输时要特别注意路面保养及清洁工作，控制车重、车速，并减少扬尘。车辆出入前需进行清洗，保持车辆整洁，保护当地沿线生态环境。

(1)临建设施主要环境保护措施

①支洞开挖前

a.从目前钢拱架、钻孔台车临时加工厂到沈家支洞口，道路路面黄泥用装载机全部清理至弃渣场侧，避免黄泥流入小河沟，对河水产生污染。

b.现场临时道路占用河道处(生活区及支洞口附近两处)通过埋设钢筋混凝土涵管(管径为1.25 m)。的方式过流，过流断面必须满足通水流量要求，按照目前实际，两处需各再增加一条管涵(管径为1.25 m)，同时，为保证管涵两侧整洁、卫生，在埋设管涵处的上、下游两侧砌筑干砌石挡墙护面进行防护，避免泥土进入河道污染河水。

临时施工道路占用河道处处理方式示意图如图10-34所示。

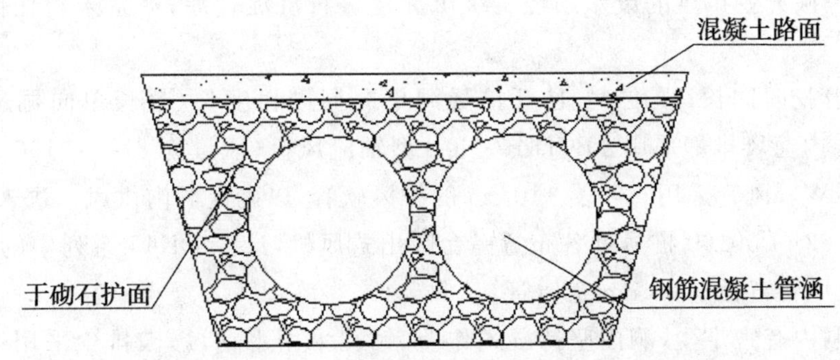

图10-34　临时施工道路占用河道处处理方式示意图

c.为增加临建场地范围内小河沟过流断面，计划将该河道进行疏浚、加深处理。同时，对该沿线小河沟垃圾进行处理，在支洞开挖前，洞渣块石暂时没有的情况下，首先对河沟两侧边坡均采用撒草籽防护，绿化河道沿线环境。

目前，混凝土导向墙、管棚钢管打设已经施工完毕，下一步为保护边坡稳定，防止水流冲刷，将进行洞口边坡喷锚支护工作，积极为支洞洞室开挖做准备工作。

d.支洞开挖前完成沉淀池的制作与安装，沉淀池位于支洞口左侧。设三级沉淀池，沉淀池的废水经沉淀处理后，作为施工(开挖钻孔、路面洒水)及绿化用水进行利用。沉淀池需经常进行清理，严禁未经处理的废水排入临近河沟，造成水体污染；经过沉淀处理后的水仍需进行水质检测，按照检测结果达到的标准进行合理利用。

e.办公生活区临建场地范围内道路按照标准化工地要求进行硬化处理，同时将现场进行绿化处理，美化施工环境。

②支洞开挖后

a.沈家支洞洞口开挖后，首先利用开挖洞渣料将现场临时道路路基进行填筑（洞渣料填筑厚度在 2 m 左右），之后进行混凝土路面硬化处理。

b.临时道路（临时加工厂至沈家支洞口、沈家支洞口至临建办公生活区）靠沿线小河沟侧坡面采用干砌石护坡进行处理，避免坡面泥土受水流冲刷，影响河水质量。块石主要采用支洞开挖爆破产生的洞渣料，坡面另一侧采用撒草籽进行绿化防护。

临时设施场地范围内小河沟坡面防护处理示意图如图 10-35 所示。

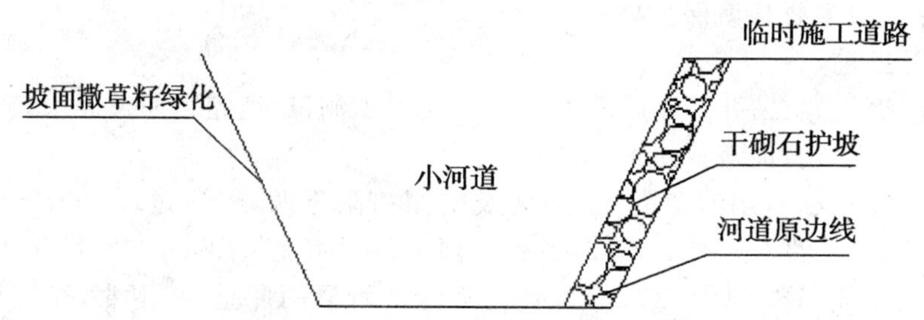

图 10-35　临时设施场地范围内小河沟坡面防护处理示意图

c.洞身爆破开挖产生的废水须经三级沉淀池进行沉淀过滤，严禁未经任何处理直接进行排放。

d.工程开挖时间长、强度大，且开挖隧洞单向掘进长度长（最长单向掘进长度约达 2510 m）。洞内通风排烟采用 FBCDZ-7-N0B 型轴流风机（风量为 870～2196 m^3/min，功率为 2×55 kW），风管采用直径为 110 cm 的排风软管，以确保洞内供风。进入隧洞后，在 58＋900.00、62＋000.00 桩号处各布置一台吸出式风机，选择 DK45 系列中的 2×22 kW 轴流风机，吸风管直径取 85 cm 金属管。

为减少洞内有害烟尘，洞内坚持湿式作业，钻孔采用水钻，爆破排尘采用喷雾法。装渣时，向石渣洒水，直到石渣湿渍为止。同时，要求施工人员必佩戴防尘面具等劳动保护用品。

e.洞身开挖运输过程中，要特别注意路面的洒水养护工作，控制车速，减少扬尘。

f.合理规划弃渣场地，开挖渣土严格按照要求存放，场地内设置指示牌，由专人负责指挥，严禁乱堆乱放。弃渣料分层压实，渣场周边按设计要求设置排水设施，防止污染。

g.做好生活营地周围的绿化和美化工作，保护生态，改善生活环境，使修建的各项临时设施尽可能与周围环境协调。

(2)水环境保护措施

①生活用水和生活污水处理措施

a.饮用水的水质符合《生活饮用水卫生标准》(GB 5749—2006)的规定。

b.对生活区厨房污水、洗涤污水、浴室污水等经沉淀池和中和隔油池处理，厕所设化粪池，粪便经发酵处理后定期运至当地卫生部门指定地点。

c.施工期生活污水必须进行处理，处理后的废水水质须符合受纳水体环境功能区规划规定的排放要求，达标后排放。不得将未处理的生活污水直接或间接排入河流水体中，或造成生活供水系统的污染。

②生产废水处理措施

a.砂石料开采加工及其他辅助生产系统等的废水处理实行雨污分流，建立完善的废水处理系统，将各生产系统经常性排放的废水统一收集处理。

b.废水处理系统排出的污泥需进行必要的脱水(或沉淀)处理后，运至指定的弃渣场堆存，防止污泥进入系统或排入河道。

c.建材堆放应有防雨水冲刷措施。含有害物质的建材如袋装水泥、化学品等不能堆放在河沟等水体附近。

d.施工机械的机修油污集中处理，带油污的固体废弃物不得随地乱扔，应集中清理。施工废水不得排入附近农田及水库，必要时在施工场地设小型蒸发池，施工结束后清理覆土掩埋。

e.施工结束后，施工废料、垃圾等不得弃于施工场地，禁止倾倒在水体附近，及时清运至规定地点或按规定处理。

f.保证废水处理设施与各混凝土拌和系统同时建设，同时投入运行。

(3)施工噪声防治措施

①噪声源控制

a.选用低噪声设备和工艺。

b.加强设备的维护和保养，保持机械润滑，减少运行噪声。

c.振动大的机械设备使用减振机座降低噪声。

d.合理安排施工时间，避免影响附近居民正常生活。

e.加强交通噪声的管理和控制，进入施工营地和其他非施工作业区的车辆，不使用高音喇叭和怪音喇叭，尽量减少鸣笛次数；在生活区附近路段设置限速和禁鸣标牌。

f.合理安排广播宣传、音响设备时间，不影响公众办公、学习和休息。

②传声途径控制：拌和楼、空压机等车间尽可能用多孔性吸声材料建立隔声屏障、隔声罩和隔声间。

③个人防护措施：为在高噪声区作业人员配备耳塞、耳罩、防声头盔等个人防护措施。

(4)施工粉尘防治措施

①开挖、爆破粉尘的消减与控制

a.施工工艺：工程爆破方式选择光面爆破技术，减少粉尘产生量；凿裂、钻孔、爆破采用湿法作业，降低粉尘。

b.除尘设备：钻机选用配备收尘系统的型号。

c.降尘措施：钻爆施工中，分别针对钻孔、爆破、出渣等主要产生粉尘的施工过程采取降尘措施，采取湿法作业。洞内施工采用通风设施，加强通风，降低废气浓度；同时采用在各工作面喷水等措施，降低作业点的粉尘。

d.个人防护：采取加强个人防护的方式对施工人员加以保护，高尘区作业人员需配备个人防尘设施，如佩戴防尘口罩等。

②混凝土系统粉尘消减与控制：水泥运输采用封闭运输，并保证运输容器良好的密闭状态，避免和控制运输过程中的扬尘，尤其是进入村道(庙小线)以后，要减缓车速，减少扬尘。

混凝土拌和站采用除尘设施和设备，在混凝土拌和生产过程中，保证除尘装置正常使用。

③燃油废气的消减与控制：对尾气排放不能满足环保要求的车辆，需安装尾气净化器，保证尾气达标排放。对于发动机耗油多、效率低、排放尾气严重超标的老、旧车辆，及时更新。

④交通粉尘消减与控制：合理设计场内施工道路路面等级，运输过程中控制车速，尽可能减少路面扬尘。成立公路养护、维修、清扫专业队伍，保持道路清洁、运行状态良好。无雨日采用洒水车喷水降尘。做好公路绿化，依不同路段情况，分别栽植树木与草坪。

⑤搅拌场站必须设在距离当地居民区 300 m 以外的下风向处。

(5)环境卫生与固废处理措施

①安排专人每日负责清理办公室、生活区及其他临建设施的一切垃圾，并运至当地指定的垃圾收集处，保持办公区、生产生活区等临建设施处的环境清洁。

②在施工企业、施工现场区域和临时营地等设置垃圾箱，确保各施工场地保持良好的环境卫生状况。

(6)水土保持措施

在整个施工期及缺陷责任期内，应遵守有关水土保持的法律、法规和规章，遵守合同有关规定，按业主、监理工程师的指示，按规范要求进行水土保持设施布置和施工。具体做到以下几点：

①随施工组织设计文件，编报水土保持措施实施计划，使水土保持各个指标分解落实到个人的经济责任制中。

②施工弃土严格按合同文件和监理人的指示堆放，以防止水土流失，造成河道淤积。不将有害物质如燃料、油料、化学品等任意倾倒。施工场地布置尽量优化。

③在施工过程中，不得伤及施工区征地范围以外的地貌、原有植物和植被。土料运输尽量避免滴、撒、漏，必要时采取车辆覆盖、施工道路洒水等措施。对少量滴洒做到及时清理。保护已建立的水准基点或永久测量标志不受破坏。做好工地的材料堆放保管工作，施工结束后做到工完场清。

④在临时工程建设、土方开挖、土料场开采、边坡开挖过程中，要求及时支护并做好排水措施，防止水土流失。临时工程的布置尽量减少对环境的干扰。

⑤保护水质，施工废水、生活污水不得排入农田、耕地、饮用水源、灌溉渠道，不污染附近的水塘、水井等。含有沉积、悬浮物的操作用水，应采取过滤、沉淀或其他措施进行处理后再排放。

⑥工程施工期间，发现文物古迹等贵重物品时，应对现场及时进行保护，及时报告监理或通知当地政府部门进行处理。

⑦工程竣工后，拆除临时设施时，不得破坏周围的建筑和树木等其他设施。对临时占压场地进行清理，必要时按要求对指定区域复耕。

(7)奖惩措施

各施工队对环境保护与水土保持工作采取“谁施工谁负责、谁破坏谁恢复”的原则，实行环境保护与水土保持一票否决制，各项施工方案在进行讨论时，必须在达到环境保护与水土保持的前提下才能进行；对于重点的施工部位，还要有专项施工方案，经过讨论后才能实施。

各施工队对班组的环境保护与水土保持工作采用严格的奖罚制度，预留一部分工程款项作为环境保护与水土保持专项资金。对于环境保护与水土保持工作做得好的作业队，要全数付给这部分资金，并给予一定的奖励；对于环境保护与水土保持工作做得不到位的施工队，不但要限期整改，还要处以一定数额的罚款，罚款视造成的影响确定额度，并给予通报，取消各班组内部评优资格。对污染施工道路的，每次罚款 200～500 元；污染水体的，每次罚款 500～1000 元；污染农田的，每次罚款 1000 元，并对污染负责。谁污染谁治理、谁破坏谁恢复，对自己不能恢复的，由项目部协调解决，费用由污染方负责。对于在环境保护与水土保持工作中有突出贡献的部门和人员，各队将给予一定的奖励，奖励额度为 200～1000 元。

10.5 水土保持科技示范园区案例

案例1 山东省滨州市邹平县鹤伴水土保持科技示范园

1.园区概况

园区位于滨州市邹平县西董街道办事处嘉业生态园内，地处南部低山丘陵区，雪花山北麓，周围群山环抱，属于我国北方低山丘陵土石山区的典型区域，占地面积为 240 hm^2(3600 亩)。2010 年由邹平嘉业生态园有限公司投资兴建，已建成建筑面积 187 m^2 的科普文化馆 1 座，20 m×5 m 的径流场 4 个，坡度均为 6°；10 hm^2 的自然生态修复区，能够进行水土保持演示和水利科普宣传片放映，系统介绍水土流失形成的原因以及造成的危害，我国水资源的现状、利用和节约水的重要性，为科学知识的普及与传播提供了一个重要的支撑平台，是集文化宣传、科技展览、科普宣传、青少年科普活动等多种功能于一体的高标准教育活动阵地。2003 年西董镇政府与承包户签订了土地使用合同，使用权归承包户所有，期限 70 年。交通便利，距离济青高速 6 km 左右，北离邹平县城 5 km，东到淄博周村 6 km，距离 309 国道 10 km，西到济南 65 km，园区内修建环山公路 20 km，道路以水泥路为主，水、电、通信、房建等配套设施完善，水利设施齐全。2011 年 2 月被批准为国家级水土保持科技示范园区。

2.园区功能

园区划分为水利科普宣传教育区、中心水景区、生态保护区、休闲度假区等四个功能区。

(1)水利科普宣传教育区

园区内有水土保持径流场(见图 10-36)4 处,水土保持工程措施和生物措施遍布园内各处。建有科学实验室、水土保持监测系统和信息管理库,设有雨量计,具备水土保持原型观测和效益监测数据的存储、查询与管理的能力。科普知识文化廊 1 处,科普文化馆 1 座,多媒体影像、触控电子阅览书等电教设备资料齐全,能够进行水土保持演示,培养中小学生"保持水土,从我做起,从现在做起"的自觉性,使学生从小关心水土保持,参与水土保持,真正认识水土流失,增强水土保持意识。

图 10-36　径流观测场

(2)中心水景区

园区有占地面积约为 2.67×10^5 m^2(400 亩)的伴山湖,湖中心有人工岛一座,面积约为 4667 m^2(7 亩),有五湖相拥相连的立体生态水系。

(3)生态保护区

园区内有野生植物园,有赤松、银杏、水杉、白榆、三角枫等名优树种及石竹花、映山红、中华结缕草等花卉。景区内有 7 年以上树龄的树木 36 万棵,育有特色苗木:黑松、樱花、红枫、黄栌、水杉、雪松、玫瑰、五角枫 6 万余株。山中名贵药材 50 余种,山珍野菜 20 余种;鸟鸣虫吟,声声不息。

(4)休闲度假区

休闲度假区包括度假山庄、滑雪滑草区、温泉洗浴区、观光果园等。

图 10-37 至图 10-40 为示范园区景色图。

图 10-37　示范园区景色(1)

图 10-38　示范园区景色(2)

图 10-39　示范园区景色(3)

图 10-40　示范园区景色(4)

案例 2　山东省平邑县沂蒙山水土保持科技示范园

1. 园区概况

园区位于平邑县东南部地方镇，位于东经 117°44′30″～117°45′00″，北纬 35°18′2″～35°19′05″，处鲁中南中低山丘陵区，属淮河流域沂河水系浚河支流。其地形地貌、水土流失在所属的鲁中南中低山丘陵区具有典型性，能够代表鲁中南中低山丘陵区和我国北方土石山区水土流失的主要类型、程度、危害及生态环境。园区总面积为 145 hm^2，距临沂市区 50 km，距平邑县城约 30 km，临近 240 省道、日兰高速公路、327 国道，交通十分便利。园区土地所有权归属于平邑县天宝国有林场，使用权归平邑县水土保持局，2010 年 5 月双方签订 30 年土地使用合同。园区交通布局合理，水、电、通信、房建等基础设施配套齐全，于 2014 年 2 月被批准为国家水土保持科技示范园区。

2. 园区功能

(1)科学试验与示范功能区

该区建立了气象因子观测场、16 个径流小区、土壤水文生态监测区、典型沟道控制站、水土流失演示小区和植物根系生长观测区。

(2)小流域综合治理技术示范功能区

该区建立了生态修复区、水平梯田及地堰示范区、金银花苗圃、节水灌溉工程示范区、小型蓄排引水工程示范区、沟道综合整治示范区、裸露地面面蚀防护示范区。

(3)生态休闲与观光功能区

该区以圣龙潭与水杉林为核心，以滨河路为纽带，向周边辐射，形成水土保持措施与果园、草地交相呼应，河流塘坝水瀑相连，景观小品点缀，苍松翠柏成荫，休憩垂钓健身娱乐于一体的绿色休闲空间。建立了水生态景观区、水杉林休憩区和经果林观光采摘区。

(4)园区景色

示范园区景色如图 10-41 至图 10-55 所示。

图 10-41　示范园区景色(1)

图 10-42　示范园区景色(2)

图 10-43　示范园区景色(3)

图 10-44　示范园区景色(4)

图 10-45　示范园区景色(5)

图 10-46　示范园区景色(6)

图 10-47 示范园区景色(7)

图 10-48 示范园区景色(8)

图 10-49 示范园区景色(9)

图 10-50　示范园区景色(10)

图 10-51　示范园区景色(11)

图 10-52　示范园区景色(12)

图 10-53　示范园区景色(13)

图 10-54　示范园区景色(14)

图 10-55　示范园区景色(15)

附录　法律法规

中华人民共和国水土保持法

（1991 年 6 月 29 日第七届全国人民代表大会常务委员会第二十次会议通过，根据 2010 年 12 月 25 日第十一届全国人民代表大会常务委员会第十八次会议修订）

第一章　总　则

第一条　为了预防和治理水土流失，保护和合理利用水土资源，减轻水、旱、风沙灾害，改善生态环境，保障经济社会可持续发展，制定本法。

第二条　在中华人民共和国境内从事水土保持活动，应当遵守本法。

本法所称水土保持，是指对自然因素和人为活动造成水土流失所采取的预防和治理措施。

第三条　水土保持工作实行预防为主、保护优先、全面规划、综合治理、因地制宜、突出重点、科学管理、注重效益的方针。

第四条　县级以上人民政府应当加强对水土保持工作的统一领导，将水土保持工作纳入本级国民经济和社会发展规划，对水土保持规划确定的任务，安排专项资金，并组织实施。

国家在水土流失重点预防区和重点治理区，实行地方各级人民政府水土保持目标责任制和考核奖惩制度。

第五条　国务院水行政主管部门主管全国的水土保持工作。

国务院水行政主管部门在国家确定的重要江河、湖泊设立的流域管理机构（以下简称流域管理机构），在所管辖范围内依法承担水土保持监督管理职责。

县级以上地方人民政府水行政主管部门主管本行政区域的水土保持工作。

县级以上人民政府林业、农业、国土资源等有关部门按照各自职责，做好有关的水土流失预防和治理工作。

第六条　各级人民政府及其有关部门应当加强水土保持宣传和教育工作，普及水土保持科学知识，增强公众的水土保持意识。

第七条　国家鼓励和支持水土保持科学技术研究，提高水土保持科学技术水平，推广先进的水土保持技术，培养水土保持科学技术人才。

第八条　任何单位和个人都有保护水土资源、预防和治理水土流失的义务，并有权对破坏水土资源、造成水土流失的行为进行举报。

第九条　国家鼓励和支持社会力量参与水土保持工作。

对水土保持工作中成绩显著的单位和个人，由县级以上人民政府给予表彰和奖励。

第二章　规　划

第十条　水土保持规划应当在水土流失调查结果及水土流失重点预防区和重点治理区划定的基础上，遵循统筹协调、分类指导的原则编制。

第十一条　国务院水行政主管部门应当定期组织全国水土流失调查并公告调查结果。

省、自治区、直辖市人民政府水行政主管部门负责本行政区域的水土流失调查并公告调查结果，公告前应当将调查结果报国务院水行政主管部门备案。

第十二条　县级以上人民政府应当依据水土流失调查结果划定并公告水土流失重点预防区和重点治理区。

对水土流失潜在危险较大的区域，应当划定为水土流失重点预防区；对水土流失严重的区域，应当划定为水土流失重点治理区。

第十三条　水土保持规划的内容应当包括水土流失状况、水土流失类型区划分、水土流失防治目标、任务和措施等。

水土保持规划包括对流域或者区域预防和治理水土流失、保护和合理利用水土资源作出的整体部署，以及根据整体部署对水土保持专项工作或者特定区域预防和治理水土流失作出的专项部署。

水土保持规划应当与土地利用总体规划、水资源规划、城乡规划和环境保护规划等相协调。

编制水土保持规划，应当征求专家和公众的意见。

第十四条　县级以上人民政府水行政主管部门会同同级人民政府有关部门编制水土保持规划，报本级人民政府或者其授权的部门批准后，由水行政主管部门组织实施。

水土保持规划一经批准，应当严格执行；经批准的规划根据实际情况需要修改的，应当按照规划编制程序报原批准机关批准。

第十五条　有关基础设施建设、矿产资源开发、城镇建设、公共服务设施建设等方面的规划，在实施过程中可能造成水土流失的，规划的组织编制机关应当在规划中提出水土流失预防和治理的对策和措施，并在规划报请审批前征求本级人民政府水行政主管部门的意见。

第三章　预　防

第十六条　地方各级人民政府应当按照水土保持规划，采取封育保护、自然修复等措施，组织单位和个人植树种草，扩大林草覆盖面积，涵养水源，预防和减轻水土流失。

第十七条 地方各级人民政府应当加强对取土、挖砂、采石等活动的管理，预防和减轻水土流失。

禁止在崩塌、滑坡危险区和泥石流易发区从事取土、挖砂、采石等可能造成水土流失的活动。崩塌、滑坡危险区和泥石流易发区的范围，由县级以上地方人民政府划定并公告。崩塌、滑坡危险区和泥石流易发区的划定，应当与地质灾害防治规划确定的地质灾害易发区、重点防治区相衔接。

第十八条 水土流失严重、生态脆弱的地区，应当限制或者禁止可能造成水土流失的生产建设活动，严格保护植物、沙壳、结皮、地衣等。

在侵蚀沟的沟坡和沟岸、河流的两岸以及湖泊和水库的周边，土地所有权人、使用权人或者有关管理单位应当营造植物保护带。禁止开垦、开发植物保护带。

第十九条 水土保持设施的所有权人或者使用权人应当加强对水土保持设施的管理与维护，落实管护责任，保障其功能正常发挥。

第二十条 禁止在二十五度以上陡坡地开垦种植农作物。在二十五度以上陡坡地种植经济林的，应当科学选择树种，合理确定规模，采取水土保持措施，防止造成水土流失。

省、自治区、直辖市根据本行政区域的实际情况，可以规定小于二十五度的禁止开垦坡度。禁止开垦的陡坡地的范围由当地县级人民政府划定并公告。

第二十一条 禁止毁林、毁草开垦和采集发菜。禁止在水土流失重点预防区和重点治理区铲草皮、挖树兜或者滥挖虫草、甘草、麻黄等。

第二十二条 林木采伐应当采用合理方式，严格控制皆伐；对水源涵养林、水土保持林、防风固沙林等防护林只能进行抚育和更新性质的采伐；对采伐区和集材道应当采取防止水土流失的措施，并在采伐后及时更新造林。

在林区采伐林木的，采伐方案中应当有水土保持措施。采伐方案经林业主管部门批准后，由林业主管部门和水行政主管部门监督实施。

第二十三条 在五度以上坡地植树造林、抚育幼林、种植中药材等，应当采取水土保持措施。

在禁止开垦坡度以下、五度以上的荒坡地开垦种植农作物，应当采取水土保持措施。具体办法由省、自治区、直辖市根据本行政区域的实际情况规定。

第二十四条 生产建设项目选址、选线应当避让水土流失重点预防区和重点治理区；无法避让的，应当提高防治标准，优化施工工艺，减少地表扰动和植被损坏范围，有效控制可能造成的水土流失。

第二十五条 在山区、丘陵区、风沙区以及水土保持规划确定的容易发生水土流失的其他区域开办可能造成水土流失的生产建设项目，生产建设单位应当编制水土保持方案，报县级以上人民政府水行政主管部门审批，并按照经批准的水土保持方案，采取水土流失预防和治理措施。没有能力编制水土保持方案的，应当委托具备相应技术条件的机构编制。

水土保持方案应当包括水土流失预防和治理的范围、目标、措施和投资等内容。

水土保持方案经批准后，生产建设项目的地点、规模发生重大变化的，应当补充或者修改水土保持方案并报原审批机关批准。水土保持方案实施过程中，水土保持措施需要作出重大变更的，应当经原审批机关批准。

生产建设项目水土保持方案的编制和审批办法，由国务院水行政主管部门制定。

第二十六条 依法应当编制水土保持方案的生产建设项目，生产建设单位未编制水土保持方案或者水土保持方案未经水行政主管部门批准的，生产建设项目不得开工建设。

第二十七条 依法应当编制水土保持方案的生产建设项目中的水土保持设施，应当与主体工程同时设计、同时施工、同时投产使用；生产建设项目竣工验收，应当验收水土保持设施；水土保持设施未经验收或者验收不合格的，生产建设项目不得投产使用。

第二十八条 依法应当编制水土保持方案的生产建设项目，其生产建设活动中排弃的砂、石、土、矸石、尾矿、废渣等应当综合利用；不能综合利用，确需废弃的，应当堆放在水土保持方案确定的专门存放地，并采取措施保证不产生新的危害。

第二十九条 县级以上人民政府水行政主管部门、流域管理机构，应当对生产建设项目水土保持方案的实施情况进行跟踪检查，发现问题及时处理。

第四章 治 理

第三十条 国家加强水土流失重点预防区和重点治理区的坡耕地改梯田、淤地坝等水土保持重点工程建设，加大生态修复力度。

县级以上人民政府水行政主管部门应当加强对水土保持重点工程的建设管理，建立和完善运行管护制度。

第三十一条 国家加强江河源头区、饮用水水源保护区和水源涵养区水土流失的预防和治理工作，多渠道筹集资金，将水土保持生态效益补偿纳入国家建立的生态效益补偿制度。

第三十二条 开办生产建设项目或者从事其他生产建设活动造成水土流失的，应当进行治理。

在山区、丘陵区、风沙区以及水土保持规划确定的容易发生水土流失的其他区域开办生产建设项目或者从事其他生产建设活动，损坏水土保持设施、地貌植被，不能恢复原有水土保持功能的，应当缴纳水土保持补偿费，专项用于水土流失预防和治理。专项水土流失预防和治理由水行政主管部门负责组织实施。水土保持补偿费的收取使用管理办法由国务院财政部门、国务院价格主管部门会同国务院水行政主管部门制定。

生产建设项目在建设过程中和生产过程中发生的水土保持费用，按照国家统一的财务会计制度处理。

第三十三条 国家鼓励单位和个人按照水土保持规划参与水土流失治理，并在资金、技术、税收等方面予以扶持。

第三十四条 国家鼓励和支持承包治理荒山、荒沟、荒丘、荒滩，防治水土流失，保护和改善生态环境，促进土地资源的合理开发和可持续利用，并依法保护土地承包合同当事人的合法权益。

承包治理荒山、荒沟、荒丘、荒滩和承包水土流失严重地区农村土地的，在依法签订的土地承包合同中应当包括预防和治理水土流失责任的内容。

第三十五条 在水力侵蚀地区，地方各级人民政府及其有关部门应当组织单位和个人，以天然沟壑及其两侧山坡地形成的小流域为单元，因地制宜地采取工程措施、植物措施和保护性耕作等措施，进行坡耕地和沟道水土流失综合治理。

在风力侵蚀地区，地方各级人民政府及其有关部门应当组织单位和个人，因地制宜地采取轮封轮牧、植树种草、设置人工沙障和网格林带等措施，建立防风固沙防护体系。

在重力侵蚀地区，地方各级人民政府及其有关部门应当组织单位和个人，采取监测、径流排导、削坡减载、支挡固坡、修建拦挡工程等措施，建立监测、预报、预警体系。

第三十六条 在饮用水水源保护区，地方各级人民政府及其有关部门应当组织单位和个人，采取预防保护、自然修复和综合治理措施，配套建设植物过滤带，积极推广沼气，开展清洁小流域建设，严格控制化肥和农药的使用，减少水土流失引起的面源污染，保护饮用水水源。

第三十七条 已在禁止开垦的陡坡地上开垦种植农作物的，应当按照国家有关规定退耕，植树种草；耕地短缺、退耕确有困难的，应当修建梯田或者采取其他水土保持措施。

在禁止开垦坡度以下的坡耕地上开垦种植农作物的，应当根据不同情况，采取修建梯田、坡面水系整治、蓄水保土耕作或者退耕等措施。

第三十八条 对生产建设活动所占用土地的地表土应当进行分层剥离、保存和利用，做到土石方挖填平衡，减少地表扰动范围；对废弃的砂、石、土、矸石、尾矿、废渣等存放地，应当采取拦挡、坡面防护、防洪排导等措施。生产建设活动结束后，应当及时在取土场、开挖面和存放地的裸露土地上植树种草、恢复植被，对闭库的尾矿库进行复垦。

在干旱缺水地区从事生产建设活动，应当采取防止风力侵蚀措施，设置降水蓄渗设施，充分利用降水资源。

第三十九条 国家鼓励和支持在山区、丘陵区、风沙区以及容易发生水土流失的其他区域，采取下列有利于水土保持的措施：

（一）免耕、等高耕作、轮耕轮作、草田轮作、间作套种等；

（二）封禁抚育、轮封轮牧、舍饲圈养；

（三）发展沼气、节柴灶，利用太阳能、风能和水能，以煤、电、气代替薪柴等；

（四）从生态脆弱地区向外移民；

（五）其他有利于水土保持的措施。

第五章 监测和监督

第四十条 县级以上人民政府水行政主管部门应当加强水土保持监测工作，发挥水土保持监测工作在政府决策、经济社会发展和社会公众服务中的作用。县级以上人民政府应当保障水土保持监测工作经费。

国务院水行政主管部门应当完善全国水土保持监测网络，对全国水土流失进行动态监测。

第四十一条 对可能造成严重水土流失的大中型生产建设项目，生产建设单位应当自行或者委托具备水土保持监测资质的机构，对生产建设活动造成的水土流失进行监测，并将监测情况定期上报当地水行政主管部门。

从事水土保持监测活动应当遵守国家有关技术标准、规范和规程，保证监测质量。

第四十二条　国务院水行政主管部门和省、自治区、直辖市人民政府水行政主管部门应当根据水土保持监测情况，定期对下列事项进行公告：

（一）水土流失类型、面积、强度、分布状况和变化趋势；

（二）水土流失造成的危害；

（三）水土流失预防和治理情况。

第四十三条　县级以上人民政府水行政主管部门负责对水土保持情况进行监督检查。流域管理机构在其管辖范围内可以行使国务院水行政主管部门的监督检查职权。

第四十四条　水政监督检查人员依法履行监督检查职责时，有权采取下列措施：

（一）要求被检查单位或者个人提供有关文件、证照、资料；

（二）要求被检查单位或者个人就预防和治理水土流失的有关情况作出说明；

（三）进入现场进行调查、取证。

被检查单位或者个人拒不停止违法行为，造成严重水土流失的，报经水行政主管部门批准，可以查封、扣押实施违法行为的工具及施工机械、设备等。

第四十五条　水政监督检查人员依法履行监督检查职责时，应当出示执法证件。被检查单位或者个人对水土保持监督检查工作应当给予配合，如实报告情况，提供有关文件、证照、资料；不得拒绝或者阻碍水政监督检查人员依法执行公务。

第四十六条　不同行政区域之间发生水土流失纠纷应当协商解决；协商不成的，由共同的上一级人民政府裁决。

第六章　法律责任

第四十七条　水行政主管部门或者其他依照本法规定行使监督管理权的部门，不依法作出行政许可决定或者办理批准文件的，发现违法行为或者接到对违法行为的举报不予查处的，或者有其他未依照本法规定履行职责的行为的，对直接负责的主管人员和其他直接责任人员依法给予处分。

第四十八条　违反本法规定，在崩塌、滑坡危险区或者泥石流易发区从事取土、挖砂、采石等可能造成水土流失的活动的，由县级以上地方人民政府水行政主管部门责令停止违法行为，没收违法所得，对个人处一千元以上一万元以下的罚款，对单位处二万元以上二十万元以下的罚款。

第四十九条　违反本法规定，在禁止开垦坡度以上陡坡地开垦种植农作物，或者在禁止开垦、开发的植物保护带内开垦、开发的，由县级以上地方人民政府水行政主管部门责令停止违法行为，采取退耕、恢复植被等补救措施；按照开垦或者开发面积，可以对个人处每平方米二元以下的罚款、对单位处每平方米十元以下的罚款。

第五十条　违反本法规定，毁林、毁草开垦的，依照《中华人民共和国森林法》、《中华人民共和国草原法》的有关规定处罚。

第五十一条　违反本法规定，采集发菜，或者在水土流失重点预防区和重点治理区铲草皮，挖树兜，滥挖虫草、甘草、麻黄等的，由县级以上地方人民政府水行政主管部门责令停止违法行为，采取补救措施，没收违法所得，并处违法所得一倍以上五倍以下的罚款；没有违法所得的，可以处五万元以下的罚款。

在草原地区有前款规定违法行为的，依照《中华人民共和国草原法》的有关规定处罚。

第五十二条 在林区采伐林木不依法采取防止水土流失措施的，由县级以上地方人民政府林业主管部门、水行政主管部门责令限期改正，采取补救措施；造成水土流失的，由水行政主管部门按照造成水土流失的面积处每平方米二元以上十元以下的罚款。

第五十三条 违反本法规定，有下列行为之一的，由县级以上人民政府水行政主管部门责令停止违法行为，限期补办手续；逾期不补办手续的，处五万元以上五十万元以下的罚款；对生产建设单位直接负责的主管人员和其他直接责任人员依法给予处分：

（一）依法应当编制水土保持方案的生产建设项目，未编制水土保持方案或者编制的水土保持方案未经批准而开工建设的；

（二）生产建设项目的地点、规模发生重大变化，未补充、修改水土保持方案或者补充、修改的水土保持方案未经原审批机关批准的；

（三）水土保持方案实施过程中，未经原审批机关批准，对水土保持措施作出重大变更的。

第五十四条 违反本法规定，水土保持设施未经验收或者验收不合格将生产建设项目投产使用的，由县级以上人民政府水行政主管部门责令停止生产或者使用，直至验收合格，并处五万元以上五十万元以下的罚款。

第五十五条 违反本法规定，在水土保持方案确定的专门存放地以外的区域倾倒砂、石、土、矸石、尾矿、废渣等的，由县级以上地方人民政府水行政主管部门责令停止违法行为，限期清理，按照倾倒数量处每立方米十元以上二十元以下的罚款；逾期仍不清理的，县级以上地方人民政府水行政主管部门可以指定有清理能力的单位代为清理，所需费用由违法行为人承担。

第五十六条 违反本法规定，开办生产建设项目或者从事其他生产建设活动造成水土流失，不进行治理的，由县级以上人民政府水行政主管部门责令限期治理；逾期仍不治理的，县级以上人民政府水行政主管部门可以指定有治理能力的单位代为治理，所需费用由违法行为人承担。

第五十七条 违反本法规定，拒不缴纳水土保持补偿费的，由县级以上人民政府水行政主管部门责令限期缴纳；逾期不缴纳的，自滞纳之日起按日加收滞纳部分万分之五的滞纳金，可以处应缴水土保持补偿费三倍以下的罚款。

第五十八条 违反本法规定，造成水土流失危害的，依法承担民事责任；构成违反治安管理行为的，由公安机关依法给予治安管理处罚；构成犯罪的，依法追究刑事责任。

第七章　附　则

第五十九条 县级以上地方人民政府根据当地实际情况确定的负责水土保持工作的机构，行使本法规定的水行政主管部门水土保持工作的职责。

第六十条 本法自 2011 年 3 月 1 日起施行。

中华人民共和国水土保持法实施条例

（1993年8月1日中华人民共和国国务院令第120号发布，根据2011年1月8日《国务院关于废止和修改部分行政法规的决定》修订）

第一章　总　则

第一条　根据《中华人民共和国水土保持法》（以下简称《水土保持法》）的规定，制定本条例。

第二条　一切单位和个人都有权对有下列破坏水土资源、造成水土流失的行为之一的单位和个人，向县级以上人民政府水行政主管部门或者其他有关部门进行检举：

（一）违法毁林或者毁草场开荒，破坏植被的；

（二）违法开垦荒坡地的；

（三）向江河、湖泊、水库和专门存放地以外的沟渠倾倒废弃砂、石、土或者尾矿废渣的；

（四）破坏水土保持设施的；

（五）有破坏水土资源、造成水土流失的其他行为的。

第三条　水土流失防治区的地方人民政府应当实行水土流失防治目标责任制。

第四条　地方人民政府根据当地实际情况设立的水土保持机构，可以行使《水土保持法》和本条例规定的水行政主管部门对水土保持工作的职权。

第五条　县级以上人民政府应当将批准的水土保持规划确定的任务，纳入国民经济和社会发展计划，安排专项资金，组织实施，并可以按照有关规定，安排水土流失地区的部分扶贫资金、以工代赈资金和农业发展基金等资金，用于水土保持。

第六条　水土流失重点防治区按国家、省、县三级划分，具体范围由县级以上人民政府水行政主管部门提出，报同级人民政府批准并公告。

水土流失重点防治区可以分为重点预防保护区、重点监督区和重点治理区。

第七条　水土流失严重的省、自治区、直辖市，可以根据需要，设置水土保持中等专业学校或者在有关院校开设水土保持专业。中小学的有关课程，应当包含水土保持方面的内容。

第二章　预　防

第八条　山区、丘陵区、风沙区的地方人民政府，对从事挖药材、养柞蚕、烧木炭、烧砖瓦等副业生产的单位和个人，必须根据水土保持的要求，加强管理，采取水土保持措施，防止水土流失和生态环境恶化。

第九条 在水土流失严重、草场少的地区，地方人民政府及其有关主管部门应当采取措施，推行舍饲，改变野外放牧习惯。

第十条 地方人民政府及其有关主管部门应当因地制宜，组织营造薪炭林，发展小水电、风力发电，发展沼气，利用太阳能，推广节能灶。

第十一条 《水土保持法》施行前已在禁止开垦的陡坡地上开垦种植农作物的，应当在平地或者缓坡地建设基本农田，提高单位面积产量，将已开垦的陡坡耕地逐步退耕，植树种草；退耕确有困难的，由县级人民政府限期修成梯田，或者采取其他水土保持措施。

第十二条 依法申请开垦荒坡地的，必须同时提出防止水土流失的措施，报县级人民政府水行政主管部门或者其所属的水土保持监督管理机构批准。

第十三条 在林区采伐林木的，采伐方案中必须有采伐区水土保持措施。林业行政主管部门批准采伐方案后，应当将采伐方案抄送水行政主管部门，共同监督实施采伐区水土保持措施。

第十四条 在山区、丘陵区、风沙区修建铁路、公路、水工程，开办矿山企业、电力企业和其他大中型工业企业，其环境影响报告书中的水土保持方案，必须先经水行政主管部门审查同意。

在山区、丘陵区、风沙区依法开办乡镇集体矿山企业和个体申请采矿，必须填写"水土保持方案报告表"，经县级以上地方人民政府水行政主管部门批准后，方可申请办理采矿批准手续。

建设工程中的水土保持设施竣工验收，应当有水行政主管部门参加并签署意见。水土保持设施经验收不合格的，建设工程不得投产使用。

水土保持方案的具体报批办法，由国务院水行政主管部门会同国务院有关主管部门制定。

第十五条 《水土保持法》施行前已建或者在建并造成水土流失的生产建设项目，生产建设单位必须向县级以上地方人民政府水行政主管部门提出水土流失防治措施。

第三章 治 理

第十六条 县级以上地方人民政府应当组织国有农场、林场、牧场和农业集体经济组织及农民，在禁止开垦坡度以下的坡耕地，按照水土保持规划，修筑水平梯田和蓄水保土工程，整治排水系统，治理水土流失。

第十七条 水土流失地区的集体所有的土地承包给个人使用的，应当将治理水土流失的责任列入承包合同。当地乡、民族乡、镇的人民政府和农业集体经济组织应当监督承包合同的履行。

第十八条 荒山、荒沟、荒丘、荒滩的水土流失，可以由农民个人、联户或者专业队承包治理，也可以由企业事业单位或者个人投资投劳入股治理。

实行承包治理的，发包方和承包方应当签订承包治理合同。在承包期内，承包方经发包方同意，可以将承包治理合同转让给第三者。

第十九条　企业事业单位在建设和生产过程中造成水土流失的，应当负责治理。因技术等原因无力自行治理的，可以交纳防治费，由水行政主管部门组织治理。防治费的收取标准和使用管理办法由省级以上人民政府财政部门、主管物价的部门会同水行政主管部门制定。

第二十条　对水行政主管部门投资营造的水土保持林、水源涵养林和防风固沙林进行抚育和更新性质的采伐时，所提取的育林基金应当用于营造水土保持林、水源涵养林和防风固沙林。

第二十一条　建成的水土保持设施和种植的林草，应当按照国家技术标准进行检查验收；验收合格的，应当建立档案，设立标志，落实管护责任制。

任何单位和个人不得破坏或者侵占水土保持设施。企业事业单位在建设和生产过程中损坏水土保持设施的，应当给予补偿。

第四章　监　督

第二十二条　《水土保持法》第二十九条所称水土保持监测网络，是指全国水土保持监测中心，大江大河流域水土保持中心站，省、自治区、直辖市水土保持监测站以及省、自治区、直辖市重点防治区水土保持监测分站。

水土保持监测网络的具体管理办法，由国务院水行政主管部门制定。

第二十三条　国务院水行政主管部门和省、自治区、直辖市人民政府水行政主管部门应当定期分别公告水土保持监测情况。公告应当包括下列事项：

(一)水土流失的面积、分布状况和流失程度；

(二)水土流失造成的危害及其发展趋势；

(三)水土流失防治情况及其效益。

第二十四条　有水土流失防治任务的企业事业单位，应当定期向县级以上地方人民政府水行政主管部门通报本单位水土流失防治工作的情况。

第二十五条　县级以上地方人民政府水行政主管部门及其所属的水土保持监督管理机构，应当对《水土保持法》和本条例的执行情况实施监督检查。水土保持监督人员依法执行公务时，应当持有县级以上人民政府颁发的水土保持监督检查证件。

第五章　法律责任

第二十六条　依照《水土保持法》第三十二条的规定处以罚款的，罚款幅度为非法开垦的陡坡地每平方米一元至二元。

第二十七条　依照《水土保持法》第三十三条的规定处以罚款的，罚款幅度为擅自开垦的荒坡地每平方米零点五元至一元。

第二十八条　依照《水土保持法》第三十四条的规定处以罚款的，罚款幅度为五百元以上、五千元以下。

第二十九条　依照《水土保持法》第三十五条的规定处以罚款的，罚款幅度为造成的水土流失面积每平方米二元至五元。

第三十条 依照《水土保持法》第三十六条的规定处以罚款的，罚款幅度为一千元以上、一万元以下。

第三十一条 破坏水土保持设施，尚不够刑事处罚的，由公安机关依照《中华人民共和国治安管理处罚条例》的有关规定予以处罚。

第三十二条 依照《水土保持法》第三十九条第二款的规定，请求水行政主管部门处理赔偿责任和赔偿金额纠纷的，应当提出申请报告。申请报告应当包括下列事项：

(一)当事人的基本情况；

(二)受到水土流失危害的时间、地点、范围；

(三)损失清单；

(四)证据。

第三十三条 由于发生不可抗拒的自然灾害而造成水土流失时，有关单位和个人应当向水行政主管部门报告不可抗拒的自然灾害的种类、程度、时间和已采取的措施等情况，经水行政主管部门查实并作出“不能避免造成水土流失危害”认定的，免予承担责任。

第六章　附　则

第三十四条 本条例由国务院水行政主管部门负责解释。

第三十五条 本条例自发布之日起施行。

开发建设项目水土保持方案编报审批管理规定

(1995 年 5 月 30 日水利部令第 5 号公布，根据 2005 年 7 月 8 日《水利部关于修改部分水利行政许可规章的决定》修改)

第一条 为了加强水土保持方案编制、申报、审批的管理，根据《中华人民共和国水土保持法》、《中华人民共和国水土保持法实施条例》和国家计委、水利部、国家环保局发布的《开发建设项目水土保持方案管理办法》，制定本规定。

第二条 凡从事有可能造成水土流失的开发建设单位和个人，必须编报水土保持方案。其中，审批制项目，在报送可行性研究报告前完成水土保持方案报批手续；核准制项目，在提交项目申请报告前完成水土保持方案报批手续；备案制项目，在办理备案手续后、项目开工前完成水土保持方案报批手续。经批准的水土保持方案应当纳入下阶段设计文件中。

第三条 开发建设项目的初步设计，应当依据水土保持技术标准和经批准的水土保持方案，编制水土保持篇章，落实水土流失防治措施和投资概算。初步设计审查时应当有水土保持方案审批机关参加。

第四条　水土保持方案分为水土保持方案报告书和水土保持方案报告表。

凡征占地面积在一公顷以上或者挖填土石方总量在一万立方米以上的开发建设项目,应当编报水土保持方案报告书;其他开发建设项目应当编报水土保持方案报告表。

水土保持方案报告书、水土保持方案报告表的内容和格式应当符合《开发建设项目水土保持方案技术规范》和有关规定。

第五条　水土保持方案的编报工作由开发建设单位或者个人负责。具体编制水土保持方案的单位和人员,应当具有相应的技术能力和业务水平,并由有关行业组织实施管理,具体管理办法由该行业组织制定。

第六条　编制水土保持方案所需费用应当根据编制工作量确定,并纳入项目前期费用。

第七条　水土保持方案必须先经水行政主管部门审查批准,开发建设单位或者个人方可办理土地使用、环境影响评价审批、项目立项审批或者核准(备案)等其他有关手续。

第八条　水行政主管部门审批水土保持方案实行分级审批制度,县级以上地方人民政府水行政主管部门审批的水土保持方案,应报上一级人民政府水行政主管部门备案。

中央立项,且征占地面积在五十公顷以上或者挖填土石方总量在五十万立方米以上的开发建设项目或者限额以上技术改造项目,水土保持方案报告书由国务院水行政主管部门审批。中央立项,征占地面积不足五十公顷且挖填土石方总量不足五十万立方米的开发建设项目,水土保持方案报告书由省级水行政主管部门审批。

地方立项的开发建设项目和限额以下技术改造项目,水土保持方案报告书由相应级别的水行政主管部门审批。

水土保持方案报告表由开发建设项目所在地县级水行政主管部门审批。

跨地区项目的水土保持方案,报上一级水行政主管部门审批。

第九条　开发建设单位或者个人要求审批水土保持方案的,应当向有审批权的水行政主管部门提交书面申请和水土保持方案报告书或者水土保持方案报告表各一式三份。

有审批权的水行政主管部门受理申请后,应当依据有关法律、法规和技术规范组织审查,或者委托有关机构进行技术评审。水行政主管部门应当自受理水土保持方案报告书审批申请之日起二十日内,或者应当自受理水土保持方案报告表审批申请之日起十日内,作出审查决定。但是,技术评审时间除外。对于特殊性质或者特大型开发建设项目的水土保持方案报告书,二十日内不能作出审查决定的,经本行政机关负责人批准,可以延长十日,并应当将延长期限的理由告知申请单位或者个人。

第十条　水土保持方案报告的审批条件如下:

(一)符合有关法律、法规、规章和规范性文件规定;

(二)符合《开发建设项目水土保持方案技术规范》等国家、行业的水土保持技术规范、标准;

(三)水土流失防治责任范围明确;

(四)水土流失防治措施合理、有效,与周边环境相协调,并达到主体工程设计深度;

(五)水土保持投资估算编制依据可靠、方法合理、结果正确;

(六)水土保持监测的内容和方法得当。

第十一条 经审批的项目,如性质、规模、建设地点等发生变化时,项目单位或个人应及时修改水土保持方案,并按照本规定的程序报原批准单位审批。

第十二条 项目单位必须严格按照水行政主管部门批准的水土保持方案进行设计、施工。项目工程竣工验收时,必须由水行政主管部门同时验收水土保持设施。水土保持设施验收不合格的,项目工程不得投产使用。

第十三条 水土保持方案未经审批擅自开工建设或者进行施工准备的,由县级以上人民政府水行政主管部门责令停止违法行为,采取补救措施。当事人从事非经营活动的,可以处一千元以下罚款;当事人从事经营活动,有违法所得的,可以处违法所得三倍以下罚款,但是最高不得超过三万元,没有违法所得的,可以处一万元以下罚款,法律、法规另有规定的除外。

第十四条 地方人民政府根据当地实际情况设立的水土保持机构,可行使本规定中水行政主管部门的职权。

第十五条 本规定由水利部负责解释。

第十六条 本规定自发布之日起施行。

开发建设项目水土保持设施验收管理办法

(2002 年 10 月 14 日水利部令第 16 号公布,根据 2005 年 7 月 8 日水利部令第 24 号《水利部关于修改部分水利行政许可规章的决定》修订)

第一条 为加强开发建设项目水土保持设施的验收工作,根据《中华人民共和国水土保持法》及其实施条例,制定本办法。

第二条 本办法适用于编制水土保持方案报告书的开发建设项目水土保持设施的验收。

编制水土保持方案报告表的开发建设项目水土保持设施的验收,可以参照本办法执行。

第三条 开发建设项目所在地的县级以上地方人民政府水行政主管部门,应当定期对水土保持方案实施情况和水土保持设施运行情况进行监督检查。

第四条 开发建设项目水土保持设施经验收合格后,该项目方可正式投入生产或者使用。

第五条 县级以上人民政府水行政主管部门或者其委托的机构,负责开发建设项目水土保持设施验收工作的组织实施和监督管理。

县级以上人民政府水行政主管部门按照开发建设项目水土保持方案的审批权限,负责项目的水土保持设施的验收工作。

县级以上地方人民政府水行政主管部门组织完成的水土保持设施验收材料，应当报上一级人民政府水行政主管部门备案。

第六条 水土保持设施验收的范围应当与批准的水土保持方案及批复文件一致。

水土保持设施验收工作的主要内容为：检查水土保持设施是否符合设计要求、施工质量、投资使用和管理维护责任落实情况，评价防治水土流失效果，对存在问题提出处理意见等。

第七条 水土保持设施符合下列条件的，方可确定为验收合格：

（一）开发建设项目水土保持方案审批手续完备，水土保持工程设计、施工、监理、财务支出、水土流失监测报告等资料齐全；

（二）水土保持设施按批准的水土保持方案报告书和设计文件的要求建成，符合主体工程和水土保持的要求；

（三）治理程度、拦渣率、植被恢复率、水土流失控制量等指标达到了批准的水土保持方案和批复文件的要求及国家和地方的有关技术标准；

（四）水土保持设施具备正常运行条件，且能持续、安全、有效运转，符合交付使用要求。水土保持设施的管理、维护措施落实。

第八条 在开发建设项目土建工程完成后，应当及时开展水土保持设施的验收工作。建设单位应当会同水土保持方案编制单位，依据批复的水土保持方案报告书、设计文件的内容和工程量，对水土保持设施完成情况进行检查，编制水土保持方案实施工作总结报告和水土保持设施竣工验收技术报告（编制提纲见附件）。对于符合本办法第七条所列验收合格条件的，方可向审批该水土保持方案的机关提出水土保持设施验收申请。

第九条 国务院水行政主管部门负责验收的开发建设项目，应当先进行技术评估。

省级水行政主管部门负责验收的开发建设项目，可以根据具体情况参照前款规定执行。

地、县级水行政主管部门负责验收的开发建设项目，可以直接进行竣工验收。

第十条 技术评估，由具有水土保持生态建设咨询评估资质的机构承担。

承担技术评估的机构，应当组织水土保持、水工、植物、财务经济等方面的专家，依据批准的水土保持方案、批复文件和水土保持验收规程规范对水土保持设施进行评估，并提交评估报告。

第十一条 县级以上人民政府水行政主管部门在受理验收申请后，应当组织有关单位的代表和专家成立验收组，依据验收申请、有关成果和资料，检查建设现场，提出验收意见。其中，对依照本办法第九条规定，需要先进行技术评估的开发建设项目，建设单位在提交验收申请时，应当同时附上技术评估报告。

建设单位、水土保持方案编制单位、设计单位、施工单位、监理单位、监测报告编制单位应当参加现场验收。

第十二条 验收合格意见必须经三分之二以上验收组成员同意，由验收组成员及被验收单位的代表在验收成果文件上签字。

第十三条 县级以上人民政府水行政主管部门应当自受理验收申请之日起二十日内作出验收结论。

对验收合格的项目,水行政主管部门应当自作出验收结论之日起十日内办理验收合格手续,作为开发建设项目竣工验收的重要依据之一。

对验收不合格的项目,负责验收的水行政主管部门应当责令建设单位限期整改,直至验收合格。

第十四条 分期建设、分期投入生产或者使用的开发建设项目,其相应的水土保持设施应当按照本办法进行分期验收。

第十五条 水土保持设施验收合格并交付使用后,建设单位或经营管理单位应当加强对水土保持设施的管理和维护,确保水土保持设施安全、有效运行。

第十六条 违反本办法,水土保持设施未建成、未经验收或者验收不合格,主体工程已投入运行的,由审批该建设项目水土保持方案的水行政主管部门责令限期完建有关工程并办理验收手续,逾期未办理的,可以处以一万元以下的罚款。

第十七条 开发建设项目水土保持设施验收的有关费用,由项目建设单位承担。

第十八条 本办法由水利部负责解释。

第十九条 本办法自 2002 年 12 月 1 日起施行。

中华人民共和国环境保护法

(1989 年 12 月 26 日第七届全国人民代表大会常务委员会第十一次会议通过,根据 2014 年 4 月 24 日第十二届全国人民代表大会常务委员会第八次会议修订,自 2015 年 1 月 1 日起施行)

第一章 总 则

第一条 为保护和改善环境,防治污染和其他公害,保障公众健康,推进生态文明建设,促进经济社会可持续发展,制定本法。

第二条 本法所称环境,是指影响人类生存和发展的各种天然的和经过人工改造的自然因素的总体,包括大气、水、海洋、土地、矿藏、森林、草原、湿地、野生生物、自然遗迹、人文遗迹、自然保护区、风景名胜区、城市和乡村等。

第三条 本法适用于中华人民共和国领域和中华人民共和国管辖的其他海域。

第四条 保护环境是国家的基本国策。

国家采取有利于节约和循环利用资源、保护和改善环境、促进人与自然和谐的经济、技术政策和措施,使经济社会发展与环境保护相协调。

第五条 环境保护坚持保护优先、预防为主、综合治理、公众参与、损害担责的原则。

第六条 一切单位和个人都有保护环境的义务。

地方各级人民政府应当对本行政区域的环境质量负责。

企业事业单位和其他生产经营者应当防止、减少环境污染和生态破坏,对所造成的损害依法承担责任。

公民应当增强环境保护意识,采取低碳、节俭的生活方式,自觉履行环境保护义务。

第七条 国家支持环境保护科学技术研究、开发和应用,鼓励环境保护产业发展,促进环境保护信息化建设,提高环境保护科学技术水平。

第八条 各级人民政府应当加大保护和改善环境、防治污染和其他公害的财政投入,提高财政资金的使用效益。

第九条 各级人民政府应当加强环境保护宣传和普及工作,鼓励基层群众性自治组织、社会组织、环境保护志愿者开展环境保护法律法规和环境保护知识的宣传,营造保护环境的良好风气。

教育行政部门、学校应当将环境保护知识纳入学校教育内容,培养学生的环境保护意识。

新闻媒体应当开展环境保护法律法规和环境保护知识的宣传,对环境违法行为进行舆论监督。

第十条 国务院环境保护主管部门,对全国环境保护工作实施统一监督管理;县级以上地方人民政府环境保护主管部门,对本行政区域环境保护工作实施统一监督管理。

县级以上人民政府有关部门和军队环境保护部门,依照有关法律的规定对资源保护和污染防治等环境保护工作实施监督管理。

第十一条 对保护和改善环境有显著成绩的单位和个人,由人民政府给予奖励。

第十二条 每年6月5日为环境日。

第二章 监督管理

第十三条 县级以上人民政府应当将环境保护工作纳入国民经济和社会发展规划。

国务院环境保护主管部门会同有关部门,根据国民经济和社会发展规划编制国家环境保护规划,报国务院批准并公布实施。

县级以上地方人民政府环境保护主管部门会同有关部门,根据国家环境保护规划的要求,编制本行政区域的环境保护规划,报同级人民政府批准并公布实施。

环境保护规划的内容应当包括生态保护和污染防治的目标、任务、保障措施等,并与主体功能区规划、土地利用总体规划和城乡规划等相衔接。

第十四条 国务院有关部门和省、自治区、直辖市人民政府组织制定经济、技术政策,应当充分考虑对环境的影响,听取有关方面和专家的意见。

第十五条 国务院环境保护主管部门制定国家环境质量标准。

省、自治区、直辖市人民政府对国家环境质量标准中未作规定的项目,可以制定地方环境质量标准;对国家环境质量标准中已作规定的项目,可以制定严于国家环境质量标准的地方环境质量标准。地方环境质量标准应当报国务院环境保护主管部门备案。

国家鼓励开展环境基准研究。

第十六条 国务院环境保护主管部门根据国家环境质量标准和国家经济、技术条件,制定国家污染物排放标准。

省、自治区、直辖市人民政府对国家污染物排放标准中未作规定的项目，可以制定地方污染物排放标准；对国家污染物排放标准中已作规定的项目，可以制定严于国家污染物排放标准的地方污染物排放标准。地方污染物排放标准应当报国务院环境保护主管部门备案。

第十七条 国家建立、健全环境监测制度。国务院环境保护主管部门制定监测规范，会同有关部门组织监测网络，统一规划国家环境质量监测站(点)的设置，建立监测数据共享机制，加强对环境监测的管理。

有关行业、专业等各类环境质量监测站(点)的设置应当符合法律法规规定和监测规范的要求。

监测机构应当使用符合国家标准的监测设备，遵守监测规范。监测机构及其负责人对监测数据的真实性和准确性负责。

第十八条 省级以上人民政府应当组织有关部门或者委托专业机构，对环境状况进行调查、评价，建立环境资源承载能力监测预警机制。

第十九条 编制有关开发利用规划，建设对环境有影响的项目，应当依法进行环境影响评价。

未依法进行环境影响评价的开发利用规划，不得组织实施；未依法进行环境影响评价的建设项目，不得开工建设。

第二十条 国家建立跨行政区域的重点区域、流域环境污染和生态破坏联合防治协调机制，实行统一规划、统一标准、统一监测、统一的防治措施。

前款规定以外的跨行政区域的环境污染和生态破坏的防治，由上级人民政府协调解决，或者由有关地方人民政府协商解决。

第二十一条 国家采取财政、税收、价格、政府采购等方面的政策和措施，鼓励和支持环境保护技术装备、资源综合利用和环境服务等环境保护产业的发展。

第二十二条 企业事业单位和其他生产经营者，在污染物排放符合法定要求的基础上，进一步减少污染物排放的，人民政府应当依法采取财政、税收、价格、政府采购等方面的政策和措施予以鼓励和支持。

第二十三条 企业事业单位和其他生产经营者，为改善环境，依照有关规定转产、搬迁、关闭的，人民政府应当予以支持。

第二十四条 县级以上人民政府环境保护主管部门及其委托的环境监察机构和其他负有环境保护监督管理职责的部门，有权对排放污染物的企业事业单位和其他生产经营者进行现场检查。被检查者应当如实反映情况，提供必要的资料。实施现场检查的部门、机构及其工作人员应当为被检查者保守商业秘密。

第二十五条 企业事业单位和其他生产经营者违反法律法规规定排放污染物，造成或者可能造成严重污染的，县级以上人民政府环境保护主管部门和其他负有环境保护监督管理职责的部门，可以查封、扣押造成污染物排放的设施、设备。

第二十六条 国家实行环境保护目标责任制和考核评价制度。县级以上人民政府应当将环境保护目标完成情况纳入对本级人民政府负有环境保护监督管理职责的部门及其负责人和下级人民政府及其负责人的考核内容，作为对其考核评价的重要依据。考核结果应当向社会公开。

第二十七条 县级以上人民政府应当每年向本级人民代表大会或者人民代表大会常务委员会报告环境状况和环境保护目标完成情况，对发生的重大环境事件应当及时向本级人民代表大会常务委员会报告，依法接受监督。

第三章 保护和改善环境

第二十八条 地方各级人民政府应当根据环境保护目标和治理任务，采取有效措施，改善环境质量。

未达到国家环境质量标准的重点区域、流域的有关地方人民政府，应当制定限期达标规划，并采取措施按期达标。

第二十九条 国家在重点生态功能区、生态环境敏感区和脆弱区等区域划定生态保护红线，实行严格保护。

各级人民政府对具有代表性的各种类型的自然生态系统区域，珍稀、濒危的野生动植物自然分布区域，重要的水源涵养区域，具有重大科学文化价值的地质构造、著名溶洞和化石分布区、冰川、火山、温泉等自然遗迹，以及人文遗迹、古树名木，应当采取措施予以保护，严禁破坏。

第三十条 开发利用自然资源，应当合理开发，保护生物多样性，保障生态安全，依法制定有关生态保护和恢复治理方案并予以实施。

引进外来物种以及研究、开发和利用生物技术，应当采取措施，防止对生物多样性的破坏。

第三十一条 国家建立、健全生态保护补偿制度。

国家加大对生态保护地区的财政转移支付力度。有关地方人民政府应当落实生态保护补偿资金，确保其用于生态保护补偿。

国家指导受益地区和生态保护地区人民政府通过协商或者按照市场规则进行生态保护补偿。

第三十二条 国家加强对大气、水、土壤等的保护，建立和完善相应的调查、监测、评估和修复制度。

第三十三条 各级人民政府应当加强对农业环境的保护，促进农业环境保护新技术的使用，加强对农业污染源的监测预警，统筹有关部门采取措施，防治土壤污染和土地沙化、盐渍化、贫瘠化、石漠化、地面沉降以及防治植被破坏、水土流失、水体富营养化、水源枯竭、种源灭绝等生态失调现象，推广植物病虫害的综合防治。

县级、乡级人民政府应当提高农村环境保护公共服务水平，推动农村环境综合整治。

第三十四条 国务院和沿海地方各级人民政府应当加强对海洋环境的保护。向海洋排放污染物、倾倒废弃物，进行海岸工程和海洋工程建设，应当符合法律法规规定和有关标准，防止和减少对海洋环境的污染损害。

第三十五条 城乡建设应当结合当地自然环境的特点，保护植被、水域和自然景观，加强城市园林、绿地和风景名胜区的建设与管理。

第三十六条 国家鼓励和引导公民、法人和其他组织使用有利于保护环境的产品和再生产品，减少废弃物的产生。

国家机关和使用财政资金的其他组织应当优先采购和使用节能、节水、节材等有利于保护环境的产品、设备和设施。

第三十七条 地方各级人民政府应当采取措施，组织对生活废弃物的分类处置、回收利用。

第三十八条 公民应当遵守环境保护法律法规，配合实施环境保护措施，按照规定对生活废弃物进行分类放置，减少日常生活对环境造成的损害。

第三十九条 国家建立、健全环境与健康监测、调查和风险评估制度；鼓励和组织开展环境质量对公众健康影响的研究，采取措施预防和控制与环境污染有关的疾病。

第四章 防治污染和其他公害

第四十条 国家促进清洁生产和资源循环利用。

国务院有关部门和地方各级人民政府应当采取措施，推广清洁能源的生产和使用。

企业应当优先使用清洁能源，采用资源利用率高、污染物排放量少的工艺、设备以及废弃物综合利用技术和污染物无害化处理技术，减少污染物的产生。

第四十一条 建设项目中防治污染的设施，应当与主体工程同时设计、同时施工、同时投产使用。防治污染的设施应当符合经批准的环境影响评价文件的要求，不得擅自拆除或者闲置。

第四十二条 排放污染物的企业事业单位和其他生产经营者，应当采取措施，防治在生产建设或者其他活动中产生的废气、废水、废渣、医疗废物、粉尘、恶臭气体、放射性物质以及噪声、振动、光辐射、电磁辐射等对环境的污染和危害。

排放污染物的企业事业单位，应当建立环境保护责任制度，明确单位负责人和相关人员的责任。

重点排污单位应当按照国家有关规定和监测规范安装使用监测设备，保证监测设备正常运行，保存原始监测记录。

严禁通过暗管、渗井、渗坑、灌注或者篡改、伪造监测数据，或者不正常运行防治污染设施等逃避监管的方式违法排放污染物。

第四十三条 排放污染物的企业事业单位和其他生产经营者，应当按照国家有关规定缴纳排污费。排污费应当全部专项用于环境污染防治，任何单位和个人不得截留、挤占或者挪作他用。

依照法律规定征收环境保护税的，不再征收排污费。

第四十四条 国家实行重点污染物排放总量控制制度。重点污染物排放总量控制指标由国务院下达，省、自治区、直辖市人民政府分解落实。企业事业单位在执行国家和地方污染物排放标准的同时，应当遵守分解落实到本单位的重点污染物排放总量控制指标。

对超过国家重点污染物排放总量控制指标或者未完成国家确定的环境质量目标的地区，省级以上人民政府环境保护主管部门应当暂停审批其新增重点污染物排放总量的建设项目环境影响评价文件。

第四十五条 国家依照法律规定实行排污许可管理制度。

实行排污许可管理的企业事业单位和其他生产经营者应当按照排污许可证的要求排放污染物;未取得排污许可证的,不得排放污染物。

第四十六条 国家对严重污染环境的工艺、设备和产品实行淘汰制度。任何单位和个人不得生产、销售或者转移、使用严重污染环境的工艺、设备和产品。

禁止引进不符合我国环境保护规定的技术、设备、材料和产品。

第四十七条 各级人民政府及其有关部门和企业事业单位,应当依照《中华人民共和国突发事件应对法》的规定,做好突发环境事件的风险控制、应急准备、应急处置和事后恢复等工作。

县级以上人民政府应当建立环境污染公共监测预警机制,组织制定预警方案;环境受到污染,可能影响公众健康和环境安全时,依法及时公布预警信息,启动应急措施。

企业事业单位应当按照国家有关规定制定突发环境事件应急预案,报环境保护主管部门和有关部门备案。在发生或者可能发生突发环境事件时,企业事业单位应当立即采取措施处理,及时通报可能受到危害的单位和居民,并向环境保护主管部门和有关部门报告。

突发环境事件应急处置工作结束后,有关人民政府应当立即组织评估事件造成的环境影响和损失,并及时将评估结果向社会公布。

第四十八条 生产、储存、运输、销售、使用、处置化学物品和含有放射性物质的物品,应当遵守国家有关规定,防止污染环境。

第四十九条 各级人民政府及其农业等有关部门和机构应当指导农业生产经营者科学种植和养殖,科学合理施用农药、化肥等农业投入品,科学处置农用薄膜、农作物秸秆等农业废弃物,防止农业面源污染。

禁止将不符合农用标准和环境保护标准的固体废物、废水施入农田。施用农药、化肥等农业投入品及进行灌溉,应当采取措施,防止重金属和其他有毒有害物质污染环境。

畜禽养殖场、养殖小区、定点屠宰企业等的选址、建设和管理应当符合有关法律法规规定。从事畜禽养殖和屠宰的单位和个人应当采取措施,对畜禽粪便、尸体和污水等废弃物进行科学处置,防止污染环境。

县级人民政府负责组织农村生活废弃物的处置工作。

第五十条 各级人民政府应当在财政预算中安排资金,支持农村饮用水水源地保护、生活污水和其他废弃物处理、畜禽养殖和屠宰污染防治、土壤污染防治和农村工矿污染治理等环境保护工作。

第五十一条 各级人民政府应当统筹城乡建设污水处理设施及配套管网,固体废物的收集、运输和处置等环境卫生设施,危险废物集中处置设施、场所以及其他环境保护公共设施,并保障其正常运行。

第五十二条 国家鼓励投保环境污染责任保险。

第五章　信息公开和公众参与

第五十三条　公民、法人和其他组织依法享有获取环境信息、参与和监督环境保护的权利。

各级人民政府环境保护主管部门和其他负有环境保护监督管理职责的部门，应当依法公开环境信息、完善公众参与程序，为公民、法人和其他组织参与和监督环境保护提供便利。

第五十四条　国务院环境保护主管部门统一发布国家环境质量、重点污染源监测信息及其他重大环境信息。省级以上人民政府环境保护主管部门定期发布环境状况公报。

县级以上人民政府环境保护主管部门和其他负有环境保护监督管理职责的部门，应当依法公开环境质量、环境监测、突发环境事件以及环境行政许可、行政处罚、排污费的征收和使用情况等信息。

县级以上地方人民政府环境保护主管部门和其他负有环境保护监督管理职责的部门，应当将企业事业单位和其他生产经营者的环境违法信息记入社会诚信档案，及时向社会公布违法者名单。

第五十五条　重点排污单位应当如实向社会公开其主要污染物的名称、排放方式、排放浓度和总量、超标排放情况，以及防治污染设施的建设和运行情况，接受社会监督。

第五十六条　对依法应当编制环境影响报告书的建设项目，建设单位应当在编制时向可能受影响的公众说明情况，充分征求意见。

负责审批建设项目环境影响评价文件的部门在收到建设项目环境影响报告书后，除涉及国家秘密和商业秘密的事项外，应当全文公开；发现建设项目未充分征求公众意见的，应当责成建设单位征求公众意见。

第五十七条　公民、法人和其他组织发现任何单位和个人有污染环境和破坏生态行为的，有权向环境保护主管部门或者其他负有环境保护监督管理职责的部门举报。

公民、法人和其他组织发现地方各级人民政府、县级以上人民政府环境保护主管部门和其他负有环境保护监督管理职责的部门不依法履行职责的，有权向其上级机关或者监察机关举报。

接受举报的机关应当对举报人的相关信息予以保密，保护举报人的合法权益。

第五十八条　对污染环境、破坏生态，损害社会公共利益的行为，符合下列条件的社会组织可以向人民法院提起诉讼：

（一）依法在设区的市级以上人民政府民政部门登记；

（二）专门从事环境保护公益活动连续五年以上且无违法记录。

符合前款规定的社会组织向人民法院提起诉讼，人民法院应当依法受理。

提起诉讼的社会组织不得通过诉讼牟取经济利益。

第六章 法律责任

第五十九条 企业事业单位和其他生产经营者违法排放污染物，受到罚款处罚，被责令改正，拒不改正的，依法作出处罚决定的行政机关可以自责令改正之日的次日起，按照原处罚数额按日连续处罚。

前款规定的罚款处罚，依照有关法律法规按照防治污染设施的运行成本、违法行为造成的直接损失或者违法所得等因素确定的规定执行。

地方性法规可以根据环境保护的实际需要，增加第一款规定的按日连续处罚的违法行为的种类。

第六十条 企业事业单位和其他生产经营者超过污染物排放标准或者超过重点污染物排放总量控制指标排放污染物的，县级以上人民政府环境保护主管部门可以责令其采取限制生产、停产整治等措施；情节严重的，报经有批准权的人民政府批准，责令停业、关闭。

第六十一条 建设单位未依法提交建设项目环境影响评价文件或者环境影响评价文件未经批准，擅自开工建设的，由负有环境保护监督管理职责的部门责令停止建设，处以罚款，并可以责令恢复原状。

第六十二条 违反本法规定，重点排污单位不公开或者不如实公开环境信息的，由县级以上地方人民政府环境保护主管部门责令公开，处以罚款，并予以公告。

第六十三条 企业事业单位和其他生产经营者有下列行为之一，尚不构成犯罪的，除依照有关法律法规规定予以处罚外，由县级以上人民政府环境保护主管部门或者其他有关部门将案件移送公安机关，对其直接负责的主管人员和其他直接责任人员，处十日以上十五日以下拘留；情节较轻的，处五日以上十日以下拘留：

(一)建设项目未依法进行环境影响评价，被责令停止建设，拒不执行的；

(二)违反法律规定，未取得排污许可证排放污染物，被责令停止排污，拒不执行的；

(三)通过暗管、渗井、渗坑、灌注或者篡改、伪造监测数据，或者不正常运行防治污染设施等逃避监管的方式违法排放污染物的；

(四)生产、使用国家明令禁止生产、使用的农药，被责令改正，拒不改正的。

第六十四条 因污染环境和破坏生态造成损害的，应当依照《中华人民共和国侵权责任法》的有关规定承担侵权责任。

第六十五条 环境影响评价机构、环境监测机构以及从事环境监测设备和防治污染设施维护、运营的机构，在有关环境服务活动中弄虚作假，对造成的环境污染和生态破坏负有责任的，除依照有关法律法规规定予以处罚外，还应当与造成环境污染和生态破坏的其他责任者承担连带责任。

第六十六条 提起环境损害赔偿诉讼的时效期间为三年，从当事人知道或者应当知道其受到损害时起计算。

第六十七条 上级人民政府及其环境保护主管部门应当加强对下级人民政府及其有关部门环境保护工作的监督。发现有关工作人员有违法行为，依法应当给予处分的，应当向其任免机关或者监察机关提出处分建议。

依法应当给予行政处罚，而有关环境保护主管部门不给予行政处罚的，上级人民政府环境保护主管部门可以直接作出行政处罚的决定。

第六十八条 地方各级人民政府、县级以上人民政府环境保护主管部门和其他负有环境保护监督管理职责的部门有下列行为之一的，对直接负责的主管人员和其他直接责任人员给予记过、记大过或者降级处分；造成严重后果的，给予撤职或者开除处分，其主要负责人应当引咎辞职：

（一）不符合行政许可条件准予行政许可的；

（二）对环境违法行为进行包庇的；

（三）依法应当作出责令停业、关闭的决定而未作出的；

（四）对超标排放污染物、采用逃避监管的方式排放污染物、造成环境事故以及不落实生态保护措施造成生态破坏等行为，发现或者接到举报未及时查处的；

（五）违反本法规定，查封、扣押企业事业单位和其他生产经营者的设施、设备的；

（六）篡改、伪造或者指使篡改、伪造监测数据的；

（七）应当依法公开环境信息而未公开的；

（八）将征收的排污费截留、挤占或者挪作他用的；

（九）法律法规规定的其他违法行为。

第六十九条 违反本法规定，构成犯罪的，依法追究刑事责任。

第七章 附 则

第七十条 本法自 2015 年 1 月 1 日起施行。

建设项目环境保护管理条例（修订草案征求意见稿）

第一章 总 则

第一条 为防止、减少建设项目环境污染和生态破坏，根据《中华人民共和国环境保护法》和《中华人民共和国环境影响评价法》，制定本条例。

第二条 在中华人民共和国领域和中华人民共和国管辖的其他海域内建设对环境有影响的建设项目，适用本条例。

第三条 【建设项目要求】建设项目的选址（选线）、布局和规模，应当遵守生态保护红线的规定，符合环境质量改善目标和依法开展的相关规划及规划环境影响评价总体要求。

建设产生污染的建设项目，必须遵守污染物排放的国家标准和地方标准；按照排污许可证排放污染物。

第四条　【“以新带老”要求】改建、扩建项目和技术改造项目应当采取措施，治理与该项目有关的环境污染和生态破坏。

第五条　【信息公开与公众参与】各级环境保护主管部门应当依法公开建设项目的环境管理信息。建设单位应当如实向社会公开建设项目环境影响评价情况，以及环境保护设施建设和运行情况，畅通参与和监督渠道，保障公众的环境保护知情权、参与权和监督权，接受社会监督。

第六条　【建设项目环境保护基础性工作】国务院环境保护主管部门应当按照行政审批要求规范建设项目环境保护准入条件、审批原则，建立和完善建设项目环境影响评价、环境影响技术评估、环境监理、环境影响后评价等相关技术规范。

第二章　环境影响评价

第七条　【分级分类管理】根据建设项目对环境的影响程度，对建设项目的环境保护实行分级分类管理：

建设项目环境影响报告书、环境影响报告表，由建设单位报有审批权的环境保护主管部门审批；建设项目环境影响登记表，报所在地环境保护主管部门备案。

第八条　【在线管理】各级环境保护主管部门应当建立建设项目在线审批监管平台(以下简称在线平台)，实现网上申请、受理、审批和监督。

各级环境保护主管部门应当在在线平台上发布环境影响评价管理服务指南，环境影响评价服务指南应当列明环境影响评价审批的申请材料及所需附件、受理方式、办理流程、办理时限、审查条件等内容。

第九条　【申请和受理】建设项目环境影响报告书(表)实行在线申请和受理，国家规定需要保密的除外。建设单位对提交的申请材料真实性、合法性和完整性负责。

建设单位提交的申请材料齐全、符合法定形式的，环境保护主管部门应当在5日内予以受理。申请材料不齐全或者不符合有关要求的，环境保护主管部门应当在收到申请材料之日起5日内一次性告知需要补充的相关文件和需要调整的相关内容。逾期不告知的，自收到申请材料之日起即为受理。

有以下情形之一的，环境保护主管部门应当作出不予受理的决定：

(一)选址(选线)、布局、规模不符合主体功能区规划、生态保护红线要求的；

(二)不符合相关规划和依法开展的规划环境影响评价及审查意见要求的；

(三)位于被依法限批环境影响报告书(表)区域的建设项目；

(四)其他依法应当禁止的建设项目。

第十条　【环境影响技术评估】环境保护主管部门受理建设项目环境影响报告书(表)后，可以委托进行环境影响技术评估。承担环境影响技术评估的机构应当独立、科学开展技术评估工作，并对评估意见结论负责。环境影响技术评估原则上不超过20日，核设施及重特大项目除外。

各级人民政府应当将环境影响技术评估费用纳入财政预算。环境影响技术评估机构及人员不得收取建设单位、环境影响评价机构的任何费用。

第十一条 【环评审批】环境保护主管部门应当自受理建设项目环境影响报告书之日起60日内、受理环境影响报告表之日起30日内，分别作出审批决定并书面通知建设单位。其中环境影响技术评估时间不计入审批时限。

有下列情形之一的，环境保护主管部门应当作出不予批准的决定：

（一）项目所在区域无环境容量或者环境质量不能达到标准且拟采取的改善区域环境质量措施不可行的；

（二）拟采取的污染防治措施无法确保污染物排放达到(国家和地方排放标准，或者不能满足污染物排放总量控制要求的；拟采取的生态保护措施不能有效预防和控制生态破坏的；拟采取的环境风险防控和应急措施不满足环境风险管控要求的；

（三）改建、扩建和技术改造项目，未针对与该项目有关的环境污染和生态破坏提出有效治理措施的；

（四）环境影响报告书（表）基础资料和数据失实，内容存在重大缺陷或者遗漏，或者环境影响评价结论不明确、不合理或者不正确的；

（五）其他不符合相关法律、法规、政策、标准要求的。

第十二条 【登记表管理】填写环境影响登记表的建设项目应当符合相关法律、法规、政策和规划要求，拟采取的环境保护设施及措施能有效防止、减少环境污染和生态破坏。

建设单位或个人应当在项目开工前，在所在地环境保护主管部门在线平台上按规定格式填报环境影响登记表进行备案，接受备案的环境保护主管部门将备案的环境影响登记表向社会公开。建设单位或个人应当对备案的环境影响登记表真实性负责，并落实承诺的环境保护设施及措施建设。

建设项目环境影响登记表备案格式由国务院环境保护主管部门制定。

第十三条 【重大变动管理和重新复核】建设项目的环境影响报告书（表）经批准后，建设项目的性质、规模、地点、生产工艺和环境保护措施的一项或多项发生重大变动，且可能导致不利环境影响显著加重的，建设单位应当在变动内容实施前，重新报批建设项目环境影响报告书（表）。

建设项目环境影响报告书（表）自批准之日起满五年，方决定开工建设的，其环境影响报告书（表）应当报原审批机关重新审核。

第十四条 【环评审批法律效力】建设项目的环境影响报告书（表）未经依法批准，建设单位不得开工建设。

第十五条 【资质管理】国家对从事建设项目环境影响评价工作的机构实行资质审查制度。

从事建设项目环境影响评价工作的机构，应当取得国务院环境保护主管部门颁发的资质证书，按照资质证书规定的等级和范围，从事建设项目环境影响评价工作，并对评价结论负责。

严禁涂改、出租、出借资质证书或者超越资质等级、评价范围接受委托和主持编制环境影响报告书（表）。

第三章 环境保护“三同时”

第十六条 【“三同时”总体要求】建设项目的环境保护设施，应当与主体工程同时设计、同时施工、同时投产使用。

建设项目开工前，建设单位应当登录在线平台报备项目开工基本信息；项目开工后，建设单位应当按季度报备项目环境保护设施和措施落实进度基本信息；项目竣工后，建设单位应当在线报备项目环境保护设施竣工基本信息。

第十七条 【同时设计】建设单位应当依据经批准的建设项目环境影响报告书(表)及其审批意见，按照环境保护设计规范的要求，在设计文件中落实防止、减少环境污染和生态破坏的环境保护措施以及投资概算。

第十八条 【同时施工】建设项目施工阶段，建设单位应当将环境保护设施纳入项目的施工合同和计划，保障其建设进度和资金落实，并采取防止、减少施工期环境污染和生态破坏的措施，开展施工期间的环境监测。

第十九条 【环境监理】编制环境影响报告书的建设项目，建设单位应当组织开展环境监理。

承担环境监理的机构应当依照环境影响报告书及其审批意见，监督施工单位落实环境保护设施和措施。

环境监理机构发现设计单位未按要求落实环境保护设施和措施的，应当报告建设单位要求设计单位改正；发现施工单位未按要求落实环境保护设施和措施的，应当及时要求施工单位整改；发现可能造成环境污染或者生态破坏的，应当要求暂时停止施工，并及时报告建设单位，建设单位应当要求施工单位进行整改。

建设项目投入生产或者使用前，环境监理机构应当编制环境监理报告，提交建设单位，并对环境监理报告真实性负责。

第二十条 【排污许可的建设项目管理要求】实行排污许可管理的建设项目，建设单位应当在投产前向负有排污许可监督管理职责的环境保护主管部门提交排污许可申请，取得排污许可证后方可排污。申领程序按照排污许可相关规定执行。

第二十一条 【非排污许可的建设项目验收】不实行排污许可管理的建设项目投入生产或者使用前，建设单位应当依据建设项目环境影响报告书(表)及其审批意见，委托第三方机构对建设项目环境保护设施及措施落实情况进行调查，编制建设项目环境保护设施和措施竣工验收报告，建设单位、竣工验收机构及其相关人员对竣工验收报告结论终身负责。

建设项目配套的环境保护设施及措施经验收合格，该建设项目方可正式投入生产或者使用。

有下列情形之一的，建设项目主体工程不得投入生产或者使用：

(一)未经批准发生重大变动的；

(二)未按照环境影响报告书(表)及其审批意见落实环境保护和环境风险防控设施及措施的；

(三)施工阶段造成重大生态破坏未修复的,或者存在环境安全隐患未整改到位的。

第二十二条 【"三同时"阶段环境监管要求】建设项目所在地环境保护主管部门应当加强建设项目环境保护建设过程监管,对同时设计、同时施工、同时投产使用执行情况按一定比例进行随机抽选,开展现场核查,提出现场核查意见。

第二十三条 【运营期间要求】建设单位在建设项目运营期应当做好环境保护设施的维护和运行管理,保障环境保护设施正常运行。

建设单位应当对环境保护设施运行情况和建设项目对环境的影响进行监测和评价,并定期编制运行情况监测和评价报告。

第二十四条 【运营期间环境监管要求】建设项目所在地环境保护主管部门应当加强建设项目运营期间的环境保护监管,制定年度监督检查计划,采取随机抽查等形式,对建设项目以下情况进行监督检查:

(一)环境保护法律法规的遵守情况;

(二)环境保护设施和措施运行情况;

(三)对周边环境影响的监测和评价实施情况;

(四)建设单位环境信息公开情况;

(五)排污许可证的执行情况。

第二十五条 【环境影响后评价】不实行排污许可管理的建设项目,有下列情形之一的,建设单位应当在工程投产使用三至五年内组织开展环境影响后评价:

(一)产生长期性、累积性和不确定性环境影响的水利、水电、采掘、港口、铁路、公路、管线、输变电等编制环境影响报告书的建设项目;

(二)其他行业中穿越重要生态环境敏感区、编制环境影响报告书的建设项目;

(三)审批环境影响报告书(表)的环境保护主管部门认为应当开展环境影响后评价的其他建设项目。

建设单位应当将建设项目环境影响后评价报告报原审批该建设项目环境影响报告书(表)的环境保护主管部门备案,接受环境保护主管部门的监督核查。建设单位应当落实环境影响后评价报告提出的改进措施,未按要求对建设项目开展环境影响后评价或者未落实环境影响后评价报告提出的改进措施的,环境保护主管部门应当责令整改,暂缓审批其后续建设项目环境影响报告书(表)。

第四章 信息公开与公众参与

第二十六条 【编制环境影响报告书的建设项目公众参与】对依法应当编制环境影响报告书的建设项目,建设单位应当在编制时通过网站公开、基层组织公告栏公示、论证会、座谈会等形式,向可能受影响的公众说明工程基本情况、主要环境影响预测、拟采取的主要环境保护和环境风险防控措施,充分征求意见。

建设单位应当充分采纳公众提出的与建设项目环境保护有关的意见,对不予采纳的应说明理由,并根据公众参与情况编制公众参与情况说明,对其真实性负责。公众参与情况说明应当包括公众参与的过程、内容、公众意见及采纳情况和不采纳的理由。

建设单位报送环境影响报告书之前，应当公开环境影响报告书全本和公众参与情况说明(涉及国家秘密、商业秘密和个人隐私等事项除外)。

第二十七条　【开工前信息公开】编制环境影响报告书(表)的建设项目，建设单位在项目开工建设前，应当公开下列信息：

(一)建设项目开工日期、设计单位、施工单位、环境监理单位等；

(二)建设项目工程主要内容和环境影响报告书(表)审批要求；

(三)主要环境保护设施和措施清单及其实施计划。

第二十八条　【施工期间信息公开】编制环境影响报告书(表)的建设项目，建设单位在项目施工期间应当定期公开下列信息：

(一)主要环境保护设施和措施进展情况；

(二)施工期间的环境保护措施落实情况；

(三)施工期间的环境监测开展情况和监测结果。

第二十九条　【建成投产使用前信息公开】编制环境影响报告书(表)的建设项目，建设单位在项目建成投产使用前，应当公开下列信息：

(一)建设项目的主要环境影响和已采取的环境保护措施；

(二)排污许可证申领情况及排污许可证申请相关要求或者建设项目环境保护设施和措施竣工验收报告；

(三)需要开展环境监理的，环境监理开展情况和环境监理报告；

(四)突发环境事件应急预案及备案情况。

第三十条　【运营期间信息公开】编制环境影响报告书表的建设项目，建设单位或者生产经营单位在建设项目运营期间应当主动公开下列信息：

(一)环境保护设施和措施的运行和实施情况；

(二)污染物排放情况；

(三)突发环境事件应急预案修订和演练情况；

(四)环境影响后评价开展情况。

第三十一条　【公开方式和时间】建设单位应当自环境信息形成之日起十个工作日内公开相关环境信息。

建设单位可以通过报刊、广播、电视、互联网站以及基层组织公告栏等便于公众知悉的方式，向社会公开上述信息。

建设单位应当对其公开信息的真实性、全面性、准确性负责，并将公众参与和环境信息公开原始文件、影像资料等存档备查。

第三十二条　【信息反馈机制】建设单位应当建立公众信息沟通和意见反馈机制，妥善解决公众反映的建设项目环境问题。

公民、法人和其他组织发现建设单位未公开环境信息或者违反本条例的其他行为，有权向环境保护主管部门举报。

第三十三条　【地方政府信息公开】各级地方人民政府应当在各自职责范围内公开下列信息：

(一)包含可能有重大环境影响建设项目的专项规划或者区域规划；

(二)可能有重大环境影响建设项目的批准和实施情况;

(三)地方人民政府承诺的,与建设项目有关的环境保护措施及落实情况;

(四)突发环境事件的应急预案、预警信息及应对情况。

各级地方政府可以通过政府公报、政府网站、新闻发布会以及报刊、广播、电视等便于公众知晓的方式,向社会公开上述信息。

第三十四条 【环保部门信息公开】各级环境保护主管部门应当公开下列信息:

(一)建设项目环境保护相关的法律、法规、规章、政策等;

(二)建设项目环境影响评价文件审批指南以及受理、审查、审批和备案信息;

(三)环境影响评价机构资质管理信息;

(四)建设项目环境保护监督管理信息及违法处罚信息;

(五)排污许可管理相关信息;

(六)其他法律法规要求公开的政府信息。

环境保护主管部门可以通过政府公报、政府网站及报刊、新闻发布等方式,向社会公开上述信息。

第三十五条 【诚信机制】环境保护主管部门应当建立和完善建设项目环境违法行为档案库,记录建设单位、环境影响评价机构、环境影响技术评估机构、环境监理机构、竣工验收机构环境违法信息,向社会公开,纳入社会诚信档案,并通报行业主管部门、投资、证券监管部门和有关金融机构。

第五章 法律责任

第三十六条 【未批先建】违反本条例规定,建设单位有以下行为之一,擅自开工建设的,由所在地环境保护主管部门责令停止建设,可以处建设项目总投资额的百分之五以下的罚款,并可以责令恢复原状:

(一)未依法提交建设项目环境影响报告书(表)的;

(二)未按规定重新报批或者报请重新审核环境影响报告书(表)的;

(三)建设项目环境影响报告书(表)未经批准或者未经重新审核同意的。

第三十七条 【登记表备案】违反本条例规定,建设项目开工前,未依法备案建设项目环境影响登记表,由所在地环境保护主管部门责令备案,可以处五万元以下的罚款。

第三十八条 【实行排污许可管理的项目违法】实行排污许可管理的建设项目,建设单位未按排污许可相关规定申领排污许可证的,由所在地环境保护主管部门处五万元以上、十万元以下的罚款;擅自排放污染物的,责令停止排污,并处二十万元以上、一百万元以下的罚款。

第三十九条 【不实行排污许可管理的项目违法】违反本条例规定,不实行排污许可管理的建设项目,配套的环境保护设施未建成、未经验收或者验收不合格,擅自投入生产或使用的,由所在地环境保护主管部门责令停止生产或者使用,并处十万元以上、一百万元以下的罚款;对建设单位直接负责的主管人员和其他直接责任人员处五万以上十万以下的罚款；构成犯罪的，依照刑法有关规定追究刑事责任。

建设单位或者竣工验收机构在竣工环境保护设施和措施验收中弄虚作假的，由所在地环境保护主管部门按照前款规定实施处罚。

第四十条　【按日计罚和人身处罚】违反本条例规定，建设项目被责令停止建设、停止生产或者使用、停止排污，拒不执行的，依法作出处罚决定的行政机关可以自责令改正之日起，按照原处罚数额按日连续处罚。

建设单位有上述行为之一的，尚不构成犯罪的，对其直接负责的主管人员和其他直接责任人员，依照《中华人民共和国环境保护法》第六十三条的规定予以处罚。

第四十一条　【环境影响后评价】违反本条例规定，建设项目未开展环境影响后评价、未备案环境影响后评价报告或者未落实改进措施的，由审批该建设项目环境影响报告书(表)的环境保护主管部门责令限期改正，并处十万元以上、五十万元以下的罚款。

第四十二条　【信息公开违法】违反本条例规定，建设单位未公开或者未如实公开建设项目环境信息的，由所在地环境保护主管部门责令限期公开，可以并处十万元以下的罚款。

违反本条例规定，建设单位未及时或者未如实通过在线平台报备建设项目开工信息、投产使用信息的，由所在地环境保护主管部门限期责令改正，可以并处十万元以下的罚款。

第四十三条　【拒绝监督检查】违反本条例规定，建设单位以拒绝进入现场、拒不提供相关资料等方式不接受现场监督检查，或者在接受监督检查时弄虚作假的，由环境保护主管部门责令改正，处五万元以上、二十万元以下的罚款；构成违反治安管理行为的，由公安机关依法予以处罚。

第四十四条　【环评机构违法】违反本条例规定，从事建设项目环境影响评价工作的机构有下列行为之一的，由环境保护主管部门依法予以处罚：

(一)涂改、出租、出借资质证书的；

(二)未按资质证书规定的等级或者范围提供技术服务的；

(三)编制的环境影响报告书(表)存在重大缺漏、错误的；

(四)在环境影响评价工作中弄虚作假，致使环境影响报告书(表)严重失实的。

有前款第一项行为的，由国务院环境保护主管部门吊销资质证书，并处违法所得三倍以上五倍以下的罚款，在三年之内不得再次申请资质证书；有前款第二项、第三项、第四项行为之一的，由负责审批环境影响报告书(表)的环境保护主管部门处违法所得一倍以上三倍以下的罚款，可以责令在本行政区域内停业整顿六个月至十二个月，情节严重的，由国务院环境保护主管部门吊销资质证书。

环境影响评价机构以欺骗、贿赂等不正当手段取得资质证书的，按《行政许可法》相关规定处罚。

第四十五条　【其他技术机构违法】环境影响技术评估机构、环境监理机构、竣工验收机构在有关环境服务中弄虚作假，造成技术文件严重失实的，由环境保护主管部门处违法所得一倍以上三倍以下的罚款,在三年之内不得从事相关工作。

第四十六条 【违规干预责任】各级人民政府及其有关部门违反规定干预建设项目环境保护行政许可、环境执法的,对直接负责的主管人员和其他直接责任人员给予记过、记大过或者降职处分;造成严重后果的,给予撤职或者开除处分。

第四十七条 【环保部门责任】环境保护主管部门的工作人员徇私舞弊、滥用职权、玩忽职守,对直接负责的主管人员和其他直接责任人员给予记过、记大过或者降职处分;造成严重后果的,给予撤职或者开除处分;构成犯罪的,依法追究刑事责任。

第六章 附 则

第四十八条 【海洋工程建设项目管理】海洋工程建设项目的环境保护管理,按照《防治海洋工程建设项目污染损害海洋环境管理条例》的有关规定执行。

第四十九条 【军事设施建设项目管理】军事设施建设项目的环境保护管理,按照中央军事委员会的有关规定执行。

第五十条 【生效时间】本条例自发布之日起施行。

中华人民共和国环境影响评价法

(2016年7月2日第十二届全国人民代表大会常务委员会第二十一次会议通过,2016年7月2日中华人民共和国主席令第48号公布,自2016年9月1日起施行)

第一章 总 则

第一条 为了实施可持续发展战略,预防因规划和建设项目实施后对环境造成不良影响,促进经济、社会和环境的协调发展,制定本法。

第二条 本法所称环境影响评价,是指对规划和建设项目实施后可能造成的环境影响进行分析、预测和评估,提出预防或者减轻不良环境影响的对策和措施,进行跟踪监测的方法与制度。

第三条 编制本法第九条所规定的范围内的规划,在中华人民共和国领域和中华人民共和国管辖的其他海域内建设对环境有影响的项目,应当依照本法进行环境影响评价。

第四条 环境影响评价必须客观、公开、公正,综合考虑规划或者建设项目实施后对各种环境因素及其所构成的生态系统可能造成的影响,为决策提供科学依据。

第五条 国家鼓励有关单位、专家和公众以适当方式参与环境影响评价。

第六条 国家加强环境影响评价的基础数据库和评价指标体系建设,鼓励和支持对环境影响评价的方法、技术规范进行科学研究,建立必要的环境影响评价信息共享制度,提高环境影响评价的科学性。

国务院环境保护行政主管部门应当会同国务院有关部门，组织建立和完善环境影响评价的基础数据库和评价指标体系。

第二章　规划的环境影响评价

第七条　国务院有关部门、设区的市级以上地方人民政府及其有关部门，对其组织编制的土地利用的有关规划，区域、流域、海域的建设、开发利用规划，应当在规划编制过程中组织进行环境影响评价，编写该规划有关环境影响的篇章或者说明。

规划有关环境影响的篇章或者说明，应当对规划实施后可能造成的环境影响作出分析、预测和评估，提出预防或者减轻不良环境影响的对策和措施，作为规划草案的组成部分一并报送规划审批机关。

未编写有关环境影响的篇章或者说明的规划草案，审批机关不予审批。

第八条　国务院有关部门、设区的市级以上地方人民政府及其有关部门，对其组织编制的工业、农业、畜牧业、林业、能源、水利、交通、城市建设、旅游、自然资源开发的有关专项规划（以下简称专项规划），应当在该专项规划草案上报审批前，组织进行环境影响评价，并向审批该专项规划的机关提出环境影响报告书。

前款所列专项规划中的指导性规划，按照本法第七条的规定进行环境影响评价。

第九条　依照本法第七条、第八条的规定进行环境影响评价的规划的具体范围，由国务院环境保护行政主管部门会同国务院有关部门规定，报国务院批准。

第十条　专项规划的环境影响报告书应当包括下列内容：

（一）实施该规划对环境可能造成影响的分析、预测和评估；

（二）预防或者减轻不良环境影响的对策和措施；

（三）环境影响评价的结论。

第十一条　专项规划的编制机关对可能造成不良环境影响并直接涉及公众环境权益的规划，应当在该规划草案报送审批前，举行论证会、听证会，或者采取其他形式，征求有关单位、专家和公众对环境影响报告书草案的意见。但是，国家规定需要保密的情形除外。

编制机关应当认真考虑有关单位、专家和公众对环境影响报告书草案的意见，并应当在报送审查的环境影响报告书中附具对意见采纳或者不采纳的说明。

第十二条　专项规划的编制机关在报批规划草案时，应当将环境影响报告书一并附送审批机关审查；未附送环境影响报告书的，审批机关不予审批。

第十三条　设区的市级以上人民政府在审批专项规划草案，作出决策前，应当先由人民政府指定的环境保护行政主管部门或者其他部门召集有关部门代表和专家组成审查小组，对环境影响报告书进行审查。审查小组应当提出书面审查意见。

参加前款规定的审查小组的专家，应当从按照国务院环境保护行政主管部门的规定设立的专家库内的相关专业的专家名单中，以随机抽取的方式确定。

由省级以上人民政府有关部门负责审批的专项规划，其环境影响报告书的审查办法，由国务院环境保护行政主管部门会同国务院有关部门制定。

第十四条 审查小组提出修改意见的，专项规划的编制机关应当根据环境影响报告书结论和审查意见对规划草案进行修改完善，并对环境影响报告书结论和审查意见的采纳情况作出说明；不采纳的，应当说明理由。

设区的市级以上人民政府或者省级以上人民政府有关部门在审批专项规划草案时，应当将环境影响报告书结论以及审查意见作为决策的重要依据。

在审批中未采纳环境影响报告书结论以及审查意见的，应当作出说明，并存档备查。

第十五条 对环境有重大影响的规划实施后，编制机关应当及时组织环境影响的跟踪评价，并将评价结果报告审批机关；发现有明显不良环境影响的，应当及时提出改进措施。

第三章 建设项目的环境影响评价

第十六条 国家根据建设项目对环境的影响程度，对建设项目的环境影响评价实行分类管理。

建设单位应当按照下列规定组织编制环境影响报告书、环境影响报告表或者填报环境影响登记表（以下统称环境影响评价文件）：

（一）可能造成重大环境影响的，应当编制环境影响报告书，对产生的环境影响进行全面评价；

（二）可能造成轻度环境影响的，应当编制环境影响报告表，对产生的环境影响进行分析或者专项评价；

（三）对环境影响很小、不需要进行环境影响评价的，应当填报环境影响登记表。

建设项目的环境影响评价分类管理名录，由国务院环境保护行政主管部门制定并公布。

第十七条 建设项目的环境影响报告书应当包括下列内容：

（一）建设项目概况；

（二）建设项目周围环境现状；

（三）建设项目对环境可能造成影响的分析、预测和评估；

（四）建设项目环境保护措施及其技术、经济论证；

（五）建设项目对环境影响的经济损益分析；

（六）对建设项目实施环境监测的建议；

（七）环境影响评价的结论。

涉及水土保持的建设项目，还必须有经水行政主管部门审查同意的水土保持方案。

环境影响报告表和环境影响登记表的内容和格式，由国务院环境保护行政主管部门制定。

第十八条 建设项目的环境影响评价，应当避免与规划的环境影响评价相重复。

作为一项整体建设项目的规划，按照建设项目进行环境影响评价，不进行规划的环境影响评价。

已经进行了环境影响评价的规划包含具体建设项目的，规划的环境影响评价结论应当作为建设项目环境影响评价的重要依据，建设项目环境影响评价的内容应当根据规划

的环境影响评价审查意见予以简化。

第十九条 接受委托为建设项目环境影响评价提供技术服务的机构,应当经国务院环境保护行政主管部门考核审查合格后,颁发资质证书,按照资质证书规定的等级和评价范围,从事环境影响评价服务,并对评价结论负责。为建设项目环境影响评价提供技术服务的机构的资质条件和管理办法,由国务院环境保护行政主管部门制定。

国务院环境保护行政主管部门对已取得资质证书的为建设项目环境影响评价提供技术服务的机构的名单,应当予以公布。

为建设项目环境影响评价提供技术服务的机构,不得与负责审批建设项目环境影响评价文件的环境保护行政主管部门或者其他有关审批部门存在任何利益关系。

第二十条 环境影响评价文件中的环境影响报告书或者环境影响报告表,应当由具有相应环境影响评价资质的机构编制。

任何单位和个人不得为建设单位指定对其建设项目进行环境影响评价的机构。

第二十一条 除国家规定需要保密的情形外,对环境可能造成重大影响、应当编制环境影响报告书的建设项目,建设单位应当在报批建设项目环境影响报告书前,举行论证会、听证会,或者采取其他形式,征求有关单位、专家和公众的意见。

建设单位报批的环境影响报告书应当附具对有关单位、专家和公众的意见采纳或者不采纳的说明。

第二十二条 建设项目的环境影响报告书、报告表,由建设单位按照国务院的规定报有审批权的环境保护行政主管部门审批。

海洋工程建设项目的海洋环境影响报告书的审批,依照《中华人民共和国海洋环境保护法》的规定办理。

审批部门应当自收到环境影响报告书之日起六十日内,收到环境影响报告表之日起三十日内,分别作出审批决定并书面通知建设单位。

国家对环境影响登记表实行备案管理。

审核、审批建设项目环境影响报告书、报告表以及备案环境影响登记表,不得收取任何费用。

第二十三条 国务院环境保护行政主管部门负责审批下列建设项目的环境影响评价文件:

(一)核设施、绝密工程等特殊性质的建设项目;

(二)跨省、自治区、直辖市行政区域的建设项目;

(三)由国务院审批的或者由国务院授权有关部门审批的建设项目。

前款规定以外的建设项目的环境影响评价文件的审批权限,由省、自治区、直辖市人民政府规定。

建设项目可能造成跨行政区域的不良环境影响,有关环境保护行政主管部门对该项目的环境影响评价结论有争议的,其环境影响评价文件由共同的上一级环境保护行政主管部门审批。

第二十四条 建设项目的环境影响评价文件经批准后,建设项目的性质、规模、地点、采用的生产工艺或者防治污染、防止生态破坏的措施发生重大变动的,建设单位应当重新报批建设项目的环境影响评价文件。

建设项目的环境影响评价文件自批准之日起超过五年，方决定该项目开工建设的，其环境影响评价文件应当报原审批部门重新审核；原审批部门应当自收到建设项目环境影响评价文件之日起十日内，将审核意见书面通知建设单位。

第二十五条 建设项目的环境影响评价文件未依法经审批部门审查或者审查后未予批准的，建设单位不得开工建设。

第二十六条 建设项目建设过程中，建设单位应当同时实施环境影响报告书、环境影响报告表以及环境影响评价文件审批部门审批意见中提出的环境保护对策措施。

第二十七条 在项目建设、运行过程中产生不符合经审批的环境影响评价文件的情形的，建设单位应当组织环境影响的后评价，采取改进措施，并报原环境影响评价文件审批部门和建设项目审批部门备案；原环境影响评价文件审批部门也可以责成建设单位进行环境影响的后评价，采取改进措施。

第二十八条 环境保护行政主管部门应当对建设项目投入生产或者使用后所产生的环境影响进行跟踪检查，对造成严重环境污染或者生态破坏的，应当查清原因、查明责任。对属于为建设项目环境影响评价提供技术服务的机构编制不实的环境影响评价文件的，依照本法第三十三条的规定追究其法律责任；属于审批部门工作人员失职、渎职，对依法不应批准的建设项目环境影响评价文件予以批准的，依照本法第三十五条的规定追究其法律责任。

第四章　法律责任

第二十九条 规划编制机关违反本法规定，未组织环境影响评价，或者组织环境影响评价时弄虚作假或者有失职行为，造成环境影响评价严重失实的，对直接负责的主管人员和其他直接责任人员，由上级机关或者监察机关依法给予行政处分。

第三十条 规划审批机关对依法应当编写有关环境影响的篇章或者说明而未编写的规划草案，依法应当附送环境影响报告书而未附送的专项规划草案，违法予以批准的，对直接负责的主管人员和其他直接责任人员，由上级机关或者监察机关依法给予行政处分。

第三十一条 建设单位未依法报批建设项目环境影响报告书、报告表，或者未依照本法第二十四条的规定重新报批或者报请重新审核环境影响报告书、报告表，擅自开工建设的，由县级以上环境保护行政主管部门责令停止建设，根据违法情节和危害后果，处建设项目总投资额百分之一以上百分之五以下的罚款，并可以责令恢复原状；对建设单位直接负责的主管人员和其他直接责任人员，依法给予行政处分。

建设项目环境影响报告书、报告表未经批准或者未经原审批部门重新审核同意，建设单位擅自开工建设的，依照前款的规定处罚、处分。

建设单位未依法备案建设项目环境影响登记表的，由县级以上环境保护行政主管部门责令备案，处五万元以下的罚款。

海洋工程建设项目的建设单位有本条所列违法行为的，依照《中华人民共和国海洋环境保护法》的规定处罚。

第三十二条 接受委托为建设项目环境影响评价提供技术服务的机构在环境影响评

价工作中不负责任或者弄虚作假，致使环境影响评价文件失实的，由授予环境影响评价资质的环境保护行政主管部门降低其资质等级或者吊销其资质证书，并处所收费用一倍以上三倍以下的罚款；构成犯罪的，依法追究刑事责任。

第三十三条 负责审核、审批、备案建设项目环境影响评价文件的部门在审批、备案中收取费用的，由其上级机关或者监察机关责令退还；情节严重的，对直接负责的主管人员和其他直接责任人员依法给予行政处分。

第三十四条 环境保护行政主管部门或者其他部门的工作人员徇私舞弊，滥用职权，玩忽职守，违法批准建设项目环境影响评价文件的，依法给予行政处分；构成犯罪的，依法追究刑事责任。

第五章 附 则

第三十五条 省、自治区、直辖市人民政府可以根据本地的实际情况，要求对本辖区的县级人民政府编制的规划进行环境影响评价。具体办法由省、自治区、直辖市参照本法第二章的规定制定。

第三十六条 军事设施建设项目的环境影响评价办法，由中央军事委员会依照本法的原则制定。

第三十七条 本法自 2016 年 9 月 1 日起施行。

主要参考文献

[1]胡先举等.中小型水土保持生态工程简明技术指南[M].北京:中国水利水电出版社,2014.

[2]王彪东,单晓翠.我国水土流失现状和防治对策[J].农业与技术,2016,36(5):83-84.

[3]余新晓,毕华兴.水土保持学[M].北京:中国林业出版社,2013.

[4]董邦俊,邹博.中国环境保护现状及强化保护策略分析[J].江西科技师范大学学报,2014(4):6-13.

[5]刘鸿亮等.国外环境保护发展历程说明“环保风暴”必然理性回归[J].黑龙江环境通报,2010,34(3):7-9.

[6]周晶.基于建设项目分类的环境保护重点与对策研究[D].长安大学硕士学位论文,2008.

[7]中国水土保持学会水土保持规划设计专业委员会编著.生产建设项目水土保持设计指南[M].北京:中国水利水电出版社,2011.

[8]王秀茹.水土保持工程学[M].北京:中国农林出版社,2009.

[9]魏海燕,胡方彩.我国荒漠化的现状及防治对策[J].贵州科学,2014,32(6):83-87.

[10]董光荣等.我国荒漠化现状、成因与防治对策[J].中国沙漠,1999,19(4):318-332.

[11]李庆和,王虎刚,张拴虎.浅谈中国土地荒漠化成因及防治对策[J].内蒙古水利,2003,(4):13-14.

[12]张宝昆.滑坡防治工程设计与优化分析[D].浙江大学硕士学位论文,2015.

[13]杨超.中国大气污染治理政策分析[D].长安大学硕士学位论文,2015.

[14]王东升.建设项目环境评价与保护[M].青岛:中国海洋大学出版社,2007.

[15]李镜羽.我国城市环境噪声污染防治法律制度研究[D].重庆大学硕士学位论文,2012.

[16]韩绍强.环境噪声污染防治法律问题研究[D].东北林业大学硕士学位论文,2009.

[17]王鑫.我国放射性污染风险防范法律问题研究[D].东北林业大学硕士学位论文,2012.

[18]李君.建设工程绿色施工与环境管理[M].北京:中国电力出版社,2014.

[19]肖绪文等.建筑工程绿色施工[M].北京:中国建筑工业出版社,2013.